"十二五"国家重点图书出版规划项目
材料科学研究与工程技术系列

材料力学

（第二版）

主　编　杨在林
副主编　杨丽红　宋天舒　杨　勇　张治勇
　　　　王超营　张学义　王宝来　郭　晶
主　审　李　鸿

U0223304

哈尔滨工业大学出版社

内 容 简 介

全书共分为 14 章。包括反映材料力学基本要求的轴向拉伸和压缩、剪切、扭转、截面的几何性质、平面弯曲和压杆的稳定性等基本知识;应力状态理论和强度理论、组合变形、变形能法、超静定系统、动载荷、交变应力和疲劳强度、梁的纵横弯曲与弹性基础梁简介等专题知识。

本书可用作高等院校材料力学课程的教材,也可供相关专业工程技术人员学习参考。

图书在版编目(CIP)数据

材料力学/杨在林主编. —2 版. —哈尔滨:哈尔滨工业
大学出版社,2018.1(2024.1 重印)
ISBN 978－7－5603－7245－7

Ⅰ.①材… Ⅱ.①杨… Ⅲ.①材料力学
Ⅳ.①TB301

中国版本图书馆 CIP 数据核字(2018)第 020797 号

策划编辑　丁桂焱
责任编辑　杨秀华
封面设计　刘长友
出版发行　哈尔滨工业大学出版社
社　　址　哈尔滨市南岗区复华四道街 10 号　邮编 150006
传　　真　0451－86414749
网　　址　http://hitpress.hit.edu.cn
印　　刷　哈尔滨市颉升高印刷有限公司
开　　本　787mm×1092mm　1/16　印张 21　字数 495 千字
版　　次　2018 年 1 月第 2 版　2024 年 1 月第 7 次印刷
书　　号　ISBN 978－7－5603－7245－7
定　　价　47.00 元

前　　言

本书的基本教学内容是根据教育部高等院校力学教学指导委员会力学基础课程教学指导分委员会编制的《理工科非力学专业力学基础课程教学基本要求》(2012年版)编写的。

本书本着以提高能力为主的教学指导思想,使学生掌握必要的专业知识,着重材料力学基本理论和方法的叙述,贯彻理论联系实际的原则,做到少而精,并注意难点分散,逐渐加深。全书共14章,包括反映材料力学基本要求的轴向拉伸和压缩、剪切、扭转、截面的几何性质、平面弯曲和压杆的稳定性等基本知识;应力状态理论和强度理论、组合变形、变形能法、超静定系统、动载荷、交变应力和疲劳强度、梁的纵横弯曲与弹性基础梁简介等专题知识。不同院校不同专业可以根据实际情况选用本教材,同时本书也可供相关专业工程技术人员学习参考。

为了帮助读者对基本概念、基本理论和基本方法进行理解和掌握,书中有相当数量的例题,每章后面还有一定数量的习题,习题的难易程度有别,在学习本书时可以选做。

本书均采用国际单位制,图中尺寸单位未注明时均为 mm。

本书由哈尔滨工程大学杨在林、杨丽红、宋天舒、杨勇、张治勇、王超营、张学义、王宝来、郭晶编写。第1,4,9章由杨勇编写;第2,3,7章由杨丽红编写;第5章由张学义编写;第6,8章由杨在林编写;第10章由郭晶编写;第11章由张治勇编写;第12章由王宝来编写;第13章由王超营编写;第14章由宋天舒编写。本书由杨在林担任主编,李鸿担任主审。

限于编者的水平,书中难免存在疏漏、不妥之处,敬请读者批评指正。

编　者
2017 年 11 月

目　　录

第 1 章　杆件变形的基本知识

1.1　材料力学的任务

任何一个结构或机械设备都是由一些零部件组合而成的,这些零部件称为构件。在静力学中,根据力的平衡关系,已经解决了构件外力的计算问题。但是,在外力作用下,如何保证构件正常地工作,还是个需要进一步解决的问题。

当工程结构或机械工作时,各构件要受到载荷的作用。构件一般由固体材料制成,在外力作用下,固体将发生形状和尺寸的改变,称为变形。当载荷大到一定程度时,构件将会发生过度变形或断裂,因而丧失了工作能力。为了保证结构或机械设备能正常地使用,构件应具有足够的承受载荷的能力。为此,从力学上讲各个构件都必须满足一些基本要求。

1.1.1　构件应具有足够的强度

所谓强度是指在载荷作用下构件抵抗破坏的能力。通常构件的破坏指在载荷作用下构件发生断裂或产生塑性变形。构件受载后都会产生变形,若载荷卸除后变形能随之消除,这种变形称为弹性变形,但若载荷卸除后不能随之消除的变形则称为塑性变形。任何构件在使用期间都不允许发生破坏。例如起重机的吊索不允许断裂;齿轮相互接触时齿面不允许出现压坑,否则齿形改变将影响正常工作。

1.1.2　构件应具有足够的刚度

所谓刚度是指构件在载荷作用下抵抗过大弹性变形的能力。在工程中,有时尽管构件没发生破坏,但是产生的弹性变形却很大,超出了正常工作允许的要求,这也是不允许的。也就是说,除要求构件有足够的强度外,还要求构件不能发生过大的弹性变形。

例如图 1.1(a)所示的齿轮传动轴,当齿轮受力过大,从而导致齿轮轴变形过大时,就会出现图 1.1(b)所示的情况,由于齿轮不能正常啮合,不仅不能正常传动,还会导致轴颈的严重磨损,甚至引起强烈振动。因此必须要求构件在载荷作用下产生的变形不超过允许值,即必须具有足够的刚度。

1.1.3　构件应具有足够的稳定性

所谓稳定性是指构件保持其原有平衡形式的能力。受轴向压力作用的细长直杆,如厂房的柱子、千斤顶的螺杆、内燃机的挺杆等,当压力较小时,它们能保持原有的直线平衡形式。但当压力超过某一数值时,这些构件可能在干扰力的作用下突然变弯。这种突然改变原有平衡形式的现象,称为丧失稳定性,简称失稳。为使这类构件能正常工作,还必

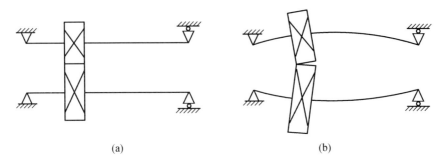

(a)　　　　　　　　　　　　　　　　(b)

图 1.1

须使它原有的平衡形式保持不变,即要求构件具有足够的稳定性。

不同的构件,对强度、刚度和稳定性三方面的要求程度有所不同,例如储气罐不能破裂,因而主要是要保证强度,而车床主轴主要是要保证刚度,受压的活塞杆则应保持稳定性。构件满足强度、刚度和稳定性要求的能力,称为构件的承载能力。

在设计结构时,除了应使构件满足这三方面要求,以保证工程结构或机械安全工作外,还应考虑如何合理使用和节省材料,即应考虑经济方面的要求。一般而言,前者要求用较多较好的材料,而后者要求少用材料,二者常常是矛盾的。材料力学的任务:为承载构件的强度、刚度和稳定性计算提供理论基础,从而给构件选择适当的材料,确定合理的形状和尺寸,以使所设计的承载构件能同时满足安全性和经济性的要求。

工程中还有另外一类构件,如为保护主要部件而设置的安全销,在超载时应首先破坏;为减轻缓冲作用而安装的缓冲装置,在载荷作用下应有较大的弹性变形。这类构件的计算也需要用到材料力学所提供的理论。

与其他基础科学相比,材料力学与工程实际有着更为密切的联系,它的研究方法包括实验、理论、实践循环发展的全过程。其中,实验研究是材料力学赖以发展的重要方法,一方面,构件的强度、刚度、稳定性与所用材料的力学性能有关,而材料力学性能须通过实验来测定;另一方面,材料力学的理论结果需要用实验来验证;另外,还有一些单靠现有理论解决不了的复杂问题,需要借助实验来解决。

1.2　　工程构件的简化

对实际的工程构件进行理论分析时,须忽略构件上影响较小的因素,通过适当的假设建立简化模型。在材料力学中,建立简化模型通常从以下几个方面考虑。

1.2.1　　变形固体及其基本假设

工程构件一般由固体材料制成。固体材料在外力作用下都将发生变形,故称之为变形固体。在静力学中,由于微小的变形对固体平衡问题的研究影响甚微,可以忽略,故可把固体看做刚体。但在材料力学中,主要研究构件在外力作用下力与变形的关系,这时构件的变形上升为主要影响因素,因此在材料力学的研究中,必须把一切构件都看做变形固体。变形固体的微观结构和力学性质都很复杂,不同材料或同一种材料的不同部分都存在着各种差别。但因为材料力学是从宏观的角度来研究构件的承载能力,因此,为达到简化分析并运用数学工具的目的,在本学科中忽略了一些微观因素的影响,对变形固体作如下几个基本假设:

1. 连续性假设

认为构件在其整个几何容积内连续地、毫无空隙地充满了物质。根据这一假设,可认为物体内部的物理量,如变形、位移等都是连续变化的,可以用空间坐标的连续函数来表示。

2. 均匀性假设

认为构件中各点处的力学性能完全相同。根据这一假设进行研究时,可以从物体中取出任何微小部分进行分析,所得到的结论能应用于整个物体。

3. 各向同性假设

认为构件材料沿任何方向都具有相同的力学性能。常用的工程材料,如金属、玻璃及浇铸得很好的混凝土等都可以认为是各向同性的。

1.2.2　构件的基本形式

工程中的构件是多种多样的,若按几何形状分类,则可简化为杆件、板壳和块体三类:

1. 杆件

杆件是指长度比横向尺寸(高度和宽度)大得多的构件。横截面和轴线是杆件的两个主要几何特征。横截面是指垂直于杆件长度方向的截面,轴线是指各横截面形心的连线。轴线是直线的杆件称为直杆,轴线为曲线的杆件称为曲杆,如图1.2所示。所有横截面面积都相等的直杆称为等直杆,横截面大小不同的杆件称为变截面杆。

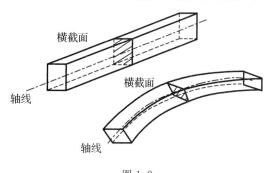

图 1.2

2. 板壳

板壳是指厚度比其他两个方向的尺寸小得多的构件。板壳的两个主要几何特征是中面(平分厚度的面)和垂直于中面的厚度。中面为平面的称为板,中面为曲面的称为壳。

3. 块体

长、宽、高三个方向尺寸相当的构件称为块体。材料力学的主要研究对象是杆件,并且着重研究等直杆。

1.2.3　小变形限制条件

在工程中,构件在外力作用下所产生的变形与构件的原始尺寸相比通常是很微小的。因此,当建立构件的平衡方程或对其他一些问题进行分析时,可以不计构件的变形,而按其变形前的原始尺寸进行计算。这类问题称为小变形问题。例如计算图1.3所示结构固定端处的支座反力矩时,不需用 $M = P(l - \Delta)$ 计算,而可以忽略 Δ 用 $M = Pl$ 计算。

另外,对于计算过程中出现的一些变形量的二次幂或乘积,均可以忽略不计,这样能使计算大大简化,而引起的误差非常微小。当构件在外力作用下的弹性变形很大,其影响不能忽略时,则须按构件变形后的尺寸来计算,这类问题称为大变形问题。材料力学通常只研究小变形问题。

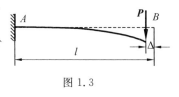

图 1.3

综上所述,材料力学研究由均匀、连续、各向同性材料制成的杆件(主要是等截面直杆),并且在绝大多数场合只限于研究杆件受载后的变形为微小弹性变形的情况。

1.3　内力与应力

1.3.1　内力的概念

众所周知,构件在未受外力作用时,其内部就有内力存在,例如图 1.4 中 A,B 两点之间的力 F,这种内力是分子间的相互作用力。它使各微粒之间保持一定的相对位置,并使构件维持一定的形状。由于这种内力由物质本身的性质所决定,所以也称为固有内力。当外力作用于构件时,构件产生变形,其内部各相邻部分的相对位置将发生变化,原来各微粒在固有内力作用下的平衡位置被破坏,固有内力要重新调整,从而导致各相邻部

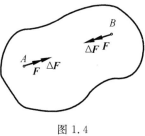

图 1.4

分之间的作用力增加,如图 1.4 中力 F 将产生增量 ΔF。这种在固有内力的基础上新增加的内力称为附加内力。附加内力是由外力引起的,是对变形的一种抵抗力。它随外力的增大而增加,但是对各种材料制成的构件来说,附加内力的增加量是有一定限度的,超过这个限度,构件就会破坏。因此它和构件的承载能力密切相关。材料力学所要讨论的内力就是这种附加内力。

1.3.2　内力的计算方法 —— 截面法

下面介绍确定内力的基本方法 —— 截面法。截面法的依据是,一个处于平衡状态的物体,其各部分都应保持平衡。图 1.5(a) 所示物体受力系 $F_1,F_2,\cdots,F_n$ 作用处于平衡状态,为求其任意截面 $m-m$ 上的内力,设想将物体从 $m-m$ 截面切开,取其中的一部分,例如部分 Ⅰ 为研究对象,去掉部分 Ⅱ。去掉部分与留下部分在切开处是相互作用的。切开后,这种作用以相应的力来代替。一般情况下,这些力是截面 $m-m$ 上的空间任意力系。过截面形心建立空间直角坐标系,如图 1.5(b) 所示,其中 x 轴为过截面形心的外法线,y,z 轴与截面相切。将截面上各点的力向形心 O 简化,其简化结果为沿 x,y,z 轴的三个力 X,Y,Z 和对三个轴的力偶矩 M_x,M_y,M_z。因为研究对象是平衡的,根据平衡条件建立平衡方程,可以求解截面 $m-m$ 上的六个内力分量。上述求内力的方法称为截面法。一般情况下,杆件截面上的六个内力分量中有一些为零,这时计算可以简化。

截面法求内力的步骤可归纳为:

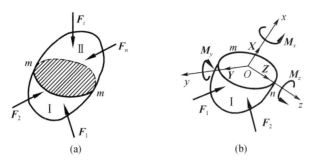

图 1.5

（1）切开　　求哪个截面上的内力，就设想沿那个截面把构件切开，把构件分成两部分。任取其中一部分为研究对象，去掉另一部分。

（2）代力　　将去掉部分对留下部分的作用以相应的力代替。相应力的性质可根据研究对象的平衡分析确定。

（3）平衡　　列出研究对象上力系的平衡方程，求解内力。

截面法求内力在材料力学中占有重要的地位，应给予充分的重视。

1.3.3　应力的概念

通过截面法可以求出构件的内力。但是仅仅求出内力还不能解决构件的强度问题。因为同样的内力，作用在不同大小的横截面上，却会产生不同的结果。例如两根材料相同，横截面面积不等的直杆，若两者所受的轴向拉力相同（此时横截面上的内力也相同），则随着拉力的增加，细杆先被拉断。这说明构件的危险程度取决于截面上分布内力的聚集程度，而不是取决于分布内力的总和。在上述实例中，同样的轴力，聚集在较小的横截面时就比较危险；而将其分散在较大的横截面上时就比较安全。因此在讨论构件的强度问题时，还必须了解内力在截面上的聚集程度，以分布在单位面积上的内力来衡量它，称之为应力。

一般来说，构件截面上各点的应力是不同的。为了得到指定截面上某点 C 的应力，可环绕 C 点取一微小面积 ΔA（图 1.6）。如果作用在这一微小面积上的内力为 ΔP，则此微小面积上各点的平均应力为

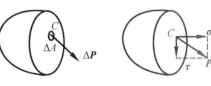

图 1.6

$$p_m = \frac{\Delta P}{\Delta A} \tag{1.1}$$

为了得到该点应力的精确值，可将 ΔA 取得无限小，当 ΔA 趋近于零时，平均应力 p_m 的极限为

$$p = \lim_{\Delta A \to 0} \frac{\Delta P}{\Delta A} = \frac{\mathrm{d}P}{\mathrm{d}A} \tag{1.2}$$

式中，p 称为指定截面上点 C 的全应力。

应力分析中，全应力的意义不大，材料力学中通常将全应力分解为垂直于截面的法向应力分量 σ 和平行于截面的切向应力分量 τ。前者称为正应力，后者称为剪应力。由力的

平行四边形法则得

$$\begin{cases} \sigma = p\cos\alpha \\ \tau = p\sin\alpha \end{cases} \tag{1.3}$$

应力的量纲为 [力]/[长度]²，国际单位制中的单位为帕斯卡，符号为"Pa"。1 帕等于 1 牛顿 / 平方米（1 Pa = 1 N/m²）。这个单位很小，为了方便，工程中常采用兆帕（MPa）和京帕（GPa）作为单位，它们与帕斯卡之间的换算关系为

$$1\ \mathrm{MPa} = 10^6\ \mathrm{Pa}$$

$$1\ \mathrm{GPa} = 10^9\ \mathrm{Pa}$$

1.4　位移与应变

1.4.1　位移

构件受力变形后，其内部的各个点、各条线、各个面都可能发生空间位置的改变，这种改变称为位移。构件内某点的原位置与它的新位置之间的连线所代表的矢量称为该点的线位移。构件内某直线或某平面在变形时所旋转的角度，称为该直线或该平面的角位移。如图 1.7 所示直杆，在力 P 的作用下发生变形，如图中虚线。杆端面上 A 点的总线位移为 AA_1、轴向线位移为 u、横向线位移为 v、杆端面的角位移为 θ。

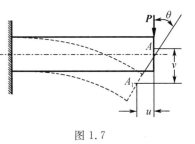

图 1.7

1.4.2　应变的概念

为研究构件内某点的变形，设想围绕该点取一微小的正六面体（图 1.8(a)），这种正六面体称为单元体。一个单元体的变形有边长的改变和各边夹角的改变两种形式。在图 1.8(b) 中，单元体水平方向的原始边长为 $\mathrm{d}x$，变形后的边长为 $\mathrm{d}x + \Delta\,\mathrm{d}x$，$\Delta\,\mathrm{d}x$ 称为边长 $\mathrm{d}x$ 的绝对线变形，或简称线变形。为了反映 $\mathrm{d}x$ 方向的变形程度，引入单位长度内平均线变形 ε_m，即

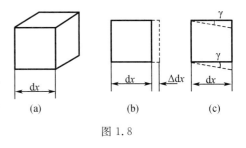

图 1.8

$$\varepsilon_m = \frac{\Delta\,\mathrm{d}x}{\mathrm{d}x} \tag{1.4}$$

ε_m 称为平均线应变。当 $\Delta\,\mathrm{d}x$ 趋近于零时，有

$$\varepsilon = \lim_{\Delta\,\mathrm{d}x \to 0}\varepsilon_m = \lim_{\Delta\,\mathrm{d}x \to 0}\frac{\Delta\,\mathrm{d}x}{\mathrm{d}x} \tag{1.5}$$

ε 称为构件内一点的线应变。变形后长度增加为拉应变，长度减小为压应变。

原单元体各边互成直角，变形后直角的改变量 γ 称为角应变或剪应变（图 1.8(c)）。

线应变和剪应变都是没有量纲的量。正应力 σ 和线应变 ε、剪应力 τ 和剪应变 γ 存在着紧密的关系,今后将详细讨论。

1.5　杆件变形的基本形式

在不同形式的外力作用下,构件的变形形式是不同的。对于杆件来说,其受力后所产生的变形有以下几种基本形式。

1.5.1　轴向拉伸和压缩

杆件在一对大小相等、方向相反、作用线与轴线重合的外力作用下,变形表现为沿轴线方向的伸长或缩短(如图 1.9(a)(b) 所示)。

1.5.2　剪切

杆件在一对大小相等、方向相反、作用线与轴线垂直且相距很近的横向力作用下,变形表现为杆件两部分沿外力作用方向发生相对错动(如图 1.9(c) 所示)。

1.5.3　扭转

在一对大小相等、转向相反、作用面与杆轴垂直的力偶作用下,变形表现为任意两个横截面发生绕轴线的相对转动(如图 1.9(d) 所示)。

1.5.4　平面弯曲

在垂直于杆件轴线的横向力或作用面与杆件轴线平行的力偶作用下,变形表现为杆件的轴线由直线变成平面曲线(如图 1.9(e) 所示)。

实际工程中的构件可能同时承受多种形式的外力而发生比较复杂的变形,但任何复杂的变形在一定的条件下都可以看成是上述几种基本变形的组合(如图 1.9(f) 所示)。因此,对杆件基本变形的研究是材料力学的基础。

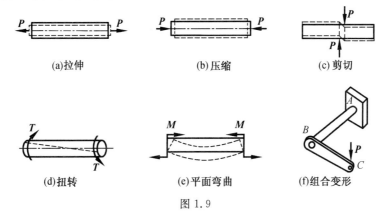

(a)拉伸　　　　(b)压缩　　　　(c)剪切

(d)扭转　　　　(e)平面弯曲　　　　(f)组合变形

图 1.9

第2章　轴向拉伸与压缩

轴向拉伸与压缩变形是杆件的基本变形形式之一。通过对拉伸与压缩变形的研究，读者将对杆件变形与内力的关系，材料的基本力学性质以及强度计算的步骤等问题建立初步的概念。因此本章所介绍的一些基本概念和研究方法，是后面各章的基础。

2.1　轴向拉伸与压缩的概念

工程中有很多发生轴向拉伸和压缩变形的构件。例如，图 2.1(a) 所示的汽轮机盖紧固螺栓受到缸体和缸盖的反向力作用，其受力情况如图 2.1(b) 所示，将作用在螺栓上的分布力求和，其合力的作用线与螺栓的轴线重合，即螺栓受到一对沿轴线方向的拉力作用。同样，悬臂式吊车的 AB 杆(图 2.2)，桁架中的拉杆(图 2.3)等，都可以简化成这种受力情况。这类构件称为轴向拉伸杆件。

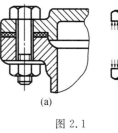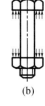

图 2.1

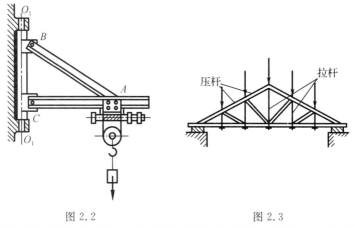

图 2.2　　　　　　　　　　　图 2.3

汽车式起重机的支腿，如图 2.4(a) 所示，其受力可简化为图 2.4(b) 所示的情况，即受到一对沿轴线方向的压力作用。这类构件称为轴向压缩杆件。桁架中的压杆(图 2.3)也是轴向压缩杆件。

综上所述，轴向拉伸和压缩杆件的受力特点为：作用在杆件上的外力合力作用线与杆件的轴线重合；变形特点为：杆件产生沿轴线方向的伸长或缩短。轴向拉伸与压缩杆件的计算简图如图 2.5 所示。

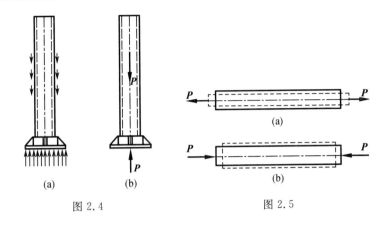

图 2.4　　　　　　　　　图 2.5

2.2　轴向拉伸或压缩时的内力

仅仅知道构件所受的外力还不能解决它的强度和刚度问题,需要进一步分析构件的内力。应用截面法,用假想的平面将杆件沿横截面 $m-m$ 分成两部分,如图 2.6(a) 所示。杆件左右两部分在横截面 $m-m$ 上相互作用的内力是一个分布力系,如图 2.6(b) 和图 2.6(c) 所示。设其合力为 N,由平衡条件

$$N - P = 0$$

得

$$N = P$$

因为外力 P 的作用线与杆件的轴线重合,所以内力合力 N 的作用线也必然与杆件的轴线重合。这种内力称为轴力,通常用记号 N 表示。为了使由左右两部分计算所得的同一截面上的轴力具有相同的正负号,联系变形情况,通常规定:轴力背离截面时为正,称为拉力;轴力指向截面时为负,称为压力。图 2.6(b) 和图 2.6(c) 中的轴力 N 均为正。

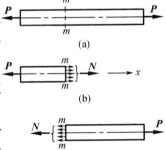

图 2.6

前面曾经指出,截面上的内力是分布在整个截面上的分布力系。利用截面法只能求出这些分布内力的合力。今后在研究各类问题时,所说的内力就是指截面上分布内力的合力。

当沿杆件轴线作用的外力多于两个时,杆件的轴力仍可用截面法计算。图 2.7(a) 所示杆 ABC 在 P_1,P_2,P_3 三力作用下处于平衡状态,计算 AB 段轴力时,在 AB 段内沿 $1-1$ 截面将杆截开,取左段为研究对象,如图 2.7(b) 所示,以 N_1 表示 $1-1$ 截面上的轴力。由左段的平衡条件

$$N_1 - P_1 = 0$$

得

$$N_1 = P_1 = 2 \text{ kN}$$

即 AB 段内的轴力为 $N_1 = 2$ kN。同样,计算 BC 段轴力时,在 BC 段内沿 $2-2$ 截面将杆截

开,仍取左段为研究对象(图 2.7(c)),以 N_2 表示 2—2 截面上的轴力。N_2 先设为正值,由左段的平衡条件

$$N_2 - P_1 + P_2 = 0$$

得

$$N_2 = P_1 - P_2 = -1\ \text{kN}$$

即 BC 段内的轴力为 $N_2 = -1\ \text{kN}$。所得结果为负,说明假设的轴力方向与实际方向相反,N_2 应是压力。计算 BC 段轴力时,也可取右段作为研究对象(图 2.7(d)),N_2 也先设为拉力,由右段平衡条件同样可得

$$N_2 = -P_3 = -1\ \text{kN}$$

一般用截面法将杆截开以后,为了计算的简便,应取外力个数较少的部分作为研究对象。

由以上讨论可见,在若干外力作用下,直杆各段内横截面上的轴力值彼此不同。在强度和刚度计算中,经常利用图线来表明杆件各个截面上的内力值随截面位置变化的情况。一般以平行于杆轴的坐标表示各个横截面的位置,以垂直于杆轴的坐标表示内力的代数值。将求得的各个横截面的内力按比例画在

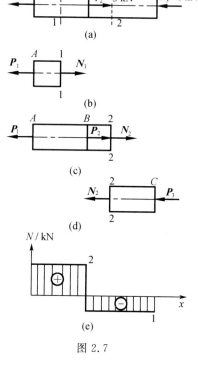

图 2.7

此坐标系中,这样绘制的图线称为内力图,表示轴力的图线称为轴力图。图 2.7(e) 即为 ABC 杆的轴力图。

例 2.1　等截面直杆受力如图 2.8(a) 所示,$P_1 = 120\ \text{kN}$,$P_2 = 90\ \text{kN}$,$P_3 = 60\ \text{kN}$,试画出该杆的轴力图。

解　(1) 求支座反力。

在计算杆的内力前,一般先计算其支座反力。设杆的支座反力为 **R**,如图 2.8(b) 所示,根据整个杆的平衡条件

$$-R + P_1 - P_2 + P_3 = 0$$

求得

$$R = P_1 - P_2 + P_3 = 120\ \text{kN} - 90\ \text{kN} + 60\ \text{kN} = 90\ \text{kN}$$

(2) 计算各段杆的轴力。

AB 段:用假想平面在 AB 段内将杆截开,取左段为研究对象,如图 2.8(c) 所示,截面上的轴力假设为拉力,用 N_1 表示。由平衡条件

$$N_1 - R = 0$$

得

$$N_1 = R = 90\ \text{kN}$$

BC 段:用假想平面在 BC 段内将杆截开,仍取左段为研究对象,如图 2.8(d) 所示,由平衡条件可得

$$N_2 = R - P_1 = 90\ \text{kN} - 120\ \text{kN} = -30\ \text{kN}$$

负号说明 N_2 实际上是压力。

CD 段：用假想平面在 CD 段内将杆截开，取右段为研究对象，如图 2.8(e) 所示，由平衡条件可得

$$N_3 = P_3 = 60 \text{ kN}$$

（3）画轴力图。

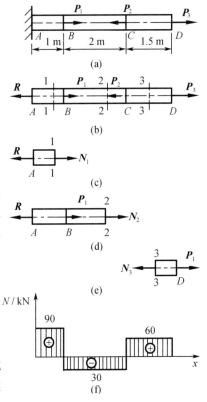

图 2.8

杆的轴力图如图 2.8(f) 所示。注意此图应与计算简图 2.8(a) 上下对应。由轴力图可见，AB 段内的轴力值最大，$N_{\max} = N_1 = 120 \text{ kN}$。

此题在求内力时须注意，BC 段内各截面上的内力不能主观地认为就是截面附近所作用的外力，即认为 $N_2 = -P_2$。轴力是内力，它与外力有关，但又不同于外力。当用截面法将杆截开分成两部分时，截面上的内力与作用在杆件任一部分上的所有外力组成平衡力系。据此可求出截面上的内力。

2.3　轴向拉伸或压缩时的应力

轴向拉（压）杆件横截面上的内力只有轴力，因此相应的应力也只有正应力 σ。由于假设杆件是均匀连续的变形固体，因此内力在横截面上是连续分布的。以 A 表示横截面面积，在微分面积 $\mathrm{d}A$ 上，内力元素 $\sigma\mathrm{d}A$ 组成一个垂直于横截面的平行力系，其合力就是轴力 N。于是得静力关系

$$N = \int_A \sigma \, \mathrm{d}A$$

因为横截面上应力 σ 随点位置的变化规律还不知道，故仅由上述静力关系式还不能确定 σ 和 N 之间的具体关系。下面从研究杆件的变形入手来寻求 σ 的变化规律。取一等直杆，受力变

图 2.9

形前，在杆侧面上画上一系列纵向线和横向线，如图 2.9 所示，让杆发生拉伸变形，变形后可观察到如下现象：

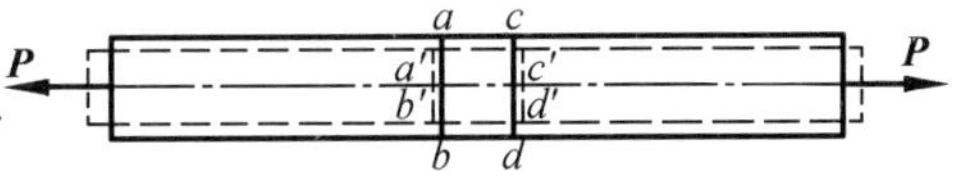

（1）杆件被拉长，但各横向线仍保持为直线，任意两相邻横向线相对地沿轴线平行移动了一段距离。

（2）变形后横向线仍垂直于轴线。

为了由上述的表面变形现象推断杆内的变形，可作如下假设：变形前为平面的横截面，变形后仍保持为平面，并且仍然垂直于轴线，这个假设称为平面假设。由该假设可以推断，拉杆变形后，任意两个横截面之间所有纵向线段的伸长量都相同，即横截面上各点的变形相同。又因假设材料是均匀、连续的，所以可知内力在横截面上是均匀分布的，即横截面各点处的分布内力集度（即正应力 σ）均相等，于是有

$$N = \int_A \sigma \, \mathrm{d}A = \sigma A$$

因此拉(压)杆横截面上的正应力为

$$\sigma = \frac{N}{A} \qquad\qquad (2.1)$$

规定 σ 的正负符号与 N 相同,以拉应力为正,压应力为负。

公式(2.1)是轴向拉(压)杆横截面上的正应力计算式,其适用条件是:作用在杆件上的外力作用线必须与杆件的轴线重合。另外,在外力作用点周围小区域内该公式不适用。在该区域内,应力分布十分复杂,并非均匀分布。由圣维南原理可知,这个小区域不大于杆的横向尺寸,故离外力作用点稍远处,公式(2.1)都能适用。

例 2.2　图 2.10 所示铰接支架,AB 为圆截面杆,其直径为 $d = 16$ mm,BC 为正方形截面杆,其边长为 $a = 14$ mm。若载荷 $P = 15$ kN,试计算各杆横截面上的应力。

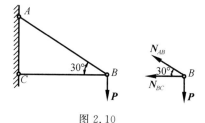

图 2.10

解　(1)计算各杆轴力。

用截面法,截取节点 B 为研究对象,各杆轴力假定为拉力。由平衡方程

$$\sum X = 0 : N_{AB}\cos 30° + N_{BC} = 0$$

$$\sum Y = 0 : N_{AB}\sin 30° - P = 0$$

得

$$N_{AB} = \frac{P}{\sin 30°} = 30 \text{ kN}$$

$$N_{BC} = -N_{AB}\cos 30° = -26 \text{ kN}$$

(2)计算各杆应力。

由公式(2.1)得

$$\sigma_{AB} = \frac{N_{AB}}{A_{AB}} = \frac{30 \times 10^3 \text{ N}}{\dfrac{\pi}{4} \times 16^2 \times 10^{-6} \text{ m}^2} = 149 \times 10^6 \text{ Pa} = 149 \text{ MPa}$$

$$\sigma_{BC} = \frac{N_{BC}}{A_{BC}} = \frac{-26 \times 10^3 \text{ N}}{14^2 \times 10^{-6} \text{ m}^2} = -133 \times 10^6 \text{ Pa} = -133 \text{ MPa}$$

2.4　拉(压)杆斜截面上的应力

前面讨论了杆件拉(压)时横截面上正应力的计算,它将作为后面拉(压)强度计算的依据。但对不同材料的实验表明,有些拉(压)杆件的破坏发生在斜截面上。因此,为了全面分析拉(压)杆件的强度,还需要进一步讨论其斜截面上的应力。

以图 2.11(a)所示拉杆为例,沿一个与横截面成 α 角的斜截面 $k - k$ 假想地将杆件截开,分成两部分。取左段杆为研究对象,如图 2.11(b)所示。由左段杆的平衡得

$$P_\alpha = P \qquad\qquad (2.2)$$

仿照得出横截面上正应力均匀分布规律的过程,也可以得出斜截面上各点全应力 p_α 均匀分布的结论。假设杆的横截面面积为 A,与横截面成 α 角的斜截面 $k-k$ 的面积为 A_α,则 $A_\alpha = \dfrac{A}{\cos \alpha}$,于是有

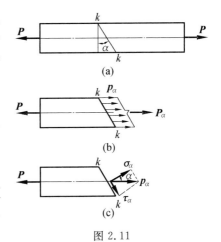

图 2.11

$$p_\alpha = \frac{P_\alpha}{A_\alpha} = \frac{P}{A}\cos \alpha = \sigma_0 \cos \alpha \qquad (2.3)$$

式中,$\sigma_0 = \dfrac{P}{A}$ 为杆横截面($\alpha = 0°$)上的正应力。

将斜截面上任一点处的全应力 $\boldsymbol{p}_\alpha$ 分解成垂直于斜截面的正应力 σ_α 和与斜截面相切的剪应力 τ_α,如图 2.11(c) 所示。利用式(2.3)可得

$$\sigma_\alpha = p_\alpha \cos \alpha = \sigma_0 \cos^2\alpha \qquad (2.4)$$

$$\tau_\alpha = p_\alpha \sin \alpha = \frac{\sigma_0}{2}\sin 2\alpha \qquad (2.5)$$

可见,在拉(压)杆的斜截面上,不仅存在正应力,而且还存在剪应力,其大小随截面方位的变化而变化。

σ_α,τ_α 及 α 的符号规定如下:正应力 σ_α 仍以拉为正,压为负;剪应力 τ_α 以绕示力对象有顺时针转向趋势时为正,反之为负;α 则以从 x 轴转至截面外法线 n 为逆时针转向时为正,反之为负。

由式(2.4),式(2.5)容易得出:

当 $\alpha = 0°$ 时(横截面)

$$\sigma_{0°} = \sigma_0 = \sigma_{\max}, \tau_{0°} = 0$$

即横截面上的正应力是所有各截面上正应力中的最大值。

当 $\alpha = 90°$ 时(纵截面)

$$\sigma_{90°} = \tau_{90°} = 0$$

即在平行于杆件轴线的纵截面上无任何应力。

当 $\alpha = 45°$ 时

$$\sigma_{45°} = \frac{\sigma_0}{2}, \tau_{45°} = \frac{\sigma_0}{2} = \tau_{\max}$$

当 $\alpha = -45°$ 时

$$\sigma_{-45°} = \frac{\sigma_0}{2}, \tau_{-45°} = -\frac{\sigma_0}{2} = \tau_{\min}$$

即在 $\pm 45°$ 的斜截面上,剪应力有最大、最小值,且其数值为最大正应力的一半。

2.5　轴向拉伸或压缩时的弹性变形

杆件在载荷作用下的变形分析是材料力学的基本内容。研究变形的目的:(1) 根据变形与力的关系,由变形规律确定应力的分布规律(如上一节的分析);(2) 进行刚度计

算。杆件发生轴向拉伸或压缩时,变形既有轴线方向的伸缩,又有横向尺寸的增减,前者称为纵向变形,后者称为横向变形。

2.5.1　纵向变形　虎克定律

等直杆如图 2.12 所示。设杆的原长为 l,横截面面积为 A。在轴向拉力 P 作用下,杆的长度由 l 变为 l_1。则杆沿轴线方向的绝对变形量为

$$\Delta l = l_1 - l \qquad (2.6)$$

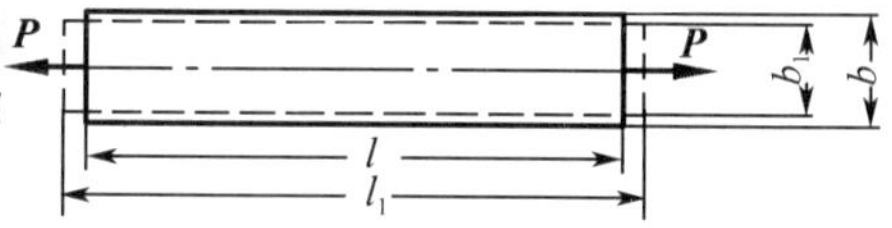

图 2.12

实验表明,杆件在轴向拉伸或压缩时,若外力不超过某一范围,则轴向变形 Δl 与外力 P 及杆长 l 成正比,与横截面面积 A 成反比,即

$$\Delta l \propto \frac{Pl}{A}$$

引入比例系数 E,则有

$$\Delta l = \frac{Pl}{EA} \qquad (2.7)$$

对于仅在两端受轴向外力作用的等直杆(如图 2.12 所示),由于 $N = P$,故式(2.7)可改写为

$$\Delta l = \frac{Nl}{EA} \qquad (2.8)$$

上式也适用于轴向压缩时的情况。杆件拉伸时,Δl 为正;杆件压缩时,Δl 为负。式(2.8)就是轴向拉伸与压缩时等直杆轴向变形的计算公式,通常称为虎克定律。式中的系数 E 与材料的性质有关,称为材料的拉压弹性模量,其值可由实验确定。弹性模量 E 反映材料抵抗弹性变形的能力,E 值越大,材料抵抗弹性变形的能力越强。

由式(2.8)可以看出,对长度相等、受力相同的杆件,EA 越大,杆件变形就越小,所以 EA 反映了杆件抵抗拉伸(压缩)变形的能力,称为杆件的抗拉(压)刚度。

若将 $\dfrac{N}{A} = \sigma$ 和 $\dfrac{\Delta l}{l} = \varepsilon$ 代入公式(2.8),整理后可得

$$\sigma = E\varepsilon \qquad (2.9)$$

这是虎克定律的另一种表示形式。因而虎克定律又可表述为:当应力不超过某一极限值时,应力与应变成正比。因为应变 ε 没有量纲,根据式(2.9),弹性模量 E 有与应力相同的量纲,是一个有单位的材料常数。

最后指出,公式(2.8)只有当轴力 N、横截面面积 A、材料的弹性模量 E 在杆长 l 内为常量时才能应用。对于阶梯杆或轴力分段变化的杆件,若要计算整个杆件的轴向变形,应分段应用公式(2.8),然后按代数值叠加,即

$$\Delta l = \sum \frac{N_i l_i}{EA_i} \qquad (2.10)$$

2.5.2　横向变形　泊松比

设杆件变形前的横向尺寸为 b,变形后为 b_1(见图 2.12),则杆的横向线应变为

$$\varepsilon' = \frac{\Delta b}{b} = \frac{b_1 - b}{b}$$

实验表明：当拉（压）杆的应力不超过某极限时，其横向应变 ε' 与纵向应变 ε 之间满足如下关系

$$\left| \frac{\varepsilon'}{\varepsilon} \right| = \mu \qquad\qquad (2.11)$$

式中，μ 称为泊松比或横向变形系数，是一个无量纲的量，其值随材料的不同而不同，可由实验测定。

考虑到横向应变 ε' 与纵向应变 ε 的符号相反，故有

$$\varepsilon' = -\mu\varepsilon \qquad\qquad (2.12)$$

弹性模量 E 和泊松比 μ 都是材料本身所固有的弹性常数，是反映材料弹性变形能力的参数。表 2.1 中给出了一些常用材料的 E 和 μ 值。

表 2.1　常用材料的 E 和 μ 值

材料名称	E/GPa	μ
碳钢	$196 \sim 216$	$0.24 \sim 0.28$
合金钢	$186 \sim 206$	$0.25 \sim 0.30$
灰铸铁	$80 \sim 157$	$0.23 \sim 0.27$
铜及其合金（黄铜、青铜）	$74 \sim 128$	$0.31 \sim 0.42$
混凝土	$14 \sim 35$	$0.16 \sim 0.18$
橡胶	0.0078	0.47

例 2.3　阶梯钢杆如图 2.13(a) 所示。已知 AC 段的横截面面积为 $A_1 = 500 \text{ mm}^2$，CD 段的横截面面积为 $A_2 = 200 \text{ mm}^2$，钢杆的弹性模量 $E = 200 \text{ GPa}$。试求：(1) 各段杆横截面上的内力和应力；(2) 杆的总伸长。

解　(1) 计算内力。

解除固定端约束，代之以约束反力 $\boldsymbol{R}_A$，如图 2.13(b) 所示。由整个杆的平衡方程

$$\sum X = 0: -R_A + P_1 - P_2 = 0$$

得 $R_A = 20 \text{ kN}$。

用截面法将杆分别在截面 Ⅰ—Ⅰ，Ⅱ—Ⅱ 处截开，如图 2.13(c)(d) 所示。由平衡条件可得 AB 段内任一截面上的轴力为

$$N_1 = R_A = 20 \text{ kN}$$

BC 和 CD 段内的轴力相同，其值为

$$N_2 = R_A - P_1 = -10 \text{ kN}$$

由此可绘出轴力图如图 2.13(e) 所示。

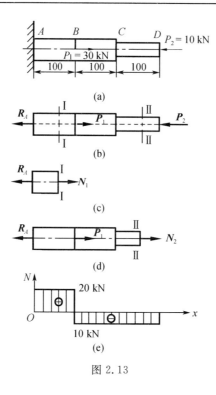

图 2.13

（2）计算应力。

按公式（2.1）可以计算各段杆内任一横截面上的正应力

$$\sigma_{AB} = \frac{N_1}{A_1} = \frac{20 \times 10^3 \text{ N}}{500 \times 10^{-6} \text{ m}^2} = 40 \times 10^6 \text{ Pa} = 40 \text{ MPa}$$

$$\sigma_{BC} = \frac{N_2}{A_1} = \frac{-10 \times 10^3 \text{ N}}{500 \times 10^{-6} \text{ m}^2} = -20 \times 10^6 \text{ Pa} = -20 \text{ MPa}$$

$$\sigma_{CD} = \frac{N_2}{A_2} = \frac{-10 \times 10^3 \text{ N}}{200 \times 10^{-6} \text{ m}^2} = -50 \times 10^6 \text{ Pa} = -50 \text{ MPa}$$

（3）计算杆的总伸长。

$$\Delta l_{AD} = \sum_{i=1}^{3} \frac{N_i l_i}{EA_i}$$

$$= \frac{1}{200 \times 10^9} \times \left(\frac{20 \times 10^3 \times 100 \times 10^{-3}}{500 \times 10^{-6}} - \frac{10 \times 10^3 \times 100 \times 10^{-3}}{500 \times 10^{-6}} - \right.$$

$$\left. \frac{10 \times 10^3 \times 100 \times 10^{-3}}{200 \times 10^{-6}} \right) \text{m}$$

$$= -0.015 \times 10^{-3} \text{ m} = -0.015 \text{ mm}$$

计算结果为负值，说明整个杆是缩短的。

例 2.4　尺寸为 $h \times l \times b = 50 \text{ mm} \times 250 \text{ mm} \times 10 \text{ mm}$ 的钢板如图 2.14 所示，其材料的弹性模量 $E = 200 \text{ GPa}$，泊松比 $\mu = 0.25$。求钢板在两端受到合力为 140 kN 的均布载荷作用时厚度的变化。

解　在两端的均布载荷作用下，钢板发生轴向拉伸变形。其横截面上正应力可按公式（2.1）计算，即

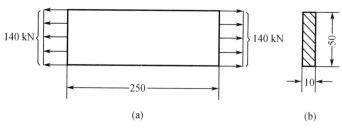

图 2.14

$$\sigma = \frac{P}{A} \tag{2.13}$$

由虎克定律

$$\varepsilon = \frac{\sigma}{E} \tag{2.14}$$

横向应变为

$$\varepsilon' = \frac{\Delta b}{b} = -\mu\varepsilon \tag{2.15}$$

于是

$$\Delta b = -\mu\varepsilon b \tag{2.16}$$

将式(2.14)代入式(2.16),并考虑式(2.13),得

$$\Delta b = -\mu \cdot \frac{P}{EA} \cdot b = -0.25 \times \frac{140 \times 10^3}{200 \times 10^3 \times 50 \times 10} \times 10 \ \mathrm{mm} = -0.003\ 5 \ \mathrm{mm}$$

即钢板的厚度减小了 $0.003\ 5 \ \mathrm{mm}$。

2.5.3　轴向拉伸(压缩)时的变形能

弹性体系在外力作用下产生变形,外力在相应的位移上做了功,外力所做的功将转变为储存在弹性体内的能量。当外力减小,变形逐渐消失时,弹性体又将释放储存的能量而做功。在外力作用下,弹性体因变形而储存的能量,称为变形能或应变能。

图 2.15(a)所示受轴向拉伸的直杆,作用于下端的拉力从零开始缓慢增加,直至增加到最终数值 P_1。随着力的增大,作用点的位移(即杆的伸长)也逐渐增大,其最终数值为 Δl_1。在应力小于比例极限的范围内,拉力 $\boldsymbol{P}$ 与伸长 Δl 成正比,如图 2.15(b)所示。在逐渐加力的过程中,当拉力为 $\boldsymbol{P}$ 时,杆件的伸长为 Δl。如再增加 $\mathrm{d}P$,杆件相应的变形增量为 $\mathrm{d}(\Delta l)$。于是杆件上力 $\boldsymbol{P}$ 因位移 $\mathrm{d}(\Delta l)$ 而做功,且所做的功为

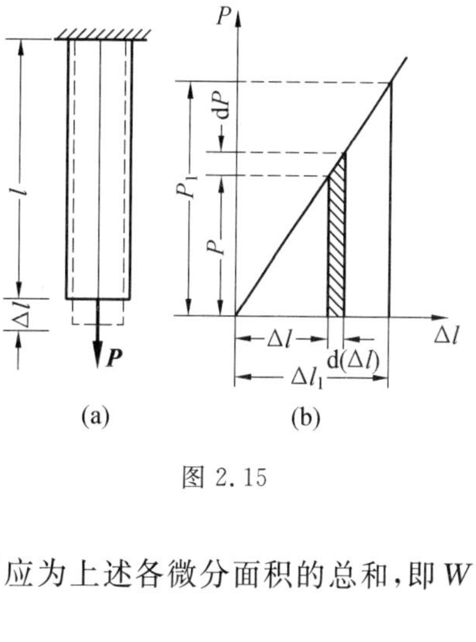

$$\mathrm{d}W = P\mathrm{d}(\Delta l)$$

图 2.15

显然,$\mathrm{d}W$ 等于图 2.15(b)中画阴影线部分的微分面积。把拉力看做是一系列 $\mathrm{d}P$ 的积累,则拉力的总功 W 应为上述各微分面积的总和,即 W 等于 $P - \Delta l$ 曲线下面的面积。故有

$$W = \frac{1}{2}P\Delta l$$

这里注意,因外力是从零开始逐渐增大至最终值 P,属线性变化的力做功,与恒力做功的情况不同。因此,外力功等于力的最终值 P 与位移最终值 Δl 的乘积的一半,即外力功的表达式中有系数 $\frac{1}{2}$。

　　若不计任何能量损耗,根据功能原理,弹性体内储存的变形能 U 应等于拉力 P 所做的功 W。即

$$U = W = \frac{1}{2}P\Delta l \qquad (2.17)$$

考虑轴力 $N = P$,并引用虎克定律 $\Delta l = \frac{Nl}{EA}$,得

$$U = \frac{N^2 l}{2EA} \qquad (2.18)$$

变形能的单位为焦耳(J),1 焦耳(J)=1 牛·米(N·m)。

　　对于应力不均匀分布的杆件,其内部各点受力和变形均不相等,因此储存在杆内各点处的变形能也不尽相同。为此引入单位体积内的变形能的概念,称为变形比能(简称比能),记作 u。

　　对线弹性材料的拉杆,杆内各点的受力和变形均相同,故比能为

$$u = \frac{U}{Al} = \frac{P\Delta l}{2Al} = \frac{1}{2}\sigma\varepsilon \qquad (2.19)$$

　　由虎克定律 $\sigma = E\varepsilon$,上式又可写成

$$u = \frac{1}{2}\sigma\varepsilon = \frac{\sigma^2}{2E} = \frac{E\varepsilon^2}{2} \qquad (2.20)$$

比能的单位是焦耳/米^3(J/m^3)。

2.6　材料在拉伸及压缩时的力学性能

　　材料力学的任务之一就是研究材料的力学性能。所谓材料的力学性能是指材料在受力变形过程中所表现出来的变形、破坏等方面的特性。构件的强度和刚度不仅与其尺寸和承受的载荷有关,还与其所用材料的力学性能密切相关。前面介绍的弹性模量 E 和泊松比 μ 就是反映材料力学性能的常数。材料的力学性能要由实验来测定。测试材料力学性能的实验有很多。本节所介绍的材料在常温、静载条件下的拉伸和压缩实验是研究材料力学性能的最基本的实验。

　　为了便于比较不同材料的实验结果,对实验所用试件的形状、加工精度、实验环境等,国家标准都有统一的规定。圆截面的拉伸标准试件如图 2.16 所示。试件较粗的两端是装夹部分。在试件中间部分画出一段长

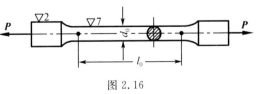

图 2.16

度为 l_0 的实验段,长度 l_0 称为标距。用 d_0 表示圆试件的直径,在国家标准中标距 l_0 与直径 d_0 有两种比例,即

$$l_0 = 5d_0 \text{ 和 } l_0 = 10d_0$$

轴向拉伸(压缩)实验通常是在万能材料实验机上进行的。实验时将试件安装在实验机上,缓慢加载使试件发生变形。作用力 P 的大小可以从实验机的示力盘上读出,标距 l_0 的变形量 Δl 可用相应的测量仪测出。从加载开始直至试件破坏,逐级地记录所加的载荷 P 及其相应的变形 Δl,并以 Δl 为横坐标,P 为纵坐标,绘出 $P-\Delta l$ 之间的关系曲线(大多数实验机可以自动绘出 $P-\Delta l$ 曲线)。标准试件的 $P-\Delta l$ 曲线因材料的不同而不同。工程中的材料按其力学性质可分为两大类:一类称为塑性材料,如低碳钢;另一类称为脆性材料,如铸铁。下面主要介绍这两类材料在拉伸和压缩变形时的力学性质。

2.6.1　低碳钢拉伸时的力学性质

低碳钢是指含碳量在 0.25% 以下的各种碳素钢,是工程中广泛使用的材料。它在拉伸时的力学性能具有一定的代表性,因此常用来阐明塑性材料的一些力学特性。

图 2.17 是低碳钢拉伸时绘制的 $P-\Delta l$ 曲线,这个曲线也称为拉伸图。拉伸图上每点的纵坐标和横坐标值都受试件几何尺寸的影响,为了消除试件尺寸的影响,获得反映材料固有特性的关系曲线,可将拉伸图中的 P 除以试件原横截面面积 A,得到正应力 $\sigma = \dfrac{P}{A}$,将 Δl 除以标距原长 l_0,得到线应变 $\varepsilon = \dfrac{\Delta l}{l_0}$。以 σ 为纵坐标,ε 为横坐标,作出 σ 与 ε 的关系图线,称为应力－应变曲线或 $\sigma-\varepsilon$ 曲线。低碳钢的应力－应变曲线如图 2.18 所示,其形状与其拉伸图相似。

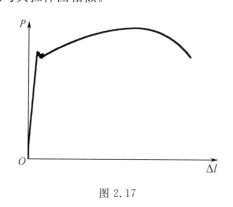

图 2.17

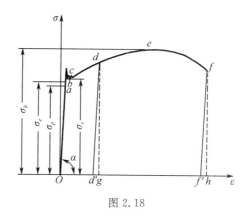

图 2.18

1. $\sigma-\varepsilon$ 曲线的四个阶段

在低碳钢的整个拉伸实验过程中,其 $\sigma-\varepsilon$ 曲线可以分为如下四个阶段:

(1) 弹性阶段。

弹性阶段即图 2.18 中的初始阶段 Ob。在这个阶段内试件的变形是完全弹性的。如果在这个阶段将载荷卸掉,变形可以完全消失。相应于 b 点的应力称为材料的弹性极限,用 σ_e 表示。在此阶段内,除靠近 b 点的极小一段 ab 是微弯的曲线外,其他部分(Oa 段)均

是直线,即在弹性阶段,应力与应变基本上成正比例关系。相应于 a 点的应力称为材料的比例极限,用 σ_p 表示。可见,前面介绍的虎克定律的适用范围是 $\sigma \leqslant \sigma_p$。由虎克定律可知

$$E = \frac{\sigma}{\varepsilon}$$

结合拉伸实验的 $\sigma - \varepsilon$ 曲线,可以看出图 2.18 中直线 Oa 的斜率就是弹性模量 E,即

$$E = \frac{\sigma}{\varepsilon} = \tan \alpha$$

Oa 段的斜率越大,材料的弹性模量 E 越大。

对一般的金属材料,在 $\sigma - \varepsilon$ 曲线上,a,b 两点十分靠近,实验中很难加以区别,所以工程中常近似地认为其比例极限和弹性极限相等。但是对于橡胶之类的非金属材料,其弹性性能可以延续,远远超过比例极限,因此上述近似就不合理了。

(2)屈服阶段。

屈服阶段即图 2.18 中的 bc 段。当应力超过材料的弹性极限后,曲线的斜率变小,到达某一点后应力突然下降,然后在很小的范围内波动。这时应变增加很快,而应力几乎不变,$\sigma - \varepsilon$ 曲线为接近水平的小锯齿形。这种应力几乎保持不变而应变迅速增加的现象称为材料的屈服或流动。屈服阶段的最低点所对应的应力称为材料的屈服极限或流动极限,用 σ_s 表示。

材料屈服时,在抛光的试件表面将出现与轴线成 45° 的条纹,如图 2.19 所示,这种条纹称为滑移线。滑移线是金属材料内部晶格之间相对滑移而形成的。晶格滑移导致材料产生了不可恢复的塑性变形,所以对于低碳钢这类材料来说,屈服极限 σ_s 是衡量材料强度的一个重要指标。

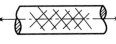

图 2.19

(3)强化阶段。

强化阶段即图 2.18 中的 ce 段。过了屈服阶段以后,曲线又逐渐上升,材料又恢复了抵抗变形的能力,必须增加拉力才能使试件继续变形,这种现象称为材料的强化。强化阶段的最高点 e 所对应的应力称为材料的强度极限,用 σ_b 表示,它是衡量材料强度的另一个重要指标。在强化阶段,试件的横向尺寸有明显缩小,但整个实验段的变形仍然是均匀的。

(4)局部变形阶段。

局部变形阶段即图 2.18 中的 ef 段。当应力达到强度极限后,在试件的某一局部范围内,横向尺寸突然急剧缩小,形成图 2.20 所示的颈缩现象。由于颈缩部分的横截面面积迅速减小,

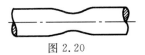

图 2.20

使试件继续变形所需的拉力越来越小,在 $\sigma - \varepsilon$ 图中,用原始横截面面积 A_0 算出的应力 $\sigma = \dfrac{P}{A_0}$ 随之下降,降到 f 点,试件被拉断,断口呈杯锥形。

2. 延伸率和截面收缩率

试件拉断后,弹性变形消失,标距范围内保留的塑性变形为

$$\Delta l = l_1 - l_0$$

式中，l_1 为断裂后的标距；l_0 为变形前的标距。

　　将 Δl 除以 l_0，并表示成百分数，这就是图 2.18 中的 Of'，称为延伸率，用 δ 表示，即

$$\delta = \frac{\Delta l}{l_0} \times 100\% = \frac{l_1 - l_0}{l_0} \times 100\%$$

　　延伸率是衡量材料塑性的主要指标。在工程上把 δ 值超过 5% 的材料称为塑性材料，如碳钢、合金钢、铜、铝等；把 δ 值小于 5% 的材料称为脆性材料，如铸铁、石料、混凝土、玻璃等。

　　以 A_1 表示试件断裂后断口处最小横截面面积，A_0 表示试件原来的横截面面积，用百分比表示的比值

$$\psi = \frac{A_0 - A_1}{A_0} \times 100\%$$

称为截面收缩率。截面收缩率 ψ 也是衡量材料塑性的指标。

3. 卸载定律和冷作硬化

　　如果将试件加载到强化阶段的某应力值，如图 2.18 中的 d 点，然后卸掉载荷，则卸载路径是沿着几乎与 Oa 平行的直线 dd' 回到横轴上的 d' 点，即在卸载的过程中，应力与应变之间按直线关系变化，这一规律称为卸载定律。应力全部卸除以后，在图 2.18 中，$d'g$ 表示卸除掉的弹性应变，而 Od' 则表示保留下来的塑性应变，二者之和即 Og 是加载到 d 点所产生的总应变。因此，超过弹性范围后的任一点 d 所对应的总应变包含弹性应变和塑性应变两部分。

　　若卸载后在短期内再重新加载，则应力—应变关系大致沿卸载时的斜直线 $d'd$ 上升，到达 d 点后又沿 def 曲线变化。比较图 2.18 中的曲线 $Oabcdef$ 和 $d'def$ 可以看出，对于在常温下经过一次加载—卸载处理的试件，当再次加载时，其比例极限（d 点的应力）提高了，但塑性变形降低了，这种现象称为冷作硬化。

　　对于某些对塑性要求不高的构件，可利用冷作硬化的方法提高它的强度，例如建筑钢筋一般都要经过冷拔处理，一些型钢采用冷轧处理，均是出于这个目的。对于要求产生较大塑性变形的工艺，应尽量消除冷作硬化的影响，工程上常采用的退火工艺就是起这个作用。

4. 其他塑性材料拉伸时的力学性质

　　工程中常用的塑性材料除低碳钢外，还有中碳钢、某些高碳钢、合金钢、黄铜、铝合金等。

　　图 2.21 给出了几种塑性材料拉伸时的 $\sigma - \varepsilon$ 曲线。从图 2.21 中可以看出，这些曲线有的没有明显的屈服阶段，有的没有颈缩阶段，但共同的特点是都有弹性阶段和较大的延伸率。

　　对于没有明显屈服阶段的塑性材料，工程上规定以产生 0.2% 的塑性应变时对应的应力作为屈服极限，称为名义屈服极限，用 $\sigma_{0.2}$ 表示（图 2.22）。

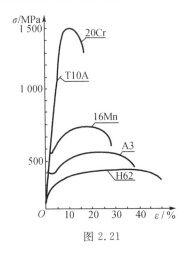

图 2.21

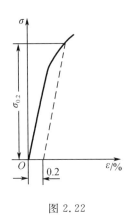

图 2.22

2.6.2　铸铁拉伸时的力学性质

灰口铸铁是典型的脆性材料,它在拉伸时的 $\sigma-\varepsilon$ 图线是一段微弯陡升的曲线(图 2.23)。从铸铁拉伸的实验现象和应力－应变图中可以看出,拉断前试件的变形很不明显,延伸率 $\delta=0.4\%\sim0.5\%$,试件沿横截面被拉断,断口粗糙。拉伸过程中没有屈服阶段和颈缩阶段,拉断时的最大应力即为其强度极限 σ_b。强度极限是衡量铸铁强度的唯一指标。铸铁的拉伸强度很低, σ_b 约为 140 MPa。 $\sigma-\varepsilon$ 曲线上没有明显的直线部分。为了确定弹性模量 E,工程上常以割线代替曲线的开始部分(图 2.23),将割线的斜率作为弹性模量,称为割线弹性模量。

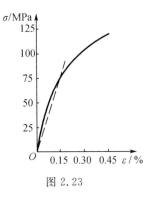

图 2.23

与铸铁拉伸力学性能相似的材料还有混凝土、石料等。铸铁经球化处理后成为球墨铸铁,其力学性能有显著变化,不但有较好的强度,还有较好的塑性性能。

2.6.3　低碳钢压缩时的力学性质

金属材料的压缩实验按照 GB 7314—87《金属压缩实验方法》的规定,通常采用圆柱体试件,为避免实验时被压弯,圆柱不能太高,通常取 $h=(1.5\sim3)d$,如图 2.24 所示。

低碳钢压缩时的 $\sigma-\varepsilon$ 曲线如图 2.25 中实线所示(为了比较,图中用虚线绘出了低碳钢拉伸时的 $\sigma-\varepsilon$ 曲线)。在屈服阶段以前,压缩曲线与拉伸曲线基本重合,这说明低碳钢压缩时的弹性模量 E、比例极限 σ_p、屈服极限 σ_s 均与拉伸时大致相同。但进入强化阶段以后,试件越压越扁,抗压能力越来越强,这已不再反映原试件的抗压能力,故无法测出材料的抗压强度极限。在实用上可认为低碳钢的抗拉性能和抗压性能相同。

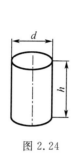
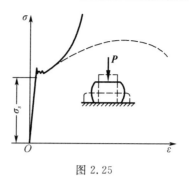

图 2.24　　　　　　　　　　　　　　图 2.25

2.6.4　铸铁及其他脆性材料压缩时的力学性质

铸铁压缩时的 $\sigma - \varepsilon$ 曲线如图 2.26 所示,将
其同铸铁拉伸时的 $\sigma - \varepsilon$ 曲线比较,可以看出:铸
铁压缩时也没有明显的直线部分,并且没有屈
服现象。但是,铸铁压缩时的延伸率比拉伸时
的要大得多,其抗压强度极限 σ_c 比其抗拉强度
极限 σ_b 也大很多,约高出 $4 \sim 5$ 倍。通常铸铁试
件压缩破坏的断口发生在与轴线成 $45° \sim 55°$ 的
斜方向上。脆性材料试件的破坏过程是个复杂
的力学过程,试件端面摩擦力是影响这一过程
的一个重要因素。对于采取良好磨光、润滑等

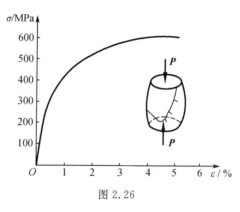

图 2.26

减小摩擦力措施处理的铸铁试件,压缩破坏的断口大致沿轴线方向。其他脆性材料,如混
凝土、石料等,其抗压强度也远高于抗拉强度。

脆性材料抗拉强度低,塑性性能差,但其抗压强度高,且价格低廉,所以宜于做成承压
构件。

另需指出,材料的力学性质与温度及载荷性质有关。上述结论仅限于常温、静载荷条
件。当温度及载荷条件改变时,材料的力学性质将有所不同。一般而言,温度低、力的作
用速度大,材料有变脆的趋势;温度高、力的作用速度小,则材料有塑性性能增强的趋势。

表 2.2 中列出了几种常用材料在常温、静载下 σ_s,σ_b 和 δ 的数值。

表 2.2　　几种常用材料的主要力学性能

材料名称	牌号	σ_s/MPa	σ_b/MPa	δ/%
普通碳素钢	A2	$186 \sim 216$	$333 \sim 412$	31
	A3	$216 \sim 235$	$373 \sim 461$	$25 \sim 27$
优质碳素结构钢	15	226	373	27
	40	333	569	19
普通低合金结构钢	12Mn	$274 \sim 294$	$437 \sim 441$	$19 \sim 21$
	16Mn	$274 \sim 343$	$471 \sim 510$	$19 \sim 21$

续表 2.2

材料名称	牌号	σ_s/MPa	σ_b/MPa	$\delta/\%$
合金结构钢	20Cr	539	834	10
	40Cr	785	981	9
球墨铸铁	QT40—10	294	392	10
	QT45—5	324	441	5
灰口铸铁	HT15—33		$97.1 \sim 274$(拉)	
			673(压)	
	HT30—54		$255 \sim 294$(拉)	
			1 088(压)	

2.7　轴向拉伸或压缩时的强度计算

2.7.1　安全系数和许用应力

由实验可知,杆件在轴向载荷作用下,当横截面上的应力达到某一极限值时,材料就会破坏。引起材料破坏的应力称为极限应力,以 σ_u 表示。材料的极限应力由其性质确定,对于塑性材料,当应力达到屈服极限时,材料就开始产生明显的塑性变形,这对一般构件是不允许的,所以这类材料的极限应力是其屈服极限 σ_s(或 $\sigma_{0.2}$);对于脆性材料,断裂是破坏的唯一标志,所以这类材料的极限应力是其拉伸强度极限 σ_b 或压缩强度极限 σ_c。

为保证构件有足够的强度,构件的实际工作应力 σ 显然应低于其极限应力,即必须给构件的强度留有一定的安全储备。在强度计算中,通常取极限应力除以一个大于 1 的系数作为构件工作应力的上限,这个应力称为许用应力,用 $[\sigma]$ 表示,即

$$[\sigma] = \frac{\sigma_u}{n} \tag{2.21}$$

式中,大于 1 的系数 n 称为安全系数。

安全系数 n 的确定相当重要又比较复杂。安全系数是因实际构件的尺寸等的使用状态的推断有可能不准确而补充的一个设计系数。所以,安全系数越大,安全性就越高。但如果安全系数变大,会因为质量增大到超过需要而变得不经济。合理地选取安全系数应综合考虑许多安全方面和经济方面的因素。安全系数选取的合理与否与科技发展水平有密切关系。

各种材料在不同工作条件下的安全系数或许用应力值,可以从有关设计规范或材料手册中查到。在一般的强度计算中,对于塑性材料,可取 $n_s = 1.2 \sim 2.5$;对于脆性材料,可取 $n_b = 2 \sim 3.5$,甚至取到 $3 \sim 9$,具体数据可查有关设计规范。

2.7.2　强度计算

为了保证轴向拉(压)杆件能有足够的强度,杆内最大工作应力不得超过材料在拉伸

（压缩）时的许用应力,即要求

$$\sigma_{\max} = \left(\frac{N}{A}\right)_{\max} \leqslant [\sigma] \tag{2.22}$$

等截面杆件的杆内最大工作应力要求

$$\sigma_{\max} = \frac{N_{\max}}{A} \leqslant [\sigma] \tag{2.23}$$

式(2.22)(2.23)即是轴向拉(压)杆件的强度条件。产生最大工作应力的截面称为危险截面。

利用强度条件,可以解决工程中三个方面的强度计算问题:

1. 强度校核

已知杆件的材料、截面尺寸和所承受的载荷,校核杆件是否满足强度条件。若能满足,说明杆件的强度足够;否则,说明杆件不安全。

2. 设计截面

已知杆件需承受的载荷及材料的许用应力,要求确定杆件所需要的最小横截面面积和相应的尺寸。这时强度条件可变换为如下形式

$$A \geqslant \frac{N_{\max}}{[\sigma]} \tag{2.24}$$

由此式算出需要的横截面面积,然后确定截面尺寸。

3. 确定许用载荷

已知杆件的尺寸和材料的许用应力,要求确定杆件所能承受的最大载荷。这时可按下式计算杆件所允许的最大轴力

$$N_{\max} \leqslant A[\sigma] \tag{2.25}$$

从而确定杆件的许用载荷。

例 2.5　试校核图 2.27(a)所示提升料车的钢索的强度。已知钢索横截面面积 $A = 2.8 \text{ cm}^2$,强度极限 $\sigma_b = 400 \text{ MPa}$,安全系数 $n_b = 4.5$。忽略轮和钢轨的摩擦。

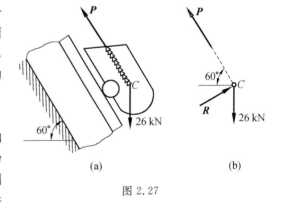

图 2.27

解　(1)计算钢索拉力。

以料车的重心 C 为中心,作受力图如图 2.27(b)所示。钢轨对轮的支反力为 $\boldsymbol{R}$,钢索拉力为 $\boldsymbol{P}$,料车重 26 kN,它们在同一平面内且汇交于点 C。由平衡条件可得

$$P = 26\cos 30° \text{ kN} = 22.5 \text{ kN}$$

(2)校核钢索强度。

钢索的破坏应力一般取强度极限 σ_b,所以钢索的许用应力为

$$[\sigma] = \frac{\sigma_b}{n_b} = \frac{400}{4.5} \text{ MPa} = 88.9 \text{ MPa}$$

钢索的工作应力为

$$\sigma = \frac{P}{A} = \frac{22.5 \times 10^3}{2.8 \times 10^{-4}} \text{ Pa} = 80.4 \text{ MPa} < [\sigma]$$

钢索强度足够。

例 2.6　等圆截面直杆受力如图 2.28(a) 所示，材料为铸铁，其拉伸许用应力 $[\sigma_T] = 60$ MPa，压缩许用应力 $[\sigma_C] = 120$ MPa，弹性模量 $E = 80$ GPa。求：(1) 画轴力图；(2) 设计横截面直径；(3) 计算杆的总伸长。

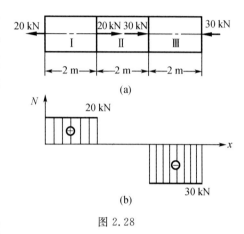

图 2.28

解　(1) 画轴力图。

由截面法求得 Ⅰ，Ⅱ，Ⅲ 三段杆横截面的内力分别为 $N_1 = 20$ kN，$N_2 = 0$，$N_3 = -30$ kN，由此可画出轴力图如图 2.28(b) 所示。

(2) 设计横截面直径。

Ⅲ 段中负轴力比 Ⅰ 段中正轴力的绝对值大，但由于铸铁的抗拉、抗压性能不同，故 Ⅰ，Ⅲ 两段中的横截面都是危险截面。按拉伸强度设计有

$$d' \geqslant \sqrt{\frac{4N_1}{\pi[\sigma_T]}} = \sqrt{\frac{4 \times 20 \times 10^3}{3.14 \times 60 \times 10^6}} \text{ m} = 20.6 \text{ mm}$$

按压缩强度设计有

$$d'' \geqslant \sqrt{\frac{4N_2}{\pi[\sigma_C]}} = \sqrt{\frac{4 \times 30 \times 10^3}{3.14 \times 120 \times 10^6}} \text{ m} = 17.8 \text{ mm}$$

故该杆直径应取 $d = d' = 20.6$ mm。结果表明，尽管该杆的轴向拉力比轴向压力小，但是杆件的横截面尺寸还是由轴向拉力决定，这是因为铸铁的抗拉能力比抗压能力低。

(3) 计算杆的总伸长。

根据公式(2.10)，该杆的总伸长为

$$\Delta l = \Delta l_1 + \Delta l_2 + \Delta l_3 = \frac{20 \times 10^3 \times 2 \times 10^3}{80 \times 10^3 \times \dfrac{3.14 \times (20.6)^2}{4}} \text{ mm} + 0 \text{ mm} -$$

$$\frac{30 \times 10^3 \times 2 \times 10^3}{80 \times 10^3 \times \dfrac{3.14 \times (20.6)^2}{4}} \text{ mm} = -0.75 \text{ mm}$$

式中，"一"号表示杆件实际上是缩短了。

例 2.7　图 2.29(a) 所示铰接结构，杆 1 和杆 2 的许用应力分别为 $[\sigma]_1 = 140$ MPa，$[\sigma]_2 = 100$ MPa，横截面面积分别为 $A_1 = 4$ cm²，$A_2 = 3$ cm²。求结构的许可载荷。

解　(1) 计算各杆内力。

截取节点 A 为研究对象，如图 2.29(b) 所示，由节点 A 的平衡方程

$$N_2 \sin 45° - N_1 \sin 30° = 0$$

$$N_1 \cos 30° + N_2 \cos 45° - P = 0$$

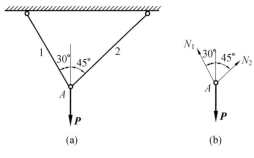

图 2.29

解得

$$N_1 = \frac{2P}{\sqrt{3}+1} = 0.732P$$

$$N_2 = \frac{\sqrt{2}P}{\sqrt{3}+1} = 0.518P$$

（2）确定许可载荷。

由杆 1 的强度条件

$$\sigma_1 = \frac{N_1}{A_1} = \frac{0.732P}{A_1} \leqslant [\sigma]_1$$

可得

$$P \leqslant \frac{A_1 [\sigma]_1}{0.732} = \frac{4 \times 10^{-4} \times 140 \times 10^6}{0.732} \text{ N} = 76.5 \text{ kN}$$

由杆 2 的强度条件

$$\sigma_2 = \frac{N_2}{A_2} = \frac{0.518P}{A_2} \leqslant [\sigma]_2$$

可得

$$P \leqslant \frac{A_2 [\sigma]_2}{0.518} = \frac{3 \times 10^{-4} \times 100 \times 10^6}{0.518} \text{ N} = 57.9 \text{ kN}$$

取两者中较小值,结构许可载荷$[P] = 52.9$ kN。

例 2.8　结构受力如图 2.30(a)所示。q 是均布在水平长度上的载荷集度,设 AC 杆为刚性杆,BD 杆为圆截面,许用拉应力$[\sigma] = 150$ MPa,弹性模量 $E = 200$ GPa。试计算 BD 杆的直径以及 C 点的铅垂位移。

解　（1）计算 BD 杆的直径。

设 BD 杆受到的拉力为 N,由 AC 杆的平衡方程

$$\sum M_A = 0: N \times 1 \text{ m} - 17.3 \text{ kN/m} \times 2 \text{ m} \times 1 \text{ m} - 20 \text{ kN} \times 2 \text{ m} = 0$$

得

$$N = 74.6 \text{ kN}$$

再由强度条件得

$$A \geqslant \frac{N}{[\sigma]} = \frac{74.6 \times 10^3}{150 \times 10^6} \text{m}^2 = 497 \text{ mm}^2$$

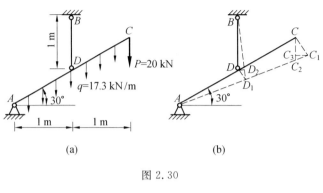

图 2.30

$$d \geqslant \sqrt{\frac{4A}{\pi}} = \sqrt{\frac{4 \times 497}{\pi}} \ \text{mm} = 25.2 \ \text{mm}$$

取直径为 $d = 26$ mm。

（2）计算 C 点的铅垂位移。

由于 BD 杆的伸长，刚性杆 AC 转到新位置 AC_1，如图 2.30(b) 所示，D 点移到 D_1 点，C 点移到 C_1 点，作铅垂线 CC_2 和水平线 C_1C_3，且 CC_2 与 C_1C_3 交于点 C_3，则 CC_3 就是 C 点的铅垂位移。作 DD_2 垂直于 BD_1，则 D_2D_1 是 BD 杆的伸长。

$$D_2D_1 = \Delta l = \frac{Nl}{EA} = \frac{74.6 \times 10^3 \times 1}{200 \times 10^9 \times 497 \times 10^{-6}} \ \text{m} = 0.75 \ \text{mm}$$

再由几何关系

$$CC_1 = 2DD_1, \quad D_2D_1 = DD_1 \cos 30°, \quad CC_3 = CC_1 \cos 30°$$

于是

$$CC_3 = 2DD_1 \cos 30° = 2D_2D_1 = 2 \times 0.75 \ \text{mm} = 1.5 \ \text{mm}$$

讨论：对于本题，如规定 C 点的铅垂位移不超过 $[\Delta]$，即要求整个结构具有一定的刚度。这时，可先算出 C 点的铅垂位移 Δ，再和容许位移 $[\Delta]$ 进行比较，如能满足 $\Delta \leqslant [\Delta]$，刚度是足够的，我们称此条件为刚度条件。对于某些结构或系统，如桁架、气阀机械等，要考虑刚度条件，即要求某些点的位移不能过大。对于大多数承受拉压的工程构件，往往只要求满足强度条件，而不用讨论它的刚度。

例 2.9　铆钉连接结构如图 2.31(a)，(b) 所示，已知主板受到的轴向拉力 $P = 110$ kN，其材料许用应力 $[\sigma] = 160$ MPa，板宽 $b = 80$ mm，板厚 $t = 12$ mm。若各铆钉的材料和直径均相同，且铆钉孔直径 $d = 16$ mm，试校核板的强度。

解　（1）分析内力。

当铆钉的材料和直径均相同，且铆钉群的分布对称于轴向外力时，通常认为每个铆钉都承受相同大小的作用力。故本题中每个铆钉受到的力均为 $P/4$。设想将上主板单独取出，其受力情况如图 2.31(c) 所示。于是可做出上主板的轴力图如图 2.31(d) 所示。

（2）确定危险截面。

将主板分为四段，其中 $1-2$，$3-4$ 段的最小横截面面积相同，可是 $3-4$ 段的内力是 $1-2$ 段内力的 $1/4$，所以 $3-4$ 段内的最小横截面不可能是危险截面。比较 $2-3$ 段和 $1-2$ 段可以发现，前者轴力小，但最小横截面面积也较小，后者轴力大，最小横截面面积

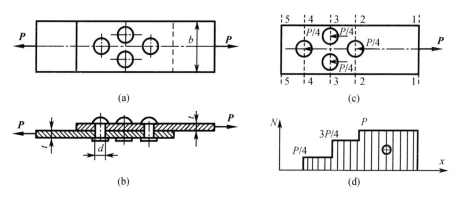

图 2.31

也较大,所以这两段的最小横截面都是危险截面。

$1-2$ 段:

$$\sigma_{max} = \frac{110 \times 10^3}{(80-16) \times 12} \text{ MPa} = 143 \text{ MPa} < [\sigma]$$

$2-3$ 段:

$$\sigma_{max} = \frac{3 \times 110 \times 10^3}{4 \times (80-16 \times 2) \times 12} \text{ MPa} = 143 \text{ MPa} < [\sigma]$$

因为板的各段都满足强度要求,故此主板安全。

2.8 　应力集中的概念

在轴向拉伸与压缩时,等截面直杆或截面缓慢改变的直杆的横截面上,正应力是均匀分布的。但在工程中,由于实际需要,有些构件必须有切口、切槽、油孔、螺纹、轴肩等,构件的截面尺寸在这些部分发生突然改变。实验结果和理论分析均表明:在构件截面尺寸突然改变的局部区域内,应力急剧增加,而离开这个区域稍远处,应力又趋于缓和,如图 2.32 所示。这种现象称为应力集中。

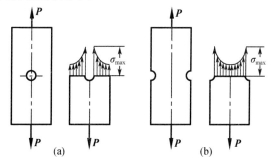

图 2.32

为了描述应力集中的程度,可引入应力集中系数 α。设 σ_{max} 是发生应力集中截面上的最大应力,σ 是同一截面上的平均应力,则有

$$\alpha = \frac{\sigma_{max}}{\sigma}$$

式中，α 是一个大于1的数。

实验指出，截面尺寸改变越急剧、孔越小、角越尖，应力集中的程度越严重。因此，工程上应尽量避免尖角和尖槽。各种典型的键槽、油孔等在不同受力情况下的应力集中系数可查有关手册。

在静载荷作用下，应力集中对构件承载能力的影响程度与构件材料对应力集中的敏感程度有关。

塑性材料有屈服阶段，当局部的最大应力 σ_{max} 达到屈服极限 σ_s 时，只有塑性变形增大，应力基本上不再增加，但却与未屈服的部分同步变形。当外力继续增加时，增加的载荷由尚未屈服的材料承担。结果截面上的屈服区域逐渐扩大，直至截面上的应力趋于平均（如图 2.33 所示）。因此，塑性材料能够缓和应力集中。用塑性材料制成的构件在静载作用下，可以不考虑应力集中对其承载能力的影响。例如由塑性材料制成的有孔和无孔的两杆相比，只要横截面面积相同，即可认为两者的承载能力相同。

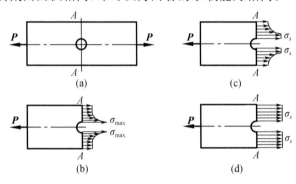

图 2.33

对于比较均质的脆性材料，由于其没有屈服阶段，当载荷增加时，应力集中处的最大应力 σ_{max} 一直领先，首先达到强度极限 σ_b，该处将首先产生裂纹。因此，对于均质脆性材料制成的构件，应力集中的危害性显得很严重，应考虑其对构件承载能力的影响。

对于灰口铸铁这类非均质的脆性材料，其内部存在有组织结构的缺陷，这是产生应力集中的主要因素，而外形尺寸改变所引起的应力集中就成为次要因素。由材料实验所得的强度指标 σ_b 是经内部应力集中严重削弱后的数据。因此，在静载下用非均质脆性材料制成的构件不再考虑应力集中对其承载能力的影响。

对于动载荷，无论什么材料，应力集中的影响都不可忽视。

2.9　拉压超静定问题

2.9.1　超静定的概念

在前面所讨论的问题中，杆件的约束反力和内力都可以用静力平衡条件确定，这类问题称为静定问题。在工程实际中，有时为减小构件内的应力或变形（位移）往往采用更多的构件或支座，这时作用于研究对象上的未知力数目多于静力平衡方程的数目，因而不能单凭静力平衡方程来求出未知力,这种问题称为超静定问题(或静不定问题)。未知力个数与静力平衡方程个数的差称为超静定次数。图 2.34(a)(b) 所示的两个结构均为一次超静定结构。

分析图 2.34(b) 所示超静定结构。如果没有下面的固定支座,则杆 ABC 在 P 力作用下,由于上端固定,已能保持平衡,是一个静定结构。从工程需要出发,例如为加强杆的承载能力,在下端增加了固定支座,于是就变成了超静定问题。也正是由于下端的固定约束,又提供了解决问题的条件。

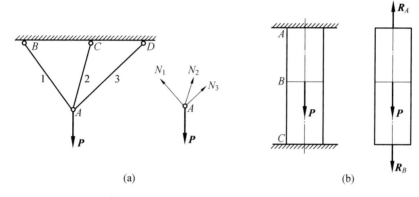

图 2.34

2.9.2　超静定问题的解法

解超静定问题,除要列出静力平衡方程外,还需要列出足够数目的补充方程。这些补充方程可通过结构变形的几何关系(又称为变形谐调条件)及联系力与变形的物理关系来建立。联立求解补充方程和静力平衡方程即可求得全部的未知力。

现以图 2.35 为例,说明超静定问题的解法。

图 2.35(a) 所示为两端固定的杆,在 C, D 两截面有一对力 P 作用,杆的横截面面积为 A,弹性模量为 E,现计算杆内的最大应力。

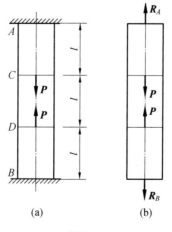

图 2.35

假设 A,B 两端的约束反力分别为 $\boldsymbol{R}_A,\boldsymbol{R}_B$，方向如图 2.35(b) 所示，杆上作用的四力为一共线力系，仅能列出一个平衡方程，故为一次超静定问题。AB 杆的平衡方程为

$$\boldsymbol{R}_A - \boldsymbol{P} + \boldsymbol{P} - \boldsymbol{R}_B = 0$$

所以

$$\boldsymbol{R}_A = \boldsymbol{R}_B \tag{2.26}$$

本例需要找一个补充方程。为此，先从几何方面研究杆件的变形关系。因两端固定，杆的轴向变形总和应为零。即

$$\Delta l_{AC} + \Delta l_{CD} + \Delta l_{DB} = 0 \tag{2.27}$$

式(2.27) 就是变形谐调条件。通过物理关系可将变形用未知力来表示，即

$$\Delta l_{AC} = \frac{N_{AC} l}{EA} = \frac{R_A l}{EA}, \Delta l_{CD} = \frac{N_{CD} l}{EA} = \frac{(R_A - P) l}{EA}, \Delta l_{DB} = \frac{N_{DB} l}{EA} = \frac{R_B l}{EA}$$

代入式(2.27) 得

$$\frac{R_A l}{EA} + \frac{(R_A - P) l}{EA} + \frac{R_B l}{EA} = 0$$

整理后得

$$2R_A + R_B = P \tag{2.28}$$

式(2.28) 即为所需要的补充方程。

联立式(2.26) 和式(2.28)，求解得

$$R_A = R_B = \frac{P}{3}$$

这样，问题就转化为静定的了。

由截面法得各段杆的内力分别为

$$N_{AC} = \frac{P}{3}, N_{CD} = -\frac{2}{3}P, N_{DB} = \frac{P}{3}$$

可见 CD 段的内力最大，故

$$\sigma_{max} = \frac{N_{max}}{A} = \frac{N_{CD}}{A} = -\frac{2P}{3A}$$

例 2.11　铰接结构如图 2.36(a) 所示。若 1,2 杆的抗拉刚度同为 $E_1 A_1$，3 杆的抗拉刚度为 $E_3 A_3$，试求在 $\boldsymbol{P}$ 力作用下的三杆内力。

解　(1) 建立平衡方程。

由对称性，1,2 两杆的轴力相同，即 $N_1 = N_2$。设三根杆的轴力皆为拉力，节点 A 的受力如图 2.36(b) 所示，于是有平衡方程

$$\sum Y = 0; 2N_1 \cos \alpha + N_3 = P \tag{2.29}$$

(2) 建立变形谐调条件。

设变形后节点 A 移动到 A_1，位移 AA_1 就是杆 3 的伸长 Δl_3，利用小变形条件，可认为

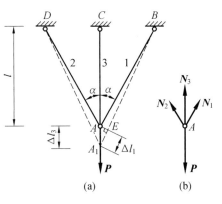

图 2.36

$\angle AA_1B=\alpha$。以 B 点为圆心,杆1的原长 BA 为半径作弧,交 A_1B 于点 E,弧线以外的线段 A_1E 即为杆1的伸长 Δl_1。在 $\angle ABA_1$ 非常小的情况下,可认为 $AE \perp A_1B$。于是在三角形 AEA_1 中有以下变形谐调条件

$$\Delta l_1 = \Delta l_3 \cos \alpha \tag{2.30}$$

（3）建立补充方程。

由虎克定律

$$\Delta l_1 = \frac{N_1 l}{E_1 A_1 \cos \alpha}, \quad \Delta l_3 = \frac{N_3 l}{E_3 A_3}$$

代入式(2.30)得补充方程为

$$\frac{N_1 l}{E_1 A_1 \cos \alpha} = \frac{N_3 l}{E_3 A_3} \cos \alpha \tag{2.31}$$

（4）确定内力。

联立求解式(2.29)、式(2.31)得

$$N_1 = \frac{P}{2\cos \alpha + \dfrac{E_3 A_3}{E_1 A_1 \cos^2 \alpha}}, \quad N_3 = \frac{P}{1 + 2\dfrac{E_1 A_1}{E_3 A_3} \cos^3 \alpha}$$

求解超静定问题的一般步骤可归纳为：

（1）从力学方面列出静力平衡方程；

（2）从变形几何方面,观察体系的可能变形,根据变形谐调关系列出变形方程；

（3）在物理方面,把力和变形用物理关系如虎克定律联系起来；

（4）综合变形几何和物理两个方面,即可得到补充方程；

（5）联立求解平衡方程和补充方程,即可求得未知力,问题变为静定问题。

这里特别提醒,解题时要注意内力与变形之间的符号对应关系。开始时,杆件内力的符号可以任意设定,作出示力图。当示力图中杆件内力设为拉力时,变形谐调图内该杆应为伸长变形；当示力图中杆件内力设为压力时,变形谐调图内该杆应为缩短变形。最后求得内力的结果若是正值,则表示实际内力方向与原设方向相同；如内力结果为负,则实际内力方向与原设方向相反。

这类问题的变形图还有另外一种画法,现仍以上述三杆问题为例说明。设三杆轴力皆为拉力,三杆都对应伸长变形。设变形后节点 A 移动到 A_1,如图 2.37 所示。由 A_1 向 BA 或 BA 的延长线作垂线,垂足为 E,AE 即是杆1的伸长 Δl_1；同样,由 A_1 向 DA 或 DA 的延长线作垂线,可得杆2的伸长 Δl_2。在三角形 AEA_1 中,$\angle EAA_1 = \alpha$,显然也有变形几何关系

$$\Delta l_1 = \Delta l_3 \cos \alpha$$

这种画法图形更清楚。

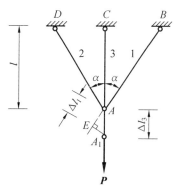

图 2.37

例 2.12　图 2.38(a) 所示支架中三根杆件的材料相同,横截面面积分别为 A_1, A_2, A_3,试求各杆的应力。

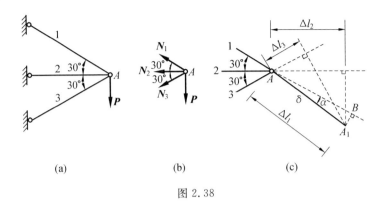

图 2.38

解　（1）建立平衡方程。

设三杆皆为拉杆，由图 2.38(b) 可得节点 A 的平衡方程为

$$\begin{cases} N_1 \sin 30° - N_3 \sin 30° = P \\ N_1 \cos 30° + N_2 + N_3 \cos 30° = 0 \end{cases} \tag{2.32}$$

（2）建立变形谐调条件。

设变形后节点 A 移动到 A_1，如图 2.38(c) 所示。由 A_1 分别向 1,2,3 杆作垂线，设 $AA_1 = \delta$，$\angle A_1AB = \alpha$，则有

$$\Delta l_1 = \delta \cos \alpha$$

$$\Delta l_2 = \delta \cos(\alpha + 30°) = \frac{\sqrt{3}}{2} \delta \cos \alpha - \frac{1}{2} \delta \sin \alpha$$

$$\Delta l_3 = \delta \cos(\alpha + 60°) = \frac{1}{2} \delta \cos \alpha - \frac{\sqrt{3}}{2} \delta \sin \alpha$$

上述 3 式消去参数 δ, α 后有

$$\Delta l_1 - \sqrt{3} \Delta l_2 + \Delta l_3 = 0 \tag{2.33}$$

这就是变形谐调条件。将物理关系代入后就得到补充方程。以下请同学们自行完成。

3. 装配应力

所有结构的构件在制造中都会有一些误差。这种误差在静定结构中只是造成结构几何形状的轻微变化，不会引起任何内力，如图 2.39(a) 所示。但在超静定结构中，加工误差往往要引起内力。如图 2.39(b) 所示的结构，若三杆的材料、横截面面积均相同，AB 为

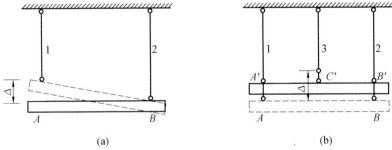

图 2.39

刚性体,因加工误差,杆 3 的长度比应有的长度短,则装配时必须把杆 3 拉长至 C',同时把杆 1,2 分别压短至 A',B',才能装配成图 2.39(b) 中实线所示位置。这样装配后,结构虽未受到外部载荷作用,但各杆中已有内力,这时引起的应力称为装配应力。装配应力的存在一般是不利的,但有时也可有意识地利用装配应力来提高结构的承载能力。

例 2.13　　吊桥吊索的一节由三根长为 l 的钢杆组成,如图 2.40(a) 所示。若三杆的横截面面积相等,材料相同,弹性模量 $E = 200\,\text{GPa}$,中间钢杆的加工误差 $\Delta = -\dfrac{l}{2\,000}$,这里负号表示短于名义长度。试求各杆的装配应力。

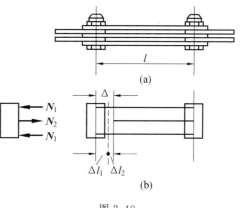

图 2.40

解　　吊索的一节简化成如图 2.40(b) 所示的超静定结构。装配后,左端刚体轴线移到图示虚线位置。此时,两侧杆受到压缩,中间杆受到拉伸。设两侧杆轴向压力为 N_1,中间杆轴向拉力为 N_2,则有平衡条件

$$N_2 - 2N_1 = 0 \tag{2.34}$$

若两侧杆缩短了 Δl_1,中间杆伸长了 Δl_2,则变形谐调条件为

$$\Delta l_1 + \Delta l_2 = |\Delta| = \frac{l}{2\,000} \tag{2.35}$$

由物理关系

$$\Delta l_1 = \frac{N_1 l}{EA},\ \Delta l_2 = \frac{N_2 l}{EA}$$

代入式(2.35)得补充方程为

$$\frac{N_1 l}{EA} + \frac{N_2 l}{EA} = \frac{l}{2\,000} \tag{2.36}$$

联立求解式(2.34)和式(2.36)得

$$N_1 = \frac{EA}{6\,000},\ N_3 = \frac{EA}{3\,000}$$

两侧杆和中间杆的装配应力分别为

$$\sigma_1 = \frac{N_1}{A} = \frac{E}{6\,000} = \frac{200 \times 10^9}{6 \times 10^3}\ \text{Pa} = 33.3\ \text{MPa(压)}$$

$$\sigma_2 = \frac{N_2}{A} = \frac{E}{3\,000} = \frac{200 \times 10^9}{3 \times 10^3}\ \text{Pa} = 66.7\ \text{MPa(拉)}$$

4. 温度应力

温度变化将引起物体的膨胀或收缩。在静定结构中,由于均匀变温使杆件能自由变形,故这种由于温度变化而引起的变形不会在杆件中引起内力。但在超静定结构中,这种变形将引起内力,与这种内力相对应的应力称为温度应力。

例 2.14　　蒸汽锅炉与原动机间的管道连接的示意图如图 2.41(a) 所示。通过高温蒸

汽后,管道温度增加 Δt,设管道材料的线膨胀系数为 α,弹性模量为 E,试求温度应力。

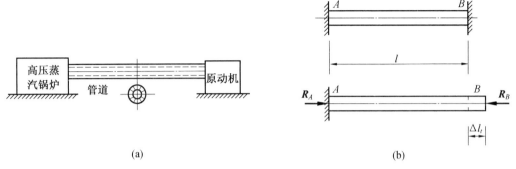

图 2.41

解　由于锅炉及原动机的连接基础刚性大,管道刚性小,故可把管道两端 A,B 简化为固定端,管道的计算简图如图 2.41(b) 所示。当管道受热膨胀时,两端阻碍它的自由伸长,即有力 $\boldsymbol{R}_A$,$\boldsymbol{R}_B$ 作用于管道。由平衡关系得

$$\boldsymbol{R}_A - \boldsymbol{R}_B = 0 \tag{2.37}$$

下面建立变形谐调条件。设想先解除 B 处的约束,允许管道自由膨胀 Δl_t,然后再在 B 处施加 $\boldsymbol{R}_B$,使 B 端回到原来位置,即把管道压缩 Δl,使之仍符合两端管道总长不变的约束条件,即

$$\Delta l_t = \Delta l \tag{2.38}$$

物理关系有虎克定律和热膨胀定律

$$\Delta l = \frac{R_B l}{EA}, \Delta l_t = \alpha \Delta t l$$

代入式(2.38)得补充方程为

$$\frac{R_B l}{EA} = \alpha \Delta t l \tag{2.39}$$

由式(2.37)和式(2.39)解得

$$R_A = R_B = \alpha \Delta t EA$$

于是得温度应力为

$$\sigma = \frac{R_A}{A} = \alpha \Delta t E \tag{2.40}$$

设管子是钢制的,取 $E = 200 \text{ GPa}$,$\alpha = 1.2 \times 10^{-5} \text{ ℃}$,温度变化 $\Delta t = 200 \text{ ℃}$,由式(2.40)得温度应力为

$$\sigma = 1.2 \times 10^{-5} \times 200 \times 200 \times 10^9 \times 10^{-6} \text{ MPa} = 480 \text{ MPa}$$

由上可见,当 Δt 较大时,温度应力的数值非常可观。为了避免过大的温度应力,在管道中增加伸缩节(如图 2.42),在钢轨各段之间留有伸缩缝,就可以减弱对伸缩的约束,降低温度应力。

图 2.42

5.讨论

超静定结构与静定结构之间存在着显著的差别。静定结构

的内力只用平衡方程即可确定,其值与材料性质及杆件截面大小无关。而超静定结构的内力仅用平衡方程不能全部确定,还需同时考虑变形条件。且超静定结构的内力与材料性质及杆件截面大小(即与刚度)有关。一般情况是,刚度大的杆件承担的内力也大,任何一个杆件的刚度改变都将引起超静定结构中所有杆件内力的重新分配。各杆内力与杆件刚度有关是超静定结构的第一个特点。超静定结构的第二个特点是,在没有外力作用时,加工或装配误差以及温度改变都会引起内力。

习　　题

2-1　试画出图示各杆的轴力图。

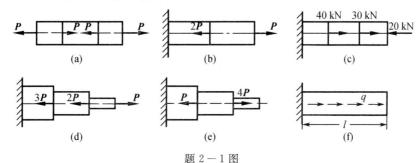

题 2-1 图

答案:(a)$N_{max}=P$;(b)$N_{max}=P$;(c)$N_{max}=50$ kN;

(d)$N_{max}=P$;(e)$N_{max}=4P$;(f)$N_{max}=ql$

2-2　一吊环螺钉,其直径 $d=48$ mm,内径 $d_1=42.6$ mm,吊重 $P=50$ kN。求螺钉横截面的应力。

答案:$\sigma=35$ MPa

2-3　图示铆钉连接结构,已知 $P=7$ kN,$t=1.5$ mm,$b_1=4$ mm,$b_2=5$ mm,$b_3=6$ mm。试求:(1)画出盖板的轴力图;(2)计算板内最大正应力。

答案:(1)$N_{max}=P$;(2)$\sigma_{max}=389$ MPa

题 2-2 图

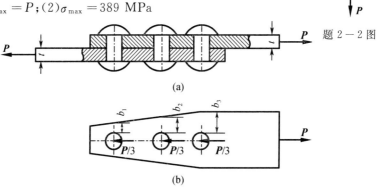

题 2-3 图

2-4　板件受力如题 2-4 图所示,轴向载荷 $P=200$ kN。试计算钢板互相垂直的截面 AB 和 BC 上的正应力和剪应力,以及钢板内的最大正应力和最大剪应力。

答案:$\sigma_{AB} = 41.3$ MPa,$\tau_{AB} = 49.2$ MPa;$\sigma_{BC} = 58.7$ MPa,$\tau_{BC} = -49.2$ MPa;
$\sigma_{\max} = 100$ MPa,$\tau_{\max} = 50$ MPa

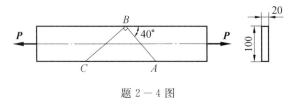

题 2—4 图

2—5　一阶梯直杆受力如题 2—5 图所示。试求:(1)杆横截面 1—1,2—2 和 3—3 上的轴力,并作轴力图;(2)如果横截面 1—1,2—2,3—3 的面积分别为 $A_1 = 200$ mm^2,$A_2 = 300$ mm^2,$A_3 = 400$ mm^2,求各横截面上的应力。

答案:(1)$F_{N1} = 20$ kN,$F_{N2} = 10$ kN,$F_{N3} = 10$ kN;(2)$\sigma_1 = 100$ MPa,$\sigma_2 = 33.3$ MPa,$\sigma_3 = 25$ MPa

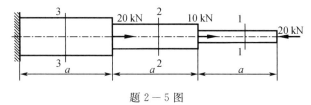

题 2—5 图

2—6　开有切槽的正方形截面杆受力如图所示。已知 $P = 30$ kN,材料的弹性模量 $E = 200$ GPa。试求:(1)各段杆横截面上的正应力;(2)杆的总伸长。

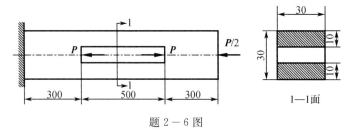

题 2—6 图

答案:(1)$\sigma_{\max} = \sigma_H = 25$ MPa;(2)$\Delta L = -0.012\,5$ mm

2—7　一阶梯直杆受力如图所示,两部分的横截面面积分别为 A 和 $2A$。已知材料的弹性模量为 E。试求:(1)杆的最大拉、压应力;(2)杆的总伸长。

答案:(1)$\sigma_{\max}^{+} = \dfrac{Pl}{EA}$,$\sigma_{\max}^{-} = -\dfrac{Pl}{EA}$;(2)$\Delta l = 0$

题 2—7 图

2—8　图示螺栓,拧紧时产生 $\Delta l = 0.1$ mm 的轴向变形。已知 $d_1 = 8$ mm,$d_2 = 6.8$ mm,$d_3 = 7$ mm,$l_1 = 6$ mm,$l_2 = 29$ mm,$l_3 = 8$ mm,材料的弹性模量 $E = 210$ GPa。试求预紧力 P。

答案:$P = 12.7$ kN

2—9 某油井用的 $5^{\#}$ 钻杆如图所示。外径 $D=141.3$ mm,内径 $d=123.3$ mm。钻杆至 1 500 m 深时被卡住,此时若加拉力 $P=1\ 000$ kN,在钻杆上端产生 $\Delta=900$ mm 的伸长。已知材料的弹性模量 $E=210$ GPa,试确定卡点的位置 l 及钻杆上端横截面上的应力。

答案:$l=707$ m,$\sigma=262.4$ MPa

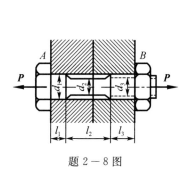

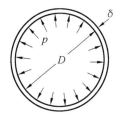

题 2—8 图   题 2—9 图

2—10 发动机气缸内的气体压强 $p=3$ MPa,壁厚 $\delta=3$ mm,内径 $D=150$ mm,弹性模量 $E=210$ GPa。试求气缸的周向应力及周长的改变。

答案:$\sigma_r=75$ MPa,$\Delta s=0.168$ mm

题 2—10 图

2—11 一直径为 $d=10$ mm 的圆截面杆,在轴向拉力 P 作用下,直径减少 0.002 5 mm。如材料的弹性模量 $E=210$ GPa,泊松比 $\mu=0.3$。试求轴向拉力 P。

答案:$P=13.8$ kN

2—12 已知某型号低碳钢的弹性模量 $E=210$ GPa,屈服极限 $\sigma_s=220$ MPa,强度极限 $\sigma_b=400$ MPa。在拉伸实验中,当试件轴向应力为 300 MPa 时,测得轴向应变 $\varepsilon=3.5\times10^{-3}$,求此时试件沿轴向的弹性应变 ε_e、塑性应变 ε_p。

答案:$\varepsilon_e=1.5\times10^{-3}$,$\varepsilon_p=2.0\times10^{-3}$

2—13 图示矩形截面拉伸试件,宽度 $b=40$ mm,厚度 $t=5$ mm。拉伸时每增加 5 kN 拉力时,利用电阻应变片测得轴向应变 $\varepsilon_1=150\times10^{-6}$、横向应变 $\varepsilon_2=-38\times10^{-6}$。试求材料的弹性模量 E 和泊松比 μ。

答案:$E=208$ GPa,$\mu=0.267$

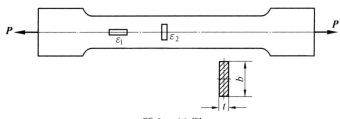

题 2—13 图

2—14　油缸盖和缸体采用 6 个螺栓连接,已知油缸内径 $D = 350$ mm,油压 $p = 1$ MPa。 若螺栓材料的许用应力$[\sigma] = 40$ MPa,求螺栓的内径。

答案:$d \geqslant 22.6$ mm

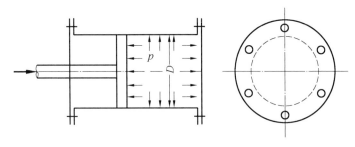

题 2—14 图

2—15　图示结构中,AB 杆为 5 号槽钢,许用应力$[\sigma]_1 = 160$ MPa;BC 杆为矩形截面木杆,其横截面尺寸为 $b = 50$ mm,$h = 100$ mm,许用应力$[\sigma]_2 = 10$MPa。 若载荷 $P = 128$ kN,试求:(1) 校核结构强度;(2) 若要求两杆的正应力均达到各自的许用应力,则两杆的横截面面积各应为多少?

答案:(1) $\sigma_{AB} = 160$ MPa $= [\sigma]$,$\sigma_{BC} = 12.8$ MPa;(2)A,B 为 5 号槽钢,BC 杆面积为 64 cm²

2—16　某拉伸实验机的结构如图所示。设实验机的 CD 杆与试件 AB 材料同为低碳钢,其 $\sigma_p = 200$ MPa,$\sigma_s = 240$ MPa,$\sigma_b = 400$ MPa,实验机最大拉力为 100 kN。试求:

(1) 用这一实验机做拉断实验时,试件直径最大可达多大?

(2) 若设计时取实验机的安全系数 $n = 2$,则 CD 杆的横截面面积为多少?

(3) 若试件直径 $d = 10$ mm,要测定弹性模量 E,则所加载荷最大不能超过多少?

答案:(1)$d \leqslant 12.8$ mm;(2)$A_{CD} = 835$ mm²;(3)$P \leqslant 15.7$ kN

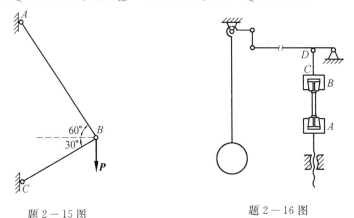

题 2—15 图　　　　　　　　　　题 2—16 图

2—17　图示桁架结构,各杆均由两个等边角钢组成,材料的许用应力 $[\sigma] = 170$ MPa,试确定杆 1,2 所需角钢型号。

答案:(a)1 杆:2L45×45×6,2 杆:2L50×50×3;(b)1 杆:2L80×80×7,2 杆:2L75×75×6

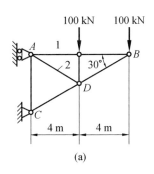
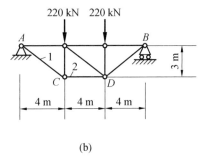

(a)　　　　　　　　　　　　　(b)

题 2—17 图

2—18　　图示为铰接的正方形结构,各杆材料均为铸铁,其许用压应力与许用拉应力的比值为 $\dfrac{[\sigma^-]}{[\sigma^+]}=3$,各杆横截面面积均为 A。试求结构的最大许可载荷 $P_{\max}$。

答案:$P_{\max}=\sqrt{2}\,A[\sigma^+]$

2—19　　杆 AD 插入介质中的长度 $l=40$ cm,在 C,D 处分别作用轴向拉力 $P=10$ kN,如题 2—19 图所示。已知 $a=10$ cm,杆的横截面面积 $A=2$ cm^2,弹性模量 $E=200$ GPa,屈服极限 $\sigma_s=240$ MPa,取安全系数 $n_s=1.5$,且设介质中阻力均匀分布。(1)校核杆的强度;(2)求杆的总伸长。

答案:(1)$\sigma_{\max}=100$ MPa;(2)$\Delta l=0.175$ mm

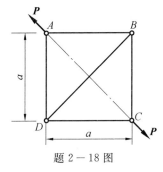
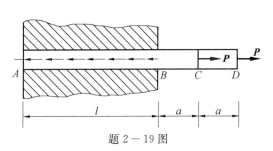

题 2—18 图　　　　　　　　　　　题 2—19 图

2—20　　木制短柱的四角用四个 $40\times40\times4$ 的等边角钢加固。已知角钢的许用应力 $[\sigma]_钢=160$ MPa,弹性模量 $E_钢=200$ GPa;木材的许用应力 $[\sigma]_木=120$ MPa,弹性模量 $E_木=10$ GPa。 试求许可载荷 $[P]$。

答案:$[P]=698$ kN

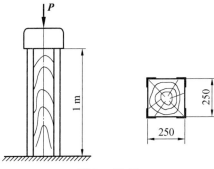

题 2—20 图

2—21　图示杆系中,若 AB 和 AC 两杆材料相同,其抗拉、压许用应力相等。AB 杆横截面面积为 AC 杆的 2 倍。试求夹角 θ 为何值时,杆系结构最为合理。

答案:$\theta = 60°$

2—22　题 2—22 图所示桁架结构,各杆的横截面面积、长度和弹性模量均相同,并分别为 A,l,E,在节点 A 处受铅垂方向的载荷 P 作用,试计算节点 1 的铅垂位移。

答案:$f_A = \dfrac{Pl}{2EA}(\downarrow)$

2—23　题 2—23 图所示阶梯形杆,其上端固定,下端与支座距离 $\delta = 1$ mm。已知上、下两段杆的横截面面积分别为 600 mm² 和 300 mm²。材料的弹性模量 $E = 210$ GPa,试作杆的轴力图。

答案:$N_{\max} = 85$ kN,$N_{\min} = -15$ kN

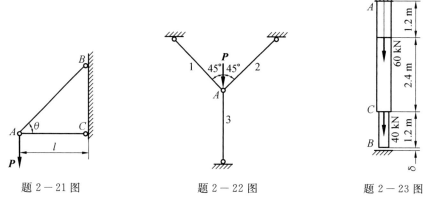

题 2—21 图　　　　　　题 2—22 图　　　　　　题 2—23 图

2—24　在题 2—24 图所示结构中,AB 为刚性横梁。已知 1,2 杆的材料与横截面面积均相同。试求在力 P 作用下两杆的内力。

答案:$N_1 = N_2 = 0.828P$

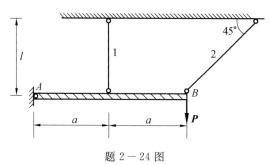

题 2—24 图

2—25　题 2—25 图所示钢杆的直径 $d = 25$ mm,在常温下将杆加热 30 ℃后两端固定起来,然后再冷却到常温。求这时钢杆横截面上的应力及两端的支反力。已知钢的线膨胀系数 $\alpha = 12 \times 10^{-6}/℃$,弹性模量 $E = 210$ GPa。

答案:$\sigma = 75.6$ MPa;$R = 37.1$ kN

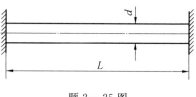

题 2—25 图

2－26　有六根截面相同,材料相同的钢杆,它们的一端用铰与半径为 R 的刚性圆周边铰接,另一端互相铰接于圆心 C 处,如题 2－26 图所示。两相邻杆之间夹角均为 $\pi/3$。若在铰 C 处作用一铅垂力 P,试求各杆的内力。如钢杆的根数为 $2n$,两相邻杆之间夹角为 π/n,各杆的内力又为多少?

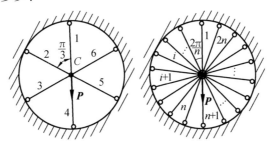

题 2－26 图

答案:$N_1 = -N_4 = \dfrac{P}{3}$,$N_2 = N_6 = -N_3 = -N_5 = \dfrac{P}{6}$;

杆数增到 $2n$ 根:

$$N_i = \frac{P\cos\dfrac{(i-1)\pi}{n}}{2\left[1 + \cos^2\dfrac{\pi}{n} + \cdots + \cos^2\dfrac{(n-1)\pi}{n}\right]}, \quad (i = 1, 2, \cdots, 2n)$$

第 3 章　剪　切

剪切是构件的基本变形形式之一。本章主要介绍剪切变形的受力变形特点及连接件剪切和挤压的实用计算。

3.1　剪切的概念

在工程中，常有一些构件受到一对大小相等、方向相反、作用线互相平行且相距很近的横向集中力作用，如图 3.1(a) 所示。在这样的两个外力作用下，构件在两力作用线之间的截面

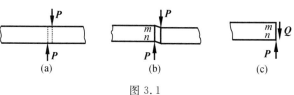

图 3.1

将发生相对错动，如图 3.1(b) 所示。工程上将这种变形形式称为剪切变形或直接剪切。若两个横向力逐渐增大，构件最后将沿发生错动的平面被剪断，发生相对错动的平面称为剪切面(或受剪面)，以剪切变形为主要变形形式的构件称为剪切构件。剪刀剪断物体是日常生活中剪切破坏最典型的例子。

工程中常用的连接件，如连接两块钢板的螺栓(图 3.2)、键连接(图 3.3)、机械中的销钉(图 3.4)以及钢结构中广泛应用的铆钉、焊接等，都是剪切构件。另外，人们经常通过剪切来制成所需要的构件形状，如冲剪、钻凿等。

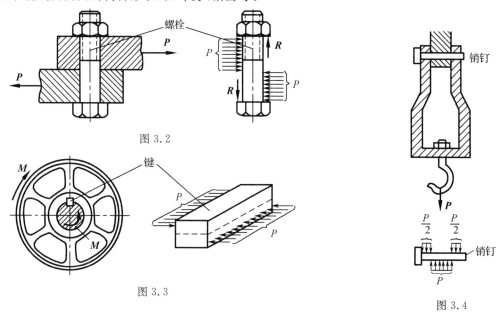

图 3.2

图 3.3

图 3.4

剪切构件上只有一个剪切面的情况称为单剪切(图 3.2);有两个剪切面的情况称为双剪切(图 3.4)。

剪切构件在载荷作用下的受力和变形情况都比较复杂。在受剪切的连接件上,通常还伴随拉伸、弯曲、挤压等变形形式。其中拉伸、弯曲变形通常影响很小,可以忽略不计,而挤压变形往往是不可忽视的。本章主要讨论构件在外力作用下的剪切强度计算和挤压强度计算。

3.2　剪切的实用计算

剪切构件由于其受力和变形都比较复杂,要对它做出精确分析是十分困难的。工程上通常先根据实践经验给出一些假设,然后进行简化计算,这种计算方法称为实用计算。此法计算方便,计算结果与实际接近。

剪切的实用计算主要包括内力计算及应力计算。由截面法可知,剪切构件剪切面上的内力 Q 应与剪切面相切,如图 3.1(c) 所示。这种与截面相切的内力称为剪力。由平衡方程容易求得

$$Q = P$$

由于剪切面上的内力 Q 与剪切面相切,因而剪切面上的应力也应与剪切面相切,即剪切面上的应力为剪应力 τ。由于剪切构件受力和变形的复杂性,剪切面上的剪应力分布也十分复杂。为了简化计算,工程上常假设剪应力 τ 在剪切面上均匀分布,于是得到剪应力的实用计算公式

$$\tau = \frac{Q}{A} \tag{3.1}$$

式中,A 为剪切面面积。

由公式(3.1) 算出的剪应力是以假设为基础的,并不是真实剪应力,通常称为名义剪应力。当剪切面上的剪应力 τ 达到一定值后,剪切构件会因剪切而破坏。

为了保证剪切构件具有足够的强度,要求剪应力不能超过材料的许用剪应力 $[\tau]$,即

$$\tau = \frac{Q}{A} \leqslant [\tau] \tag{3.2}$$

这就是剪切强度条件。材料的许用剪应力 $[\tau]$ 须通过剪切实验确定。实验时,使试件的受力情况与构件的实际工作情况相似,测出试件被剪断时所需的极限载荷,然后用实用计算公式(3.1) 算出材料的极限剪应力 τ_u,再除以适当的安全系数 n,就得到了材料的许用剪应力,即 $[\tau] = \frac{\tau_u}{n}$。各种常用材料的许用剪应力 $[\tau]$ 可从有关材料手册或设计规范中查到。实验结果表明,材料的剪切强度极限与拉(压)强度极限有近似比例关系。

塑性材料:$[\tau] = (0.6 \sim 0.8)[\sigma]$;

脆性材料:$[\tau] = (0.8 \sim 1.0)[\sigma]$。

根据这个关系,工程上常根据拉伸许用应力 $[\sigma]$ 的值估算剪切许用应力 $[\tau]$ 的值。

例 3.1　销钉连接结构如图 3.5(a) 所示。已知载荷 $P = 15$ kN,厚度 $t = 8$ mm,销钉的直径 $d = 20$ mm,销钉许用剪应力 $[\tau] = 30$ MPa。试校核销钉的剪切强度。

解 销钉受力如图 3.5(b) 所示。根据受力和变形情况可知,销钉有两个剪切面,为双剪切。由截面法容易求出

$$Q = \frac{P}{2}$$

于是销钉剪切面上的剪应力为

$$\tau = \frac{Q}{A} = \frac{15 \times 10^3}{2 \times \frac{\pi}{4} \times (20 \times 10^{-3})^2} \text{ Pa} = 23.9 \text{ MPa} < [\tau]$$

故销钉满足强度要求。

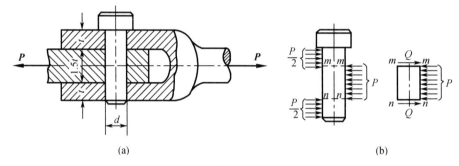

图 3.5

例 3.2 两块钢板搭焊在一起,如图 3.6 所示。钢板厚度 $t = 12$ mm,焊缝的许用剪应力 $[\tau] = 120$ MPa。若钢板上作用载荷 $P = 90$ kN,试求焊缝的长度 l。

解 实践证明,搭接焊缝往往是在焊缝面积最小的截面 $n - n$ 处剪坏。当焊缝表面与钢板表面夹角是 $45°$ 时,剪切面面积为

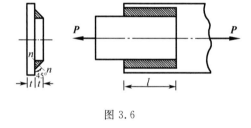

图 3.6

$$A = lt\cos 45°$$

该构件为双剪切,剪力为

$$Q = \frac{P}{2}$$

将上两式代入剪切强度条件

$$\tau = \frac{Q}{A} = \frac{P}{2lt\cos 45°} \leqslant [\tau]$$

得

$$l \geqslant \frac{P}{2t\cos 45°[\tau]} = \frac{90 \times 10^3}{\sqrt{2} \times 12 \times 120} \text{ mm} = 44.2 \text{ mm}$$

考虑焊缝端部质量较差,在确定它的实际长度时,通常将计算得到的长度再加上 10 mm,故取 $l = 55$ mm。以上算法仅适用于一般结构焊缝的粗略计算。

上述都是要求保证剪切强度的问题,但工程上有时也有利用剪切"破坏"的情况。例如为防止机械过载,采用安全销、保险块等。当过载时,安全销或保险块会沿受剪面被剪断,以保护其他重要零件。另外,如材料的冲孔、落料等问题,都要求构件上的剪应力 τ 达

到材料的极限应力 τ_u，即

$$\tau = \frac{Q}{A} \geqslant \tau_u \tag{3.3}$$

例 3.3 一钢板厚度 $t = 5$ mm，其材料的剪切强度极限 $\tau_u = 320$ MPa。若要在钢板上冲出直径为 $d = 15$ mm 的圆孔，如图 3.7(a) 所示，试计算至少需要多大的冲剪力 P。

解 剪切面是直径为 d、高为 t 的圆柱面，如图 3.7(b) 所示，其面积为

$$A = \pi d t = \pi \times 15 \times 5 = 236 \text{ mm}^2$$

分布于此圆柱面上的剪力为

$$Q = P$$

冲孔时，工作剪应力至少须达到极限剪应力 τ_u，故由式(3.3)可得

$$\begin{aligned} P &\geqslant \tau_u A = 320 \times 10^6 \times 236 \times 10^{-6} \text{ N} \\ &= 75.5 \times 10^3 \text{ N} \\ &= 75.5 \text{ kN} \end{aligned}$$

所以冲剪力 P 至少需要 75.5 kN。

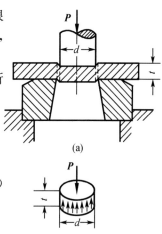

图 3.7

3.3 挤压的实用计算

剪切构件在工作状态下除可能被剪断外，还可能发生挤压破坏。图 3.8(a) 所示的铆钉连接结构，当铆钉与钢板接触面上的压力过大时，就可能使铆钉或钢板上的铆钉孔产生局部的塑性变形，如图 3.8(b) 所示，从而影响结构的正常工作。这种作用在接触面上的压力称为挤压力，用 P_{jy} 表示，接触面称为挤压面，挤压面上的压强习惯上称为挤压应力，用 σ_{jy} 表示。挤压破坏会导致连接松动，影响构件的正常工作。因此对连接件还须进行挤压强度的计算。在挤压面上，挤压应力的分布也是很复杂的，很难得到它的确切规律，因此在工程上对挤压问题仍采用实用计算的方法，通常假定在"计算挤压面"上挤压应力均匀分布。因此挤压应力可按下式计算

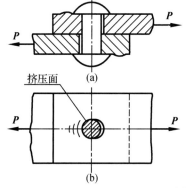

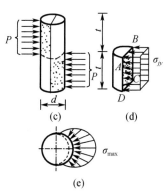

图 3.8

$$\sigma_{jy} = \frac{P_{jy}}{A_{jy}} \qquad (3.4)$$

式中,A_{jy} 为计算挤压面面积。

按公式(3.4)得到的挤压应力并不是真实应力,通常称为名义挤压应力。计算挤压面面积的计算分如下两种情况讨论:

(1) 当接触面为平面时,如图 3.3 所示的键连接,计算挤压面面积为实际接触面面积,即图 3.9 中的阴影部分面积:$A_{jy} = \frac{1}{2}hl$。

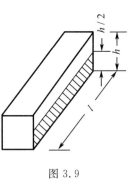

图 3.9

(2) 当接触面为半圆柱面时,如图 3.8(c) 所示的铆钉连接,计算挤压面面积是实际接触面的直径投影面面积,即图 3.8(d) 中矩形 $ABCD$ 的面积:$A_{jy} = dt$。这样,按式(3.4)算出的名义挤压应力和实际产生的最大挤压应力(图 3.8(e) 中的 σ_{max})很相近。

为了防止挤压破坏,应该使最大的挤压应力不超过材料的许用挤压应力$[\sigma_{jy}]$,即

$$\sigma_{jy} = \frac{P_{jy}}{A_{jy}} \leqslant [\sigma_{jy}] \qquad (3.5)$$

这就是挤压强度条件。各种常用材料的许用挤压应力$[\sigma_{jy}]$可从有关材料手册或设计规范中查到。由实验结果可知,许用挤压应力与许用拉应力$[\sigma]$之间有如下关系。

塑性材料:$[\sigma_{jy}] = (1.5 \sim 2.5)[\sigma]$;

脆性材料:$[\sigma_{jy}] = (0.9 \sim 1.5)[\sigma]$。

如果两个接触构件的材料不同,应对挤压强度较弱的构件进行计算。

例 3.4 铆钉连接结构如图 3.10(a) 所示,已知载荷 $P = 100$ kN,铆钉直径 $d = 16$ mm,钢板的许用拉应力$[\sigma] = 160$ MPa,铆钉的许用剪应力$[\tau] = 130$ MPa,钢板及铆钉的许用挤压应力$[\sigma_{jy}] = 320$ MPa。试校核结构的强度。

解 在拉力 P 的作用下,铆钉连接结构的可能破坏形式有三种:铆钉因剪切而破坏;铆钉或钢板因挤压而破坏;钢板因拉伸而破坏。下面根据结构的可能破坏形式分别进行强度校核。

(1) 校核铆钉的剪切强度。

铆钉受力如图 3.10(b) 所示。各个铆钉直径相同,材料相同,且沿轴线均匀分布,故可假定各铆钉所受的剪力相同,即拉力 P 平均分配在每一个铆钉上,因而每个铆钉受到的作用力为

$$P_1 = \frac{P}{4} = 25 \text{ kN}$$

故铆钉剪切面上的剪力为

$$Q = P_1 = 25 \text{ kN}$$

于是铆钉的剪应力为

$$\tau = \frac{Q}{A} = \frac{25 \times 10^3}{\frac{\pi}{4} \times 16 \times 10^{-6}} \text{ Pa} = 124 \text{ MPa} < [\tau]$$

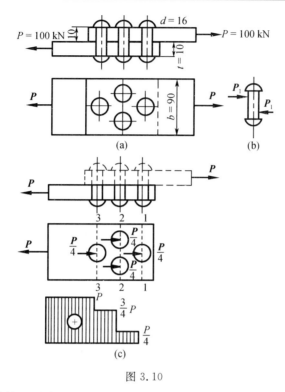

图 3.10

（2）校核铆钉的挤压强度。

铆钉的挤压力为

$$P_{jy} = P_1 = 25 \text{ kN}$$

由于接触面为圆柱面,故挤压应力为

$$\sigma_{jy} = \frac{P_{jy}}{A_{jy}} = \frac{25 \times 10^3}{10 \times 16 \times 10^{-6}} \text{ Pa} = 156 \text{ MPa} < [\sigma_{jy}]$$

（3）校核钢板的拉伸强度。

以下面一块钢板为研究对象,画其受力图,以截面法求各段钢板内力,画轴力图如图 3.10（c）所示。显然,该钢板的危险截面为 2—2 截面和 3—3 截面。

$$截面 2—2:\sigma_2 = \frac{N_2}{(b-2d)t} = \frac{\dfrac{3}{4} \times 100 \times 10^3}{(90 - 2 \times 16) \times 10 \times 10^{-6}} \text{ Pa} = 129 \text{ MPa} < [\sigma]$$

$$截面 3—3:\sigma_3 = \frac{N_3}{(b-d)t} = \frac{100 \times 10^3}{(90 - 16) \times 10 \times 10^{-6}} \text{ Pa} = 135 \text{ MPa} < [\sigma]$$

故整个结构满足强度要求。

例 3.5　一铸铁制的皮带轮,通过平键与轴连接,如图 3.11 所示。已知皮带轮传递的力偶矩 $M = 350$ N·m,轴的直径 $d = 40$ mm,键的尺寸为 $l \times b \times h = 35$ mm $\times 12$ mm $\times 8$ mm。若键的材料许用剪应力 $[\tau] = 60$ MPa,铸铁的许用挤压应力 $[\sigma_{jy}] = 80$ MPa,试校核键连接的强度。

解　对于轴,根据平衡关系

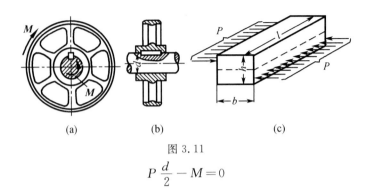

(a)　　　　　　　(b)　　　　　　　(c)

图 3.11

$$P \frac{d}{2} - M = 0$$

得

$$P = \frac{2M}{d}$$

（1）校核键的剪切强度。

键所受到的剪力为

$$Q = P = \frac{2M}{d}$$

键的剪切面面积为

$$A = bl$$

故有

$$\tau = \frac{Q}{A} = \frac{2M}{bld} = \frac{2 \times 350}{12 \times 35 \times 40 \times 10^{-9}} \ \text{MPa} = 41.7 \ \text{MPa} < [\tau] = 60 \ \text{MPa}$$

可见键满足剪切强度要求。

（2）校核轮的挤压强度。

因为键和轴为钢制的,而皮带轮为铸铁制的,铸铁抗挤压能力较钢差,故应校核轮的挤压强度。

轮所受到的挤压力为

$$P_{jy} = P = \frac{2M}{d}$$

计算挤压面面积为

$$A_{jy} = \frac{1}{2} hl$$

故有

$$\sigma_{jy} = \frac{P_{jy}}{A_{jy}} = \frac{4M}{hld} = \frac{4 \times 350}{8 \times 35 \times 40 \times 10^{-9}} \ \text{MPa} = 125 \ \text{MPa} > [\sigma_{jy}] = 80 \ \text{MPa}$$

可见皮带轮的挤压强度不够,为此应重新设计键的长度。

由挤压强度条件知

$$\sigma_{jy} = \frac{4M}{hld} \leqslant [\sigma_{jy}]$$

于是键长应为

$$l \geqslant \frac{4M}{hd[\sigma_{jy}]} = \frac{4 \times 350}{8 \times 40 \times 10^{-6} \times 80 \times 10^{6}} \ \text{m} = 0.054 \ 7 \ \text{m}$$

最后选取 $l = 55$ mm。

习　　题

3—1　图示螺钉承受拉力 **P** 作用。已知材料的许用剪应力 $[\tau]$ 和许用拉伸应力 $[\sigma]$ 之间的关系为 $[\tau]=0.6[\sigma]$,试求螺钉直径 d 与螺钉头高度 h 的合理比值。

答案:$d:h=2.4$

3—2　夹剪如图所示,已知 $a=30$ mm,$b=150$ mm,销钉 C 的直径 $d=5$ mm。当用力 $P=200$ N 剪直径与销钉直径相同的铜丝 A 时,求铜丝与销钉横截面上的平均剪应力。

答案:$\tau_A=51$ MPa,$\tau_C=61.2$ MPa

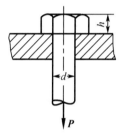

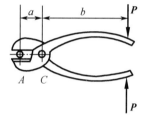

题 3—1 图　　　　　　　　　　　　　　题 3—2 图

3—3　在厚度 $t=5$ mm 的钢板上冲出一个形状如图所示的孔,钢板的剪切极限应力为 $\tau_u=300$ MPa。求冲床所需的冲剪力 **P**。

答案:$P\geqslant 771$ kN

3—4　图示两块钢板搭焊在一起。若已知载荷 $P=120$ kN,焊缝的许用剪应力 $[\tau]=110$ MPa,求搭接焊缝所需的长度 l。

答案:$l=(77+10)$ mm

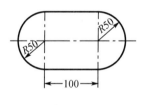

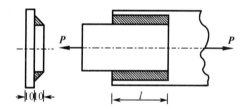

题 3—3 图　　　　　　　　　　　　　　题 3—4 图

3—5　图示机床花键轴有八个齿。轮与轴的配合长度为 $l=60$ mm,外力矩 $M=4$ kN·m,花键轴的许用挤压应力 $[\sigma_{jy}]=140$ MPa。试校核花键轴的挤压强度。

答案:$\sigma_{jy}=135$ MPa$<[\sigma_{jy}]$,不安全

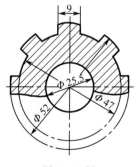

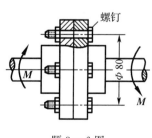

题 3—6 图

题 3—5 图

3—6 图示凸缘联轴器,其传递的力偶矩为 $M=200$ N·m。凸缘之间用四个螺栓连接,螺栓内径 $d=10$ mm,对称地分布在 $D=80$ mm 的圆周上。若螺栓的许用剪应力 $[\tau]=60$ MPa,试校核螺栓的剪切强度。

答案:$\tau=15.9$ MPa

3—7 图示铆接件中,铆钉的直径 $d=20$ mm,许用剪应力 $[\tau]=140$ MPa,许用挤压应力 $[\sigma_{jy}]=320$ MPa;钢板的厚度 $t=10$ mm,宽度 $b=120$ mm,许用拉应力 $[\sigma]=100$ MPa,许用挤压应力 $[\sigma_{jy}]=250$ MPa。若铆接件承受的载荷 $P=50$ kN,试校核铆钉与钢板的强度。

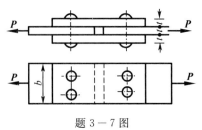

题 3—7 图

答案:铆钉 $\tau=40$ MPa;钢板 $\sigma=41.6$ MPa;$\sigma_{jymax}=125$ MPa

3—8 图示拉杆用四个直径相同的铆钉固定在格板上,拉杆和铆钉的材料相同,许用剪应力 $[\tau]=100$ MPa,许用挤压应力 $[\sigma_{jy}]=300$ MPa,许用拉应力 $[\sigma]=160$ MPa。若已知 $b=80$ mm,$t=10$ mm,$d=16$ mm,拉杆上作用的外力 $P=80$ kN,试校核拉杆和铆钉的强度。

答案:$\tau=99.5$ MPa,$\sigma_{jy}=125$ MPa,$\sigma_{max}=125$ MPa

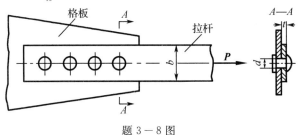

题 3—8 图

3—9 图示销钉连接,已知 $P=13$ kN,板厚 $t_1=8$ mm,$t_2=5$ mm,销钉与板的材料相同,其许用剪应力 $[\tau]=60$ MPa,许用挤压应力 $[\sigma_{jy}]=200$ MPa。试设计销钉的直径 d。

答案:$d=18.8$ mm

3—10 图示木榫接头。已知 $a=b=12$ cm,$h=35$ cm,$c=4.5$ cm,$P=40$ kN。试求接头的剪应力和挤压应力。

答案:$\tau=0.952$ MPa,$\sigma_{jy}=7.41$ MPa

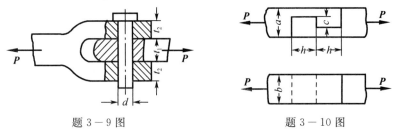

题 3—9 图   题 3—10 图

3—11 手柄与轴用平键连接。已知键的长度 $L=35$ mm,键的横截面为正方形,边长 $a=5$ mm,轴的直径 $d=20$ mm,材料的许用剪应力 $[\tau]=100$ MPa,许用挤压应力

$[\sigma_{jy}]=220$ MPa。 试求手柄上端距轴心 600 mm 处的力 **P** 的最大值。

答案：$P_{max}=292$ N

3—12 图示车床的传动光杆装有安全联轴器,超载时安全销即被剪断。已知安全销的平均直径为 5 mm,材料为 45 钢,其剪切极限应力 $\tau_u=370$ MPa。求安全联轴器所能传递的力偶矩 M。

答案：$M=145$ N·m

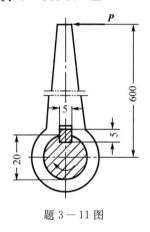

题 3—11 图

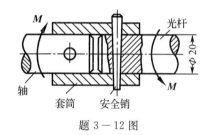

题 3—12 图

第4章 扭　　转

4.1　扭转的概念

　　工程实际中,有很多承受扭转的杆件,例如汽车的转向轴如图 4.1(a) 所示,攻丝的丝锥如图 4.1(b) 所示,水轮发电机的主轴如图 4.1(c) 所示等。它们的共同特点是,在杆件的两端作用一对大小相等、方向相反,且作用平面垂直于杆件轴线的力偶,致使杆件的任意两个横截面都发生绕杆件轴线的相对转动。杆件的这种变形形式称为扭转变形。由截面法可知,杆件产生扭转变形时,横截面上内力分量只有位于面上的力偶矩,我们称其为扭矩。

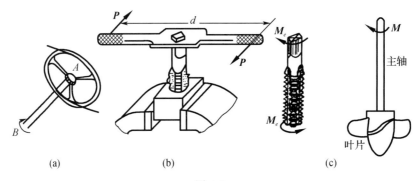

图 4.1

　　工程上习惯将承受扭转的杆件统称为轴,本章主要讨论等直圆轴的扭转问题。有一些杆件,如齿轮轴、电机主轴,除承受扭转变形外,还常伴有弯曲等其他变形,这类变形问题属于组合变形问题。

4.2　外力偶矩、扭矩和扭矩图

4.2.1　外力偶矩的计算

　　工程实际中常用的传动轴,通常只知道它所传递的功率和转速。这样,在分析内力之前,首先应根据轴所传递的功率和转速,求出使它发生扭转变形的外力偶矩。

　　由理论力学可知,力偶在单位时间内所做的功(即功率)N,等于其力矩 M_e 与角速度 ω 的乘积,即

$$N = M_e \omega \tag{4.1}$$

　　工程中功率的常用单位为千瓦(kW),转速的常用单位为转 / 分(r/min)。因此,若以

N_k（千瓦）表示功率，以 n 表示转速，则 $\omega = \dfrac{2n\pi}{60}$，代入上式，有

$$N_k \times 1\,000 = M_e \cdot n \times \frac{2\pi}{60}$$

$$M_e = 9\,549 \times \frac{N_k}{n}(\text{N} \cdot \text{m}) \tag{4.2}$$

当功率为 N_H（马力，1 马力 = 795.5 W）时，外力偶矩的计算公式为

$$M_e = 7\,024 \times \frac{N_H}{n}(\text{N} \cdot \text{m}) \tag{4.3}$$

4.2.2　扭矩 M_n 和扭矩图

当作用于轴上的所有外力偶矩都求出后，即可用截面法计算任意横截面上的内力。现以图 4.2 所示的圆轴为例，如假想地将圆轴沿 $m - m$ 截面截开分成两段，研究其中任意一段。例如左段（图 4.2(b)）的平衡，由

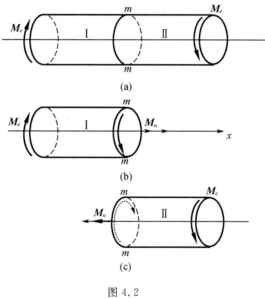

图 4.2

$$\sum M_x = 0, \quad M_n - M_e = 0$$

得

$$M_n = M_e$$

式中，M_n 称为截面 $m - m$ 上的扭矩。

它是 Ⅰ，Ⅱ 两部分在 $m - m$ 截面上相互作用的分布内力系的合力偶矩。

同理，如以右段为研究对象如图 4.2(c) 所示，也可求出截面 $m - m$ 上的扭矩 M_n，其数值仍为 M_e，但其转向则与图 4.2(b) 中所示相反。为了使从两段杆上求得的同一截面上的扭矩的正负号相同，可将扭矩的符号规定如下：按右手螺旋法则将扭矩 M_n 用矢量表示，当矢量方向与截面的外法线方向一致时，扭矩 M_n 为正，反之为负。这样，图 4.2(b) 和 (c) 所示的扭矩 M_n 均为正号。

扭矩是内力矩,它与外力偶矩有关,但又不同于外力偶矩。当用截面法将轴截开分成两部分时,截面上的扭矩与作用在轴的任一部分上的外力偶矩组成平衡力系。据此,即可由外力偶矩计算出扭矩的大小和方向。如果只在轴的两端加有外力偶矩,则扭矩与其大小相等。若作用于轴上的外力偶矩多于两个时,各段截面上的扭矩就不相等了。这时需用截面法计算各段截面上的扭矩。

根据扭矩的大小和正负,画出沿轴线方向扭矩 M_n 变化的图形,称之为扭矩图。扭矩图的画法与轴力图相似。

例 4.1 在图 4.3 所示传动轴上,主动轮 A 与原动机相连,从动轮 B,C,D 与机床相连。已知轮 A 输入功率 $N_A=50$ kW,轮 B,C,D 输出功率分别为 $N_B=N_C=15$ kW,$N_D=20$ kW,轴的转速 $n=300$ r/min。试求轴上各截面的扭矩,并画扭矩图。

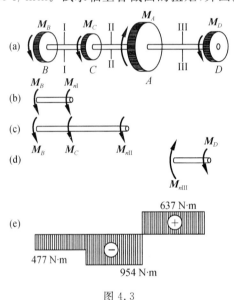

图 4.3

解 (1)计算外力偶矩。

$$M_A = 9\ 550 \times \frac{N_A}{n} = 9\ 550 \times \frac{50}{300}\ \text{N} \cdot \text{m} = 1\ 592\ \text{N} \cdot \text{m}$$

$$M_B = M_C = 9\ 550 \times \frac{N_B}{n} = 9\ 550 \times \frac{15}{300}\ \text{N} \cdot \text{m} = 477\ \text{N} \cdot \text{m}$$

$$M_D = 9\ 550 \times \frac{N_D}{n} = 9\ 550 \times \frac{20}{300}\ \text{N} \cdot \text{m} = 637\ \text{N} \cdot \text{m}$$

(2)计算扭矩。

BC 段:在 BC 段内沿 I 截面将轴截开,设 I 截面上的扭矩 M_{nI} 为正(如图 4.3(b)所示)。由平衡方程

$$M_{nI} + M_B = 0$$

得

$$M_{nI} = -M_B = -477\ \text{N} \cdot \text{m}$$

结果为负说明 I 截面上扭矩的实际方向与所设方向相反,即该截面的扭矩为负值。

在 BC 段内各截面上的扭矩不变，所以这一段内的扭矩图为一水平线，如图 4.3(e) 所示。

　　CA 段：由图 4.3(c) 可知

$$M_{n\mathrm{II}} + M_C + M_B = 0$$

故有

$$M_{n\mathrm{II}} = -M_C - M_B = -954 \text{ N} \cdot \text{m}$$

　　AD 段：由图 4.3(d) 可知

$$M_{n\mathrm{III}} - M_D = 0$$

故有

$$M_{n\mathrm{III}} = M_D = 637 \text{ N} \cdot \text{m}$$

　　(3) 作扭矩图。

　　根据计算结果，把各截面上的扭矩沿轴线变化的情况用图 4.3(e) 表示出来，就是扭矩图。从图中可以看出，最大扭矩发生于 CA 段，其绝对值为 $|M_{n\mathrm{max}}| = 954 \text{ N} \cdot \text{m}$。

4.3　薄壁圆筒的扭转

　　前面讨论剪切变形时，主要讨论了剪切的实用计算，尚未对剪切进行理论研究。现在利用比较简单的薄壁圆筒扭转，讨论有关剪切的一些重要性质。

4.3.1　薄壁圆筒扭转时的应力与变形

　　图 4.4(a) 表示一等厚薄壁圆筒。受扭前在表面上用圆周线和纵向线画成方格，在两端施加外力偶矩 M_n 后，圆筒产生扭转变形如图 4.4(b) 所示。这时可以观察到下列现象：

　　(1) 圆筒表面上各圆周线的形状、大小和间距均未改变，只不过各自绕轴线作了相对转动；

　　(2) 各纵向线都倾斜了同一角度 γ，纵向线与圆周线所组成的微小矩形变成了平行四边形。

　　若用相距为 $\mathrm{d}x$ 的两个截面 $m-m$, $n-n$ 截取微段，并用微小圆心角所夹两个径向纵截面从筒中截取一微小单元体 abcd（如图 4.4(c) 和 (d) 所示）。由上述观察到的现象推知：单元体既没有轴向线应变，也没有周向线应变，只有相邻横截面（ab 和 cd）间发生的相对平行错动，即只有剪应变，而且圆周上各单元体的剪应变相同，均为 γ。

　　从应力、应变的对应关系可知，在横截面上各点处只存在着相应的剪应力 τ。剪应力方向沿圆周方向，且大小相同。又因筒壁很薄，可以认为剪应力沿壁厚方向均匀分布。

　　综上所述可知，薄壁圆筒扭转时，其横截面上的剪应力沿周向应均匀分布，并且沿圆周的切向。

　　设薄壁圆筒的平均半径为 R。壁厚为 t，在横截面上取微面积 $\mathrm{d}A = tR\mathrm{d}\theta$，其上的微内力为 $\tau \mathrm{d}A$（如图 4.4(e) 所示），它对圆心的微内力矩为 $R\tau \mathrm{d}A$。由静力学可知，在整个截面上所有这些微内力矩之和，即为该截面上的扭矩 M_n

$$M_n = \int_A R\tau \, \mathrm{d}A = \tau R A = \tau \cdot 2\pi R^2 t$$

所以

$$\tau = \frac{M_n}{2\pi R^2 t} = \frac{M_e}{2\pi R^2 t} \tag{4.4}$$

或

$$\tau = \frac{M_n}{RA} = \frac{M_n}{2A_0 t} \tag{4.5}$$

式中，$A = 2\pi Rt$ 为薄壁圆筒横截面的面积；$A_0 = \pi R^2$ 为横截面上筒壁中线所围的面积。

设 l 为面壁圆筒的长度，φ 为薄壁圆筒两端的相对扭转角。由图 4.4(b) 可见，剪应变 γ 和相对扭转角 φ 之间关系为

$$\gamma = \frac{R\varphi}{l} \tag{4.6}$$

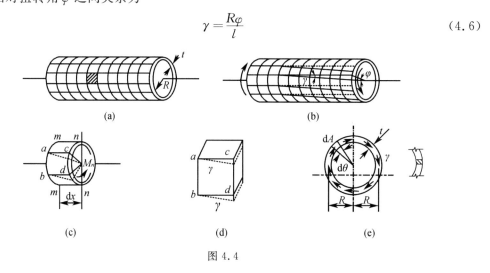

图 4.4

4.3.2　纯剪切状态

现在进一步研究图 4.5 所示的单元体（微小正六面体）。令单元体的三个边长分别为 dx, dy 和 t。单元体的左、右两侧面是薄壁筒横截面的一部分，所以在这两个侧面上只有剪应力 τ。根据单元体平衡条件 $\sum Y = 0$ 可知，这左、右两侧面上的剪应力数值相等，方向相反。于是这两个面上剪应力的合力 $\tau t\,dy$ 将合成一个力偶，其力偶矩为 $\tau t\,dy \cdot dx$。由于单元体处于平衡状态，因此，在单元体的顶面和底面，也必然存在剪应力 τ'，并合成另一个力偶，其力偶矩为 $\tau' t\,dy \cdot dx$，与前述力偶平衡。由平衡条件 $\sum M_z = 0$ 得

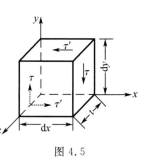

图 4.5

$$\tau t\,dy \cdot dx = \tau' t\,dx \cdot dy$$

即

$$\tau = \tau' \tag{4.7}$$

上式表明，在单元体相互垂直的两个平面上，剪应力必然成对存在，且数值相等；两者都垂直于两个平面的交线，方向则共同指向或共同背离这一交线。这个关系称为剪应力互等定理。

图 4.5 所示的单元体,其上下左右四个侧面上只有剪应力而无正应力作用,单元体的这种应力状态称为纯剪切应力状态。纯剪切状态下的单元体只有角度的改变,没有边长的变化。剪应力互等定理虽在纯剪切状态下导出,但它是一般性定理,在有正应力作用时同样成立。

4.3.3　剪切虎克定律

利用薄壁圆筒的扭转,可以实现纯剪切实验。实验中测出逐渐增加的外力偶矩 M_e 以及与之相应的扭转角 φ,就可以用式(4.5)(4.6)分别算出剪应力 τ 和剪应变 γ,从而可以作出剪应力 τ 和剪应变 γ 的关系曲线(即 $\tau-\gamma$ 曲线)。低碳钢的 $\tau-\gamma$ 曲线如图4.6所示。

纯剪切实验表明,当剪应力不超过材料的剪切比例极限 τ_p 时,剪应力与剪应变成正比,这就是材料的剪切虎克定律。它可以写成

$$\tau = G\gamma \tag{4.8}$$

式中,G 为比例常数,称为材料的剪切弹性模量。

因为 γ 无量纲,所以 G 的量纲与 τ 相同,常用单位是 GN/m^2($1\ GN/m^2 = 10^9\ N/m^2$)。

"拉压虎克定律""剪切虎克定律"及"剪应力互等定理"是材料力学的基本定律和基本定理,在理论分析和实验研究中经常应用。拉压弹性模量 E、剪切弹性模量 G 和泊松比 μ 是材料的三个弹性常数。对于各向同性弹性材料,三者间存在下列关系

$$G = \frac{E}{2(1+\mu)} \tag{4.9}$$

即三个弹性常数中只有两个是独立的。

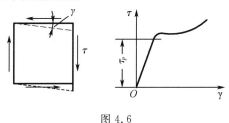

图 4.6

4.3.4　剪切变形能

从薄壁圆筒扭转实验可知,当剪应力不超过材料的剪切比例极限时,扭转角 φ 与外力偶矩 M_e 成正比。外力偶矩所做的功为

$$W = \frac{1}{2}M_e\varphi$$

在静载荷作用下,若不计其他能量损耗,由功能原理可知,扭转时的外力偶矩所做的功全部转为变形能储存在薄壁圆筒内部。用 U 表示剪切变形能,则

$$U = W = \frac{1}{2}M_e\varphi$$

用 u 表示单位体积的剪切变形能,即剪切变形比能,则 u 应等于剪切变形能 U 除以薄壁圆筒的体积 V,即

$$u = \frac{U}{V} = \frac{1}{2} \frac{M_e \varphi}{2\pi R l t} = \frac{1}{2} \frac{M_e}{2\pi R^2 t} \cdot \frac{R\varphi}{l} = \frac{1}{2} \tau \gamma$$

再利用剪切虎克定律,可得

$$u = \frac{1}{2} \tau \gamma = \frac{\tau^2}{2G} = \frac{1}{2} G \gamma^2 \tag{4.10}$$

4.4　圆轴扭转时的应力及变形

4.4.1　圆轴扭转时的应力

进行圆轴扭转强度计算时,求出横截面上扭矩 M_n 后,还要进一步研究横截面上应力的分布规律,并求出横截面上的最大应力。解决这个问题,与推导拉伸(压缩)时正应力公式相类似,必须从变形几何关系、物理关系和静力学关系三方面进行综合分析。

1. 变形几何关系

圆轴扭转时所发生的变形现象与薄壁圆筒扭转时的变形现象相似(如图 4.7 所示)。即各圆周线的形状、大小和间距均未改变,仅绕轴线作相对转动;各纵向线则倾斜了同一微小角度 γ。

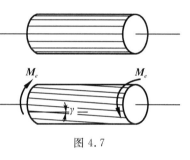

图 4.7

根据观察到的表面变形现象,进行由表及里的推断。可认为:圆轴的横截面在扭转后仍保持为平面,其形状和大小不变,半径仍保持为直线,且相邻两截面间的距离不变。由此我们假设,圆轴扭转变形时,各横截面就像刚性平面一样,绕轴线旋转了一个微小角度。此假设称为圆轴扭转的刚性平面假设。以上假设之所以成立,是因为用它所推得的结果能被实验所证实,而且也已被弹性理论所证明。

在图 4.8(a)中,用相邻的两个横截面 $m-m$ 和 $n-n$ 从圆轴中取出长为 $\mathrm{d}x$ 的微段,并放大为图 4.8(b)。设微段两端面上的扭矩为 M_n,取 $m-m$ 为基准面,在两端截面上的扭矩作用下,$n-n$ 截面相对于 $m-m$ 截面转过了角度 $\mathrm{d}\varphi$。据平面假设,变形时横截面只做刚性转动,因而半径 Oa 也转过了一个角度 $\mathrm{d}\varphi$ 到达 Oa',于是 ab 边相对于 cd 边发生了微小的相对错动,错动的距离为

$$aa' = R \cdot \mathrm{d}\varphi$$

因而得到圆轴表面原有矩形的直角改变量 γ 为

$$\gamma \approx \frac{aa'}{ad} = R \frac{\mathrm{d}\varphi}{\mathrm{d}x} \tag{4.11}$$

上式就是圆截面边缘上 a 点处剪应变 γ 的计算式。γ 发生在垂直于半径 Oa 的平面内。

同理,并参考图 4.8(c)可以求出横截面上距圆心为 ρ 处的剪应变 γ_ρ 为

$$\gamma_\rho \approx \rho \frac{\mathrm{d}\varphi}{\mathrm{d}x} \tag{4.12}$$

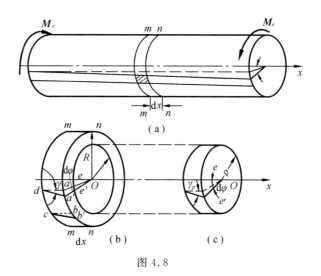

图 4.8

由于刚性平面假设，对于同一横截面上各点，$\dfrac{\mathrm{d}\varphi}{\mathrm{d}x}$ 为一常数。故式（4.12）表明，横截面上任意点的剪切变形 $\mathrm{d}x\gamma_\rho$ 和 ρ 也成正比，剪应变 γ_ρ 与该点到圆心的距离 ρ 也成正比，γ_ρ 发生在垂直于半径 Oe 的平面内。

2. 物理关系

根据剪切虎克定律，在剪应力小于剪切比例极限时，横截面上距圆心为 ρ 的任意点处的剪应力 τ_ρ 与该点处的剪应变 γ_ρ 成正比，即

$$\tau_\rho = G\gamma_\rho$$

将式（4.12）代入上式可以求得距轴线为 ρ 处的剪应力

$$\tau_\rho = G\gamma_\rho = G\rho\frac{\mathrm{d}\varphi}{\mathrm{d}x} \tag{4.13}$$

上式表明，横截面上任意点处的剪应力 τ_ρ 与该点到圆心的距离 ρ 成正比，即剪应力沿半径按直线规律变化，在圆心处剪应力为零，而在圆周边缘上各点的剪应力最大。由于剪应变 γ_ρ 发生在垂直于半径的平面内，所以剪应力 τ_ρ 也与半径垂直。注意到剪应力互等定理，则实心圆轴纵截面和横截面上的剪应力沿半径的分布如图 4.9 所示。

3. 静力学关系

式（4.13）给出了剪应力分布规律，但因为式中 $\dfrac{\mathrm{d}\varphi}{\mathrm{d}x}$ 尚未求出，所以仍然不能用它来计算剪应力，这就要用静力关系来解决。

如图 4.10 所示，在横截面上距圆心为 ρ 的点处，取微面积 $\mathrm{d}A$，微面积 $\mathrm{d}A$ 上有微剪力 $\tau_\rho\mathrm{d}A$，各微剪力对截面圆心之矩的积分就是该截面的扭矩 M_n，即

$$M_n = \int_A \rho \cdot \tau_\rho \mathrm{d}A \tag{4.14}$$

积分对整个横截面 A 进行，这就是静力关系。

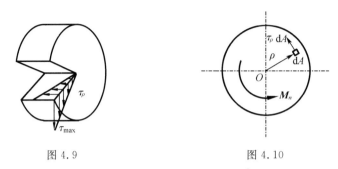

图 4.9　　　　　　　　　　　　　　图 4.10

将式(4.13)代入式(4.14),并注意到在给定的截面上 $\dfrac{\mathrm{d}\varphi}{\mathrm{d}x}$ 为常量,于是有

$$M_n = \int_A \rho \cdot \tau_\rho \mathrm{d}A = G \frac{\mathrm{d}\varphi}{\mathrm{d}x} \int_A \rho^2 \mathrm{d}A \qquad (4.15)$$

令

$$I_p = \int_A \rho^2 \mathrm{d}A \qquad (4.16)$$

I_p 是与横截面的几何形状、尺寸有关的量,称为横截面的极惯性矩。于是式(4.14)又可以写成

$$M_n = G I_p \frac{\mathrm{d}\varphi}{\mathrm{d}x} \qquad (4.17)$$

从式(4.17)和式(4.13)中消去 $\dfrac{\mathrm{d}\varphi}{\mathrm{d}x}$,得

$$\tau_\rho = \frac{M_n \rho}{I_p} \qquad (4.18)$$

这就是圆轴扭转时横截面上任意一点剪应力的计算公式。当 $\rho = R$ 时(即横截面边缘上各点),剪应力取最大值,即

$$\tau_{\max} = \frac{M_n R}{I_p}$$

引用记号

$$W_n = \frac{I_p}{R} \qquad (4.19)$$

W_n 称为抗扭截面模量。于是得

$$\tau_{\max} = \frac{M_n}{W_n} \qquad (4.20)$$

4.4.2　圆轴扭转时的变形公式

圆轴的扭转变形可用两个横截面绕轴线的相对扭转角 φ 来表示。由式(4.17)可得相距为 $\mathrm{d}x$ 的两横截面之间的相对扭转角

$$\mathrm{d}\varphi = \frac{M_n}{G I_p} \mathrm{d}x$$

上式两边积分,则得相距为 l 的两截面的相对扭转角为

$$\varphi = \int_l \mathrm{d}\varphi = \int_l \frac{M_n}{GI_p} \mathrm{d}x \tag{4.21}$$

若相距为 l 的两横截面之间的扭矩 M_n 也为常量,其 G,I_p 为常量,则该两截面间的扭转角为

$$\varphi = \frac{M_n l}{GI_p} \tag{4.22}$$

式(4.22)即为等截面圆轴扭转变形的计算公式。从该式可以看出,GI_p 越大,扭转角 φ 越小,GI_p 反映圆轴抵抗扭转变形的能力,称为截面的抗扭刚度。转角 φ 的符号规定与扭矩 M_n 的相同,其单位为弧度(rad)。

若两横截面之间的扭矩或抗扭刚度为变量时,欲求两截面的相对扭转角则应按式(4.21)积分或分段计算出各段的扭转角,再代数求和。

4.4.3　极惯性矩 I_p 和抗扭截面模量 W_n 的计算

为计算极惯性矩 I_p,引用极坐标 ρ,θ 比较方便。在圆截面上距圆心为 ρ 处取宽度为 $\mathrm{d}\rho$ 的环形微分面积:$\mathrm{d}A = 2\pi\rho\mathrm{d}\rho$(图 4.11)。将其代入式(4.16),可得圆截面的极惯性矩为

$$I_p = \int_A \rho^2 \mathrm{d}A = \int_0^{\frac{D}{2}} \rho^2 \cdot 2\pi\rho\mathrm{d}\rho = \frac{\pi D^4}{32} \tag{4.23}$$

式中,D 为圆截面的直径。

再由式(4.19)有

$$W_n = \frac{I_p}{\dfrac{D}{2}} = \frac{\pi D^3}{16} \tag{4.24}$$

I_p 的量纲为长度的四次方,W_n 的量纲为长度的三次方。

在空心圆轴的情况下,因为横截面上的空心部分没有内力,空心圆轴横截面上扭转剪应力分布如图 4.12 所示,所以式(4.15)中的定积分不应包括空心部分。于是对空心圆轴有

$$\begin{cases} I_p = \int_A \rho^2 \mathrm{d}A = 2\pi \int_{\frac{d}{2}}^{\frac{D}{2}} \rho^3 \mathrm{d}\rho = \dfrac{\pi(D^4 - d^4)}{32} = \dfrac{\pi D^4}{32}(1 - \alpha^4) \\[2mm] W_n = \dfrac{I_p}{R} = \dfrac{I_p}{16D}(D^4 - d^4) = \dfrac{\pi D^3}{16}(1 - \alpha^4) \end{cases} \tag{4.25}$$

式中,$\alpha = \dfrac{d}{D}$;D 和 d 分别为空心圆截面的外径和内径;R 为外半径。

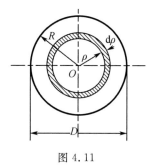

图 4.11　　　　　　　　　　　　　　　图 4.12

4.4.4　扭转时应力、变形公式的应用条件

上述应力、变形公式是以刚性平面假设为基础导出的。实验和弹性理论分析表明，只有对横截面不变的圆轴，刚性平面假设才是正确的。因此，这些公式只适用于等直圆杆。当圆形横截面沿轴线变化缓慢时，也可近似地用以上公式计算。只是此时 I_p，W_n 等也在沿轴线变化。此外，公式推导中还用了剪切虎克定律，所以它们只适用于 τ_{max} 不超过材料的剪切比例极限 τ_p 的情况。

4.5　圆轴扭转时的强度和刚度计算

4.5.1　强度条件

圆轴扭转时的强度要求是，最大工作应力 τ_{max} 不超过材料的许用剪应力 $[\tau]$。故强度条件为

$$\tau_{max} \leqslant [\tau] \tag{4.26}$$

对于等直圆轴，最大工作应力发生在 M_{nmax} 所在截面（指绝对值）的周边各点处。由式(4.20)，于是上式可写成

$$\tau_{max} = \frac{M_{nmax}}{W_n} \leqslant [\tau] \tag{4.27}$$

在阶梯轴的情况下，因 W_n 各段不同，τ_{max} 不一定发生在 M_{nmax} 所在截面上。这时要综合考虑扭矩和抗扭截面模量才能确定 τ_{max}。此时强度条件为

$$\tau_{max} = \left(\frac{M_n}{W_n}\right)_{max} \leqslant [\tau] \tag{4.28}$$

实验指出，在静载情况下，扭转许用剪应力 $[\tau]$ 与许用拉应力 $[\sigma]$ 有一定关系，对常用的塑性材料有 $[\tau] = (0.5 \sim 0.7)[\sigma]$。轴类零件考虑到动载等因素，所取许用剪应力一般比静载下的许用剪应力还要低。

4.5.2　刚度计算

轴类零件除应满足强度要求外，对其变形还有一定限制。这种对变形的限制条件称为刚度条件。如车床主轴的扭转角过大，会引起较大的振动，影响工件的精度和光洁度。对于精密机械，刚度要求往往起主要作用。

由式(4.22)可以看出，扭转角 φ 与轴的长度 l 有关。为消除长度的影响，工程中常用单位长度内的扭转角 θ 表示扭转变形的程度。由式(4.17)有

$$\theta = \frac{d\varphi}{dx} = \frac{M_n}{GI_p} \ (rad/m) \tag{4.29}$$

为保证轴的刚度，通常规定 θ_{max} 不应超过规定的允许值 $[\theta]$。这样得到扭转的刚度条件为

$$\theta_{max} = \frac{M_{nmax}}{GI_p} \leqslant [\theta](rad/m) \tag{4.30}$$

工程中，$[\theta]$ 的单位习惯上用度／米（记为 $°/m$）表示。考虑到 $1\,\text{rad}(弧度)=\dfrac{180°}{\pi}$，因此得刚度条件

$$\theta_{\max}=\frac{M_{n\max}}{GI_p}\times\frac{180}{\pi}\leqslant[\theta]\,(°/m)\tag{4.31}$$

$[\theta]$ 值可查有关手册。

例 4.2　条件同例 4.1（如图 4.3 所示）。传动轴剪切弹性模量 $G=80\,\text{GPa}$，许用剪应力 $[\tau]=30\,\text{MN/m}^2$，许用单位长度扭转角 $[\theta]=0.3\,°/m$。试按强度条件和刚度条件设计轴的直径 d。

解　绝对值最大的扭矩在轴的 CA 段

$$M_{n\max}=954\,\text{N}\cdot\text{m}$$

由强度条件（4.28）有

$$\tau_{\max}=\frac{M_{n\max}}{W_n}=\frac{M_{n\max}}{\dfrac{\pi}{16}d^3}\leqslant[\tau]$$

则

$$d\geqslant\sqrt[3]{\frac{16M_{n\max}}{\pi[\tau]}}=\sqrt[3]{\frac{16\times954}{\pi\times30\times10^6}}\,\text{m}=0.054\,5\,\text{m}$$

由刚度条件（4.31）有

$$\theta_{\max}=\frac{M_{n\max}}{GI_p}\times\frac{180°}{\pi}=\frac{M_{n\max}}{G\times\dfrac{\pi}{32}d^4}\times\frac{180°}{\pi}\leqslant[\theta]$$

所以

$$d\geqslant\sqrt[4]{\frac{32M_{n\max}}{G\pi[\theta]}\cdot\frac{180°}{\pi}}=\sqrt[4]{\frac{32\times954\times180}{80\times10^9\times\pi^2\times0.3}}=0.069\,4\,\text{m}$$

例 4.3　材料相同的实心轴与空心轴通过牙嵌离合器联结，如图 4.13 所示。传递外力偶矩 $M_e=700\,\text{N}\cdot\text{m}$。设空心轴的内外径之比 $\alpha=0.5$，许用剪应力 $[\tau]=20\,\text{MN/m}^2$。试确定实心轴的直径 d_1 和空心轴外直径 D_2，并比较两轴的横截面面积。

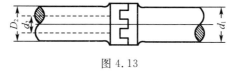

图 4.13

解　由强度条件有

$$W_n\geqslant\frac{M_{n\max}}{[\tau]}=\frac{700}{20\times10^6}\,\text{m}^3=35\times10^{-6}\,\text{m}^3=35\,\text{cm}^3$$

对实心轴

$$W_n=\frac{\pi d_1^{\,3}}{16}$$

于是

$$d_1 \geqslant \sqrt[3]{\frac{16W_n}{\pi}} = \sqrt[3]{\frac{16 \times 35}{\pi}} \ \text{cm} = 5.6 \ \text{cm}$$

对空心轴

$$W_n = \frac{\pi D_2{}^3}{16}(1 - \alpha^4)$$

则

$$D_2 \geqslant \sqrt[3]{\frac{16W_n}{\pi} \cdot \frac{1}{1 - \alpha^4}} = \sqrt[3]{\frac{16 \times 35}{\pi} \cdot \frac{1}{1 - 0.5^4}} \ \text{mm} = 5.75 \ \text{cm}$$

内径 $d_2 = 0.5D_2 = 2.88$ cm。实心轴与空心轴截面面积之比

$$\frac{A_1}{A_2} = \frac{\dfrac{\pi d_1{}^2}{4}}{\dfrac{\pi D_2{}^2}{4}(1 - \alpha^2)} = \frac{5.6^2}{5.75^2(1 - 0.5^2)} = 1.248$$

4.6　圆柱形密圈螺旋弹簧

圆柱形螺旋弹簧在工程中应用极广。它可用于缓冲减振,又可用于控制机械运动,还可用于测量力的大小。本节讨论圆柱形密圈螺旋弹簧在轴向拉压时的应力与变形计算。所谓密圈,是指螺旋角 α(如图 4.14(a) 所示)很小,例如 $\alpha < 5°$,计算时可略去簧丝斜度的影响,近似地认为簧丝横截面与弹簧轴线在同一平面内。此外,当弹簧圈的平均直径 D 远大于簧丝横截面的直径 d 时,还可略去簧丝曲率的影响,近似地利用等直杆的计算公式。

4.6.1　簧丝横截面上的应力

用截面法假想地将簧丝任一横截面切开,取上面部分作为研究对象(如图 4.14(b) 所示)。由平衡条件可求出簧丝横截面上的内力为

$$Q = P, \ M_n = \frac{PD}{2} \tag{4.32}$$

式中,D 为弹簧圈的平均直径。

可见,弹簧受轴向压缩时,簧丝发生剪切与扭转变形。与剪力 Q 对应的剪应力 τ_1,假定在横截面上均匀分布(如图 4.14(c) 所示),即

$$\tau_1 = \frac{Q}{A} = \frac{4P}{\pi d^2} \tag{4.33}$$

与扭矩 M_n 对应的剪应力 τ_2,在横截面上按线性分布,其最大剪应力发生在圆截面周边上,即

$$\tau_2 = \frac{M_n}{W_n} = \frac{8PD}{\pi d^3} \tag{4.34}$$

按矢量叠加可求得截面上的合剪应力。如图 4.14 所示,在靠近轴线的内侧点 A 处,合剪应力达到最大值,且

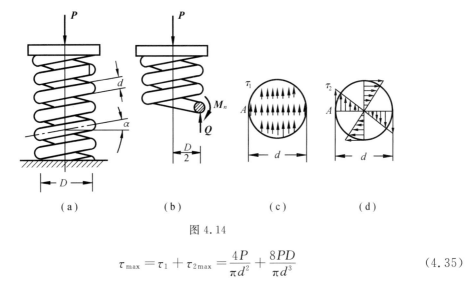

图 4.14

$$\tau_{\max} = \tau_1 + \tau_{2\max} = \frac{4P}{\pi d^2} + \frac{8PD}{\pi d^3} \tag{4.35}$$

当 $\dfrac{D}{d} \geqslant 10$ 时,$\dfrac{d}{2D}$ 与 l 相比可略去。这就相当于可忽略剪切的影响,把簧丝看做只受扭转作用。这样

$$\tau_{\max} \approx \frac{8PD}{\pi d^3} \tag{4.36}$$

对簧丝较粗的弹簧,要考虑剪切和曲率的影响。工程上通常用曲度系数 k 修正,即

$$\tau_{\max} = k\frac{8PD}{\pi d^3} \tag{4.37}$$

其中,曲度系数 $k = \dfrac{4c-1}{4c-4} + \dfrac{0.615}{c}$,而 $c = D/d$。

簧丝的强度条件

$$\tau_{\max} = k\frac{8PD}{\pi d^3} \leqslant [\tau] \tag{4.38}$$

式中,$[\tau]$ 是材料的许用剪应力。

弹簧材料一般是弹簧钢,其许用剪应力的数值较高。

4.6.2　弹簧的变形

弹簧在轴向压力(或拉力)作用下,将产生轴线方向的缩短(或伸长)变形。设变形量为 λ(如图 4.15(a)所示),实验表明,在弹性范围内,压力 P 与变形 λ 成正比。当外力从零增加到最终值 P 时,弹簧的变形也增至最终值 λ。由功能原理,外力在变形过程中所做的功,全部转变为储存于弹簧内的变形能。在弹性范围内,外力功为

$$W = \frac{1}{2}P\lambda$$

下面计算储存于弹簧内的变形能 U。

在簧丝任意横截面上,距圆心为 ρ 的任意点(如图 4.15(b)所示)的扭转剪应力为

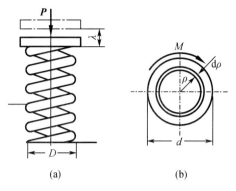

图 4.15

$$\tau_\rho = \frac{M_n \rho}{I_p} = \frac{16PD\rho}{\pi d^4}$$

根据式(4.10),单位体积的变形能为

$$u = \frac{\tau_\rho^2}{2G} = \frac{128P^2 D^2 \rho^2}{G\pi^2 d^8}$$

弹簧的变形能为

$$U = \int_V u \, \mathrm{d}V$$

式中,V 为弹簧的体积。

用 $\mathrm{d}s$ 表示沿簧丝轴线的微分长度,用 n 表示弹簧的有效圈数(即扣除两端与簧座接触部分以后的圈数),则

$$U = \int_V u \, \mathrm{d}V = \frac{128P^2 D^2}{G\pi^2 d^8} \int_0^{2\pi} \int_0^{d/2} \rho^3 \, \mathrm{d}\theta \mathrm{d}\rho \int_0^{n\pi D} \mathrm{d}s = \frac{4P^2 D^3 n}{Gd^4}$$

由 $W = U$,于是

$$\frac{1}{2}P\lambda = \frac{4P^2 D^3 n}{Gd^4}$$

所以

$$\lambda = \frac{8PD^3 n}{Gd^4} = \frac{64PR^3 n}{Gd^4} \tag{4.39}$$

式中,$R = \dfrac{D}{2}$ 是簧圈的平均半径。

由式(4.39)可知,弹簧的变形 λ 与力 P 成正比,其比例常数 C 称为弹簧刚度,即

$$C = \frac{P}{\lambda} = \frac{Gd^4}{8D^3 n} = \frac{Gd^4}{64R^3 n} \tag{4.40}$$

它表示使弹簧产生单位变形所需加的力。

从式(4.39)看出,λ 与 d^4 成反比。如希望弹簧有较好的减振和缓冲作用,即要求它有较大变形和比较柔软时,应使簧丝直径 d 尽可能小一些,于是相应的就要求弹簧材料有较高的 $[\tau]$。此外,增加圈数 n 和加大平均直径 D,都可增大 λ。

4.7 圆轴扭转时斜截面上的应力即扭转破坏分析

4.7.1 圆轴扭转的破坏形式

用塑性材料(例如低碳钢)和脆性材料(例如铸铁)各制成一根圆杆来进行扭转实验,可以发现它们有不同的破坏形式:塑性材料(低碳钢)扭转破坏的断口发生在横截面上,如图 4.16(a) 所示;而脆性材料(铸铁)却沿一个与轴线成45°的螺旋面破坏,如图4.16(b)所示。

为了分析不同材料的破坏原因,需进一步研究圆轴扭转时斜截面上的应力情况。

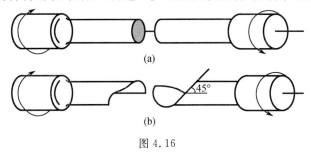

图 4.16

4.7.2 圆轴扭转时斜截面上的应力

如图 4.17(a) 所示,在圆轴表面切取单元体 $abcd$,它处于纯剪切应力状态(图 4.17(b))。设单元体侧面的剪应力为 τ,现研究外法线与 x 轴夹角为 α 的任意垂直于表面的斜截面 ae 上的应力。这里规定:从 x 轴到外法线 n,逆时针转向的 α 为正。用截面法沿 ae 面截开,取 abe 作为研究对象(图 4.17(c))。设斜截面 ae 的面积为 dA,在斜截面 ae 上作用有正应力 σ_a 和剪应力 τ_a,由研究对象 abe 的平衡条件

$$\sum P_n = 0 : \sigma_a dA + (\tau dA \cos \alpha) \sin \alpha + (\tau dA \sin \alpha) \cos \alpha = 0$$

$$\sum P_\tau = 0 : \tau_a dA - (\tau dA \cos \alpha) \cos \alpha + (\tau dA \sin \alpha) \sin \alpha = 0$$

整理后得

$$\sigma_a = -\tau \sin 2\alpha$$

$$\tau_a = \tau \cos 2\alpha$$

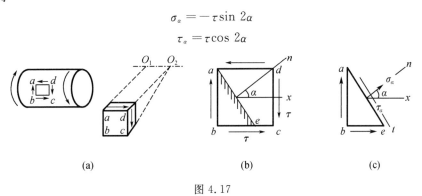

图 4.17

由上式可见,斜截面上的正应力 σ_a 和剪应力 τ_a 都随截面的倾角 α 变化。当 $\alpha = \pm 45°$ 时 σ_a 取极值,而此时 τ_a 为零,即

$$\sigma_{\pm 45°} = \sigma_{max}^{min} = \mp \tau$$

$$\tau_{\pm 45°} = 0$$

当 $\alpha = 0°$ 和 $\alpha = 90°$ 时, τ_a 取极值,极值为 τ ,而此时 $\sigma_a = 0$。

4.7.3 破坏原因分析

从上述分析可见,因轴扭转时,横截面上剪应力最大,而 $-45°$ 螺旋面上拉应力最大。由此可对不同材料的扭转破坏现象做出解释如下:对于铸铁,其抗拉能力最弱,扭转时,将沿着最大拉应力面被拉断(图 4.18);对于低碳钢,其抗剪能力较差。故在剪应力最大的横截面上被剪坏。

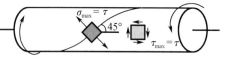

图 4.18

4.8　矩形截面杆扭转简介

工程中有时也遇到矩形截面杆受扭转的情况,例如内燃机曲轴上的曲柄臂,有些农业机械中的方形截面传动轴等。

图 4.19 表示矩形截面杆受扭后的变形。它与圆轴扭转相比,主要区别在于:扭转后横截面不再保持为平面,而发生翘曲。此时刚性平面假设不再适用,因此,根据刚性平面假设而建立的圆轴扭转公式,已不能应用于非圆截面杆。

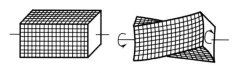

图 4.19

矩形截面杆扭转,一般在弹性力学中讨论。这里我们不加推导地引用弹性力学的一些结果。矩形截面杆扭转时,模截面上剪应力的分布如图 4.20 所示。图中画了沿截面周边、对称轴和对角线上的剪应力分布情况。截面周边上各点处的剪应力方向与周边相切,这是因为在杆的侧表面上没有剪应力。由剪应力互等定理可知,截面的周边各点上不可能有垂直于周边的剪应力。因此,周边各点的剪应力形成与周边相切的剪应力流(如图 4.20 所示)。四个角点处的剪应力为零,整个截面上的最大剪应力 τ_{max} 发生在长边中点处(A 点),其值为

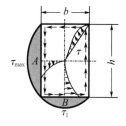

图 4.20

$$\tau_{max} = \frac{M_n}{ahb^2} = \frac{M_n}{W_n} \qquad (4.41)$$

在短边中点,剪应力为

$$\tau_1 = \nu \tau_{max} \qquad (4.42)$$

单位长度扭转角 θ 为

$$\theta = \frac{M_n}{GI_n} = \frac{M_n}{G\beta hb^3} \tag{4.43}$$

在上列各式中, h 和 b 分别代表矩形截面长边和短边的长度,系数 α , β , ν 与截面边长比 $\frac{h}{b}$ 有关。其值可查表 4.1。

表 4.1　矩形截面杆扭转时的系数 α , β 和 ν

h/b	1.0	1.2	1.5	2.0	2.5	3.0	4.0	6.0	8.0	10.0	∞
α	0.208	0.219	0.231	0.246	0.258	0.267	0.282	0.299	0.307	0.313	0.333
β	0.141	0.166	0.196	0.229	0.249	0.263	0.281	0.299	0.307	0.313	0.333
ν	1.000	0.930	0.858	0.796	0.767	0.753	0.745	0.743	0.743	0.743	0.743

由表可知,当 $\frac{h}{b} > 10$ 时, α 和 β 都接近于 $\frac{1}{3}$ 。因此,狭长矩形截面的 I_n 和 W_n 可按下式计算

$$I_n = \frac{1}{3}hb^3$$

$$W_n = \frac{1}{3}hb^3$$

<h2 style="text-align:center">习　　题</h2>

4－1　作图示各杆的扭矩图。

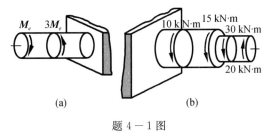

题 4－1 图

答案:略

4－2　直径 $D = 5$ cm 的圆轴,受到扭矩 $M_n = 2.15$ kN·m 的作用,试求在距离轴心 1 cm 处的剪应力,并求轴截面上的最大剪应力。

答案: $\tau_p = 35$ MN/m^2 , $\tau_{max} = 87.6$ MN/m^2

4－3　阶梯形圆轴直径分别为 $d_1 = 4$ cm, $d_2 = 7$ cm,轴上装有三个皮带轮如图所示。已知由 3 轮输入的功率为 $N_3 = 30$ kW,轮 1 输出的功率为 $N_1 = 13$ kW,轴作均匀转动,转速 $n = 200$ r/min,材料的剪切许用应力 $[\tau] = 60$ MN/m^2 , $G = 8$ GN/m^2 ,许用扭转角 $[\theta] = 2$ °/m,试校核该轴的强度和刚度。

答案: $\tau_{AC\,max} = 49.4$ MN/m^2 , $\tau_{DB} = 21.3$ MN/m^2 ; $\theta_{max} = 1.77$ °/m 安全

4－4　传动轴的转速为 $n = 500$ r/min,主动轮 1 输入功率 $N_1 = 500$ kW,从动轮 2,3 分别输出功率 $N_2 = 200$ kW, $N_3 = 300$ kW,已知 $[\tau] = 70$ MN/m^2 , $[\theta] = 1$ °/m,

$G=80\ \text{GN/m}^2$。(1)试确定 AB 段的直径 d_1 和 BC 段的直径 d_2;(2)若 AB 和 BC 两段选用同一直径,试确定直径 d;(3)主动轮和从动轮应如何安排才比较合理?

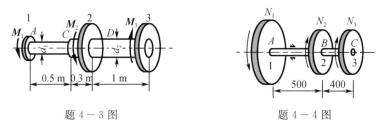

题 4-3 图　　　　　　　　　　　　题 4-4 图

答案:(1)$d_1\geqslant 84.6\ \text{mm}$,$d_2\geqslant 74.5\ \text{mm}$;(2)$d\geqslant 84.6\ \text{mm}$;(3)主动轮 1 放在从动轮 2,3 之间比较合理

4-5　一钻探机的功率为 10 kW,转速 $n=180$ r/min,钻杆钻入土层深度 $l=40$ cm。如土壤对钻杆的阻力可看做是均匀分布的力偶,试求此分布力偶的集度 t,并作出钻杆的扭矩图。

答案:$t=0.013\ 3$ kN·m/m

4-6　直径 $d=25$ mm 的钢圆杆,受轴向拉力 60 kN 作用时,在标距为 200 mm 的长度内伸长了 0.113 mm;当它受一对矩为 0.2 kN·m 的外力偶矩作用而扭转时,在标距为 200 mm 长的长度内扭转了 0.732° 的角度。试求钢材的弹性常数 E,G 和 μ。

答案:$E=216\ \text{GN/m}^2$,$G=81.8\ \text{GN/m}^2$,$\mu=0.32$

4-7　图示圆截面轴 AB,两端均被固定,在截面 C 上受扭转力偶矩 $\boldsymbol{M}_e$ 的作用。试求两端的支反力偶矩。

答案:$M_A=\dfrac{b}{l}M_e=\dfrac{b}{a+b}M_e$,$M_B=\dfrac{a}{l}M_e=\dfrac{a}{a+b}M_e$

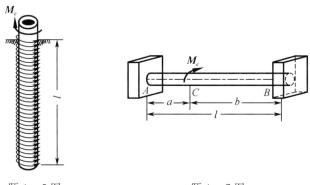

题 4-5 图　　　　　　　　　　　　题 4-7 图

4-8　一圆杆在 A,B,C 三处受有集中力偶矩作用,杆在有阻力的介质中等速旋转,设产生的阻力沿杆长均布,杆的直径 $d=50$ mm,$G=80$ GPa,求杆中最大剪应力和 B 截面对 A 截面的扭转角。

答案:$|M_{n\max}|=1\ 100$ N·m,$\tau_{\max}=44.8$ MPa,$\varphi_{AB}=0.034\ 6$ rad

4-9　圆轴在左端固定,右端的最上点和最下点同水平杆铰接,中间承受一集中力偶,$G=0.4E$。试计算圆轴中最大剪应力及水平杆中的正应力。

答案:$\tau_{\max}=30.6$ MPa,$\sigma=31.8$ MPa

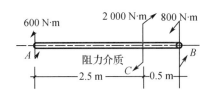

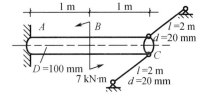

题 4 - 8 图   题 4 - 9 图

4 - 10 结构受力如图,$d_1 = 100$ mm,$d_2 = 50$ mm,$G = 82$ GPa,$[\tau] = 40$ MPa,$[Q] = 0.5\ ^{\circ}/\mathrm{m}$,校核轴的强度、刚度,并求截面的扭转角。

答案:AB 段:$\tau_{\max} = 25.5$ MN/m²,$\theta_{\max} = 0.36\ ^{\circ}/\mathrm{m}$

BC 段:$\tau_{\max} = 81.5$ MN/m² $> [\tau]$,$\theta_{\max} = 2.28\ ^{\circ}/\mathrm{m}$,$\varphi_c = 0.37 \times 10^{-2}$ rad

4 - 11 设圆轴横截面上的扭矩为 M_n,试求四分之一截面上内力系的合力的大小、方向及作用点。

答案:合力 $Q = \dfrac{4\sqrt{2} M_n}{3\pi d}$,作用点在对称轴上,至圆心距离 $\rho_c = \dfrac{3\pi d}{16\sqrt{2}}$

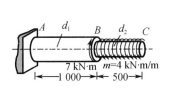

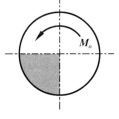

题 4 - 10 图   题 4 - 11 图

4 - 12 $d = 10$ mm 的钢杆 AB 弯成图示四分之三平面圆弧,$R = 10$ cm 在 O 点受到垂直于圆弧平面的力 $P = 100$ N 的作用,若 OA 为刚性,$G = 80$ GPa,求:(1)AB 内的最大剪应力 $\tau_{\max}$;(2)O 点的铅直位移。

答案:(1) 计剪切影响 $\tau_{\max} = 52.2$ MN/m²,不计剪切影响 $\tau_{\max} = 51$ MN/m²;(2)$\lambda = 6 \times 10^{-3}$ m

4 - 13 在图示机构中,除了 1,2 两根弹簧外,其余构件都可以假设为刚体。若两根弹簧完全相同,弹簧平均半径 $R = 100$ mm,$[\tau] = 300$ MN/m²。试确定弹簧丝的横截面直径,并求出每一弹簧所受的力。

答案:$N_1 = 2.69$ kN,$N_2 = 1.79$ kN,$d \geqslant 16.6$ mm

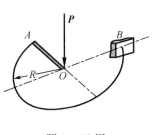

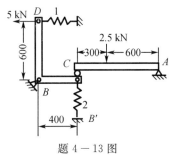

题 4 - 12 图   题 4 - 13 图

4 - 14 图示截面钢杆两端受外力偶矩 $M_e = 3$ kN·m 作用。已知材料的剪切弹性模量 $G = 80$ GPa,求:(1) 杆内最大剪应力的大小、位置和方向;(2) 横截面短边中点处的剪应力;(3) 杆的单位长度扭转角。

答案:$(1)\tau_{max}=40.1$ MPa;$(2)\tau_1=34.4$ MPa;$(3)\theta=0.565$ °/m

4—15　用实验的方法测定钢的剪切弹性模量时,其装置示意如图。AB 为 $l=10$ cm,直径 $d=1$ cm 的圆截面试件。在 A 端固定,B 端有长 $s=8$ cm 的杆 BC 与截面 B 连成整体。当在 B 端加外力矩 $M_e=15$ N·m 时,测得 BC 杆的顶点 C 的位移 $\Delta=1.5$ mm。求:$(1)G$ 的值;(2) 杆 AB 内的最大剪应力 τ_{max};(3) 杆 AB 表面的剪应变 γ。

答案:$(1)G=81.5$ GPa;$(2)\tau_{max}=76.4\times10^6$ N/m²;$(3)\gamma=9.37\times10^{-4}$

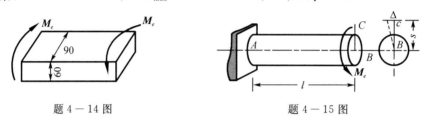

题 4—14 图　　　　　　　　　　　　题 4—15 图

第5章 截面的几何性质

计算杆件的应力和变形时,要用到截面的一些几何量,如拉(压)变形时用到截面积 A,扭转变形时用到极惯性矩 I_p 等。它们只与截面尺寸、形状有关,称为截面的几何性质。在弯曲变形中还要用到截面的另外一些几何性质,如静矩、惯性矩、惯性积等,本章将集中介绍它们的定义和计算方法。

5.1 截面的静矩和形心

5.1.1 静矩的定义

设有任意截面,如图 5.1,其面积为 A,坐标 (z,y) 为微元面积 $\mathrm{d}A$ 的形心坐标,则 $y\mathrm{d}A$ 和 $z\mathrm{d}A$ 分别称为微元面积 $\mathrm{d}A$ 对于 z 轴和 y 轴的静矩(若将 $\mathrm{d}A$ 看做力,则 $y\mathrm{d}A$ 和 $z\mathrm{d}A$ 相当于静力学中的力矩,由于形式上相似,故称为静矩),有时也称为面积矩。而遍及整个截面的积分

$$S_z = \int_A y\,\mathrm{d}A$$

$$S_y = \int_A z\,\mathrm{d}A \tag{5.1}$$

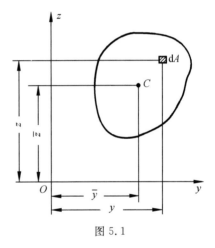

图 5.1

分别定义为截面对 z 轴和 y 轴的静矩或一次矩。

静矩是对一定坐标轴而言的,同一截面对不同的坐标轴其静矩也将不同。静矩的数值可正可负,也可以为零,其量纲为[长度]^3。

5.1.2 静矩与形心坐标的关系

若将图中截面图形看作为均质等厚的薄板,则它的重心即为截面图形的形心。根据均质物体重心位置的确定方法,可得截面形心 C 在 zOy 坐标系中的坐标 $\bar{z},\bar{y}$,即

$$\bar{z} = \frac{\int_A z\,\mathrm{d}A}{A} = \frac{S_y}{A}, \quad \bar{y} = \frac{\int_A y\,\mathrm{d}A}{A} = \frac{S_z}{A} \tag{5.2}$$

当截面的形心位置已知时,可由形心坐标与截面面积的乘积求得静矩,即

$$S_z = A\bar{y}, \quad S_y = A\bar{z} \tag{5.3}$$

在平面图形内通过形心的坐标轴称为形心轴。由式(5.3)可知,截面图形对其形心轴的静矩等于零。反之,若截面图形对某轴的静矩为零,则该轴必定通过截面的形心,即该轴必为形心轴。

例 5.1　试求图 5.2 所示半圆形截面的静矩 S_y 和 S_z 及其形心坐标。

解　（1）由于 z 轴为对称轴，必过截面形心，则有

$$\overline{y}=0, S_z=0$$

（2）为计算 S_y，取平行于 y 轴的狭长条为微面积

$$dA=2R\cos\theta dz$$

而

$$z=R\sin\theta, dz=R\cos\theta d\theta$$

则

$$dA=2R^2\cos^2\theta d\theta$$

代入式（5.1）得

$$S_y=\int_A z\,dA=\int_0^{\frac{\pi}{2}}R\sin\theta\cdot2R^2\cos^2\theta d\theta=\frac{2}{3}R^3$$

将 S_y 代入式（5.3），得

$$\overline{z}=\frac{S_y}{A}=\frac{\dfrac{2}{3}R^3}{\dfrac{1}{2}\pi R^2}=\frac{4R}{3\pi}$$

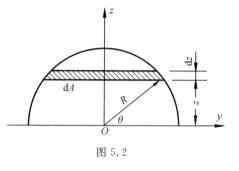

图 5.2

5.1.3　组合截面的静矩与形心

由一些简单图形（如圆形、矩形、三角形等）组成的截面，称为组合截面。组合截面对某一轴的静矩等于组合截面中各简单图形对该轴静矩的代数和，即

$$S_z=\sum_{i=1}^{n}A_i\,\overline{y}_i, S_y=\sum_{i=1}^{n}A_i\,\overline{z}_i \tag{5.4}$$

式中，A_i 和 $\overline{y}_i$，$\overline{z}_i$ 分别代表组合截面中各简单图形的面积和形心坐标，n 为简单图形的个数。

将式（5.4）代入式（5.3），可得组合截面形心坐标的公式

$$\overline{y}=\frac{\displaystyle\sum_{i=1}^{n}A_i\,\overline{y}_i}{\displaystyle\sum_{i=1}^{n}A_i}, \overline{z}=\frac{\displaystyle\sum_{i=1}^{n}A_i\,\overline{z}_i}{\displaystyle\sum_{i=1}^{n}A_i} \tag{5.5}$$

5.2　惯性矩　惯性积　惯性半径

5.2.1　惯性矩

在图 5.3 中，截面图形的微面积 dA 与它的形心坐标 y，z 的平方的乘积 $y^2 dA$ 和 $z^2 dA$

分别称为微面积 $\mathrm{d}A$ 对 z 轴和 y 轴的惯性矩,而遍及整个截面面积 A 的积分

$$\begin{cases} I_z = \int_A y^2 \,\mathrm{d}A \\ I_y = \int_A z^2 \,\mathrm{d}A \end{cases} \tag{5.6}$$

则分别定义为截面对 z 轴和 y 轴的惯性矩或二次轴矩。同一截面对不同坐标轴的惯性矩不同,但恒为正值。惯性矩的量纲为[长度]^4。

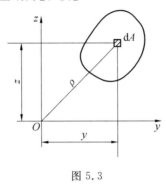

图 5.3

5.2.2　惯性积

在图 5.3 中,微面积 $\mathrm{d}A$ 与其形心坐标 y,z 的乘积 $yz\,\mathrm{d}A$ 称为微面积 $\mathrm{d}A$ 对 z,y 轴的惯性积,而在整个截面面积 A 上的积分

$$I_{yz} = \int_A yz \,\mathrm{d}A \tag{5.7}$$

则定义为截面对 z,y 轴的惯性积。截面对不同坐标轴的惯性积不同。由于上式中的 z,y 值可能为正、为负或为零,所以惯性积也可能为正、为负或为零。 惯性积的量纲是[长度]^4。

5.2.3　惯性半径

工程上为应用方便起见,有时将惯性矩表示为截面面积 A 与某一长度平方的乘积,即

$$I_y = Ai_y^2, \ I_z = Ai_z^2 \tag{5.8a}$$

或

$$i_y = \sqrt{\frac{I_y}{A}}, \ i_z = \sqrt{\frac{I_z}{A}} \tag{5.8b}$$

式中的 i_y,i_z 分别定义为截面对 z 轴和对 y 轴的惯性半径,其量纲为[长度]。

5.2.4　极惯性矩

以 ρ 表示微元面积 $\mathrm{d}A$ 到坐标原点 O 的距离,定义积分

$$I_p = \int_A \rho^2 \,\mathrm{d}A$$

为截面对坐标原点的极惯性矩。

因为

$$\rho^2 = y^2 + z^2$$

因此有

$$I_p = \int_A \rho^2 \, dA = \int_A (y^2 + z^2) \, dA = \int_A y^2 \, dA + \int_A z^2 \, dA$$

即

$$I_p = I_y + I_z \tag{5.9}$$

由上述各定义,可得出以下结论:

(1) 同一截面对不同坐标轴的惯性矩、惯性积都是不同的。

(2) 截面对任意一对正交轴 y,z 轴的惯性矩 I_y 和 I_z 之和,恒等于该截面对此两轴交点的惯性矩 I_p。

(3) 惯性矩 I_y,I_z 和极惯性矩 I_p 恒为正值,而惯性积 I_{yz} 的数值可能为负,也可能为零,不过它们的量纲均为[长度]^4。

(4) 两正交坐标轴中,只要有一根轴是截面的对称轴,则截面对这一对坐标轴的惯性积等于零。

例 5.2　计算图 5.4 矩形截面对对称轴 y 轴和 z 轴的惯性矩。

解　取平行于 y 轴的狭长矩形为微面积 dA。则

$$dA = b \, dz$$

于是截面对 y 轴的惯性矩为

$$I_y = \int_A z^2 \, dA = \int_{-\frac{h}{2}}^{\frac{h}{2}} b z^2 \, dz = \frac{bh^3}{12}$$

类似的对 z 轴的惯性矩为

$$I_z = \frac{b^3 h}{12}$$

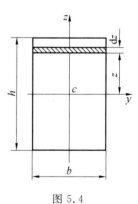

图 5.4

例 5.3　计算图 5.5 圆形截面对其形心轴的惯性矩。

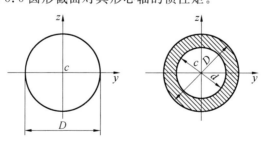

图 5.5

解　由于圆截面对任意形心轴都是对称的,显然有 $I_y = I_z$。

圆截面对其形心的极惯性矩为

$$I_p = \frac{\pi D^4}{32}$$

由(5.9)式得

$$I_y = I_z = \frac{1}{2} I_p = \frac{\pi D^4}{64}$$

对于组合截面,如需求其惯性矩,根据惯性矩的定义,组合截面对某一轴的惯性矩应等于每个组成截面对于同一轴的惯性矩之和,即

$$I_y = \sum_{i=1}^{n} I_{yi}, I_z = \sum_{i=1}^{n} I_{zi} \qquad (5.10)$$

如图的空心圆截面,可得

$$I_y = I_z = \frac{\pi D^4}{64} - \frac{\pi d^4}{64} = \frac{\pi D^4}{64}(1 - \alpha^4)$$

式中, $\alpha = \dfrac{d}{D}$ 。

5.3　平行移轴公式

同一截面对于不同轴的惯性矩、惯性积是不相同的。那么它们是否存在一定的关系呢?下面讨论截面对两对平行轴(其中有一对轴是形心轴)的惯性矩及惯性积之间的关系。

图 5.6 中 y_C, z_C 是一对通过截面形心的正交轴, y, z 轴分别与 y_C, z_C 平行,两平行轴之间的距离分别为 a 和 b 。由图可见

$$y = y_C + b, z = z_C + a$$

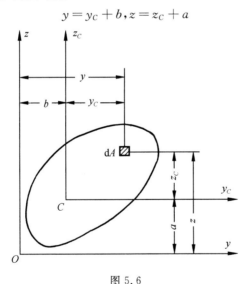

图 5.6

由惯性矩的定义

$$I_y = \int_A z^2 \mathrm{d}A = \int_A (z_C + a)^2 \mathrm{d}A = \int_A (z_C^2 + 2az_C + a^2)\mathrm{d}A\pi = I_{yc} + a^2 A \qquad (5.11)$$

同理

$$I_z = I_{z_C} + b^2 A$$
$$I_{yz} = I_{y_C z_C} + ab A$$

上式称为平行移轴公式。

例 5.4　计算图 5.7 所示 T 形截面对其形心轴 y_C, z_C 轴的惯性矩。

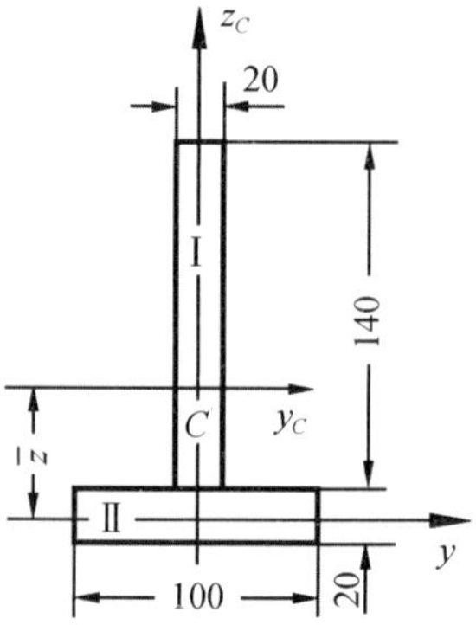

解　截面的形心位置
$$\overline{y}=0, \overline{z}=0.046\ 7\ \text{m}$$

为计算惯性矩 I_{y_C}, I_{z_C}, 先计算两矩形 Ⅰ, Ⅱ 分别对 y_C 和 z_C 轴的惯性矩

$$I_{y_C}^{\text{Ⅰ}}=\frac{1}{12}\times 0.02\times 0.14^3\ \text{m}^4+(0.07+0.01-$$
$$0.0467)^2\times 0.02\times 0.14\ \text{m}^4$$
$$=7.69\times 10^{-6}\ \text{m}^4$$

$$I_{y_C}^{\text{Ⅱ}}=\frac{1}{12}\times 0.1\times 0.02^3\ \text{m}^4+0.0467^2\times 0.1\times 0.02\ \text{m}^4$$
$$=4.43\times 10^{-6}\ \text{m}^4$$

$$I_{z_C}^{\text{Ⅰ}}=\frac{1}{12}\times 0.14\times 0.02^3\ \text{m}^4=0.09\times 10^{-6}\ \text{m}^4$$

$$I_{z_C}^{\text{Ⅱ}}=\frac{1}{12}\times 0.02\times 0.1^3\ \text{m}^4=1.67\times 10^{-6}\ \text{m}^4$$

所以整个截面对 y_C, z_C 轴的惯性矩为
$$I_{y_C}=I_{y_C}^{\text{Ⅰ}}+I_{y_C}^{\text{Ⅱ}}=7.69\times 10^{-6}\ \text{m}^4+4.43\times 10^{-6}\ \text{m}^4=12.1\times 10^{-6}\ \text{m}^4$$
$$I_{z_C}=I_{z_C}^{\text{Ⅰ}}+I_{z_C}^{\text{Ⅱ}}=0.09\times 10^{-6}\ \text{m}^4+1.67\times 10^{-6}\ \text{m}^4=1.76\times 10^{-6}\ \text{m}^4$$

图 5.7

5.4　转轴公式　主惯性矩

上节讨论的平行移轴公式,表示了截面对两对相互平行坐标轴的惯性矩和惯性积之间的关系。现在讨论坐标系绕原点旋转时,惯性矩和惯性积之间的关系。

5.4.1　转轴公式

图 5.8 所示截面对 y, z 两轴的惯性矩和惯性积分别为 I_y, I_z 和 I_{yz}。现将 zOy 坐标系绕 O 点旋转 α 角(规定逆时针旋转时 α 为正),得到新的坐标系 z_1Oy_1。

由转轴的坐标变换
$$z_1=z\cos\alpha+y\sin\alpha$$
$$y_1=y\cos\alpha-z\sin\alpha$$
于是
$$I_{z_1}=\int_A y_1^2\,\text{d}A=\int_A(y\cos\alpha-z\sin\alpha)^2\,\text{d}A$$

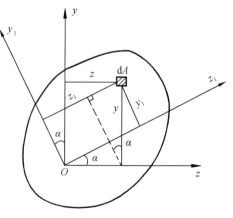

图 5.8

$$I_{y_1} = \int_A z_1^2 dA = \int_A (z\cos\alpha + y\sin\alpha)^2 dA$$

$$I_{y_1 z_1} = \int_A y_1 z_1 dA = \int_A (z\cos\alpha + y\sin\alpha)(y\cos\alpha - z\sin\alpha)dA$$

展开后得到

$$\left.\begin{array}{l} I_{z_1} = \dfrac{I_z + I_y}{2} + \dfrac{I_z - I_y}{2}\cos 2\alpha - I_{yz}\sin 2\alpha \\[3mm] I_{y_1} = \dfrac{I_z + I_y}{2} - \dfrac{I_z - I_y}{2}\cos 2\alpha + I_{yz}\sin 2\alpha \\[3mm] I_{y_1 z_1} = \dfrac{I_z - I_y}{2}\sin 2\alpha + I_{yz}\cos 2\alpha \end{array}\right\} \tag{5.12}$$

上式就是惯性矩和惯性积的转轴公式。

5.4.2 主惯性轴和主惯性矩

若截面图形对某一对正交坐标轴的惯性积为零,则这对轴称为主惯性轴,简称主轴。截面图形对主轴的惯性矩,称为主惯性矩,简称主惯矩。当主轴为形心轴时,称为形心主惯性轴,简称形心主轴。截面对形心主轴的惯性矩,称为形心主惯性矩。

不难证明,若截面图形有一根对称轴,则此轴即为形心主轴之一,另一形心主轴为通过截面形心并与对称轴垂直的轴。

截面没有对称轴时,主轴的位置通过计算来确定。

将 $\alpha = \alpha_0$ 代入(5.12)式的第三式,令 $I_{y_1 z_1} = 0$,有

$$\frac{I_z - I_y}{2}\sin 2\alpha_0 + I_{yz}\cos 2\alpha_0 = 0$$

得

$$\tan 2\alpha_0 = -\frac{2I_{yz}}{I_z - I_y} \tag{5.13}$$

代入(5.12)式的前两式,可求得主惯性矩 I_{y0}, I_{z0}。利用三角关系式,由式(5.13)得到 $\sin 2\alpha_0$ 和 $\cos 2\alpha_0$,代入(5.12)式,最后得到主惯性矩的一般公式为

$$\left.\begin{array}{l} I_{z_0} = \dfrac{I_z + I_y}{2} + \sqrt{\left(\dfrac{I_z - I_y}{2}\right)^2 + I_{yz}^2} \\[4mm] I_{y_0} = \dfrac{I_z + I_y}{2} - \sqrt{\left(\dfrac{I_z - I_y}{2}\right)^2 + I_{yz}^2} \end{array}\right\} \tag{5.14}$$

通过截面某点的主轴正是通过该点的各轴中惯性矩取极值的轴。此外,截面对过某点的任意一对正交轴的惯性矩之和为一常数。所以截面对过某点所有轴的惯性矩中的极大值和极小值,就是对过该点主轴的主惯矩。

例 5.5 求图 5.9 所示 Z 字形图形的形心主轴位置,并求形心的主惯矩。

解 (1)确定形心位置。因图形是反对称图形,所以其对称中心 C 就是形心。

(2)现以虚线为界,分成三个矩形计算惯性矩。

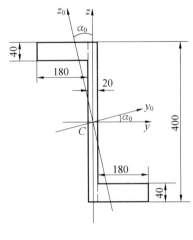

图 5.9

$$I_y = \frac{2}{12} \times 40^3 \text{ cm}^4 + 2\left(\frac{18}{12} \times 4^3 + 18^2 \times 18 \times 4\right) \text{ cm}^4 = 57\ 515 \text{ cm}^4$$

$$I_z = \frac{40}{12} \times 2^3 \text{ cm}^4 + 2\left(\frac{4}{12} \times 18^3 + 10^2 \times 18 \times 4\right) \text{ cm}^4 = 18\ 315 \text{ cm}^4$$

$$I_{yz} = -2(18 \times 10 \times 18 \times 4) \text{ cm}^4 = -25\ 920 \text{ cm}^4$$

(3) 确定形心主轴。

由 I_y, I_z, I_{yz} 确定形心主轴 y_0, z_0,主矩 I_{y_0}, I_{z_0}

$$\tan 2\alpha_0 = -\frac{2I_{yz}}{I_y - I_z} = -\frac{2(-25\ 920)}{57\ 515 - 18\ 315} = 1.322\ 4$$

$$2\alpha_0 = 52.90°, \alpha_0 = 26.45°$$

(4) 现确定形心主惯矩。

$$I_{y_0}, I_{z_0} = \frac{I_y + I_z}{2} \pm \sqrt{\left(\frac{I_y - I_z}{2}\right)^2 + I_{yz}^2}$$

$$= \frac{18\ 315 + 57\ 515}{2} \pm \sqrt{\left(\frac{57\ 515 - 18\ 315}{2}\right)^2 + (-25\ 920)^2}$$

$$= 37\ 915 \pm 32\ 496 = 70\ 411, 5\ 419 \text{ cm}^4$$

可以看出 $I_{y_0} = I_{\max} = 70\ 411 \text{ cm}^4, I_{z_0} = I_{\min} = 5\ 419 \text{ cm}^4$。

　　如果这里所说的平面图形是杆件的横截面,则截面的形心主惯性轴与杆件轴线所确定的平面称为形心主惯性平面。杆件横截面的形心主惯性轴、形心主惯性矩和杆件的形心主惯性平面在杆件的弯曲理论中有重要意义。截面对于对称轴的惯性积等于零,截面形心又必然在对称轴上,所以截面的对称轴就是形心主惯性轴,它与杆件轴线确定的纵向对称面就是形心主惯性平面。

习　　题

5—1　确定图示截面形心的位置。

答案:(0,140.9)

5－2　计算图示截面阴影线部分对 z 轴的静矩 S_z。

答案：$S_z = \dfrac{b}{2}\left(\dfrac{h^2}{4} - y^2\right)$

5－3　证明图示三角形截面对平行于底边的形心轴 z 轴的惯性矩 $I_z = \dfrac{1}{36}bh^3$。

答案：略

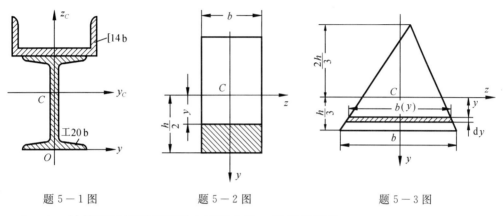

题 5－1 图　　　　　　　　题 5－2 图　　　　　　　　题 5－3 图

5－4　计算图示箱形截面对水平形心轴 z 的惯性矩 I_z。

答案：$I_z = 1.55 \times 10^{10}$ mm^4

5－5　图示正方形截面的静矩 $S_z = S_y = 0$，其惯性矩 I_z 和 I_y 是否为零？试计算 I_z 和 I_y。

答案：$I_y = I_z = \dfrac{a^4}{12}$

5－6　图示截面由 2 个 20a 号槽钢截面组成，y，z 轴为形心轴，若要求 $I_y = I_z$，试确定尺寸 B。

答案：$B = 11.2$ cm

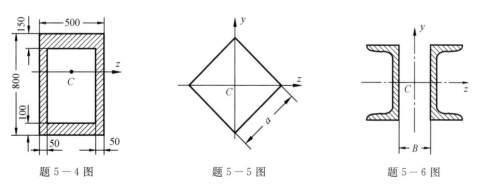

题 5－4 图　　　　　　　　题 5－5 图　　　　　　　　题 5－6 图

5－7　图示矩形，其高宽之比 $\dfrac{h}{b} = \dfrac{3}{2}$，若从左右两侧各切去直径为 $d = \dfrac{h}{2}$ 的半圆，试求：

(1) 切去部分面积占原面积的百分比；

(2) 切去后截面图形的惯性矩 I'_z 与原矩形的惯性矩 I_z 之比。

答案:(1)29.4% ;(2)94%

5－8　求图示各截面的形心主惯性矩。

答案:(a) $I_y = 23\ 808\ \text{cm}^4, I_z = 18\ 800\ \text{cm}^4$;

(b)$\alpha = 22.2^0, I_{z_0} = 353.9\ \text{cm}^4, I_{y_0} = 59.2\ \text{cm}^4$

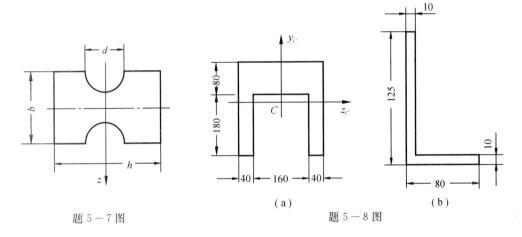

（a）　　　　　　　　　　（b）

题 5－7 图　　　　　　　　　　题 5－8 图

5－9　求图中所示半圆形的形心主惯性矩 I_{y_c} 和对圆心 O 的惯性矩 I_y。已知 $d = 2$ m,O 为半圆圆心。

答案:$I_y = \dfrac{\pi d^4}{128} = 0.392\ 7\ \text{m}^4, I_{y_c} = \dfrac{\pi d^4}{128} - \dfrac{d^4}{18\pi} = 0.109\ 7\ \text{m}^4$

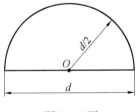

题 5－9 图

第6章 平面弯曲

梁的弯曲变形特别是平面弯曲是工程中遇到的最多的一种基本变形,弯曲强度和刚度的研究在材料力学中占有重要位置。梁的内力分析及绘制内力图是计算梁的强度和刚度的首要条件,应熟练掌握。在解决梁位移计算的基础上,讨论了简单超静定梁的解法。本章理论比较集中和完整地体现了材料力学研究问题的基本方法,学习中应注意理解概念,熟悉方法,掌握理论,解决实际问题。

6.1 平面弯曲的概念及梁的计算简图

6.1.1 梁的平面弯曲

弯曲是工程实际中常见的一种基本变形形式,图 6.1(a)所示的吊车横梁,图 6.1(b)所示的车轴都是弯曲变形的构件。这些构件的共同特点是:它们都可简化为一根直杆,在通过轴线的平面内,受到垂直于杆件轴线的外力(横向力)或外力偶作用。在这样的外力作用下,杆件的轴线将弯曲成一条曲线,如虚线所示,这种变形形式称为弯曲。工程上把主要发生弯曲变形的构件,通常称为梁。

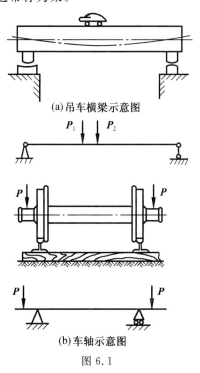

(a)吊车横梁示意图

(b)车轴示意图

图 6.1

在工程实际中,大多数梁的横截面都有一根对
称轴,如图 6.2 所示。通过梁轴线和截面对称轴的
平面称为纵向对称面。当梁上外载荷均位于纵向
对称面内时,梁的轴线将弯曲成一条位于纵向对称
面内的平面曲线,若梁弯曲变形后轴线所在平面与
载荷所在的纵向平面在同一平面,则称为平面弯
曲。平面弯曲是工程实际中最常见的情况,本章及
后面两章将讨论平面弯曲的相关问题。

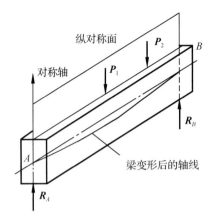

图 6.2

6.1.2　梁的载荷和约束

截面直梁外力均作用在梁的纵对称面内,因此
在梁的计算简图中可用梁的轴线代表梁本身。对
于复杂的梁的支座和所受外力有必要进行合理的简化,以便建立计算简图。

作用在梁上的外力,包括载荷和支反力,可以简化为下面三种类型:

(1)集中力　如前面公路桥梁上的车轮压力,火车车轮对车轴的压力,其作用范围远
小于公路桥梁、车轴的长度,可视为集中作用于一点。这类力称为集中力或集中载荷,其
单位常用牛顿(N)表示。

(2)分布载荷　分布载荷是沿梁的全长或部分长度连续分布的横向力。分布均匀的
则称为均布载荷,均布载荷的集度即单位长度内的载荷用 q 表示,其单位常用牛顿／米
(N/m)表示。

(3)集中力偶　当只受到与轴线平行的载荷 P_a 时,将 P 平移到轴线上一点,则成为
一个沿轴线方向作用的集中力 P_a 和一个作用在梁轴线平面内的集中力偶 $M_0 = P_a r$。集
中力偶的单位常用牛顿·米(N·m)表示。

杆件的支承方式可简化为以下三种形式:

(1)可动铰支座　这种支座的计算简图如图 6.3(a)或(b)所示。它使梁端不仅能围
绕铰中心自由转动,而且还可以沿支座平面移动,它只限制梁在支座处沿垂直于支座平面
方向的移动。因此,这种支座只有一个未知支反力,即垂直于支座平面并通过铰中心的支
反力 R,如图 6.3(c)所示。如滑动轴承、径向滚动轴承均可简化为可动铰支座。

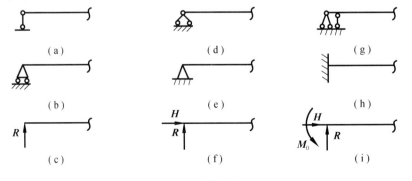

图 6.3

（2）固定铰支座　这种支座的计算简图如图 6.3(d) 或(e) 所示。它使梁端只能绕铰中心转动，而不能作任何的自由移动。因此，支座反力通过铰中心，但其大小和方向均为未知，通常用两个互相垂直的分力表示，即沿梁轴线方向的支反力 **H** 和与之垂直的支反力 **R**，如图 6.3(f) 所示。因此，这种支座有两个未知支反力。如止推轴承、向心推力球轴承均可简化为固定铰支座。

（3）固定端支座(固定端)　计算简图如图 6.3(g) 或(h) 所示。它使梁在固定端内不能发生任何的移动和转动。因此，支反力的大小、方向及作用点都未知，通常把它简化为作用在固定端横截面形心处的两个垂直方向的分力 **H** 和 **R** 及一个支反力偶 M_0，如图 6.3(i) 所示。因此，这种支座有三个未知支反力，如长轴承可简化为固定端支座。

在平面弯曲情况下，作用在梁上的外力(包括载荷和支座反力)是一个平面力系。当梁的支座反力能由静力学平衡方程全部求出，这种梁称为静定梁。

根据梁的支承情况在工程实际中常见的静定梁有以下三种形式：

（1）简支梁　梁一端为固定铰支座，另一端为可动铰支座，如图 6.4(a) 所示。

（2）悬臂梁　梁的一端为固定端，另一端自由，如图 6.4(b) 所示。

（3）外伸梁　梁由一个固定铰支座和一个可动铰支座支承，梁的一端或两端自由外伸，如图 6.4(c) 所示。

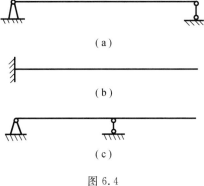

图 6.4

6.2　梁的内力 —— 剪力和弯矩

根据静力平衡方程，在求得静定梁在载荷作用下的支座反力后，作用于梁上的全部外力皆为已知，接下来便可进一步研究梁的内力。所谓梁的内力就是在外力作用下梁的一部分与另一部分之间的相互作用力。为了计算梁的应力和变形，必须首先研究其横截面上的内力。

1. 截面法求梁横截面上的内力

当梁上所有外力均为已知时，即可用截面法来确定梁任意横截面上的内力。

如图 6.5(a) 所示简支梁 AB，现分析距 A 端为 x 处的横截面 $m-m$ 上的内力。以整个梁为研究对象，利用静力学平衡方程可以求出梁的支座反力 R_A 和 R_B。按截面法在横截面 $m-m$ 处假想地将梁截成左、右两段，并取左段作为研究对象(图 6.5(b))。为了保持左段梁的平衡，即为了满足左段梁的平衡条件 $\sum Y=0$ 和 $\sum M_0=0$，在横截面 $m-m$ 上必定存在两个内力分量：平行于横截面的内力 Q 和位于荷载平面内的内力偶 M。内力 Q 称为剪力，内力偶 M 称为弯矩。根据左段梁的平衡条件，由 $\sum Y=0$ 可得

$$Q=R_A-P_1 \tag{6.1}$$

由 $\sum M_o = 0$ 可得

$$M = R_A x - P_1(x - a) + M_e \tag{6.2}$$

这里的矩心 O 点是截面 $m-m$ 的形心。

同样地也可取右段梁为研究对象,并根据其平衡条件求出截面 $m-m$ 上的内力 **Q** 和 **M**。它们与上面取左段梁为研究对象时求得的 **Q** 和 **M**,大小相等但方向(或转向)相反。

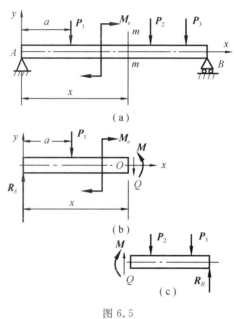

图 6.5

2. 剪力和弯矩的正负号规定

为了使从左段梁和从右段梁分别求得的同一截面 $m-m$ 上的剪力和弯矩,不仅数值相等而且符号相同,必须按照梁的变形情况来对剪力和弯矩的符号作如下规定:

(1)剪力的正负号规定。在所切横截面内侧取微段,若剪力 **Q** 有绕微段顺时针转动趋势时,则此截面上的剪力 **Q** 为正;反之为负。

(2)弯矩的正负号规定。若弯矩 M 使微段产生向下凸的变形,上部受压,下部受拉,则此截面上的弯矩 M 为正;反之为负。

按上述规定,无论在横截面的左侧或右侧一段梁来研究此横截面上的剪力 **Q** 和弯矩 M 所得到的结果一定大小相等符号相同。

3. 梁内力的计算

对(6.1)(6.2)式进行分析,可得:

(1)某一横截面上的剪力在数值上等于该截面左边(或右边)梁上所有横向力的代数和。左边梁上向上的力(或右边梁上向下的力)产生正值剪力;反之产生负值剪力。

(2)某一截面上的弯矩在数值上等于作用在该截面左边(或右边)梁上所有外力对于该截面形心的力矩的代数和。向上的外力(不论是截面左边还是截面右边)均产生正值弯矩,向下的外力则产生负的弯矩。截面左边梁上的外力偶,顺时针转向的产生正值弯矩,反之产生负值弯矩;而截面右边梁上的外力偶,逆时针转向的产生正值弯矩,反之产生负值弯矩。

上述规则,可以概括为"左上右下,剪力为正;左顺右逆,弯矩为正"的口诀。

例 6.1　求图 6.6 所示外伸梁横截面 $1-1,2-2$ 上的内力。

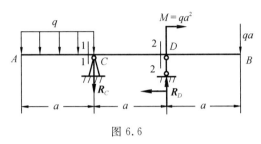

图 6.6

解　先求支反力,由

$$\sum M_C = 0 \text{ 得}$$

$$R_D = 2.5qa$$

$$\sum M_D = 0 \text{ 得}$$

$$R_C = 0.5qa$$

由 $1-1$ 截面,左侧梁上的外力直接求得

$$Q_1 = -qa, M_1 = -qa \cdot 0.5a = -0.5qa^2$$

可见,两种计算所得结果完全相同。

由 $2-2$ 截面,右侧梁上外力直接计算得

$$Q_2 = qa - R_D = qa - 2.5qa = 1.5qa$$
$$M_2 = -qa \cdot a - M = -qa^2 - qa^2 = -2qa^2$$

6.3　剪力方程和弯矩方程　剪力图和弯矩图

6.3.1　剪力方程和弯矩方程

分析前面的例题可知,在梁的不同横截面上,剪力和弯矩一般均不相同,即剪力和弯矩沿梁轴线是变化的。上一节主要介绍了计算梁在某一指定截面上的内力的方法。工程实际中,人们所关心的及所需要的是内力的最大值及其所在截面的位置,因此,除了掌握计算指定截面内力的方法外,还需知道沿梁轴线各个横截面内力的变化规律。

若以横坐标 x 表示横截面在梁轴线上的位置,则梁各个横截面上的剪力和弯矩可表示为 x 的函数,即

$$Q = Q(x), M = M(x) \tag{6.3}$$

这两个等式分别称为剪力方程和弯矩方程。具体写出这两个方程时,通常以梁左端为坐标的原点。有时为了方便,也可将原点取在梁的右端。

6.3.2　剪力图和弯矩图

由剪力方程和弯矩方程,虽然可以了解剪力及弯矩随截面位置的变化情况,但不够直

观。为了清晰地表示横截面上内力沿梁轴线的变化情况,可将剪力和弯矩沿梁轴线的变化情况用图线来表示。作图时,选定适当的比例尺,以 x 为横坐标,以 Q 或 M 为纵坐标,分别绘制 $Q(x)$ 和 $M(x)$ 的图线。这种图线分别称为剪力图和弯矩图,简称 Q 图、M 图。并由此可确定梁上剪力和弯矩的最大值及其所在横截面的位置。

例6.2　图 6.7(a) 所示悬臂梁,在自由端受集中力 **P** 作用,试列出该梁的剪力方程和弯矩方程,并作剪力图、弯矩图。

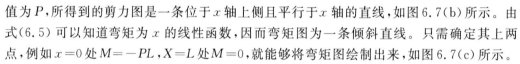

解　(1)求剪力方程和弯矩方程。

以固定端 A 为坐标原点,选取坐标系如图 6.7(a) 所示。写剪力方程和弯矩方程时,取距原点为 x 的任意横截面的右侧为研究对象,这样可避免求固定端的支反力 **R**$_A$ 和 **M**$_A$。

利用外力叠加法,由(6.3)式求出剪力方程和弯矩方程为

$$Q(x) = P(0 < x < L) \tag{6.4}$$

$$M(x) = -P(L-x)(0 < x \leqslant L) \tag{6.5}$$

(2)作剪力图和弯矩图。

式(6.4)表明,梁各横截面上的剪力均相同,其值为 P,所得到的剪力图是一条位于 x 轴上侧且平行于 x 轴的直线,如图 6.7(b) 所示。由式(6.5)可以知道弯矩为 x 的线性函数,因而弯矩图为一条倾斜直线。只需确定其上两点,例如 $x=0$ 处 $M=-PL$,$X=L$ 处 $M=0$,就能够将弯矩图绘制出来,如图 6.7(c) 所示。

由图 6.7(b)(c) 可见,在梁的各个横截面上,剪力都相同;在固定端截面处,弯矩为最大,且

$$|M|_{\max} = PL$$

例6.3　如图 6.8(a) 所示简支梁,受均布载荷 q 的作用。求剪力和弯矩方程并作剪力图和弯矩图。

解　(1)求支座反力。

由于结构、载荷均对称于跨长中点,容易求出两支座反力为

$$R_B = \frac{ql}{2}, R_A = \frac{ql}{2}$$

(2)求剪力方程和弯矩方程。

以 A 点为坐标原点,选取坐标系如图 6.8(a) 所示。取距左端(坐标原点处)为 x 的任意横截面,以梁的左侧为研究对象,利用外力叠加法,由式(6.3)求出剪力方程和弯矩方程为

$$Q(x) = \frac{ql}{2} - qx(0 < x < l) \tag{6.6}$$

$$M(x) = \frac{ql}{2}x - \frac{qx^2}{2}(0 \leqslant x \leqslant l) \tag{6.7}$$

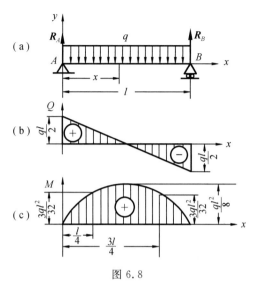

图 6.8

（3）作剪力图和弯矩图。

由（6.6）式知，剪力图是一条倾斜直线，确定其上两个点后即可绘出此梁的剪力图，如图 6.8（b）所示。由式（6.7）知，弯矩图为一条二次抛物线，为了画出此抛物线，至少须确定其上三四个点，例如 $x=0$ 处 $M=0$，$x=l/4$ 处 $M=3ql^2/32$，$x=l/2$ 处 $M=ql^2/8$，$x=l$ 处 $M=0$。通过这几个点作梁的弯矩图，如图 6.8（c）所示。

由剪力图和弯矩图可以看出，在两个支座内侧横截面上剪力最大，其值为 $|Q|_{\max}=ql/2$；在跨度中点横截面上弯矩最大，其值为 $M_{\max}=ql^2/8$，而在此截面上剪力 $Q=0$。

例 6.4　如图 6.9（a）所示简支梁，受集中力 **P** 的作用。求剪力和弯矩方程并作剪力图和弯矩图。

解　（1）求支座反力。

由平衡条件 $\sum M_B=0$ 和 $\sum M_A=0$ 求得

$$R_A=\frac{b}{l}P$$

$$R_B=\frac{a}{l}P$$

（2）求剪力方程和弯矩方程。

取左端为坐标原点，由于集中力 **P** 作用于 C 点，使梁分为 AC,CB 两段，它们的剪力方程和弯矩方程不能用同一方程表示，需分段写出。

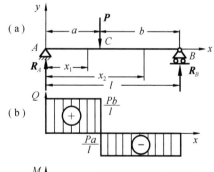

图 6.9

在 AC 段取距原点为 x_1 的任意截面，以左侧梁为研究对象，利用外力叠加法，由式（6.3）求出剪力方程和弯矩方程为

$$Q(x_1)=\frac{Pb}{l}\quad(0<x_1<a)\tag{6.8}$$

$$M(x_1) = \frac{Pb}{l} x_1 \quad (0 < x_1 \leqslant a) \tag{6.9}$$

再在 CB 段取距原点为 x_2 的任意截面，以右侧梁为研究对象，利用外力叠加法，由式 (6.3)，求出剪力方程和弯矩方程为

$$Q(x_2) = -\frac{Pa}{l} \quad (a < x_2 < l) \tag{6.10}$$

$$M(x_2) = \frac{Pa}{l} x_2 \quad (a < x_2 \leqslant l) \tag{6.11}$$

(3) 作剪力图和弯矩图。

由式 (6.8)(6.10) 知，两段梁的剪力图为平行于 x 轴的直线。由式 (6.9)(6.11) 知，两段梁的弯矩图都是倾斜直线。根据这些方程绘出的剪力图和弯矩图如图 6.9(b)(c) 所示。

由图 6.9(b)(c) 可见，若 $a < b$，则在 AC 段的任一横截面上的剪力值为最大，即 $Q_{max} = Pb/l$，而在集中力 $\boldsymbol{P}$ 作用的 C 截面上的弯矩最大，为 $M_{max} = Pab/l$。当 $a = b = l/2$，即当集中力 $\boldsymbol{P}$ 作用在梁跨的中点时，最大弯矩将发生在梁的跨中截面上，且 M_{max} 达到最大，其值为 $M_{max} = Pl/4$。

另外，在集中力作用处，剪力发生突变，突变值等于集中力的数值，即

$$\left| -\frac{Pa}{l} - \frac{Pb}{l} \right| = \frac{a+b}{l} P = P$$

在集中力作用处两侧梁的剪力方程、弯矩方程均不相同，应分段写出；剪力图和弯矩图也应该分段绘制。

例 6.5　如图 6.10(a) 所示简支梁，受集中力偶 M_e 的作用。求剪力方程和弯矩方程并作剪力图和弯矩图。

解　(1) 求支座反力由平衡方程可得

$$R_A = R_B = \frac{M_e}{l}$$

(2) 求剪力方程和弯矩方程。

作用在此梁上的荷载是集中力偶 M_e，故由 (6.3) 式知，全梁只有一个剪力方程，但 AC 段和 CB 段的弯矩方程则不同，需分别列出。利用外力叠加法，由 (6.3) 式求出剪力方程和弯矩方程为

$$\begin{cases} Q(x) = -\dfrac{M_e}{l} \quad (0 < x < a) \\[3mm] M(x) = -\dfrac{M_e}{l} x \quad (0 \leqslant x < a) \\[3mm] M(x) = \dfrac{M_e}{l} (l - x) \quad (a < x \leqslant l) \end{cases}$$

(3) 作剪力图和弯矩图。

根据上面的方程绘出剪力图和弯矩图，分别如图 6.10(b)(c) 所示。由图可见，整个梁的剪力图是一条平行于 x 轴的直线，全梁各横截面上的剪力值均等于 M_e/l。

在 $a < b$ 的情况下，在 C 点稍右的截面上弯矩数值为最大，$|M|_{max} = M_e b/l$。

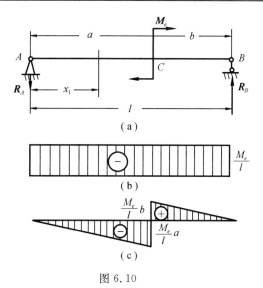

图 6.10

另外由弯矩图还可以看出,在集中力偶 M_e 的作用处,弯矩发生突变,突变值为该集中力偶矩的值,即

$$\left| \frac{M_e}{l}b - (-\frac{M_e}{l}a) \right| = \frac{a+b}{l}M_e = M_e$$

且在集中力偶作用两侧弯矩方程不同,应分段写出,弯矩图也应该分段绘制。

通过上述各例,可总结出作剪力图和弯矩图的步骤如下:

(1) 求支反力(有时可不求);

(2) 在集中力(包括集中载荷及支反力)、集中力偶、分布载荷的集度发生变化的地方将梁分段;

(3) 确定坐标原点,写出各段梁的剪力方程和弯矩方程;

(4) 根据各段剪力方程和弯矩方程,画出各段梁的剪力图和弯矩图。

6.4　弯矩、剪力和分布载荷集度的关系

内力是由梁所受到的载荷引起的,因此,内力与载荷之间必然存在着一定的关系。认识并掌握这些关系,对于绘制或检验梁的剪力图、弯矩图以及解决梁的其他有关问题,都是很重要的。

6.4.1　弯矩、剪力和分布载荷集度的微分关系

分析 6.3 节例题中求得的剪力方程和弯矩方程,可知,将弯矩方程(6.7)对变量 x 求导,得

$$\frac{\mathrm{d}M}{\mathrm{d}x} = \frac{ql}{2} - qx$$

这正是剪力方程(6.6);若将剪力方程(6.6)对变量 x 求导,得

$$\frac{\mathrm{d}Q}{\mathrm{d}x} = -q$$

这正是载荷集度 q。负号表示载荷集度方向向下,如果向上,则为正号。

上述载荷集度、剪力和弯矩之间的微分关系在直梁中是普遍存在的。下面从一般情况来推导这种关系。

如图 6.11(a) 所示,考虑一受载荷作用的任意梁。分布载荷集度 $q(x)$ 是 x 的连续函数,并规定向上为正。现将坐标原点取在梁的左端,用坐标为 x 和 $x+\mathrm{d}x$ 的两个相邻横截面从梁中取出长为 $\mathrm{d}x$ 的一段,如图 6.11(b) 所示。在坐标为 x 的截面上,弯矩和剪力分别为 $M(x)$ 和 $Q(x)$;在坐标为 $x+\mathrm{d}x$ 的截面上弯矩和剪力则分别为 $M(x)+\mathrm{d}M(x)$ 和 $Q(x)+\mathrm{d}Q(x)$。这里假设弯矩和剪力均为正值,略去载荷集度沿 $\mathrm{d}x$ 长度的变化。根据静力平衡条件,由

$$\sum Y = 0: Q(x)+q(x)\mathrm{d}x-\big[Q(x)+\mathrm{d}Q(x)\big]=0$$

得

$$\frac{\mathrm{d}Q(x)}{\mathrm{d}x}=q(x) \tag{6.12}$$

再由

$$\sum M_o = 0: -M(x)-Q(x)\mathrm{d}x-q(x)\cdot\mathrm{d}x\cdot\frac{\mathrm{d}x}{2}+M(x)+\mathrm{d}M(x)=0$$

略去高阶小量,整理后得到

$$\frac{\mathrm{d}M(x)}{\mathrm{d}x}=Q(x) \tag{6.13}$$

将式(6.13)代入式(6.12)得

$$\frac{\mathrm{d}^2 M(x)}{\mathrm{d}x^2}=q(x) \tag{6.14}$$

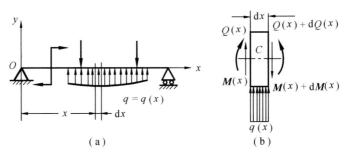

图 6.11

上面 3 式即为载荷集度、剪力和弯矩之间的微分关系。它实质上表示了微段梁的平衡条件。关系式(6.12)(6.13) 和 (6.14) 说明,从 x 的幂次来讲,弯矩 $M(x)$ 比剪力 $Q(x)$ 高一阶,剪力 $Q(x)$ 又比载荷集度 $q(x)$ 高一阶。

值得注意的是,在推导关系式(6.12)(6.13) 和 (6.14) 时载荷集度以向上为正, x 轴以向右指向为正,并且要求在讨论的区间内剪力 $Q(x)$ 和弯矩 $M(x)$ 都是 x 的连续函数,即在该区间既没有集中力也没有集中力偶。

6.4.2　内力图的一些规律

根据载荷集度、剪力及弯矩之间的微分关系,综合上面的题,可以总结出内力图的一些规律。

1. 分段规律

在集中力作用处和分布载荷起末端,剪力方程不同,需分段写出;剪力图也应分段绘制。

在集中力作用处、集中力偶作用处和分布载荷起末端,弯矩方程不同,需分段写出;弯矩图也应分段绘制。

2. 倾斜规律

梁上某段没有载荷,即 $q(x)=0$,则该段梁上的剪力为常数,即 $Q(x)=c$。而弯矩为 x 的线性函数,即 $M(x)=cx+b$。因此该段梁上剪力图为水平线,弯矩图一般为倾斜直线,其斜率等于剪力 Q 的值,若 $Q>0$,弯矩图为右上倾斜直线;若 $Q<0$,弯矩图为右下倾斜直线。

3. 凹凸规律

梁上某一段受均布载荷,即 $q(x)=c$。该段梁上剪力为 x 的线性函数,即 $Q(x)=cx+b$。而弯矩为 x 的二次函数,即 $M(x)=\dfrac{1}{2}cx^2+bx+d$。因此,剪力图为倾斜直线,弯矩图为二次抛物线。若均布载荷的方向向上,即 $q(x)>0$,剪力图为右上倾斜直线,弯矩图向下凸;反之,剪力图为右下倾斜直线,弯矩图向上凸。即弯矩图的凸向与均布载荷的指向相反。

4. 极值规律

在梁的某一截面上,若剪力 $Q(x)=0$,即 $\dfrac{\mathrm{d}M}{\mathrm{d}x}=0$,亦即该处弯矩图的斜率为零,则在该截面上的弯矩为一极值。

但要注意:弯矩的最大值可能在 $Q=0$ 处,也可能在集中力作用处或集中力偶作用处。

5. 突变规律

在集中力作用处,剪力图发生突然变化,其突变值等于集中力值。从集中力作用处的左邻截面过渡到右邻截面,剪力图的突变方向与集中力的方向一致。剪力图突变,即弯矩图的斜率有突变,故弯矩图形成一个转折点(如图 6.12)。

在集中力偶作用处,弯矩图发生突然变化,突变值等于该力偶矩的值,而剪力图没有变化。并且在顺时针方向的力偶作用处,从集中力作用处的左邻截面过渡到右邻截面,弯矩图是向上突变;在逆时针方向的力偶作用处,从左邻域向右邻域过渡,

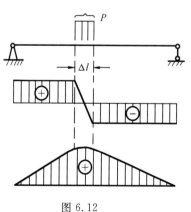

图 6.12

弯矩图则向下突变。

实际上,集中力是分布在梁的一个微段上的,剪力图和弯矩图在这一微段上应该是连续变化的。为简化起见才将微段 Δl 上的分布力看成集中力(即取 $\Delta l \to 0$)。至于集中力偶作用处弯矩图的突变也可进行类似的解释。

例6.6　利用弯矩、剪力和分布载荷集度的关系,作如图6.13(a)所示外伸梁的剪力图和弯矩图并校核。

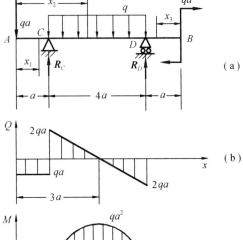

图 6.13

解　(1)求支座反力。

由平衡方程 $\sum M_D = 0$ 和 $\sum M_C = 0$,求出 $R_C = 3qa$,$R_D = 2qa$。

(2)作剪力图和弯矩图。

先作剪力图,根据分段规律,绘制剪力图时应分 AC,CD 和 DB 三段绘制。

对于 AC 段,由于没有载荷作用,因此剪力图是水平线,只需计算出 AC 段上任意横截面上的剪力,就可以绘制出这段水平线。利用外力叠加法可求出

$$Q_{A右} = -qa$$

即可绘制出这段水平线。

同理可以知道,DB 段的剪力图也是水平线,只需计算出 DB 段上任意横截面上的剪力,就可以绘制出这段水平线。利用外力叠加法可求出

$$Q_{B左} = 0$$

对于 CD 段,由于这段梁上作用着均布载荷,因此剪力图是斜直线,因此只需计算出这段梁两端横截面上的剪力,然后连接着两点即可。利用外力叠加法可求出

$$Q_{C右} = 2qa,\quad Q_{D左} = -2qa$$

即可绘制出这段斜直线。

最终得到的剪力图如图6.13(b)所示。

剪力图绘制完之后,可利用突变规律和倾斜规律进行检查校核,根据突变规律在 C,D 截面的剪力图应向上突变,突变值应分别为 $3qa$ 和 $2qa$;根据倾斜规律,CD 段的剪力图应为右下倾斜直线。经过检查,剪力图无误。

再作弯矩图,根据分段规律,绘制弯矩图时应分 AC,CD 和 DB 三段绘制。

对于 AC 段,由于剪力图是水平线,根据弯矩和剪力的微分关系,弯矩图应该是一条斜直线,因此只需计算出 AC 段两端截面的弯矩,连接两点即可。

利用外力叠加法可求出

$$Q_{A右} = 0,\quad Q_{C左} = -qa^2$$

即可绘制出这段斜直线。

对于 CD 段,由于剪力图是斜直线,因此弯矩图应该是二次抛物线,对于抛物线的绘

制只需找出两个端点和极值点,即可绘制出来。极值点就是剪力为零所对应的点,即 $x = 3a$ 所对应的截面。由外力叠加法可计算出该截面上的弯矩为

$$M_{x=3a} = qa^2$$

同样利用外力叠加法可计算出

$$M_{C右} = -qa^2, \ M_{D左} = -qa^2$$

即可绘制出这段抛物线。

对于 DB 段,由于剪力为 0,所以弯矩图为一条水平线,根据外力叠加法,求出

$$M_{D右} = -qa^2$$

即可绘制出这段水平线。

最终得到的弯矩图如图 6.13(c) 所示。

弯矩图绘制完后,利用倾斜规律和凹凸规律进行检查校核,根据倾斜规律 AC 段应为右下倾斜直线,根据凹凸规律,CD 段应为向上凸的抛物线,经检查弯矩图无误。

6.5 弯曲正应力

梁横截面上的内力 —— 剪力和弯矩,是横截面上分布内力系的合力和合力矩。为了解决梁的强度计算问题,在内力求得后,还必须进一步研究横截面上内力的分布规律,建立梁的应力计算公式。

6.5.1 纯弯曲的概念

直梁发生平面弯曲时,横截面上一般既有弯矩,又有剪力,它们使梁同时产生弯曲变形和剪切变形,这种弯曲称为横力弯曲。当横截面上只有弯矩而无剪力时,梁的弯曲称为纯弯曲。在图 6.14(a) 所示的简支梁上,有两个外力 P 对称地作用在梁的纵向对称平面内。梁的剪力图和弯矩图分别如图 6.14(b)(c) 所示。从图上可见,CD 段梁各横截面上剪力等于零,而弯矩为常量,故此段梁发生纯弯曲,而 AC,DB 两段梁的横截面上剪力和弯矩都不为零,因此发生横力弯曲。

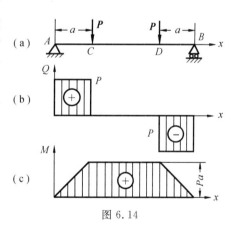

图 6.14

6.5.2 纯弯曲正应力公式

从静力学关系可知,弯矩 M 是横截面上的法向分布内力组成的合力偶矩,而剪力 Q 则是横截面上的切向分布内力系组成的合力。因此,梁的横截面上一般既有正应力 σ,又有剪应力 τ,它们分别与弯矩 M 和剪力 Q 有关。现研究梁在纯弯曲情况下的正应力计算。

应力在横截面上的分布规律的确定及应力计算公式的建立,是一个超静定问题,必须

从研究梁的变形着手,综合考虑变形几何关系、物理关系和静力学关系才能解决。

1. 纯弯曲实验

纯弯曲实验很容易在材料实验机上完成。现研究图 6.14(a) 所示的矩形截面梁 CD 段的变形情况。受力前,在 CD 段梁的侧面上画上与梁轴线平行的纵向线 aa 和 bb 以及垂直于纵向线的横向线 mm 和 nn,如图 6.15(a) 所示。受力变形后,可以观察到以下现象。

(1) 横向线仍为直线,但转过了一个小角度(图 6.15(b));

(2) 纵向线变为曲线,但仍与横向线保持垂直(图 6.15(b));

(3) 位于凹边的纵向线缩短,凸边的纵向线伸长(图 6.15(b));

(4) 在梁宽方向,上部伸长、下部缩短(图 6.15(c))。

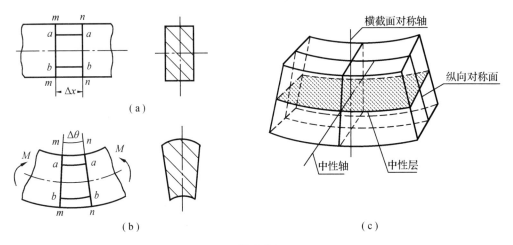

图 6.15

根据上述表面变形现象,对梁的变形和受力作如下假设:

平面假设:根据现象(1) 和(2) 可假设,梁的各个横截面在变形后仍保持为平面,并且仍然垂直于变形后的梁的轴线,只是绕横截面上的某轴转过了一个角度。

单向受力假设:根据现象(3) 和(4) 可假设,梁所有与轴线平行的纤维之间互不挤压,即纵向纤维都是轴向拉伸或压缩。

实践表明,以上述假设为基础导出的应力和变形公式符合实际情况。同时,在纯弯曲情况下,由弹性理论也得到了相同的结论。

由上述假设可以建立起梁的变形模式,如图 6.15(c) 所示。设想梁是由无数层纵向纤维所组成的,则梁变形后,其上部纵向纤维缩短,下部纵向纤维伸长,而由变形的连续性可知,梁内必有一层纵向纤维既不伸长也不缩短,这层纤维层称为中性层,中性层与横截面的交线称为中性轴。梁变形时,横截面即绕其中性轴转动。

2. 变形几何方程

现用相邻两个横截面 $m-m$ 和 $n-n$ 从梁上截出长为 $\mathrm{d}x$ 的一微段梁(图 6.16(a))。研究距中性层 O_1O_2 为 y 的纵向纤维 aa 在梁弯曲后的变形情况。

根据平面假设,梁变形后,横截面 $m-m$ 和 $n-n$ 仍保持为平面,只是相对转动了一个角度 $\mathrm{d}\theta$,如图 6.16(b) 所示。设梁变形后中性层的曲率半径为 ρ,则纵向纤维 bb 的原长为

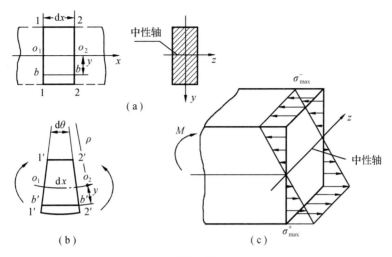

图 6.16

$\rho \mathrm{d}\theta$，变形后的 $b'b'$ 长度为 $(\rho+y)\mathrm{d}\theta$，于是纵向纤维 bb 的线应变为

$$\varepsilon = \frac{(\rho+y)\mathrm{d}\theta - \rho\mathrm{d}\theta}{\rho\mathrm{d}\theta} = \frac{y}{\rho} \tag{6.15}$$

此式表明，横截面上任一点的纵向线应变 ε 与该点到中性轴的距离 y 成正比。

3. 物理方程

根据单向受力假设，所有纵向纤维处于轴向拉伸或压缩。因此，当应力未超过材料的比例极限时，由虎克定律可得

$$\sigma = E\varepsilon = E\frac{y}{\rho} \tag{6.16}$$

对于指定的横截面，$\dfrac{E}{\rho}$ 为常量。故由式（6.16）可见，横截面上任一点的正应力与该点到中性轴的距离 y 成正比，即弯曲正应力沿横截面高度成线性分布。

4. 静力学关系

图 6.17 所示从梁中取出的一段，横截面上 y 轴为截面的纵向对称轴，z 轴为中性轴。作用在微面积 $\mathrm{d}A$ 上的微内力为 $\sigma\mathrm{d}A$，在整个横截面上这些微力组成一个垂直于横截面的空间平行力系。该力系可简化为三个内力分量，即轴力 N 和对 y，z 轴的力矩 M_y，M_z。根据合力及合力矩定理，有

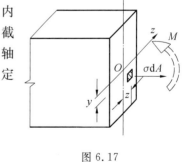

$$N = \int_A \sigma\,\mathrm{d}A$$

$$M_y = \int_A z\sigma\,\mathrm{d}A$$

图 6.17

$$M_z = \int_A y\sigma\,\mathrm{d}A$$

由截面法及图可知，在纯弯曲情况下，横截面上的轴力 N 和对 y 轴的力矩 M_y 都等于

零,而对 z 轴的力矩 M_z 则等于横截面上的弯矩 M,于是上面的几个静力学关系变成

$$N = \int_A \sigma \, \mathrm{d}A = 0 \tag{6.17}$$

$$M_y = \int_A z\sigma \, \mathrm{d}A = 0 \tag{6.18}$$

$$M_z = \int_A y\sigma \, \mathrm{d}A = M \tag{6.19}$$

将(6.16)式代入(6.17)式,并假设材料在拉伸和压缩时的弹性模相同,则有

$$\int_A E \frac{y}{\rho} \mathrm{d}A = \frac{E}{\rho} \int_A y \, \mathrm{d}A = 0$$

式中的积分

$$\int_A y \, \mathrm{d}A = S_z$$

是截面对其中性轴 z 轴的静矩。对于给定的横截面, $\dfrac{E}{\rho}$ 为一个不等于零的常量,故必须有

$$\int_A y \, \mathrm{d}A = S_z = 0$$

这表明:中性轴必定通过横截面的形心。

将(6.16)式代入(6.18)式,得

$$\int_A z\sigma \, \mathrm{d}A = \frac{E}{\rho} \int_A yz \, \mathrm{d}A = 0$$

式中积分

$$\int_A yz \, \mathrm{d}A = I_{yz}$$

是横截面对 y 轴和 z 轴的惯性积。由于 y 轴是对称轴,所以 $I_{yz} = 0$,即(6.18)式自动满足。

将(6.16)式代入(6.19)式,得

$$\frac{E}{\rho} \int_A y^2 \, \mathrm{d}A = M$$

式中积分

$$\int_A y^2 \, \mathrm{d}A = I_z$$

是横截面面积对中性轴 z 的惯性矩。于是有

$$\frac{1}{\rho} = \frac{M}{EI_z} \tag{6.20}$$

这就是确定梁中性层曲率 $\dfrac{1}{\rho}$ 的公式,是梁变形的基本公式。由公式可见,弯矩 M 越大,中性层曲率越大; EI_z 越大,中性层曲率越小。 EI_z 称为梁的抗弯刚度,它表示梁抵抗弯曲变形的能力。

将(6.20)式代回(6.16)式,得纯弯曲时梁横截面上的正应力计算公式

$$\sigma = \frac{My}{I_z} \tag{6.21}$$

5. 抗弯截面模量

由公式(6.21)可知,梁横截面上的最大正应力发生在距中性轴最远处,即

$$\sigma_{\max} = \frac{M y_{\max}}{I_z}$$

合并横截面的两个几何量 I_z 和 $y_{\max}$,令

$$W_z = \frac{I_z}{y_{\max}}$$

则有

$$\sigma_{\max} = \frac{M}{W_z} \tag{6.22}$$

式中,W_z 称为抗弯截面模量,是衡量梁的强度的一个几何量,其量纲为[长度]³。

对于矩形截面(图 6.18(a))

$$W_z = \frac{I_z}{y_{\max}} = \frac{\dfrac{bh^3}{12}}{\dfrac{h}{2}} = \frac{bh^2}{6}$$

对于圆形截面(图 6.18(b))

$$W_z = \frac{I_z}{y_{\max}} = \frac{\dfrac{\pi d^4}{64}}{\dfrac{d}{2}} = \frac{\pi d^3}{32}$$

各种型钢的抗弯模量可查阅型钢表。

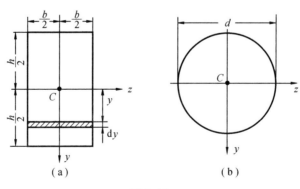

图 6.18

例 6.7　如图 6.19 所示简支梁,已知:$l = 3$ m,$q = 40$ kN/m。试求危险截面上 a,b 两点上的正应力。

解　(1) 作弯矩图,如图 6.19(c)所示,危险截面(最大弯矩所在截面)为跨中截面。最大弯矩为

$$M_{\max} = \frac{1}{8} q l^2 = \frac{1}{8} \times 40 \times 3^2 \text{ kN} \cdot \text{m} = 45 \text{ kN} \cdot \text{m}$$

(2) 计算惯性矩 I_z。

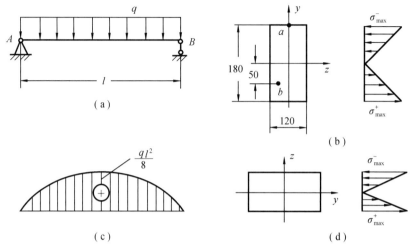

图 6.19

$$I_z = \frac{bh^3}{12} = \frac{1}{12} \times 120 \times 180^3 \times 10^{-12} \ \text{m}^4 = 58.3 \times 10^{-6} \ \text{m}^4$$

（3）求 a,b 两点上的正应力。

利用（6.21）式，求得

$$\sigma_a = \frac{M_{\max} y_a}{I_z} = \frac{45 \times 10^3 \times 90 \times 10^{-3}}{58.3 \times 10^{-6}} \ \text{Pa} = 69.5 \times 10^6 \ \text{Pa}$$

$$\sigma_a = \frac{M_{\max} y_b}{I_z} = \frac{45 \times 10^3 \times 50 \times 10^{-3}}{58.3 \times 10^{-6}} \ \text{Pa} = 38.6 \times 10^6 \ \text{Pa}$$

由于该截面弯矩为正值，即梁在该截面的变形为凸边向下，故中性轴以下纤维受拉，以上纤维受压，所以判定 a 点为压应力，b 点为拉应力。

6.6　弯曲剪应力

剪切弯曲时，梁横截面上既有正应力，又有剪应力。一般情况下，正应力是引起梁破坏的主要因素。但是当梁的跨长较短、截面较高，或者像工字形等截面腹板较薄的情况下，剪应力的数值也可能相当大，这时还有必要进行剪应力强度校核。现以矩形截面梁为例来讨论梁的弯曲剪应力，并介绍几种常见截面梁的剪应力公式。

6.6.1　矩形截面梁的剪应力

如图 6.20 所示受任意载荷作用的矩形截面简支梁，其横截面上的剪力 Q 和弯矩 M 在该截面上分别引起剪应力 τ 和正应力 σ，而剪力 Q 与截面对称轴 y 轴重合。在推导剪应力公式时，对其分布规律作如下假设：

（1）横截面上任一点的剪应力方向均平行于剪力 Q 的方向。

（2）剪应力沿截面宽度均匀分布，即剪应力的大小只与坐标 y 有关，到中性轴距离相等的各点剪应力相等。

当横截面的高度 h 大于其宽度 b 时，以上述假设为基础建立的剪应力公式是相当精确

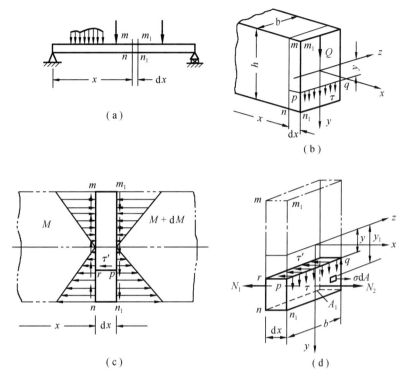

图 6.20

的。现以两横截面 mm 和 m_1m_1 梁中截取 dx 的微段,在一般情况下,这两个横截面上的弯矩是不相等的,分别为 M 和 $M+dM$,为计算横截面上距中性层且距中性层为 y 的纵截面 pr 从微段梁中截取下部 $prnn_1$ 并研究该六面体的平衡。在右侧面 pn_1 上有弯矩 $M+dM$ 引起的正应力 σ,由微内力 σdA 构成的内力系的合力是

$$N_2 = \int_{A_1} \sigma dA = \int_{A_1} \frac{M+dM}{I_z} y_1 dA = \frac{M+dM}{I_z} \int_{A_1} y_1 dA = \frac{M+dM}{I_z} S_z^* \qquad (6.23)$$

式中,A_1 为侧面 pn_1 的面积,而

$$S_z^* = \int_{A_1} y_1 dA \qquad (6.24)$$

是部分截面积 A_1 对中性轴的静矩,此值随纵截面 pr 的位置而变。同理可以求得左侧面 rn 上内力系的合力为

$$N_1 = \frac{M}{I_z} S_z^* \qquad (6.25)$$

由于 N_1 和 N_2 并不相等,故在切出的六面体顶面 rp 上一定有剪力存在,对应有剪应力 τ'。根据剪应力互等定理及剪应力沿横截面宽度均匀分布的假设可知,τ' 在数值上等于 $\tau(y)$,而且沿截面宽度也是均匀分布的。由 τ' 构成的剪力

$$dQ' = \tau'b dx \qquad (6.26)$$

以维持微段下部 x 方向的平衡,即

$$N_2 - N_1 - dQ' = 0 \qquad (6.27)$$

将(6.23)(6.25)(6.26)三式代入式(6.27)得

$$\frac{M+\mathrm{d}M}{I_z}S_z^* - \frac{M}{I_z}S_z^* - \tau'b\,\mathrm{d}x = 0$$

简化后得

$$\tau' = \frac{\mathrm{d}M}{\mathrm{d}x}\frac{S_z^*}{I_z b} = \frac{QS_z^*}{I_z b}$$

数值上等于 $\tau(y)$，故横截面上距中性轴为 y 处的剪应力

$$\tau(y) = \frac{QS_z^*}{I_z b} \tag{6.28}$$

上式即为矩形截面梁的弯曲剪应力公式，Q 为横截面上的剪力，b 为截面宽度，I_z 为整个横截面对中性轴的惯性矩，S_z^* 为截面上距中性轴为 y 处横线以外的部分面积 A_1 对中性轴的静矩。

对于矩形截面，可取 $\mathrm{d}A = b\mathrm{d}y_1$，则

$$S_z^* = \int_{A_1} y_1 \mathrm{d}A = \int_y^{\frac{h}{2}} b y_1 \mathrm{d}y_1 = \frac{b}{2}\left(\frac{h^2}{4} - y^2\right)$$

于是式(6.28)可化为

$$\tau = \frac{Q}{2I_z}\left(\frac{h^2}{4} - y^2\right) \tag{6.29}$$

由式(6.29)可见，剪应力 τ 沿截面高度按抛物线规律变化(图 6.21(b))。在截面上下边缘处($y = \pm\frac{h}{2}$)，剪应力 $\tau = 0$；在中性轴上各点($y = 0$)处，剪应力最大，其值为

$$\tau_{\max} = \frac{Qh^2}{8I_z}$$

将 $I_z = \frac{bh^3}{12}$ 代入上式，可得

$$\tau_{\max} = \frac{3}{2}\frac{Q}{bh} \tag{6.30}$$

即矩形截面梁的最大剪应力为平均剪应力的 1.5 倍。

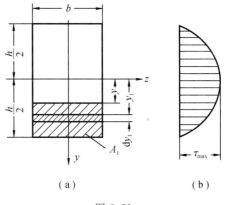

(a)　　　　　(b)

图 6.21

一般情况下，剪应力的方向可根据剪力 Q 的方向判断，如图 6.21(b)所示。

6.6.2　其他常见截面的最大剪应力

1. 工字形截面

腹板上的剪应力可由公式(6.28)计算，即

$$\tau(y) = \frac{QS_z^*}{I_z b}$$

最大剪应力发生在中性轴上(图 6.22(b))，其值为

$$\tau_{\max} = \frac{QS_{z\,\max}^*}{I_z b} \tag{6.31}$$

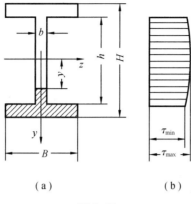

图 6.22

2. 圆形、圆环形截面

对于圆形截面,经计算,在中性轴上各点剪应力最大,显然此处剪应力均与 y 轴平行,其值为

$$\tau_{\max} = \frac{4}{3}\,\frac{Q}{\pi R^2} \tag{6.32}$$

圆环形截面最大剪应力也在中性轴上(图 6.23),若圆环壁厚 t 远小于其平均半径 R_0,也可用式(6.28)计算其最大剪应力,最后得

$$\tau_{\max} = \frac{Q}{\pi R_0 t} = 2\,\frac{Q}{A} \tag{6.33}$$

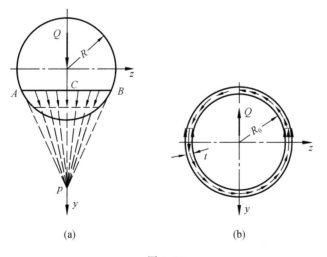

图 6.23

例 6.8　试分析图 6.24(a)所示工字形截面梁翼缘上的水平剪应力分量。

解　图示工字形截面梁受剪切弯曲,各截面的剪力均为 $Q=P$。

为求翼缘 aa 处的水平剪应力,先在梁中截取 dx 微段如图 6.24(b)所示,再从 aa 处沿轴线方向截开,保留截下的右边部分如图6.24(c),并分析其受力与平衡。

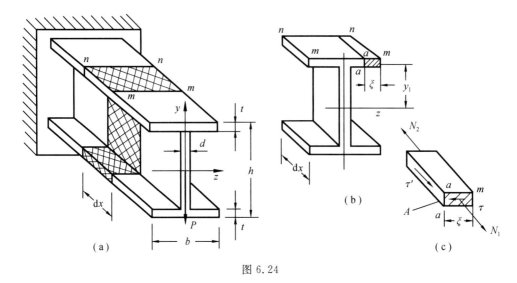

图 6.24

在留下部分的前后两面上，正应力的合力分别为 N_1 和 N_2，仿照前面矩形截面梁的分析方法，可知

$$N_1 = \int_{A^*} \sigma \mathrm{d}A = \int_{A^*} \frac{M}{I_z} y_1 \mathrm{d}A = \frac{M}{I_z} S_z^*$$

$$N_2 = \int_{A^*} \sigma \mathrm{d}A = \int_{A^*} \frac{M + \mathrm{d}M}{I_z} y_1 \mathrm{d}A = \frac{M + \mathrm{d}M}{I_z} S_z^*$$

式中，A^* 为留下部分的前后面面积；S_z^* 为面积 A^* 对中性轴 z 轴的静矩。

可见

$$S_z^* = t\xi \left(\frac{h}{2} - \frac{t}{2} \right)$$

N_1 和 N_2 不相等，为了维持留下的右部分沿轴线方向的平衡，左边部分必对右边部分作用有剪力

$$\mathrm{d}Q' = \tau' t \mathrm{d}x$$

于是得平衡方程

$$N_1 - N_2 + \mathrm{d}Q' = 0$$

或

$$\frac{M}{I_z} S_z^* - \frac{M + \mathrm{d}M}{I_z} S_z^* + \tau' t \mathrm{d}x = 0$$

得

$$\tau' = \frac{\dfrac{\mathrm{d}M}{\mathrm{d}x} S_z^*}{I_z t} = \frac{Q S_z^*}{I_z t} = \frac{Q}{I_z t} t\xi \left(\frac{h}{2} - \frac{t}{2} \right) = \frac{Q}{I_z} \left(\frac{h}{2} - \frac{t}{2} \right) \xi$$

由剪应力互等定理，横截面翼缘 aa 处的剪应力为

$$\tau = \tau' = \frac{Q}{I_z} \left(\frac{h}{2} - \frac{t}{2} \right) \xi$$

由上式可见,翼缘上的水平剪应力的大小与离端点的
距离 ξ 成正比,其分布规律如图 6.25 所示。至于其指
向可由截下部分上的力 N_1 和 N_2 的大小来确定。

从图 6.25 可见,横截面上的剪应力方向犹如一股
水流,从上翼缘的两侧"流"向里面,接着合流通过腹
板,最后又分开流向下翼缘的两侧,通常称其为剪应力
流或简称剪流。实际中,常先根据截面剪力 Q 的方向,
确定腹板上的剪应力方向,然后利用剪流流向,确定翼
缘各处的剪应力方向。

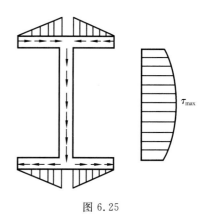

图 6.25

6.7　梁的强度计算

在一般情况下,梁内同时存在有弯曲正应力和弯
曲剪应力,而且最大正应力和最大剪应力发生在截面的不同位置。因此应分别建立起正
应力强度条件和剪应力强度条件。

6.7.1　弯曲正应力强度条件

对于工程上常见的细长梁,强度的主要控制因素是弯曲正应力。为了保证梁能安全、
正常地工作,必须使梁内最大正应力不超过材料的许用正应力 $[\sigma]$,故梁的正应力强度条
件为

$$\sigma_{\max} = \left(\frac{M}{W_z}\right)_{\max} \leqslant [\sigma] \qquad (6.34)$$

对于等截面梁的正应力强度条件,可写成为

$$\sigma_{\max} = \frac{M_{\max}}{W_z} \leqslant [\sigma] \qquad (6.35)$$

应该指出,对抗拉和抗压强度相等的材料(如碳钢)。只要使梁内绝对值最大的正应
力不超过许用应力即可。对抗拉和抗压强度不相等的材料(如铸铁),则应按拉伸和压缩
分别进行强度计算,即要求

$$\sigma_{\max}^+ \leqslant [\sigma^+]$$

$$\sigma_{\max}^- \leqslant [\sigma^-]$$

式中,$\sigma_{\max}^+$ 和 $\sigma_{\max}^-$ 分别表示梁内的最大拉应力和最大压应力值;$[\sigma^+]$ 和 $[\sigma^-]$ 为相应的许
用应力。

在工程实际中,利用弯曲正应力的强度条件一般可进行强度校核、截面设计和确定许
用载荷三方面的计算。弯曲正应力强度计算的一般过程为:

(1) 求梁的支座反力,绘制弯矩图。

(2) 根据弯矩图找出危险截面,确定危险点。

(3) 代入弯曲正应力强度条件,进行相应的强度计算。

6.7.2　弯曲剪应力强度条件

最大弯曲剪应力通常发生在横截面的中性轴处,而该处的正应力为零,因此最大剪应力的作用点处于纯剪切状态。所以要求梁内的最大弯曲剪应力不超过剪切弯曲时的许用应力,弯曲剪应力强度条件为

$$\tau_{max} = \left(\frac{QS_{z\,max}^*}{I_z b}\right)_{max} \leqslant [\tau] \tag{6.36}$$

许用剪应力$[\tau]$的值在设计规范中也有具体规定。

对于等截面直梁,最大弯曲剪应力发生在剪力最大的截面上。这时上式可改写为

$$\tau_{max} = \frac{Q_{max} S_{z\,max}^*}{I_z b} \leqslant [\tau] \tag{6.37}$$

进行弯曲强度计算时,从理论上讲应同时满足正应力强度条件和剪应力强度条件;在选择梁的截面时,一般按正应力强度条件选择,然后再按剪应力强度条件校核。对于细长实心截面梁,正应力为主要应力,按正应力强度条件分析即可,无需再进行剪应力校核。但以下几种情况必须进行剪应力校核:

(1) 梁的跨度较短,或在支座附近作用较大的载荷,以致梁的弯矩较小和剪力较大;

(2) 铆接或焊接的工字钢,如腹板较薄而截面高度颇大,以致厚度与高度的比值小于型钢的相应比值;

(3) 经焊接、铆接或胶合而成的梁,对焊缝、铆钉或胶合面等,一般要进行剪应力计算;

(4) 在木梁中,由于木材顺纹抗剪能力较差,当剪应力较大时梁很可能沿中性层破坏,也应校核其剪应力。

例 6.9　卷扬机卷筒芯轴的材料为 45 钢,许用应力$[\sigma]=100$ MPa,芯轴的结构和受力如图 6.26(a) 所示,其中 $F=25.3$ kN。试校核芯轴的正应力强度。

解　根据芯轴的结构和受力情况,绘制芯轴的受力简图,如图 6.26(b) 所示。由静力平衡方程,求得支反力

$$F_{RA} = \frac{F(l_2 + l_3) + Fl_3}{l} = 27 \text{ kN}$$

$$F_{RB} = \frac{F(l_2 + l_1) + Fl_1}{l} = 23.6 \text{ kN}$$

由于无分布载荷和集中力偶,各段的弯矩图由各段连接的直线组成。计算 A,B,$1-1$ 和 $4-4$ 截面的弯矩为

$$M_A = M_B = 0$$

$$M_1 = F_{RA} l_1 = 4.72 \text{ kN} \cdot \text{m}$$

$$M_4 = F_{RB} l_3 = 3.11 \text{ kN} \cdot \text{m}$$

其弯矩图如图 6.26(c) 所示。

梁 AB 为非等截面梁,需要综合考虑弯矩图和截面尺寸,才能确定危险截面。根据弯矩图和芯轴直径沿轴线的变化,确定危险截面有 $1-1,2-2$ 和 $3-3$ 截面。

$1-1,2-2$ 和 $3-3$ 截面处的弯矩值为

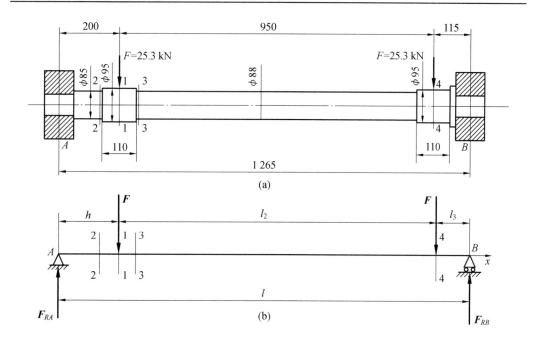

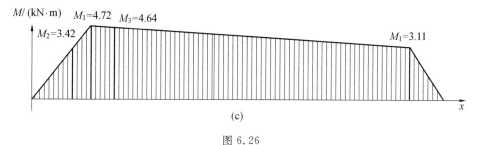

图 6.26

$$M_1 = 4.72 \ \text{kN} \cdot \text{m}$$

$$M_2 = F_{RA}(l_1 - 0.055) = 3.42 \ \text{kN} \cdot \text{m}$$

$$M_3 = F_{RA}(l_1 + 0.055) - F \times 0.055 = 4.64 \ \text{kN} \cdot \text{m}$$

分别校核它们所在截面的正应力强度

$$\sigma_{\max 1} = \frac{M_1}{W_{z1}} = \frac{32M_1}{\pi d_1^3} = \frac{32 \times 4.72 \times 10^6}{\pi \times 95^3} \ \text{MPa} = 56.1 \ \text{MPa} < [\sigma]$$

$$\sigma_{\max 2} = \frac{M_2}{W_{z2}} = \frac{32M_2}{\pi d_2^3} = \frac{32 \times 3.42 \times 10^6}{\pi \times 85^3} \ \text{MPa} = 56.7 \ \text{MPa} < [\sigma]$$

$$\sigma_{\max 3} = \frac{M_3}{W_{z3}} = \frac{32M_3}{\pi d_3^3} = \frac{32 \times 4.72 \times 10^6}{\pi \times 88^3} \ \text{MPa} = 69.4 \ \text{MPa} < [\sigma]$$

可见,芯轴满足正应力强度条件。

例 6.10　图 6.27(a)所示简支梁,$F = 100$ kN,$l = 2$ m,$a = 0.2$ m。材料的许用应力 $[\sigma] = 160$ MPa,$[\tau] = 100$ MPa。试选择合适的工字钢型号。

解　根据受力情况,绘制剪力图和弯矩图,如图 6.27(b)和(c)所示。

有正应力强度条件

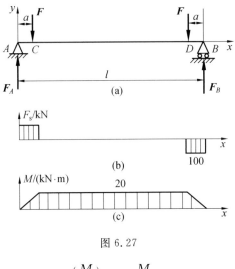

图 6.27

$$\sigma_{\max} = \left(\frac{M}{W_z}\right)_{\max} = \frac{M_{\max}}{W_z} \leqslant [\sigma]$$

有

$$W_z \geqslant \frac{M_{\max}}{[\sigma]} = \frac{20 \times 10^6}{160}\ \mathrm{mm}^3 = 125 \times 10^3\ \mathrm{mm}^3 = 125\ \mathrm{cm}^3$$

查工字钢型号表,选 16 号工字钢,其 $W_z = 141\ \mathrm{cm}^3$, $I_z / S_{z\max}^* = 13.8\ \mathrm{cm}$, $b_0 = 6\ \mathrm{mm}$。

校核 AC 和 DB 端上的剪应力强度

$$\tau_{\max} = \frac{F_s S_{z\max}^*}{I_z b_0} = \frac{100 \times 10^3}{138 \times 6}\ \mathrm{MPa} = 120.8\ \mathrm{MPa} > [\tau]$$

故不满足剪应力强度条件,需要根据剪应力强度条件进行重新选择。由

$$\tau_{\max} = \frac{F_s S_{z\max}^*}{I_z b_0} \leqslant [\tau]$$

得

$$\frac{I_z b_0}{S_{z\max}^*} \geqslant \frac{F_s}{[\tau]} = \frac{100 \times 10^3}{100}\ \mathrm{mm}^2 = 10^3\ \mathrm{mm}^2 = 10\ \mathrm{cm}^2$$

查工字钢型号表,试选 18 号工字钢,其 $I_z / S_{z\max}^* = 15.4\ \mathrm{cm}$, $b_0 = 6.5\ \mathrm{mm}$。验算

$$\frac{I_z b_0}{S_{z\max}^*} = 15.4 \times 0.65\ \mathrm{cm} = 10.01\ \mathrm{cm}^2 > 10\ \mathrm{cm}^2$$

所以,选 18 号工字钢可以满足弯曲切应力条件。如果试选的型号仍不能满足要求,可依次选择下一型号再计算,直到满足强度条件为止。本着强度够又经济的原则,不宜跳跃选择型号。

6.8　非对称截面梁的平面弯曲　弯曲中心

本节讨论梁无纵向对称面,或者有纵向对称面,但载荷不作用于此平面内的情况。实验证明,对于非对称截面梁的纯弯曲,平面假设及单向受力假设仍成立。

1. 非对称截面梁的平面弯曲

现在讨论非对称截面梁的弯曲问题(图 6.28)。设截面形心为 C,选 x 轴沿轴线,再在截面内任选 y,z 轴。下面研究当横向力作用于 xy 面内使梁产生平面弯曲变形而 z 轴恰好是中性轴时,对 y,z 轴的选择需要满足什么条件。

当 z 轴为中性轴时,横截面绕 z 轴转动,截面上距中性轴为 y 处的一点的正应力仍可由式(6.16) 表示,即

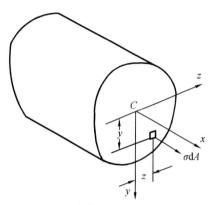

$$\sigma = E\frac{y}{\rho} \tag{6.38}$$

同时微内力 $\sigma\mathrm{d}A$ 构成空间力系,可合成为三个内力分量 N,M_y 和 M_z。于是有

图 6.28

$$N = \int_A \sigma\,\mathrm{d}A = 0,\; M_y = \int_A z\sigma\,\mathrm{d}A = 0,\; M_z = \int_A y\sigma\,\mathrm{d}A = M$$

再将式(6.38) 代入上面 3 式为

$$\frac{E}{\rho}\int_A y\,\mathrm{d}A = \frac{E}{\rho}S_z = 0 \tag{6.39}$$

$$\frac{E}{\rho}\int_A yz\,\mathrm{d}A = \frac{E}{\rho}I_{yz} = 0 \tag{6.40}$$

$$\frac{E}{\rho}\int_A y^2\,\mathrm{d}A = \frac{E}{\rho}I_z = M \tag{6.41}$$

若选取 y,z 轴是过形心的主轴(形心主轴),则必有 $S_z = 0$ 和 $I_{yz} = 0$,于是式(6.39)、式(6.40) 均得到满足,而由式(6.41) 得

$$\frac{1}{\rho} = \frac{M}{EI_z} \tag{6.42}$$

代入式(6.38) 得

$$\sigma = \frac{M}{I_z}y \tag{6.43}$$

对于不对称的非薄壁截面梁,只要横向力作用在形心主轴(如 y 轴)与轴线所构成的主惯性平面内,梁发生平面弯曲,另一形心主轴(z 轴)为中性轴。

2. 弯曲中心

对于薄壁截面梁,即使载荷作用于梁的形心主惯性面内,产生弯曲的同时还要产生扭转(图 6.29(a))。只有当横向力作用于与形心主惯性平面平行的平面内,且通过横截面的某一特定点 A 时(图 6.29(b)),梁才仅产生平面弯曲而无扭转变形,这一特定的点称为截面的弯曲中心。现以槽钢为例具体说明。

设槽形截面尺寸如图 6.30(a) 所示,且外力平行于 y 轴,截面剪力为 Q。现计算腹板、翼缘上剪应力形成的内力系的合力。剪应力均可用公式

$$\tau = \frac{QS_z^*}{I_z b}$$

计算。上翼缘距右端为 ξ 处的剪应力为

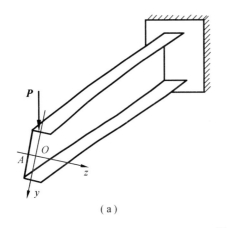 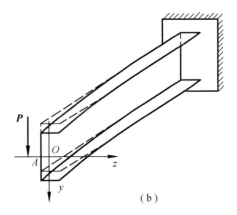

$$\text{图 6.29}$$

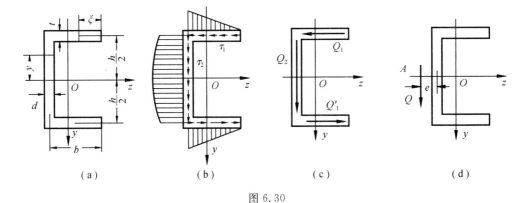

$$\text{图 6.30}$$

$$\tau_1 = \frac{Q}{I_z t} \frac{th\xi}{2} = \frac{Q\xi h}{2I_z}$$

则合力为

$$Q_1 = \int_{A_1} \tau_1 \mathrm{d}A = \int_0^b \frac{Q\xi h}{2I_z} t \mathrm{d}\xi = \frac{Qb^2 ht}{4I_z}$$

同理可得下翼缘的内力 $\boldsymbol{Q}'_1$。$\boldsymbol{Q}'_1$ 与 $\boldsymbol{Q}_1$ 大小相等,但方向相反。

计算腹板上距中性轴为 y 处的剪应力 τ_2 时

$$S_z^* = \frac{bth}{2} + \frac{1}{2}\left(\frac{h^2}{4} - y^2\right) d$$

则

$$\tau_2 = \frac{Q}{I_z d}\left[\frac{bth}{2} + \frac{1}{2}\left(\frac{h^2}{4} - y^2\right) d\right]$$

可见腹板上剪应力 τ_2 沿高度按抛物线规律变化,其内力系的合力为

$$Q_2 = \int_{-\frac{h}{2}}^{\frac{h}{2}} \frac{Q}{I_z d}\left[\frac{bth}{2} + \frac{1}{2}\left(\frac{h^2}{4} - y^2\right) d\right] d \cdot \mathrm{d}y = \frac{Q}{I_z}\left(\frac{bth^2}{2} + \frac{dh^3}{12}\right)$$

式中

$$\frac{bth^2}{2}+\frac{dh^3}{12}\approx I_z$$

故

$$Q_2 = Q$$

在上面求得的 3 个内力 Q_1，$Q'_1(=Q_1)$ 和 $Q_2(=Q)$，图 6.30(c) 中，Q_1 和 Q'_1 组成力偶，其力偶矩为 $Q_1 h$。再将力偶与 Q_2 合成得内力系的最终合力，合力仍等于 Q_2，只是作用线向左平移一个距离 e。由

$$Qe = Q_1 h$$

得

$$e = \frac{Q_1 h}{Q} = \frac{h}{Q}\frac{Qb^2 ht}{4I_z} = \frac{b^2 h^2 t}{4I_z}$$

如果内力沿对称轴 z 轴作用，此时梁只发生平面弯曲，并且横截面的剪力 $\boldsymbol{Q}_z$ 与 z 轴重合。在上述两种平面弯曲中，横截面上相应两个剪力作用线的交点 A 就是弯曲中心或剪切中心，成为弯心。弯曲中心的位置与外力的大小和材料的性质无关，是截面图形的几何性质之一。

确定弯曲中心的几条规律：

(1) 具有两个对称轴或反对称轴的截面，如箱形、工字形、Z 形等，弯心与形心重合，即弯心在两对称轴的交点上，如图 6.31(a)(b)(c) 所示。

(2) 具有一个对称轴的截面，如槽形、T 形截面，弯心必在对称轴上，如图 6.31(d)(e) 所示。

(3) 如果截面是由中线相交于一点的几个狭长矩形组成，此交点就是弯曲中心，如图 6.31(e)(f) 所示。

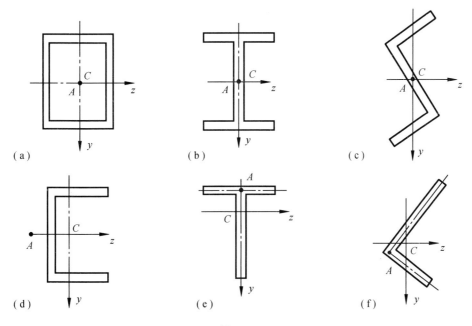

图 6.31

6.9　梁的位移、刚度条件

6.9.1　梁的位移

以图 6.32 所示简支梁为例,取变形前梁的轴线为 x 轴,左端为坐标原点,y 轴向上。梁变形后其轴线将在 xy 平面内弯曲成一条平面曲线,称为梁的挠曲线。

度量梁的位移所用的两个基本量是:梁轴线上的点(即截面形心)在垂直于 x 轴方向的线位移 v,称为该点的挠度;横截面绕其中性轴转过的角位移 θ,称为该截面的转角。至于截面形心在 x 方向的位移,在小变形条件下比挠度小得多,可略去不计。

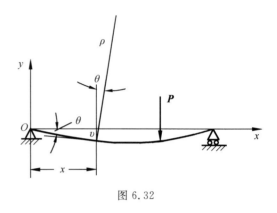

图 6.32

梁轴线上各点的挠度,随其位置 x 不同而改变。这种变化规律用挠曲线方程式表示为

$$v = f(x) \tag{6.44}$$

截面转角 θ 也等于挠曲线在该截面处的切线与 x 轴的夹角(图 6.32)。又因为挠曲线是一条非常平坦的曲线,则 θ 是一个非常小的角度,所以

$$\theta \approx \tan\theta = \frac{\mathrm{d}v}{\mathrm{d}x} = f'(x) \tag{6.45}$$

6.9.2　刚度条件

为了保证梁正常工作,除了要求梁具有足够的强度外,还需要控制梁的变形,使其最大挠度和最大转角在规定的许可范围之内,故梁的刚度条件为

$$f_{\max} \leqslant [f] \tag{6.46}$$

$$\theta_{\max} \leqslant [\theta] \tag{6.47}$$

式中,$f_{\max}$ 和 $\theta_{\max}$ 为梁的最大挠度和最大转角;$[f]$ 和 $[\theta]$ 为许用挠度和许用转角,$[f]$ 和 $[\theta]$ 的具体数值由工作条件决定,可在规范中查得。

对于具体问题有不同的要求,如起重机大梁取 $k = 1\,000$,一般机床的轴取 $k = 5\,000$。

有时还用转角来建立刚度条件,即

$$|\theta|_{\max} \leqslant [\theta] \tag{6.48}$$

如滚动轴承处的许用值取为 $[\theta] = 0.001\,6 \sim 0.005\ \mathrm{rad}$。

关于 $[f]$ 和 $[\theta]$ 的具体取值,可查阅有关设计手册。

值得指出,刚度条件式(6.16)中的 $|f|_{\max}$ 和 $|\theta|_{\max}$ 不一定真是梁中的最大挠度和最大转角,而可能是需要限制位移的某一截面的挠度和转角。

6.10　梁的挠曲线微分方程及其积分

6.10.1　挠曲线近似微分方程

1. 挠曲线近似微分方程

为了得到挠曲线方程必须建立变形与外力间的关系,即公式(6.20),将该式中的 I_z 简写为 I,则

$$\frac{1}{\rho} = \frac{M}{EI} \tag{6.49}$$

这个公式是在研究纯弯曲梁时导出的。在横向弯曲时,大多数情况下,剪力 Q 的变形很小,可略去不计。上式近似作为剪切弯曲时变形的基本方程,其精度满足工程需要。这时由于弯矩 M 是 x 的函数,故沿杆长不同位置处曲率是不同的,只要将弯矩方程 $M(x)$ 代入式(6.49)即可得梁挠曲线的曲率方程

$$\frac{1}{\rho(x)} = \frac{M(x)}{EI} \tag{6.50}$$

又由高等数学中平面曲线的曲率公式知

$$\frac{1}{\rho(x)} = \pm \frac{v''}{\left[1 + (v')^2\right]^{\frac{3}{2}}} \tag{6.51}$$

将(6.51)式代入(6.50)式,得

$$\pm \frac{v''}{\left[1 + (v')^2\right]^{\frac{3}{2}}} = \frac{M(x)}{EI} \tag{6.52}$$

这就是梁的挠曲线微分方程,在小变形下,$v' \ll 1$,上式可近似写为

$$\pm v'' = \frac{M(x)}{EI} \tag{6.53}$$

上式的左端虽有正负号,但在规定了弯矩的符号和选定了 x,y 坐标系后,就有确定的符号了。在前边已规定,当弯矩为正时,梁轴线弯成向下凸的曲线;当弯矩为负时,梁轴线弯成上凸曲线。又由高等数学知,当规定 v 的正方向向上,向下凸的曲线上各点的二阶导数 v'' 为正;而向上凸的曲线各点的二阶导数 v'' 为负。由于 v'' 与 $M(x)$ 的符号一致,所以(6.53)式左端应取正号,即

$$v'' = \frac{M(x)}{EI} \tag{6.54}$$

至于 x 轴的正方向,则无论向左或向右,均不会影响 v'' 的正、负号,所以,也不影响(6.54)式的正、负号。对于变截面梁,(6.54)式中的 I 应理解为 $I(x)$。对于等截面梁,I 为常量,(6.54)式也常写成

$$EIv'' = M(x) \tag{6.55}$$

通常将式(6.54)称为梁的挠曲线近似微分方程,从它出发可求出梁的转角方程和挠度方程。

6.10.2　积分法求梁的位移

根据(6.54)式,以 $\mathrm{d}x$ 乘挠曲线近似微分方程的两边,积分得转角方程

$$\theta = \frac{\mathrm{d}v}{\mathrm{d}x} = \int \frac{M}{EI} \mathrm{d}x + C \tag{6.56}$$

再以 $\mathrm{d}x$ 乘以(6.54)式两端,积分得挠曲线方程

$$v = \int \left[\int \frac{M}{EI} \mathrm{d}x \right] \mathrm{d}x + Cx + D \tag{6.57}$$

式中,C,D 为积分常数。

对具体的梁来说,它的某些截面的挠度或转角有时是已知的。例如在固定端,挠度和转角都等于零(图6.33(a));在铰支座上挠度等于零(图6.33(b))。上述这类条件统称为边界条件。此外,挠曲线应该是一条连续光滑的曲线,不该有图6.33(c)(d)所示的情况。亦即,在挠曲线的任意点上,有唯一确定的挠度和转角,这就是连续性条件。根据连续性条件和边界条件,就可确定式(6.56)和(6.57)中的积分常数。

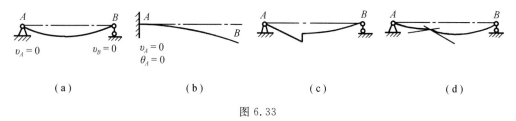

图 6.33

例 6.11　图6.34所示悬臂梁 AB,自由端受集中力 P 作用。试建立梁的挠曲线方程和转角方程,并确定梁的最大挠度和最大转角。设梁的抗弯刚度 EI 为常数。

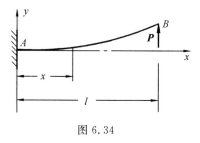

图 6.34

解　(1) 列弯矩方程并积分。

选图示坐标系,任意横截面的弯矩为

$$M(x) = P(l - x)$$

(2) 求转角方程和挠曲线方程。

将所求代入(6.55)式,得挠曲线的近似微分方程为

$$EIv''(x) = P(l - x)$$

对上式连续积分两次,得转角方程和挠曲线方程分别为

$$EI\theta(x) = Plx - \frac{1}{2}Px^2 + C$$

$$EIv(x) = \frac{1}{2}Plx^2 - \frac{1}{6}Px^3 + Cx + D$$

利用边界条件:$\theta(0) = 0$ 和 $v(0) = 0$ 得

$$C = 0, D = 0$$

所以转角方程和挠曲线方程分别为

$$EI\theta(x) = Plx - \frac{1}{2}Px^2$$

$$EIv(x) = \frac{1}{2}Plx^2 - \frac{1}{6}Px^3$$

（3）确定最大挠度和最大转角。

由挠曲线的大致形状可以判定，梁的最大挠度和最大转角都在自由端面 B

$$\theta_{\max} = \theta(l) = \frac{Pl^2}{2EI}, v_{\max} = v(l) = \frac{Pl^3}{3EI} \tag{6.58}$$

所得 $v_{\max}$ 和 $\theta_{\max}$ 为正值，说明截面 B 的挠度与 y 轴正方向一致，转角方向为逆时针方向。

例 6.12　图 6.35 所示简支梁受集中力 $\boldsymbol{P}$ 作用，其长度 l，抗弯刚度 EI 均已知。试求此梁的挠曲线方程和转角方程，并确定其最大挠度和最大转角（设 $a > b$）。

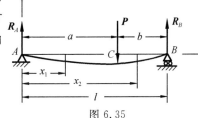

图 6.35

解　（1）求弯矩方程。

根据静力平衡关系求出支座反力

$$R_A = \frac{b}{l}P, R_B = \frac{a}{l}P$$

根据分段规律，列出弯矩方程为

AC：

$$M_1(x_1) = \frac{b}{l}Px_1 \quad (0 \leqslant x_1 \leqslant a)$$

CB：

$$M_2(x_2) = \frac{b}{l}Px_2 - P(x_2 - a) \quad (a \leqslant x_2 \leqslant l)$$

（2）求转角方程和挠曲线方程。

对于 AC 段：

$$EIv_1''(x_1) = \frac{b}{l}Px_1$$

$$EI\theta_1(x_1) = \frac{b}{2l}Px_1^2 + C_1$$

$$EIv_1(x_1) = \frac{b}{6l}Px_1^3 + C_1x_1 + D_1$$

对于 CB 段：

$$EIv_2''(x_2) = \frac{b}{l}Px_2 - P(x_2 - a)$$

$$EI\theta_2(x_2) = \frac{b}{2l}Px_2^2 - \frac{1}{2}P(x_2 - a)^2 + C_2$$

$$EIv = \frac{b}{6l}Px_2^3 - \frac{1}{6}P(x_2 - a)^3 + C_2x + D_2$$

根据连续性条件：$\theta_1(a) = \theta_2(a)$ 和 $v_1(a) = v_2(a)$，可得

$$C_1 = C_2, D_1 = D_2$$

再利用边界条件 $v_1(0) = 0$ 和 $v_2(l) = 0$，可得

$$D_1 = D_2 = 0, C_1 = C_2 = -\frac{Pb}{6l}(l^2 - b^2)$$

所以 AC 段转角方程和挠曲线方程分别为

$$EI\theta_1(x_1) = -\frac{Pb}{6l}(l^2 - b^2 - 3x_1^2)$$

$$EIv_1 = -\frac{Pbx_1}{6l}(l^2 - b^2 - x_1^3)$$

CB 段转角方程和挠曲线方程分别为

$$EI\theta_2(x_2) = -\frac{Pb}{6l}\left[l^2 - b^2 + \frac{3l}{b}(x_2 - a)^2\right]$$

$$Eiv_2(x_2) = -\frac{Pb}{6l}\left[(l^2 - b^2)x_2 - x_2^3 + \frac{l}{b}(x_2 - a)^3\right]$$

（3）确定最大挠度和最大转角。

由挠曲线的大致形状可知，最大转角应在 A 或 B 两个端面处。

$$\theta_A = \theta_1(0) = -\frac{Pab(l+b)}{6EIl}$$

$$\theta_B = \theta_2(l) = \frac{Pab(l+a)}{6EIl}$$

因为 $a > b$，则 θ_B 为最大转角。

此梁的最大挠度应在 $\theta = v' = 0$ 处。先研究 AC 段，由 $\theta_1(x_1^*) = 0$ 得

$$x_1^* = \sqrt{\frac{l^2 - b^2}{3}} = \sqrt{\frac{a(a + 2b)}{3}} \tag{6.59}$$

因 $a > b$，可见 $x_1^* < a$。说明 $\theta = v' = 0$ 在 AC 段

$$v_{\max} = v_1(x_1^*) = \frac{Pb}{9\sqrt{3}\,EIl}\sqrt{(l^2 - b^2)^3} \tag{6.60}$$

借用此例，讨论简支梁最大挠度的近似计算问题。先求出上述梁跨度中点 D 的挠度

$$v_D = -\frac{Pb}{48EI}(3l^2 - 4b^2) \tag{6.61}$$

由式（6.59）可见，b 越小，则 x_1 越大。这说明载荷越靠近右支座，梁的最大挠度点离中点越远。当 b 值很小，以致 b^2 与 l^2 相比可以忽略不计时，分别由（6.60）（6.61）两式可得

$$v_{\max} = -0.064\ 2 \times \frac{Pbl^2}{EI}$$

$$v_D = -0.062\ 5 \times \frac{Pbl^2}{EI}$$

在这种极端情况下，最大挠度和中点挠度也相差很小（相对误差不到 3%）。因此，对于简支梁不论其受何种载荷，只要其挠曲线不出现拐点，则可用梁跨长中点的挠度代替其最大挠度，并不引起很大的误差。

当梁的受载情况比较复杂时，梁的弯矩方程必须分段写出，则各段梁的挠曲线微分方程也将不同。因此，由每段梁的微分方程积分时，都将出现两个积分常数。确定这些积分

常数要同时用到边界条件和连续性条件。

6.11 用叠加法求梁的变形

在小变形且材料服从虎克定律的情况下,求得的挠度方程和转角方程都是一个关于外载荷的线性方程。因而在求解挠度和转角时,可应用叠加原理。当梁上有多个载荷共向作用时,可分别求出每一载荷单独作用下的挠度和转角,然后将各个载荷单独引起的挠度和转角分别代数相加,就得到多个载荷共同作用下的挠度和转角。这就是计算弯曲变形的叠加法。证明如下:

F_1,F_2,F_3 三种载荷单独作用时产生的弯矩分别为 M_1,M_2,M_3,挠度分别为 v_1,v_2,v_3,根据式(6.55)可得 $EIv''_1=M_1$,$EIv''_2=M_2$,$EIv''_3=M_3$,若共同作用下的弯矩为 M、挠度为 v,根据式(6.55)可得 $EIv''=M$,因为 $M=M_1+M_2+M_3$,所以

$$EIv''=EIv''_1+EIv''_2+EIv''_3=EI(v_1+v_2+v_3)''$$

即

$$v=v_1+v_2+v_3$$

同理可得

$$\theta=\theta_1+\theta_2+\theta_3$$

θ,θ_1,θ_2,θ_3 为 F_1,F_2,F_3 共同作用下和分别单独作用时的转角。

由此可见,当求几个载荷共同作用下梁的变形时,可分别求出每一载荷单独作用于梁上的变形,然后将其叠加即可。工程上为了应用方便,将简单载荷作用下的常见梁的位移计算结果制成图表,供实际计算查用。表6.1给出了简单载荷作用下的几种梁的挠曲线方程、最大挠度和端截面的转角。

表 6.1 简单载荷作用下梁的位移

序号	梁的简图	挠曲线方程	端截面转角	最大挠度
1	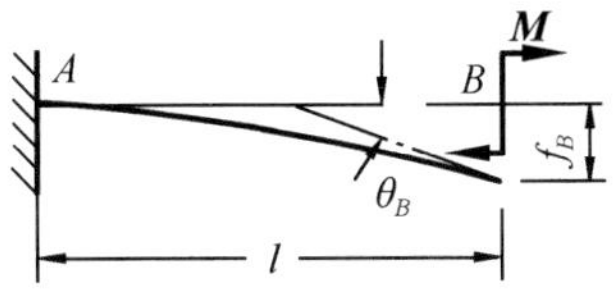	$v=-\dfrac{Mx^2}{2EI}$	$\theta_B=-\dfrac{Ml}{EI}$	$f_B=-\dfrac{Ml^2}{2EI}$
2	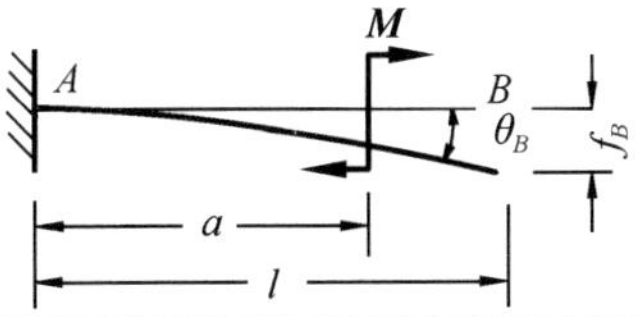	$v=-\dfrac{Mx^2}{2EI}$,$0\leqslant x\leqslant a$ $v=-\dfrac{Ma}{EI}\left[(x-a)+\dfrac{a}{2}\right]$, $a\leqslant x\leqslant l$	$\theta_B=-\dfrac{Ma}{EI}$	$f_B=-\dfrac{Ma}{EI}\left(l-\dfrac{a}{2}\right)$
3	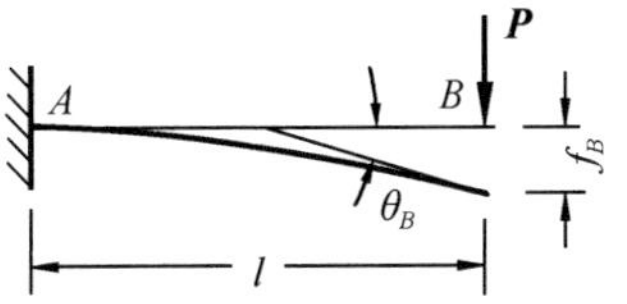	$v=-\dfrac{Px^2}{6EI}(3l-x)$	$\theta_B=-\dfrac{Pl^2}{2EI}$	$f_B=-\dfrac{Pl^3}{3EI}$

续表 6.1

序号	梁的简图	挠曲线方程	端截面转角	最大挠度
4		$v = -\dfrac{Px^2}{6EI}(3a-x),$ $0 \leqslant x \leqslant a$ $v = -\dfrac{Pa^2}{6EI}(3x-a),$ $a \leqslant x \leqslant l$	$\theta_B = -\dfrac{Pa^2}{2EI}$	$f_B = -\dfrac{Pa^2}{6EI}(3l-a)$
5		$v = -\dfrac{qx^2}{24EI}(x^2-4lx+6l^2)$	$\theta_B = -\dfrac{ql^3}{6EI}$	$f_B = -\dfrac{ql^4}{8EI}$
6		$v = -\dfrac{Mx}{6EIl}(l-x)(2l-x)$	$\theta_A = -\dfrac{Ml}{3EI}$ $\theta_B = \dfrac{Ml}{6EI}$	$x = \left(1-\dfrac{1}{\sqrt{3}}\right)l$ $f_{max} = -\dfrac{Ml^2}{9\sqrt{3}\,EI}$ $x = \dfrac{l}{2}, f_{\frac{l}{2}} = -\dfrac{Ml^2}{16EI}$
7		$v = -\dfrac{Mx}{6EIl}(l^2-x^2)$	$\theta_A = -\dfrac{Ml}{6EI}$ $\theta_B = \dfrac{Ml}{3EI}$	$x = \dfrac{l}{\sqrt{3}}$ $f_{max} = -\dfrac{Ml^2}{9\sqrt{3}\,EI}$ $x = \dfrac{l}{2}, f_{\frac{l}{2}} = -\dfrac{Ml^2}{16EI}$
8		$v = \dfrac{Mx}{6EIl}(l^2-3b^2-x^2),$ $0 \leqslant x \leqslant a$ $v = \dfrac{M}{6EIl}[-x^3+3l(x-a)^2$ $+(l^2-3b^2)x], a \leqslant x \leqslant l$	$\theta_A = \dfrac{M}{6EIl} \cdot$ (l^2-3b^2) $\theta_B = \dfrac{M}{6EIl} \cdot$ (l^2-3a^2)	
9		$v = -\dfrac{Px}{48EI}(3l^2-4x^2),$ $0 \leqslant x \leqslant \dfrac{l}{2}$	$\theta_A = -\theta_B$ $= -\dfrac{Pl^2}{16EI}$	$f = -\dfrac{Pl^3}{48EI}$
10		$v = -\dfrac{Pbx}{6EIl}(l^2-x^2-b^2),$ $0 \leqslant x \leqslant a$ $v = -\dfrac{Pb}{6EIl}\Big[\dfrac{1}{b}(x-a)^3+$ $(l^2-b^2)x-x^3\Big], a \leqslant x \leqslant l$	$\theta_A = -\dfrac{Pab(l+b)}{6EIl}$ $\theta_B = \dfrac{Pab(l+a)}{6EIl}$	设$a>b$,在$x=\sqrt{\dfrac{l^2-b^2}{3}}$处, $f_{max} = -\dfrac{Pb(l^2-b^2)^{3/2}}{9\sqrt{3}\,EIl}$ 在$x=\dfrac{l}{2}$处, $f_{\frac{l}{2}} = -\dfrac{Pb(3l^2-4b^2)}{48EI}$

续表 6.1

序号	梁的简图	挠曲线方程	端截面转角	最大挠度
11	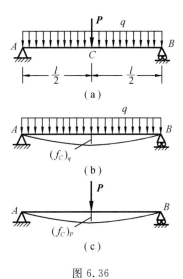	$v = -\dfrac{qx}{24EI} \cdot$ $(l^3 - 2lx^2 + x^3)$	$\theta_A = -\theta_B$ $= -\dfrac{ql^3}{24EI}$	$f = -\dfrac{5ql^4}{384EI}$
12		$v = \dfrac{Pax}{6EIl}(l^2 - x^2), 0 \leqslant x \leqslant l$ $v = -\dfrac{P(x-l)}{6EI}[a(3x-l) -$ $(x-l)^2], l \leqslant x \leqslant (l+a)$	$\theta_A = -\dfrac{1}{2}\theta_B$ $= \dfrac{Pal}{6EI}$ $\theta_C = -\dfrac{Pa}{6EI} \cdot$ $(2l + 3a)$	$f_C = -\dfrac{Pa^2}{3EI}(l+a)$
13		$v = -\dfrac{Mx}{6EIl}(x^2 - l^2),$ $0 \leqslant x \leqslant l$ $v = -\dfrac{M}{6EI}(3x^2 - 4xl + l^2),$ $l \leqslant x \leqslant (l+a)$	$\theta_A = -\dfrac{1}{2}\theta_B$ $= \dfrac{Ml}{6EI}$ $\theta_C = -\dfrac{M}{3EI} \cdot$ $(l + 3a)$	$f_C = -\dfrac{Ma}{6EI}(2l + 3a)$

例 6.13　如图 6.36 所示简支梁受集中力 **P** 和均匀分布载荷 q 的作用,求中截面 C 的挠度和 B 点转角。

图 6.36

解　由表 6.1,在集中力 **P** 单独作用下(图 6.36(c)),梁中截面 C 的挠度和 B 的转角为

$$(f_c)_P = -\frac{Pl^3}{48EI}, \quad (\theta_B)_P = \frac{Pl^2}{16EI}$$

在均匀分布载荷 q 的单独作用下(图 6.36(b)),梁中截面 C 的挠度和 B 的转角为

$$(f_c)_q = -\frac{5ql^4}{384EI}, \quad (\theta_B)_q = \frac{ql^3}{24EI}$$

在集中力 $\boldsymbol{P}$ 和均匀分布载荷 q 的共同作用下中截面 C 的挠度为

$$f_C = (f_c)_P + (f_c)_q = -\frac{Pl^3}{48EI} - \frac{5ql^4}{384EI}$$

$$\theta_B = (\theta_B)_P + (\theta_B)_q = \frac{Pl^2}{16EI} + \frac{ql^3}{24EI}$$

例 6.14　车床空心主轴的计算简图如图 6.37(a)所示。若切削力 $P_1 = 2$ kN,齿轮传动力 $P_2 = 1$ kN,主轴尺寸 $l = 400$ mm,$a = 100$ mm,内径 $d = 40$ mm,外径 $D = 80$ mm,材料的弹性模量 $E = 210$ GPa。主轴的许可位移:卡盘 C 处挠度不超过两轴承间距离的 $\frac{1}{10^4}$,轴承 B 处转角不超过 $\frac{1}{10^3}$ rad,试校核主轴的刚度。

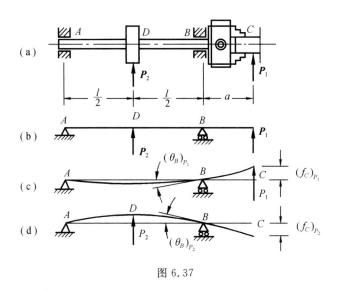

图 6.37

解　(1) 叠加法求位移。

截面惯性矩为

$$I = \frac{\pi}{64}(D^4 - d^4) = \frac{\pi}{64}(80^4 - 40^4) \times 10^{-12} \text{ m}^4 = 188 \times 10^{-8} \text{ m}^4$$

主轴的位移 f_C, θ_B 可视为 P_1 和 P_2 单独作用时产生位移的叠加。由 P_1 产生的位移为

$$(f_C)_{P_1} = \frac{P_1 a^2}{3EI}(l+a) = \frac{2 \times 10^3 \times 0.1^2}{3 \times 210 \times 10^9 \times 188 \times 10^{-8}}(0.4+0.1) \text{ m} = 8.44 \times 10^{-6} \text{ m}$$

$$(\theta_B)_{P_1} = \frac{P_1 la}{3EI} = \frac{2 \times 10^3 \times 0.4 \times 0.1}{3 \times 210 \times 10^9 \times 188 \times 10^{-8}} \text{ rad} = 0.676 \times 10^{-4} \text{ rad}$$

由 P_2 产生的位移

$$(\theta_B)_{P_2} = -\frac{P_2 l^2}{16EI} = -\frac{1 \times 10^3 \times 0.4^2}{16 \times 210 \times 10^9 \times 188 \times 10^{-8}} \text{ rad} = -0.253 \times 10^{-4} \text{ rad}$$

P_2 单独作用下,梁的外伸部分 BC 上不受载荷,则 BC 不产生弯曲变形,但 C 截面随 B 截面的转动而产生刚体位移

$$(f_C)_{P_2} = (\theta_B)_{P_2} \times a = -0.253 \times 10^{-4} \times 0.1 \text{ m} = -2.53 \times 10^{-6} \text{ m}$$

叠加得

$$f_C = (f_C)_{P_1} + (f_C)_{P_2} = 8.44 \times 10^{-6} \text{ m} + (-2.53 \times 10^{-6}) \text{ m} = 5.91 \times 10^{-6} \text{ m}$$

$$\theta_B = (\theta_B)_{P_1} + (\theta_B)_{P_2} = 0.676 \times 10^{-4} \text{ rad} - 0.253 \times 10^{-4} \text{ rad} = 0.423 \times 10^{-4} \text{ rad}$$

(2) 刚度校核。

许可位移

$$[f_C] = \frac{l}{10^4} = \frac{0.4}{10^4} \text{ m} = 40 \times 10^{-6} \text{ m}$$

$$[\theta_B] = \frac{1}{10^{-3}} \text{ rad} = 10 \times 10^{-4} \text{ rad}$$

可见 $f_C < [f_C]$,$\theta_B < [\theta_B]$,故主轴满足刚度要求。

6.12　简单超静定梁及其解法

前面各节讨论的都是所谓的静定梁,这种梁的支座约束力和内力仅利用静力学平衡方程就可全部求出。本节将介绍简单超静定梁的概念及其解法。

6.12.1　超静定梁的概念

在工程实际中有时为了提高梁的强度和刚度,或因结构上的需要,在静定梁上增加一些约束。这些约束对维持梁的平衡来说是多余的,因此称为多余约束,相应的约束反力称为多余约束反力。此时支反力的数目将多于平衡方程的数目,仅由平衡方程已不能求解。这种梁称为超静定梁(或静不定梁)。

6.12.2　超静定梁的基本解法

解超静定梁也需要根据变形谐调条件增加补充方程,现举例说明其解法。

例 6.15　求图 6.38 所示梁的支反力。

解　(1) 选取静定基。

设想若撤除超静定梁上的多余约束,那么超静定梁就变成了静定梁,这个静定梁称为原超静定梁的静定基。现如果以支座 B 为多余约束,相应的支座反力 R_B 为多余约束反力。

(2) 找变形条件。

现在静定基上加上原来的均布载荷和多余约束力受力情况与原超静定梁完全相同。静定基在载荷 q 和未知的多余约束反力的共同的作用下满足 B 点挠度等于零的变形条件,即

$$f_B=(f_B)_q+(f_B)_{R_B}=0 \quad (6.62)$$

式(6.62)也称为静定基的变形谐调条件。

（3）建立补充方程求解多余约束力。

载荷 q 和多余的约束反力 R_B 在 B 点分别产生的挠度为

$$(f_B)_q=-\frac{ql^4}{8EI},(f_B)_{R_B}=\frac{R_Bl^3}{3EI} \quad (6.63)$$

它们表示了力与位移之间的关系，称为物理条件。将式(6.63)代入式(6.62)得

$$-\frac{ql^4}{8EI}+\frac{R_Bl^3}{3EI}=0 \quad (6.64)$$

这就是补充方程，由此解得

$$R_B=\frac{3}{8}ql$$

（4）求其余支反力。

然后用静力平衡方程求得其余支反力为

$$R_A=\frac{5}{8}ql,M_A=\frac{1}{8}ql^2$$

求得超静定梁的支反力后，处理其强度、刚度问题则和静定梁完全相同。

值得指出，静定基的选取不是唯一的，对于本例也可将固定端的转动约束视为多余约束，得到的静定基是简支梁。

例 6.16　梁 AB 因刚度不足，用同一材料和同样截面的梁 AC 加固，如图 6.39(a)所示。试求：

（1）两梁接触处的压力 F_C；

（2）加固后 AB 梁的最大弯矩和 B 截面挠度减小的百分数。

解　（1）解出梁 AB 与 AC 接触处的多余约束，并用约束反力 F_C 代替，得到如图 6.39(b)所示的静定基。查表 6.1，并用叠加法，得到梁 AB 截面 C 的挠度为

$$f_{C1}=\frac{F_Cl^3}{24EI}-\frac{5Fl^3}{48EI}$$

梁 AC 截面处 C 的挠度

$$f_{C2}=-\frac{F_Cl^3}{24EI}$$

显然，梁 AB 截面 C 的挠度，应该等于梁 AC 截面 C 的挠度。于是补充方程为

$$\frac{F_Cl^3}{24EI}-\frac{5Fl^3}{48EI}=-\frac{F_Cl^3}{24EI}$$

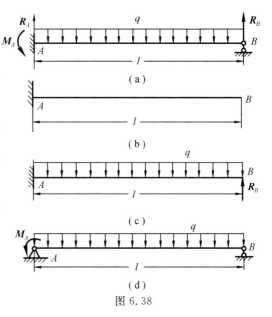

图 6.38

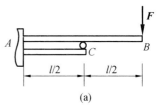

(a)

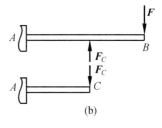

(b)

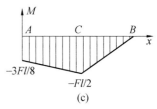

(c)

图 6.39

解得 $F_C = \dfrac{5}{4}F$。

（2）加固前，梁 AB 的最大弯矩 $M_{1,\max}$ 和 B 截面的挠度 f_{B1} 分别为

$$M_{1,\max} = Fl（固定端截面）$$

$$f_{B1} = -\frac{Fl^3}{3EI}$$

加固后，梁 AB 的弯矩图如图 6.39(c) 所示，最大弯矩 $M_{2,\max}$ 和 B 截面的挠度 f_{B2} 分别为

$$M_{2,\max} = Fl/2（C 截面）$$

$$f_{B2} = -\frac{Fl^3}{3EI} + \frac{F_C l^3}{24EI}\left(3l - \frac{l}{2}\right) = -\frac{Fl^3}{3EI} + \frac{5F_C l^3}{48EI} = -\frac{Fl^3}{3EI} + \frac{25Fl^3}{4 \times 48EI}$$

因此，加固后梁的最大弯矩减小了 50%，B 截面的挠度减小的百分比为

$$\left|\frac{f_{B1} - f_{B2}}{f_{B1}}\right| \times 100\% = \left|\frac{\dfrac{25Fl^3}{4 \times 48EI}}{\dfrac{Fl^3}{3EI}}\right| = 39\%$$

根据上例总结出超静定梁的解题方法：

先选取适当的静定基；然后通过原超静定梁与静定基的变形进行比较找出变形谐调条件；再利用力与位移的物理关系得到补充方程，从而求得多余约束力；最后由平衡条件求其余支反力。这种求解超静定梁的方法称为变形比较法。

6.13 提高梁承载能力的一些措施

弯曲正应力是控制梁弯曲强度的主要因素，所以弯曲正应力条件往往是设计梁的主要依据。从这个条件可知，提高梁的弯曲强度主要从两个方面来考虑：一方面是合理安排梁的受力情况，以降低 $M_{\max}$ 值；另一方面是提高梁横截面的抗弯截面模量 W_z 值。下面围绕这两个方面，阐述提高梁弯曲强度的一些措施。

1. 合理安置梁的支座

合理安置梁的支座，能降低梁内的最大弯矩，提高梁的弯曲强度。

如图 6.40 所示简支梁，受均布载荷 q 作用，梁内的最大弯矩为

$$M_{\max} = \frac{1}{8}ql^2$$

若将两支座内移 $0.2l$，则最大弯矩减少到

$$M_{\max} = \frac{1}{40}ql^2$$

即仅为前者的 $\dfrac{1}{5}$。

在静定梁上增加支座数目，成为超静定梁，也可以降低梁内最大弯矩，提高弯曲强度。

2. 合理布置载荷

如图 6.40 所示简支梁，在跨长中点受集中力 $\boldsymbol{P}$，梁内最大弯矩为

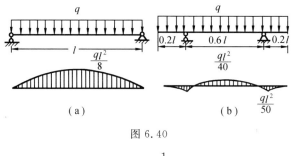

图 6.40

$$M_{\max} = \frac{1}{4} Pl$$

若条件允许,将集中力变为分布力或分解为几个较小的集中力(如图 6.41(b)(c))梁内的最大弯矩均减小了一半。这说明,在条件允许的情况下,合理地布置载荷,可以降低梁内最大弯矩,提高弯曲强度。

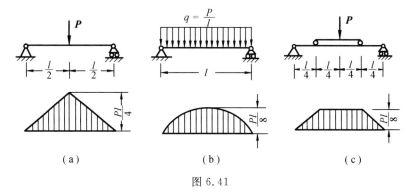

图 6.41

3. 合理选择和利用梁的截面形状

从弯曲强度考虑,最合理的截面形状,是用最少的材料获得最大抗弯截面模量的截面,故应使抗弯截面模量与该截面面积之比 $\dfrac{W_z}{A}$ 尽可能大。例如矩形截面梁(图 6.42),设截面边长 $h > b$,当抵抗垂直平面内的弯曲变形时,截面竖放(图 6.42(a))比平放(图 6.42(b))将不易弯断。然而两者的截面面积相同,上述差别是由于两者的抗弯模量不同。竖放时

$$W_z = \frac{bh^2}{6}$$

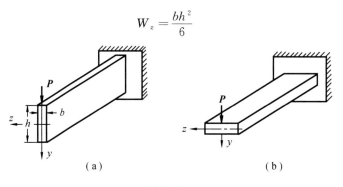

图 6.42

而平放时

$$W_z{}' = \frac{b^2 h}{6}$$

两者的比值

$$\frac{W_z}{W_z{}'} = \frac{h}{b} > 1$$

因此竖放时具有较大的抗弯强度,更为合理。

4. 采用变截面梁

梁内不同截面的弯矩一般也不相同。因此按最大弯矩所设计的等截面梁,除最大弯矩所在截面外,其余截面的材料强度均未充分利用。因此可根据弯矩的变化情况,将梁相应地设计成变截面。在弯矩较大处,采用较大截面;在弯矩较小处,采用较小截面。这种截面沿梁轴线变化的梁称为变截面梁。

理想的变截面梁可设计成每一个横截面上的最大正应力都正好等于材料的许用应力的梁,即

$$\sigma_{\max} = \frac{M(x)}{W_z(x)} = [\sigma] \tag{6.65}$$

这种梁称为等强度梁。

例如图 6.43(a) 所示悬臂梁,在集中力 **P** 作用下,弯矩方程为 $M(x) = Px$。根据等强度的观点,如果截面宽度 b 保持不变,则由式(6.65)可知,截面高度 $h(x)$ 满足

$$\frac{Px}{\dfrac{bh^2(x)}{6}} = [\sigma]$$

由此得

$$h(x) = \sqrt{\frac{6Px}{b[\sigma]}} \tag{6.66}$$

即截面高度沿梁轴线成抛物线变化,如图 6.43(b) 所示。

等强度梁的缺点是制造困难,实际构件往往只能设计成近似等强度,如建筑中的挑梁,如图 6.44(a) 所示。基于这种考虑,机械工程中的圆轴常设计成阶梯变截面梁(轴),如图 6.44(b) 所示。

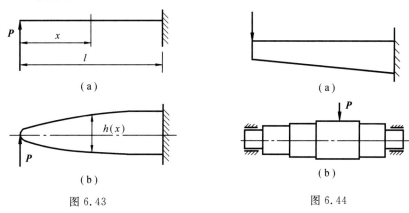

图 6.43　　　　　　　　　　　　　　图 6.44

习　　题

6-1　试求图示各梁中截面 $1-1,2-2,3-3$ 上的剪力和弯矩。这些截面无限接近于截面 C 或截面 D,且 P,q,a 均为已知。

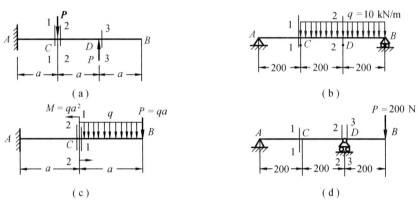

题 6-1 图

答案:(a)$1-1$ 面:$Q_1=0,M_1=Pa$;$2-2$ 面:$Q_2=-P,M_2=Pa$;$3-3$ 面:$Q_3=0,M_3=0$;

(b)$1-1$ 面:$Q_1=1.33$ kN;$M_1=267$ N·m;$2-2$ 面:$Q_2=-0.667$ kN,$M_2=333.3$ N·m;

(c)$1-1$ 面:$Q_1=2qa,M_1=-\dfrac{3}{2}qa^2$(顺时针方向);$2-2$ 面:$Q_2=2qa,M_2=-\dfrac{1}{2}qa^2$(逆时针方向);

(d)$1-1$ 面:$Q_1=100$ N,$M_1=-20$ N·m;$2-2$ 面:$Q_2=-100$ N,$M_2=-40$ N·m;$3-3$ 面:$Q_3=200$ N,$M_3=-40$ N·m

6-2　建立图示各梁的剪力方程和弯矩方程,作剪力图和弯矩图,并求出剪力和弯矩的绝对值的最大值 $|Q|_{\max}$ 和 $|M|_{\max}$。设 P,q,M,a 均为已知。

答案:(a)$|Q|_{\max}=2P,|M|_{\max}=Pa$;(b)$|Q|_{\max}=qa,|M|_{\max}=\dfrac{qa^2}{2}$;

(c)$|Q|_{\max}=30$ kN,$|M|_{\max}=15$ kN·m;(d)$|Q|_{\max}=\dfrac{3M}{2a},|M|_{\max}=\dfrac{3}{2}M$;

(e)$|Q|_{\max}=\dfrac{5}{4}qa,|M|_{\max}=\dfrac{3}{4}qa^2$;(f)$|Q|_{\max}=\dfrac{9}{4}qa,|M|_{\max}=M|_{R(x)=0}=\dfrac{49}{32}qa^2$

6-3　试根据载荷集度、剪力和弯矩之间的微分关系,改正题 6-3 图所示 Q 图和 M 图中的错误。

答案:略

6-4　试利用载荷集度、剪力和弯矩之间的微分关系作题 6-4 图所示梁的剪力图、弯矩图。

答案:略

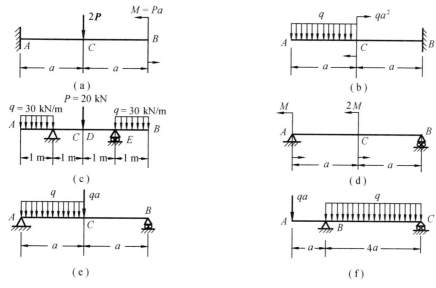

题 6－2 图

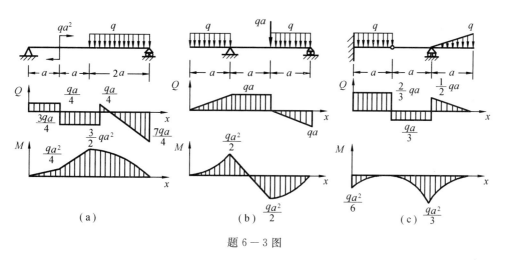

题 6－3 图

6－5　图示简支梁,受线性规律分布的载荷作用,试列剪力方程和弯矩方程,作剪力图、弯矩图,并确定剪力和弯矩的最大值及其位置。

答案:

$$Q(x) = \frac{q_0 l}{6} - \frac{x q_0}{l} \cdot \frac{x}{2} = \frac{q_0 l}{6} - \frac{q_0 x^2}{2l} \ (0 < x < l)$$

$$M(x) = \frac{q_0 l x}{6} - \frac{q_0 x^2}{2l} \times \frac{x}{3} \ (0 < x < l)$$

当 $x = l$ 时,$Q_{\max} = \frac{q_0 l}{3}$;当 $x = \frac{\sqrt{3}}{3} l$ 时,$M_{\max} = \frac{\sqrt{3}}{27} q_0 l^2$

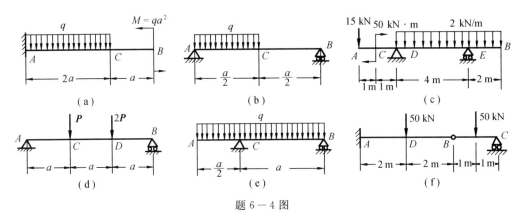

题 6－4 图

6－6　桥式起重机大梁上小车的每个轮子对大梁的压力均为 **P**,试问小车在什么位置时梁内的弯矩最大,其最大弯矩为多少? 设小车的轮距为 d,大梁的跨长为 l。

答案:距离左右端 $\left(\dfrac{l}{2}-\dfrac{d}{4}\right)$ 处,$M_{\max}=\dfrac{P}{2}(l-d)+\dfrac{Pd^2}{8l}$

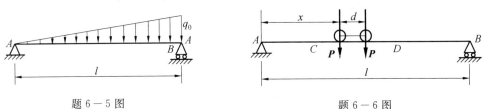

题 6－5 图　　　　　　　　　　　　　题 6－6 图

6－7　直径为 d 的钢丝,其弹性模量为 E,名义屈服极限为 $\sigma_{0.2}$。现在其两端施加力偶使其弯成直径为 D 的圆弧。试求当钢丝横截面上的最大正应力等于 $\sigma_{0.2}$ 时 D 与 d 的关系式,并据此分析钢丝绳为何要用许多根高强度的细钢丝组成。

答案:$\dfrac{b}{d}=\dfrac{E}{\sigma_{0.2}}$

6－8　简支梁受均布载荷作用如图所示。若分别采用面积相等的实心和空心圆截面,且实心截面直径 $D_1=40\ \text{mm}$,空心截面直径关系有 $\dfrac{d_2}{D_2}=\dfrac{3}{5}$。试分别计算它们的最大正应力,并求空心圆截面比实心圆截面的最大正应力减小了百分之几?

答案:$\sigma_{\max}=\dfrac{32M_{\max}}{\pi(1-\alpha^4)D_2^3}$,$41\%$

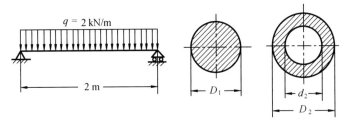

题 6－8 图

6－9　矩形截面悬臂梁如图所示,已知 $l = 4$ m,$\dfrac{b}{h} = \dfrac{2}{3}$,$q = 10$ kN/m,$[\sigma] = 10$ MN/m²,试确定此梁横截面的尺寸。

答案:$h \geqslant 416$ mm,$b \geqslant 277$ mm

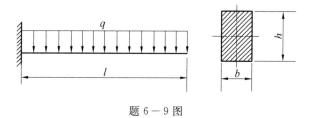

题 6－9 图

6－10　20a 号工字钢梁支承及受力如图所示,若$[\sigma] = 160$ MPa,试确定许可载荷 P。

答案:$P = 56.8$ kN $= [P]$

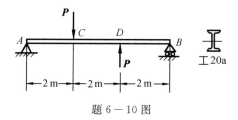

题 6－10 图

6－11　图示杠杆,轴销 B 为转轴,试校核横截面 1－1,2－2 和突缘 B 的弯曲强度。已知$[\sigma] = 160$ MPa。

答案:$\sigma_1 = 64.8$ MPa,$\sigma_2 = 69$ MPa,$\sigma_3 = 15.9$ MPa 满足要求

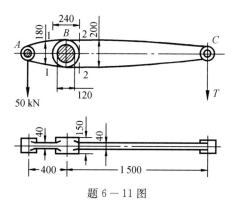

题 6－11 图

6－12　铸铁梁的载荷及尺寸如图所示。许用应力$[\sigma^+] = 40$ MPa,$[\sigma^-] = 160$ MPa。试按正应力强度条件校核梁的强度。若载荷不变,但将 T 形截面倒置,即翼缘在下成为 ⊥ 形,是否合理,为什么?

答案:$\sigma_{max}^+ = 26.2$ MPa,$\sigma_{max}^- = 52.4$ MPa 满足;倒置:B 处 $\sigma_{max}^+ = 52.4$ MPa $> [\sigma_{max}^+]$ 不满足

6－13　试计算图示矩形截面简支梁的1－1截面上a点和b点的正应力和剪应力。

答案:a点:$\sigma=-6.04$ MPa,$\tau=0.38$ MPa;b点:$\sigma=12.9$ MPa,$\tau=0$

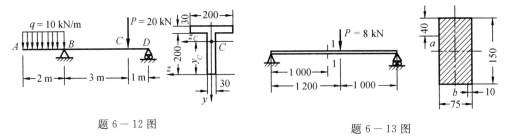

题6－12图　　　　　　　　　　　　　题6－13图

6－14　当20号槽钢受纯弯曲变形时,测得A,B两点间长度的改变为$\Delta l=27\times10^{-3}$ mm,材料的弹性模量$E=200$ GN/m^2,试求梁截面的弯矩M。

答案:$M=10.7$ kN·m

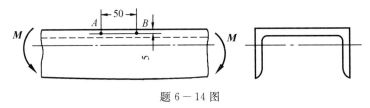

题6－14图

6－15　工字形截面梁承受垂直于腹板作用的力P,研究该梁中的剪应力,并确定全部剪应力合力的大小和方向。

答案:$\tau_{max}=\dfrac{3P}{4tb}$,$\tau_{min}=0$

6－16　试求开口薄壁圆环截面的弯曲中心位置。假设壁厚t与其平均半径R相比很小。

答案:弯曲中心距圆心:$d=2R$

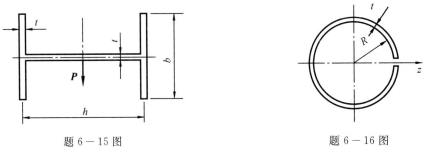

题6－15图　　　　　　　　　　　　题6－16图

6－17　图示梁由两根36a号工字钢铆接而成,铆钉的间距为$S=150$ mm,直径$d=20$ mm,许用剪应力$[\tau]=90$ MN/m^2,梁横截面上的剪力$Q=40$ kN,试校核铆钉的剪切强度。

答案:$\tau=16.2$ MPa$<[\tau]$

6－18　起重机下的梁由两根工字钢组成,起重机自重$Q=50$ kN,起重量$P=10$ kN,许用应力$[\sigma]=160$ MN/m^2,$[\tau]=100$ MN/m^2。若不计梁的自重,试按正应力强度条件

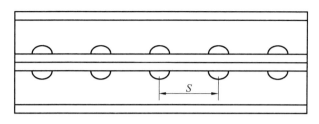

题 6 − 17 图

选择工字钢型号,然后再按剪应力强度条件进行校核。

答案:选择工字钢型号:$W = 438$ cm^3,选用两根 28a 工字钢。

$\tau_{max} = 13.9$ MPa $<$ [τ],安全

6 − 19　在 18 号工字钢梁上作用有可移动载荷 P。为提高梁的承载能力,试确定 a,b 的合理数值及相应的许可载荷。设 [σ] $= 160$ MN/m^2。

答案:$a = b = 2$ m,许可载荷为 14.76 kN

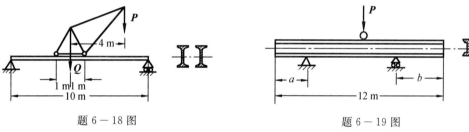

题 6 − 18 图　　　　　　　　　　　　题 6 − 19 图

6 − 20　图示各梁,抗弯刚度 EI 均为常数。

(1)试根据弯矩沿轴线的变化情况和梁的支座条件画出挠曲线的大致形状;

(2)利用积分法计算梁的最大挠度和最大转角(对图(d)求梁外伸端的挠度和转角)。

答案:(a)$f_{max}(x) = \dfrac{M_0 l^2}{9\sqrt{3} EI}$,$\theta_{max} = \dfrac{M_0 l}{3EI}$;(b)$f_{max} = -\dfrac{5ql^4}{384EI}$,$\theta_{max} = \dfrac{ql^3}{24EI}$;

(c)$f_{max} = -\dfrac{41ql^4}{384EI}$,$\theta_{max} = -\dfrac{7ql^3}{48EI}$;(d)$f_{max} = -\dfrac{Pa^2}{3EI}(l+a)$,$\theta_{max} = \dfrac{Pa}{6EI}(2l+3a)$

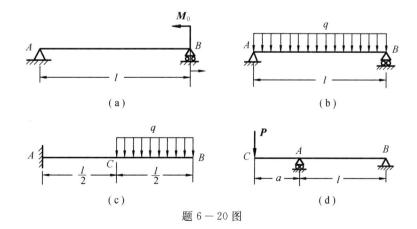

题 6 − 20 图

6－21　图示简支梁,左右端各受弯矩为 M_1 和 M_2 的力偶作用。如果要使挠曲线的拐点位于离左端 $\dfrac{l}{3}$ 处,M_1 和 M_2 应保持何种关系?

答案:$M_2 = 2M_1$

6－22　悬臂梁如图所示,有载荷 P 沿梁移动。若使载荷移动时保持相同的高度,应将梁预先弯成怎样的曲线? 设 EI 为常数。

答案:设距固支端距离为 x , $y(x) = \dfrac{Px^3}{3EI}$

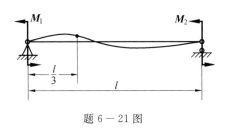

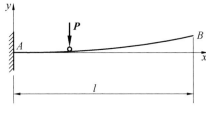

题 6－21 图　　　　　　　　　　　题 6－22 图

6－23　用叠加法求图示各梁截面 A 的挠度和截面 B 的转角。已知 EI 为常数。

答案:(a)$f_A = -\dfrac{Pl^3}{6EI}$,$\theta_B = -\dfrac{9Pl^2}{8EI}$;(b)$f_A = -\dfrac{5ql^4}{768EI}$,$\theta_B = \dfrac{ql^3}{384EI}$;

(c)$f_A = -\dfrac{Pa}{6EI}(3b^2 + 6ab + 2a^2)$,$\theta_B = \dfrac{P(2b+a)(3a+2b)}{12EI}$;

(d)$f_A = \dfrac{ql^2 a(5l+6a)}{24EI}$,$\theta_B = -\dfrac{ql^2}{24EI}(5l+12a)$

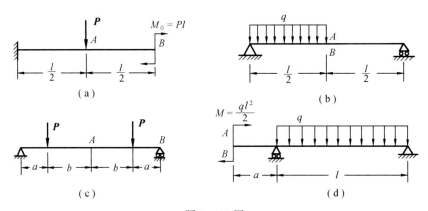

题 6－23 图

6－24　一悬臂梁长为 l,承受均布载荷,其自由端的挠度为 αl(α 是一个很小的数),试求自由端的转角。

答案:$\theta = \dfrac{4}{3}\alpha$

6－25　图示等截面梁,EI 已知,梁下有一曲面,方程为 $y = -Ax^3$。现欲使梁变形后与该曲面密合(曲面不受力),需在梁上施加何种载荷? 大小、方向如何? 应作用在何处?

答案:$P = 6EAI$;$M = -6EAI$(顺时针方向)

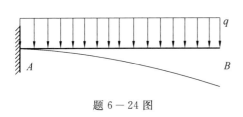

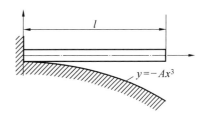

题 6—24 图

题 6—25 图

6—26　图示外伸梁受集中力 **P** 和 **P**₁ 作用, 抗弯刚度已知。(1)用叠加法求 D 截面的挠度和转角;(2)当 **P** 为何值时, D 点的挠度为零(但转角不为零)? 这时 D 点的位移及受载情况与何种支座相当?

答案:(1)$f_D = \dfrac{P_1 a^3}{4EI} + \dfrac{P a^3}{EI}$, $\theta_D = \dfrac{P_1 a^2}{4EI} + \dfrac{7P}{6EI} a^2$;(2)$P = -\dfrac{1}{4} P_1$, 受到铰支座作用

6—27　直角拐(水平放置)的 AB 与 AC 刚性连接, A 处为一轴承, 允许 AC 轴的端截面在轴承内自由转动, 但不能上下移动。已知 $P = 60$ N, $E = 210$ GN/m², $G = 0.4E$, 试求截面 B 的铅垂位移。

答案:截面 B 的铅锤位移 $v = 8.22$ mm(向下)

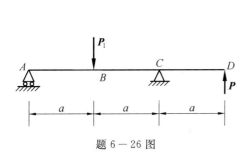

题 6—26 图

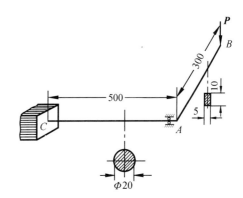

题 6—27 图

6—28　图示简支梁, 跨度 $l = 5$ m, 力偶矩 $M_1 = 5$ kN·m, $M_2 = 10$ kN·m, 许用应力 $[\sigma] = 160$ MPa, 弹性模量 $E = 200$ GPa, 许用挠度 $[f] = \dfrac{l}{500}$, 试选工字钢的型号。

答案:$I \geqslant 1\,176$ cm⁴, 应取 18 号工字钢($I_z = 1\,660$ cm⁴)

6—29　一凸轮轴尺寸如图所示, 为保证凸轮的正常工作, 要求轴上安装凸轮处 B 点的挠度不大于许可挠度 $[f] = 0.05$ mm。已知轴的 $E = 200$ GPa, 载荷 $P = 1.6$ kN, 轴径 $d = 32$ mm, 试校核该轴的刚度。

答案:$f_B = -0.024\,6$ mm $< [f]$ 满足刚度条件

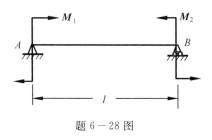

题 6－28 图

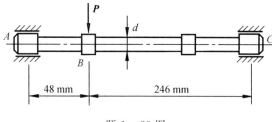

题 6－29 图

6－30　车床床头箱的一根传动轴简化为三支座等截面梁,如图所示。试求支反力,并作轴的弯矩图。

答案:$P_B=0.736P(\uparrow)$, $P_A=0.488P(\uparrow)$, $P_C=0.224P(\downarrow)$

6－31　图示三支座等截面轴,由于制造不精确,支座 C 高出 A, B 支座连线 δ。若 l 和 EI 均已知,求梁内的最大弯矩。

答案:$M_{max}=\dfrac{3EI\delta}{2l^2}$

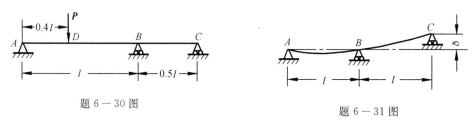

题 6－30 图　　　　　　　　　　　　　　　题 6－31 图

6－32　图示梁两端固定,受均布载荷 q 作用,已知跨长 l、抗弯刚度 EI 为常数,求梁的支反力。

答案:$M_1=M_2=-\dfrac{ql^2}{12}$, $P_A=P_B=\dfrac{ql}{2}(\uparrow)$

6－33　图示结构,悬臂梁 AB 和简支梁 DG 均用 18 号工字钢制成,BC 为圆截面钢杆,直径 $d=20$ mm,梁和杆的弹性模量均为 $E=200$ GPa。若 $P=30$ kN,试计算梁和杆内的最大正应力,并计算 C 截面的垂直位移。

答案:$\sigma_{max}=109$ MPa, $\sigma_{BC}=31.3$ MPa, $f_C=8.1$ mm$(\downarrow)$

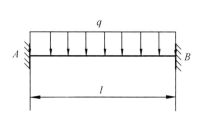

题 6－32 图

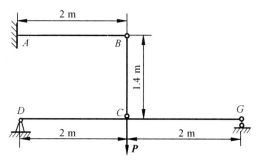

题 6－33 图

6—34　将直径为 d 的圆木锯成矩形截面梁,欲使弯曲强度获得最高,试问梁的宽度 b 和高度 h 应如何取值? 若使弯曲刚度获得最大,b 和 h 又应如何取值?

答案:(1) 弯曲强度最大 $b = \dfrac{\sqrt{2}}{2}h$;(2) 弯曲刚度最大 $b^2 = \dfrac{h^2}{3}$

6—35　试证明在均布载荷作用下,宽度 b 保持不变的等强度悬臂梁具有楔形形状。

答案:$h(x) = \sqrt{\dfrac{3q}{b \cdot [\sigma]}} \cdot x = m \cdot x$,$m$ 为常数,为线性函数,$h(0) = 0$,为楔形。

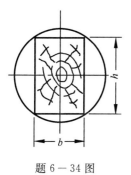

题 6—34 图

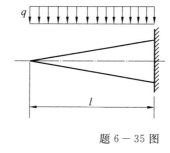

题 6—35 图

第7章　应力状态理论　强度理论

7.1　应力状态概述

7.1.1　应力状态的概念

分析拉压杆件斜截面上的应力,可以发现通过任意一点所作的各个截面上的应力都随着截面方位的变化而变化,从扭转杆件斜截面的应力分析中也可以发现这一规律。一般,通过构件内任意一点可以做无数个方位不同的截面,该点在不同截面上的应力会有所不同,即应力随截面方位的变化而变化。因此,要深入了解受力构件内的应力情况并正确分析构件的强度,必须全面研究通过构件内一点所作的各个截面上的应力。

受力构件内通过任一点各个不同方位截面上的应力状况,称为该点的应力状态。为了研究一点的应力状态,可以围绕该点取出一个单元体(无穷小的正六面体)。因为单元体在三个方向上的尺寸均为无穷小,可以认为应力在单元体的每个面上都是均匀的,且在单元体内相互平行的截面上应力都是相同的。所以,这样的单元体的应力状况可以代表一点的应力状态。研究一点的应力状态称为应力分析。应力分析的目的是为了判断受力构件在什么地方、什么方向最危险,为分析构件的强度提供基础。

从受力构件内某一点处取出的单元体,若三个互相垂直的面上应力均为已知,则该单元体称为原始单元体。对于某一点的原始单元体,可以用截面法求出该点任意一个斜截面上的应力与原始单元体侧面上已知应力间的关系,这样,该点处的应力状态就完全确定了。例如,图 7.1(a) 所示轴向拉伸直杆,围绕 A 点用一对横截面和两对纵截面取出一单元体,如图 7.1(b) 所示,其平面图如图 7.1(c)。单元体的左右面正应力已知为 $\sigma_x = \dfrac{P}{A}$,两面上没有剪应力,其余面上应力均为零,所以该单元体是通过点 A 的原始单元体。对于图 7.2(a) 所示扭转圆轴,在表面一点 A 处用两个横截面,两个径向纵截面和两个垂直于半径的截面截取一单元体,如图 7.2(b) 所示,这一单元体也是原始单元体。A 点在 $\alpha = 45°$ 方向上的原始单元体如图 7.2(c) 所示。

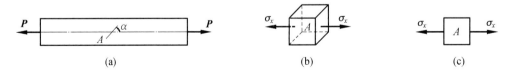

图 7.1

图 7.1(c),7.2(c) 中,单元体的各个面上都没有剪应力,这种各个面上只有正应力(包括正应力为零)没有剪应力的单元体称为主单元体。可以证明,围绕受力构件内任意

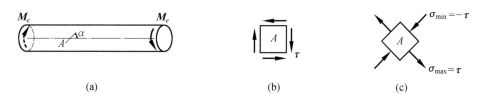

图 7.2

一点总可以找到一个主单元体。主单元体各面上的正应力称为主应力，主应力所在的面称为主平面。

7.1.2　应力状态的分类

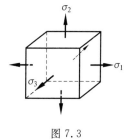

图 7.3

一点处主单元体的六个面上有三对主应力，通常用 σ_1，σ_2，σ_3 表示，如图 7.3 所示。并以其代数值大小的顺序来排列，即 $\sigma_1 \geqslant \sigma_2 \geqslant \sigma_3$。根据不等于零的主应力数目，可以把应力状态分为三类。

1. 单向应力状态

受力构件一点处只有一个主应力不为零，这点的应力状态称为单向应力状态。图7.1(c)所示单向拉伸构件中任意一点处的应力状态即为单向应力状态。

2. 二向应力状态

受力构件一点处有两个主应力不为零，这点的应力状态称为二向应力状态或平面应力状态。图 7.2(c) 所示为扭转圆轴 A 点在 $\alpha = 45°$ 的单元体，单元体的截面上没有剪应力，只有两个正应力，所以扭转圆轴任意一点的应力状态为二向应力状态。

3. 三向应力状态

受力构件一点处有三个主应力不为零，该点的应力状态称为三向应力状态或空间应力状态。齿轮啮合时接触点的应力状态就是三向应力状态，火车轮和钢轨接触点附近各点也处于三向应力状态。

单向应力状态也称为简单应力状态，二向和三向应力状态也统称为复杂应力状态。

7.1.3　二向和三向应力状态实例

1. 二向应力状态实例

作为二向应力状态的实例，下面研究锅炉或其他圆筒形容器的应力状态，如图 7.4(a)。设圆筒的内径为 D，壁厚为 t，且 $t \ll D$（例如，$t < D/20$），内压的压强为 p。此时筒底的压力将使圆筒拉伸，而作用于内壁的压力将使筒径均匀变大。

（1）计算轴向正应力。

沿圆筒轴线作用在两端筒底的总压力均为 $P = \dfrac{\pi D^2}{4} p$，如图 7.4(b)。则轴向应力为

$$\sigma' = \frac{N}{A} = \frac{P}{\pi D t} = \frac{pD}{4t} \tag{7.1}$$

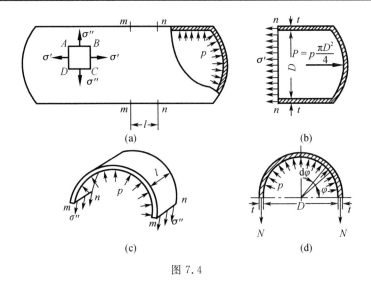

图 7.4

（2）计算周向正应力。

用两个平行的横截面截取长为 l 的一段圆筒，并用一直径平面将圆筒截成两部分，取上半部分为研究对象，如图 7.4(c)。若作用在圆筒纵截面上的周向应力为 σ''，则相应内力为

$$N = \sigma'' tl \tag{7.2}$$

作用在圆筒壁内微面积 $\mathrm{d}A = l\dfrac{D}{2}\mathrm{d}\varphi$ 上的压力为 $\mathrm{d}P = p\mathrm{d}A = pl\dfrac{D}{2}\mathrm{d}\varphi$，其在竖直方向的投影为

$$\mathrm{d}P_y = pl\frac{D}{2}\mathrm{d}\varphi\sin\varphi \tag{7.3}$$

则竖直方向的总压力为

$$P_y = \int_0^\pi pl\frac{D}{2}\mathrm{d}\varphi\sin\varphi = plD \tag{7.4}$$

由平衡条件 $2N = P_y$，得

$$\sigma'' = \frac{pD}{2t} \tag{7.5}$$

在圆筒的中部以两个纵截面和两个横截面取出一单元体 $ABCD$，如图 7.4(a) 所示。其左右截面为横截面的一部分，有轴向应力 σ' 作用，上下截面为纵截面的一部分，有周向应力 σ'' 作用，在单元体的第三个方向上，有作用于内壁的内压力 p 和作用于外壁的大气压力，它们都远小于 σ' 和 σ''，可以略去不计。于是可知圆筒处于二向应力状态，其主应力分别为

$$\sigma_1 = \frac{pD}{2t}, \sigma_2 = \frac{pD}{4t}, \sigma_3 = 0 \tag{7.6}$$

2. 三向应力状态

在滚珠轴承中，滚珠和外环接触点处的应力状态是三向应力状态，如图 7.5(a) 所示。围绕外环和滚珠的接触点 A，以垂直和平行于压力 $\boldsymbol{P}$ 的平面截取一单元体，如图

7.5(b)。在接触面上有接触应力 σ_3 作用,点 A 处的单元体将向周围膨胀,于是引起周围材料对它的约束应力 σ_1 和 σ_2。由对称条件知单元体各面上无剪应力,因此单元体的三个互相垂直的平面都是主平面,应力 σ_3, σ_1 和 σ_2 是主应力,故 A 点的应力状态为三向应力状态。

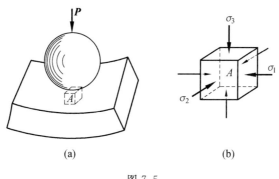

(a)　　　　　　　　　　　　　　(b)

图 7.5

7.2　二向应力状态分析的解析法

二向应力状态单元体的一般形式如图 7.6(a) 所示。设单元体上的应力均为已知。图 7.6(b) 为单元体在 xy 面内的正投影。在以 x 轴方向为法线方向的面上,正应力用 σ_x 表示,剪应力用 τ_{xy} 表示,在以 y 轴方向为法线方向的面上,正应力为 σ_y,剪应力为 τ_{yx}。单元体上的剪应力有两个下角标,如 τ_{xy} 的第一个角标 x 表示此剪应力所在面的法线方向为 x 轴方向,第二个角标 y 表示此剪应力方向和 y 轴平行。应力的符号规定:正应力以拉为正,压为负;剪应力以使单元体产生顺时针方向转动趋势为正,逆时针方向转动趋势为负。在图 7.6(a) 中,σ_x,σ_y 和 τ_{xy} 均为正。

7.2.1　二向应力状态分析的第一类问题 —— 求斜截面上的应力

研究外法线和 x 轴成 α 角的任意斜截面 ef,如图 7.6(b)。规定由 x 轴转到截面外法线 n 为逆时针转向时,α 角为正;反之为负。截面 ef 把单元体分成两部分,取 aef 部分进行分析。斜截面 ef 上有正应力 σ_a 和剪应力 τ_a,如图 7.6(c)。若 ef 面的面积为 $\mathrm{d}A$,则 af 面和 ae 面的面积分别为 $\mathrm{d}A\sin\alpha$ 和 $\mathrm{d}A\cos\alpha$,如图 7.6(d)。根据 aef 部分的平衡,可写出沿法线 n 方向和切线 t 方向的力平衡方程为

$$\sum F_n = 0 : \sigma_a \mathrm{d}A + (\tau_{xy}\mathrm{d}A\cos\alpha)\sin\alpha - (\sigma_x\mathrm{d}A\cos\alpha)\cos\alpha +$$
$$(\tau_{yx}\mathrm{d}A\sin\alpha)\cos\alpha - (\sigma_y\mathrm{d}A\sin\alpha)\sin\alpha = 0 \tag{7.7}$$

$$\sum F_t = 0 : \tau_a \mathrm{d}A - (\tau_{xy}\mathrm{d}A\cos\alpha)\cos\alpha - (\sigma_x\mathrm{d}A\cos\alpha)\sin\alpha +$$
$$(\sigma_y\mathrm{d}A\sin\alpha)\cos\alpha + (\tau_{yx}\mathrm{d}A\sin\alpha)\sin\alpha = 0 \tag{7.8}$$

根据剪应力互等定理,有 $\tau_{xy} = \tau_{yx}$,将其代入上两式并化简得

$$\sigma_a = \sigma_x\cos^2\alpha + \sigma_y\sin^2\alpha - 2\tau_{xy}\sin\alpha\cos\alpha$$
$$= \frac{\sigma_x + \sigma_y}{2} + \frac{\sigma_x - \sigma_y}{2}\cos2\alpha - \tau_{xy}\sin2\alpha \tag{7.9}$$

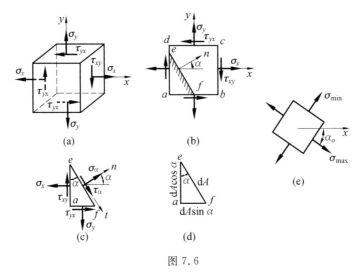

图 7.6

$$\tau_\alpha = \frac{\sigma_x - \sigma_y}{2}\sin 2\alpha + \tau_{xy}\cos 2\alpha \tag{7.10}$$

式(7.9)和式(7.10)即为单元体任意斜截面的应力计算公式。可见,斜截面的正应力和剪应力随 α 角的变化而变化,是 α 角的函数。

7.2.2　二向应力状态分析的第二类问题 —— 求主应力及主平面方位

工程分析中总是关心应力的最大值。正应力的最大值和最小值可利用式(7.9)来确定。将式(7.9)对 α 求导数,得

$$\frac{\mathrm{d}\sigma_\alpha}{\mathrm{d}\alpha} = -(\sigma_x - \sigma_y)\sin 2\alpha - 2\tau_{xy}\cos 2\alpha$$

当 $\left.\dfrac{\mathrm{d}\sigma_\alpha}{\mathrm{d}\alpha}\right|_{\alpha=\alpha_0} = 0$ 时,有

$$(\sigma_x - \sigma_y)\sin 2\alpha_0 + 2\tau_{xy}\cos 2\alpha_0 = 0 \tag{7.11}$$

由此得

$$\tan 2\alpha_0 = -\frac{2\tau_{xy}}{\sigma_x - \sigma_y} \tag{7.12}$$

通过式(7.12)求出 $\sin 2\alpha_0$, $\cos 2\alpha_0$,代入式(7.9),可得最大正应力及最小正应力为

$$\left.\begin{array}{c}\sigma_{\max}\\\sigma_{\min}\end{array}\right\} = \frac{\sigma_x + \sigma_y}{2} \pm \sqrt{\left(\frac{\sigma_x - \sigma_y}{2}\right)^2 + \tau_{xy}^2} \tag{7.13}$$

由式(7.12)可求出两个相差90°的角度 α_0,对应两个互相垂直的平面,其中一个平面上有最大正应力,另一个平面上有最小正应力。可以证明,若 σ_x, σ_y 满足 $\sigma_x \geqslant \sigma_y$,则绝对值较小的 α_0 确定最大正应力所在的平面。

比较式(7.10)和式(7.11),可见满足式(7.11)的 α_0 恰好使 τ_α 等于零,即最大和最小正应力所在平面上的剪应力等于零。因为剪应力为零的平面为主平面,主平面上的正应力是主应力,所以主应力就是最大或最小正应力。

7.2.3　二向应力状态分析的第三类问题 —— 求最大(最小)剪应力及所在平面的方位

将式(7.10)对 α 求导,得

$$\frac{\mathrm{d}\tau_\alpha}{\mathrm{d}\alpha} = (\sigma_x - \sigma_y)\cos 2\alpha - 2\tau_{xy}\sin 2\alpha \tag{7.14}$$

当 $\dfrac{\mathrm{d}\tau_\alpha}{\mathrm{d}\alpha}\Big|_{\alpha=\alpha_1} = 0$ 时,有

$$(\sigma_x - \sigma_y)\cos 2\alpha_1 - 2\tau_{xy}\sin 2\alpha_1 = 0$$

由此得

$$\tan 2\alpha_1 = \frac{\sigma_x - \sigma_y}{2\tau_{xy}} \tag{7.15}$$

由式(7.15)也可确定两个相差 90° 的角度 α_1,分别对应最大剪应力和最小剪应力所在平面。这说明最大剪应力和最小剪应力所在平面是相互垂直的。

由式(7.15)解出 $\sin 2\alpha_1$ 和 $\cos 2\alpha_1$,代入式(7.10)可得最大剪应力和最小剪应力为

$$\left.\begin{array}{c}\tau_{\max}\\\tau_{\min}\end{array}\right\} = \pm\sqrt{\left(\frac{\sigma_x - \sigma_y}{2}\right)^2 + \tau_{xy}^2} \tag{7.16}$$

比较式(7.12)和式(7.15)可知

$$\tan 2\alpha_1 = -\cot 2\alpha_0 = \tan(2\alpha_0 + 90°)$$

于是有

$$\alpha_1 = \alpha_0 + 45° \tag{7.17}$$

即最大和最小剪应力所在平面与主平面成 45° 夹角。

将 $\sin 2\alpha_1$ 和 $\cos 2\alpha_1$ 代入式(7.9),可得最大、最小剪应力所在平面的正应力为

$$\sigma_{\alpha_1} = \frac{\sigma_x + \sigma_y}{2}$$

例 7.1　构件中某点的原始单元体如图 7.7(a)所示。试计算:(1) 主应力及主平面方位;(2) 最大、最小剪应力及其所在平面方位。

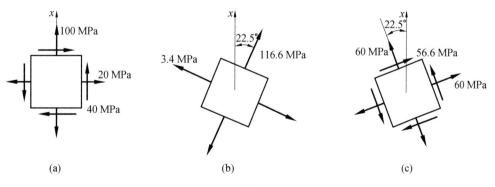

图 7.7

解　由图 7.7(a)可知,$\sigma_x = 100$ MPa,$\sigma_y = 20$ MPa,$\tau_{xy} = 40$ MPa。

（1）求主应力及主平面方位。

设主平面的倾角为 α_0，则

$$\tan 2\alpha_0 = -\frac{2\tau_{xy}}{\sigma_x - \sigma_y} = -\frac{2 \times 40}{100 - 20} = -1$$

$$2\alpha_0 = -45° \text{ 或 } 2\alpha_0 = -225°$$

$$\alpha_0 = -22.5° \text{ 或 } \alpha_0 = -112.5°$$

这里 $\sigma_x > \sigma_y$，则由以上计算结果知，从 x 轴量起，由 $\alpha_0 = -22.5°$（顺时针方向）所确定的主平面上的主应力为 σ_{max}，而由 $\alpha_0 = -112.5°$ 所确定的主平面上的主应力为 σ_{min}。由式（7.13）得最大、最小正应力为

$$\left.\begin{array}{c}\sigma_{max}\\\sigma_{min}\end{array}\right\} = \frac{100 + 20}{2} \pm \sqrt{\left(\frac{100-20}{2}\right)^2 + 40^2} = 60 \pm 56.6 = \left\{\begin{array}{l}116.6 \text{ MPa}\\3.4 \text{ MPa}\end{array}\right.$$

故主应力为 $\sigma_1 = 116.6$ MPa，$\sigma_2 = 3.4$ MPa，$\sigma_3 = 0$。主平面方位（主单元体）见图7.7(b)。

（2）求最大、最小剪应力及其所在平面方位。

最大剪应力所在平面倾角为

$$\alpha_1 = \alpha_0 + 45° = -22.5° + 45° = 22.5°$$

由式（7.16）得最大、最小剪应力为

$$\left.\begin{array}{c}\tau_{max}\\\tau_{min}\end{array}\right\} = \sqrt{\left(\frac{100-20}{2}\right)^2 + 40^2} = \pm 56.6 \text{ MPa}$$

最大、最小剪应力所在平面上的正应力为 $\sigma = \frac{116.6 + 3.4}{2} = 60$ MPa，如图 7.7(c) 所示。

例7.2　图7.8给出了 AB 面上的正应力、剪应力和 AC 面上的正应力。试求：(1)与 AB 垂直平面上的正应力 σ_y；(2)AC 面上的剪应力 τ_a；(3)主应力及主平面方位。

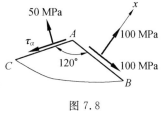

图7.8

解　(1)求与 AB 面垂直平面上的正应力 σ_y。

已知 $\sigma_x = 100$ MPa，$\tau_{xy} = 100$ MPa，$\alpha = 60°$，$\sigma_a = 50$ MPa。由式(7.9)得

$$\sigma_a = \frac{\sigma_x + \sigma_y}{2} + \frac{\sigma_x - \sigma_y}{2}\cos 2\alpha - \tau_{xy}\sin 2\alpha$$

$$= \frac{100 + \sigma_y}{2} + \frac{100 - \sigma_y}{2} \times \cos 120° - 100 \times \sin 120° = 50 \text{ MPa}$$

解得

$$\sigma_y = 148.8 \text{ MPa}$$

（2）求 AC 面上的剪应力 τ_a。

由式(7.10)得

$$\tau_a = \frac{\sigma_x - \sigma_y}{2}\sin 2\alpha + \tau_{xy}\cos 2\alpha$$

$$= \frac{100 - 148.8}{2}\sin 120° + 100\cos 120° = -71.1 \text{ MPa}$$

（3）求主应力及主平面方位。

由式（7.12）得

$$\tan 2\alpha_0 = \frac{-2\tau_{xy}}{\sigma_x - \sigma_y} = \frac{-2 \times 100}{100 - 148.8} \approx 4.098$$

$$2\alpha_0 = 256.3° \text{ 或 } 2\alpha_0 = 76.3°$$

$$\alpha_0 = 128.15° \text{ 或 } \alpha_0 = 38.15°$$

由式（7.13）得最大、最小正应力为

$$\left.\begin{array}{r}\sigma_{\max} \\ \sigma_{\min}\end{array}\right\} = \frac{100 + 148.8}{2} \pm \sqrt{\left(\frac{100 - 148.8}{2}\right)^2 + 100^2} = \begin{cases} 227.3 \text{ MPa} \\ 21.5 \text{ MPa} \end{cases}$$

故主应力为 $\sigma_1 = 227.3$ MPa，$\sigma_2 = 21.5$ MPa，$\sigma_3 = 0$。

例 7.3　一处于横力弯曲下的梁如图 7.9（a）所示。求出其横截面 $m-n$ 上的弯矩 M 和剪力 Q 后，由弯曲正应力和剪应力公式可求得截面上一点 A 处的正应力和剪应力分别为 $\sigma = -70$ MPa，$\tau = 50$ MPa，如图 7.9（b）。试确定 A 点的主应力及主平面的方位，并讨论同一截面上其他点的应力状态。

解　A 点处截取的单元体放大后如图 7.9（c）所示，选图示坐标系，则 $\sigma_x = 0$，$\sigma_y = -70$ MPa，$\tau_{xy} = -50$ MPa。由式（7.12）得

$$\tan 2\alpha_0 = -\frac{2\tau_{xy}}{\sigma_x - \sigma_y} = -\frac{2 \times (-50)}{0 - (-70)} = 1.429$$

$$2\alpha_0 = 55° \text{ 或 } 2\alpha_0 = 235°$$

$$\alpha_0 = 27.5° \text{ 或 } \alpha_0 = 117.5°$$

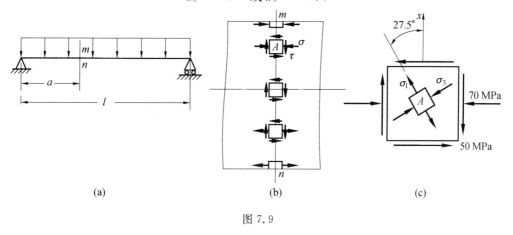

图 7.9

由式（7.13）得最大、最小正应力为

$$\left.\begin{array}{r}\sigma_{\max} \\ \sigma_{\min}\end{array}\right\} = \frac{0 + (-70)}{2} \pm \sqrt{\left(\frac{0 - (-70)}{2}\right)^2 + (-50)^2} = \begin{cases} 26 \text{ MPa} \\ -96 \text{ MPa} \end{cases}$$

故主应力为 $\sigma_1 = 26$ MPa，$\sigma_2 = 0$，$\sigma_3 = -96$ MPa。因为 $\sigma_x > \sigma_y$，则 $\alpha_0 = 27.5°$ 所确定的主平面上的主应力为 $\sigma_{\max}$，而 $\alpha_0 = 117.5°$ 所确定的主平面上的主应力为 $\sigma_{\min}$。主单元体及主应力如图 7.9（c）。

梁横截面 $m-n$ 上其他点的应力状态可采用相同的方法进行分析。上下边缘处的各

点处于单向压缩或拉伸,横截面即为它们的主平面。在中性轴上,各点的应力状态为纯剪切,主平面与梁轴线成 45° 角。从上边缘到下边缘,各点的应力状态如图 7.9(b) 所示。

7.3　二向应力状态分析的图解法

7.3.1　应力圆

由式(7.9)和式(7.10)可知,单元体任一斜截面上的应力 $\sigma_\alpha,\tau_\alpha$ 都以 2α 为参变量,在这两个公式中消去 2α,即可得到 $\sigma_\alpha,\tau_\alpha$ 的函数关系 $\sigma_\alpha = f(\tau_\alpha)$。在 $\sigma - \tau$ 直角坐标系中,$\sigma_\alpha = f(\tau_\alpha)$ 给出的曲线即能反映单元体上所有斜截面上的应力。将式(7.9)改写为

$$\sigma_\alpha - \frac{\sigma_x + \sigma_y}{2} = \frac{\sigma_x - \sigma_y}{2}\cos 2\alpha - \tau_{xy}\sin 2\alpha$$

上式与式(7.10)左右两边分别平方后相加,得

$$\left(\sigma_\alpha - \frac{\sigma_x + \sigma_y}{2}\right)^2 + \tau_\alpha{}^2 = \left(\frac{\sigma_x - \sigma_y}{2}\right)^2 + \tau_{xy}{}^2 \tag{7.18}$$

对于所研究的单元体,$\sigma_x,\sigma_y,\tau_{xy}$ 都是已知量,故式(7.18)是一个以 $\sigma_\alpha,\tau_\alpha$ 为变量的圆的方程,在 $\sigma - \tau$ 直角坐标系中,此圆圆心 C 的坐标为 $\left(\dfrac{\sigma_x + \sigma_y}{2},0\right)$,半径为 $\sqrt{\left(\dfrac{\sigma_x - \sigma_y}{2}\right)^2 + \tau_{xy}{}^2}$。而圆上任一点的横、纵坐标,则分别代表单元体相应截面的正应力和剪应力。这种圆称为应力圆或莫尔(O. Mohr)圆。

7.3.2　应力圆的做法

下面以图 7.10(a) 所示二向应力状态下的一般单元体为例说明应力圆的做法。

首先建立如图 7.10(b)所示 $\sigma - \tau$ 直角坐标系。按选定的比例尺在 σ 轴上量取 $\overline{OA} = \sigma_x$,过 A 点作垂线,并量取 $\overline{AD} = \tau_{xy}$,确定 D 点,D 点坐标代表单元体上以 x 轴为法线平面上的应力。量取 $\overline{OB} = \sigma_y$,过 B 点作垂线,并量取 $\overline{BD'} = \tau_{yx}$,确定 D' 点,τ_{yx} 为负,故 D' 的纵坐标也为负,D' 点的坐标代表单元体上以 y 轴为法线的平面上的应力。确定点 D,D' 后,连接此

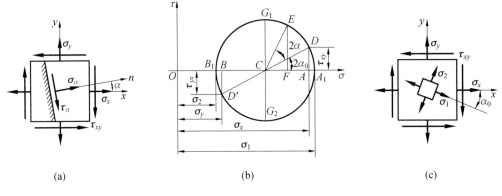

(a)　　　　　　　　　　　　(b)　　　　　　　　　　　　(c)

图 7.10

两点，与横坐标轴交于点 C，以 C 点为圆心，以 $\overline{CD}$ 或 $\overline{CD'}$ 为半径作圆，如图 7.10(b) 所示。

此圆的圆心 C 在 σ 轴上，其纵坐标为 0，横坐标为

$$\overline{OC} = \frac{1}{2}(\overline{OA} + \overline{OB}) = \frac{\sigma_x + \sigma_y}{2} \tag{7.19}$$

此圆的半径为

$$\overline{CD} = \sqrt{\overline{CA}^2 + \overline{AD}^2} = \sqrt{\left(\frac{\sigma_x - \sigma_y}{2}\right)^2 + \tau_{xy}^2} \tag{7.20}$$

可见，所作的圆即是对应式(7.18)的应力圆。

7.3.3　应力圆的应用

1. 用应力圆求解应力状态分析的第一类问题

应力圆形象地描述了某一点各个方位的应力情况。采用如下方法可以利用应力圆确定单元体任一斜截面上的应力。在图 7.10(a) 中，设由 x 轴到任意斜截面法线 n 的夹角为逆时针的 α 角，在应力圆上，从 D 点也按逆时针方向沿圆周转到 E 点，并使 DE 弧相对应的圆心角为 2α，则 E 点的坐标就代表以 n 为法线的斜截面上应力。证明如下：

点 E 的横坐标为

$$\begin{aligned}
\overline{OF} &= \overline{OC} + \overline{CE}\cos(2\alpha_0 + 2\alpha) \\
&= \overline{OC} + \overline{CE}\cos 2\alpha_0 \cos 2\alpha - \overline{CE}\sin 2\alpha_0 \sin 2\alpha \\
&= \overline{OC} + \overline{CA}\cos 2\alpha - \overline{AD}\sin 2\alpha \\
&= \frac{\sigma_x + \sigma_y}{2} + \frac{\sigma_x - \sigma_y}{2}\cos 2\alpha - \tau_{xy}\sin 2\alpha
\end{aligned}$$

点 E 的纵坐标为

$$\begin{aligned}
\overline{EF} &= \overline{CE}\sin(2\alpha_0 + 2\alpha) \\
&= \overline{CD}\sin 2\alpha_0 \cos 2\alpha + \overline{CD}\cos 2\alpha_0 \sin 2\alpha \\
&= \overline{AD}\cos 2\alpha + \overline{CA}\sin 2\alpha \\
&= \frac{\sigma_x - \sigma_y}{2}\sin 2\alpha + \tau_{xy}\cos 2\alpha
\end{aligned}$$

与式(7.9)和式(7.10)比较，可知 $\overline{OF} = \sigma_\alpha$，$\overline{FE} = \tau_\alpha$，可见，应力圆上 E 点的坐标即代表单元体上法线与 x 轴夹角为 α 的斜截面上的应力。

2. 用应力圆求解应力状态分析的第二、三类问题

应力圆上 A_1，B_1 两点分别有最大横坐标和最小横坐标，而两点的纵坐标皆为零，因此这两点的横坐标代表主平面上的主应力，即

$$\sigma_{\max} = \overline{OA_1} = \overline{OC} + \overline{CA_1} = \overline{OC} + \overline{CD} = \frac{\sigma_x + \sigma_y}{2} + \sqrt{\left(\frac{\sigma_x - \sigma_y}{2}\right)^2 + \tau_{xy}^2} = \sigma_1$$

$$\sigma_{\min} = \overline{OB_1} = \overline{OC} - \overline{CB_1} = \overline{OC} - \overline{CD} = \frac{\sigma_x + \sigma_y}{2} - \sqrt{\left(\frac{\sigma_x - \sigma_y}{2}\right)^2 + \tau_{xy}^2} = \sigma_2$$

主平面的位置也容易由应力圆确定。应力圆上 D 点与 A_1 点分别对应单元体上以 x 轴为法线的平面和 σ_1 所在主平面，因为由 D 点到 A_1 点间所对圆心角为顺时针的 $2\alpha_0$，故

在单元体中由 x 轴按顺时针方向量取 α_0，就确定了 σ_1 所在主平面的法线位置，如图 7.10(c) 所示，而 σ_2 所在主平面的法线位置与之垂直，由图 7.10(d) 看出

$$\tan 2\alpha_0 = -\frac{\overline{AD}}{\overline{AC}} = -\frac{2\sigma_{xy}}{\sigma_x - \sigma_y}$$

过 C 点作竖直的圆半径 $\overline{CG_1}$ 和 $\overline{CG_2}$，显然 G_1 点与 G_2 点的纵坐标分别为最大和最小剪应力，因此有

$$\tau_{\max} = \overline{CG_1} = \overline{CD} = \sqrt{\left(\frac{\sigma_x - \sigma_y}{2}\right)^2 + \tau_{xy}^2}$$

$$\tau_{\min} = -|\overline{CG_2}| = -|\overline{CD}| = -\sqrt{\left(\frac{\sigma_x - \sigma_y}{2}\right)^2 + \tau_{xy}^2}$$

因为 $\tau_{\max}$，$\tau_{\min}$ 的绝对值都等于应力圆的半径，故又有

$$\left.\begin{array}{c}\tau_{\max}\\\tau_{\min}\end{array}\right\} = \pm\frac{\sigma_1 - \sigma_2}{2} \tag{7.21}$$

应力圆上的点 A_1 和点 G_1 分别对应 σ_1 和 $\tau_{\max}$，由于在应力圆上从点 A_1 到点 G_1 所对应的圆心角为逆时针的 $90°$，则在单元体上，由 σ_1 所在主平面法线到 $\tau_{\max}$ 所在平面法线为逆时针的 $45°$。

例 7.4　采用图解法分析图 7.11(a)(b) 所示各单元体在斜截面上的正应力 σ_α 及剪应力 τ_α。

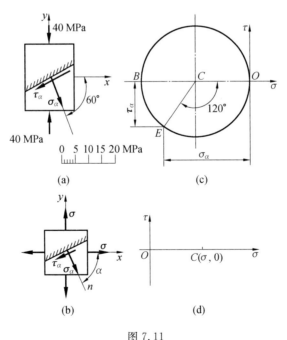

图 7.11

解　对于图 7.11(a) 所示的单元体，在 $\sigma - \tau$ 直角坐标系内，按选定的比例尺作以 x 轴为法线截面的对应点，其坐标为（$\sigma_x = 0$，$\tau_{xy} = 0$），即为坐标原点 O；再作以 y 轴为法线截面的对应点 B，其坐标为（$\sigma_y = -40$ MPa，$\tau_{yx} = 0$），以 OB 为直径作应力圆，如图 7.11(c)

所示。

在单元体中,由 x 轴到斜截面的法线夹角为顺时针的 $60°$,在应力圆中应从 O 点沿圆周按顺时针方向量取圆心角 $120°$,确定 E 点。E 点的坐标即为斜截面上的应力。可以量出 $\sigma_a = -30$ MPa,$\tau_a = -17.4$ MPa。

对于图 $7.11(b)$ 所示的单元体,在 $\sigma - \tau$ 直角坐标系内,以 x 轴为法线截面的对应点和以 y 轴为法线截面的对应点为同一点 $C(\sigma, 0)$,即应力圆蜕变为一个点圆。

点圆的圆周上各点也必重合于该点,因而不必再按照常规作图,可知任意斜截面上的应力均为 $(\sigma_a, \tau_a) = (\sigma, 0)$。

对于处于二向应力状态的单元体,只要存在一对互相垂直的截面,其上有相同的主应力,则该单元体的各个截面都是主平面(无穷多个),各主平面上的主应力值都相等。这是一种特殊的应力状态,称为等向拉伸(压缩)应力状态。两个截面上(无论是否垂直)主应力相同或者存在互不垂直的主平面,都能断定该点为等向应力状态。

例 7.5　在图 $7.12(a)$ 所示单元体中,$\sigma_x = 80$ MPa,$\sigma_y = -40$ MPa,$\tau_{yx} = -\tau_{xy} = 60$ MPa。试用图解法求该单元体的主应力,并确定主平面的位置。

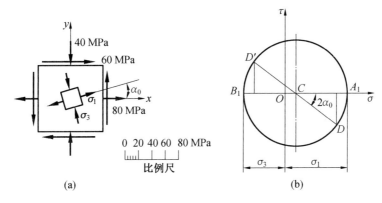

图 7.12

解　按选定的比尺,在 $\sigma - \tau$ 直角坐标系内以 $\sigma_x = 80$ MPa,$\tau_{xy} = -60$ MPa 为坐标作点 D,以 $\sigma_y = -40$ MPa,$\tau_{yx} = 60$ MPa 为坐标作点 D',连接点 D 及 D',与横坐标轴交于 C 点,以 C 点为圆心,$\overline{CD}$ 为半径作应力圆,如图 $7.12(b)$ 所示,在应力圆中量出

$$\sigma_1 = \overline{OA_1} = 105 \text{ MPa}$$

$$\sigma_3 = -\overline{OB_1} = -65 \text{ MPa}$$

这里另外一个主应力 $\sigma_2 = 0$。在应力圆上量取由点 D 到点 A_1 的圆心角,此圆心角就等于主应力 σ_1 所在主平面的外法线与 x 轴夹角的两倍。量得

$$\angle DCA_1 = 2\alpha_0 = 45°$$

故 $\alpha_0 = 22.5°$。

7.4　三向应力状态

本节仅对三向应力状态的特例进行简单分析。

考察单元体三对面上分别作用有三个主应力($\sigma_1 \geqslant \sigma_2 \geqslant \sigma_3 \neq 0$)的三向应力状态,如图 7.13(a)所示。

首先来研究与主应力 σ_3 平行的任意斜截面上的应力。设想用平行于 σ_3 的任意截面将单元体切开,任取一部分来研究,如图 7.13(b)所示。

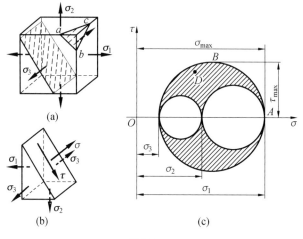

图 7.13

斜截面上的正应力 σ 和剪应力 τ 均与 σ_3 无关,只由主应力 σ_1,σ_2 来决定。于是当采用应力圆进行分析时,在 $\sigma - \tau$ 直角坐标系内,与该类斜截面对应的点均位于由 σ_1,σ_2 所确定的应力圆上。同理可知,以 σ_2,σ_3 所作应力圆代表单元体中与 σ_1 平行的各斜截面上的应力,以 σ_3,σ_1 所作的应力圆代表单元体中与 σ_2 平行的各斜截面的应力。进一步的研究证明,代表与三个主应力斜交的任意斜截面(如图 7.13(a)中的 abc 截面)上应力的 D 点,必位于上述三个应力圆所围成的阴影范围以内。由此可见,在 $\sigma - \tau$ 直角坐标系中代表单元体任意截面上应力的点,必定在三个应力圆的圆周上以及由它们所围成的阴影范围以内,如图 7.13(c)所示。

根据以上分析,三向应力状态下的最大正应力应等于最大的应力圆上 A 点的横坐标,即

$$\sigma_{\max} = \sigma_1 \qquad (7.22)$$

而最大剪应力等于最大的应力圆上 B 点的纵坐标,即等于该圆的半径

$$\tau_{\max} = \frac{\sigma_1 - \sigma_3}{2} \qquad (7.23)$$

由 B 点的位置可知,最大剪应力所在的截面与 σ_2 所在的主平面垂直,并与 σ_1 和 σ_3 所在的主平面各成 $45°$ 角。

上述结论同样适用于二向应力状态。如某二向应力状态的 $\sigma_1 > 0$,$\sigma_2 = 0$,$\sigma_3 < 0$,则该点处的最大正应力和最大剪应力表达式就如式(7.22)和(7.23)。如果主应力为 $\sigma_1 \geqslant \sigma_2 > 0$,$\sigma_3 = 0$,则正应力表达式不变,而按式(7.23),最大剪应力表达式应为

$$\tau_{\max} = \frac{\sigma_1}{2} \qquad (7.24)$$

这里所求得的最大剪应力显然大于在 7.3 节中由式(7.21)所得的 $\tau_{\max} = \dfrac{\sigma_1 - \sigma_2}{2}$。这是因

为,在 7.3 节中只研究了平行于 σ_3 的各平面,在这类平面中剪应力的最大值是 $\dfrac{\sigma_1 - \sigma_2}{2}$。如果再考虑到平行于 σ_2 的那些平面,就得到由式(7.24)所表示的最大剪应力。

例 7.6 某点处于三向应力状态,其单元体如图 7.14 所示。求其主应力和最大剪应力。

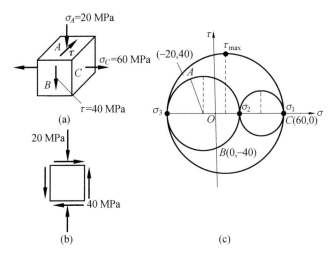

图 7.14

解 图 7.14(a)所示处于三向应力状态下的单元体,已知一个主平面及该面上的主应力,另外两个主应力可按与图 7.14(b)所示二向应力状态相似的方法求得。

在 $\sigma-\tau$ 直角坐标系中取 $A(-20,40)$,$B(0,-40)$ 两点,分别与单元体 A,B 两面上的应力相对应,如图 7.14(c)所示。以 AB 为直径作应力圆,应力圆与 σ 轴的两个交点即为单元体的另两个主应力,分别等于 31 MPa 和 -51 MPa。由于已知的主应力为 60 MPa,故

$$\sigma_1 = 60 \text{ MPa},\sigma_2 = 31 \text{ MPa},\sigma_3 = -51 \text{ MPa}$$

再作另外两个应力圆,最大剪应力在最大直径的应力圆上,即

$$\tau_{\max} = 55.5 \text{ MPa}$$

7.5 广义虎克定律与体积应变

1. 广义虎克定律的一般形式

单向拉伸或压缩变形时,线弹性范围内应力与应变之间的关系为

$$\sigma = E\varepsilon \ \text{ 或 } \varepsilon = \frac{\sigma}{E} \tag{7.25}$$

式(7.25)就是拉(压)虎克定律。而轴向力所引起的横向变形也是不容忽视的弹性变形。横向应变 ε' 可表示为

$$\varepsilon' = -\mu\varepsilon = -\mu\frac{\sigma}{E} \tag{7.26}$$

剪切情况下,实验结果表明,当剪应力不超过剪切比例极限时,剪应力和剪应变之间

的关系服从剪切虎克定律,即

$$\tau = G\gamma \ \text{或}\ \gamma = \frac{\tau}{G} \tag{7.27}$$

在一般情况下,描述一点的应力状态需要 9 个应力分量,如图 7.15 所示。考虑到剪应力互等定理,τ_{xy} 和 τ_{yx},τ_{yz} 和 τ_{zy},τ_{zx} 和 τ_{xz} 的数值分别相等。这样,原来的 9 个应力分量中只有 6 个是独立的。对于各向同性材料,在线弹性小变形前提下,一点处的线应变只与该点处的正应力有关,而与剪应力无关。同时该点的剪应变也仅与剪应力有关。下面分别研究这两类关系。首先讨论 x 方向的线应变 ε_x 与正应力 σ_x,σ_y,σ_z 之间关系。由 σ_x 单独作用引起的 x 方向的线应变为

$$\varepsilon'_x = \frac{\sigma_x}{E}$$

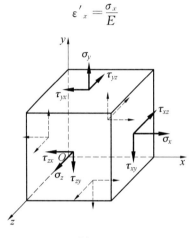

图 7.15

由 σ_y,σ_z 单独作用而引起的 x 方向的线应变分别为

$$\varepsilon''_x = -\mu\frac{\sigma_y}{E},\ \varepsilon'''_x = -\mu\frac{\sigma_z}{E}$$

叠加以上 3 式得到 σ_x,σ_y,σ_z 共同作用下 x 方向的线应变为

$$\varepsilon_x = \varepsilon'_x + \varepsilon''_x + \varepsilon'''_x = \frac{\sigma_x}{E} - \mu\frac{\sigma_y}{E} - \mu\frac{\sigma_z}{E} = \frac{1}{E}\left[\sigma_x - \mu(\sigma_y + \sigma_z)\right] \tag{7.28}$$

同理可以求出 y,z 方向的线应变,最终得到

$$\left.\begin{aligned}
\varepsilon_x &= \frac{1}{E}\left[\sigma_x - \mu(\sigma_y + \sigma_z)\right] \\
\varepsilon_y &= \frac{1}{E}\left[\sigma_y - \mu(\sigma_z + \sigma_x)\right] \\
\varepsilon_z &= \frac{1}{E}\left[\sigma_z - \mu(\sigma_x + \sigma_y)\right]
\end{aligned}\right\} \tag{7.29}$$

至于剪应力和剪应变之间的关系,仍服从剪切虎克定律

$$\gamma_{xy} = \frac{\tau_{xy}}{G},\ \gamma_{yz} = \frac{\tau_{yz}}{G},\ \gamma_{zx} = \frac{\tau_{zx}}{G} \tag{7.30}$$

式(7.29)和式(7.30)称为广义虎克定律的一般形式。

当单元体的各面均为主平面时,单元体上的应力只有主应力,设 x,y,z 轴方向分别与

$\sigma_1,\sigma_2,\sigma_3$ 方向一致，则 $\sigma_x = \sigma_1,\sigma_y = \sigma_2,\sigma_z = \sigma_3,\tau_{xy} = \tau_{yz} = \tau_{zx} = 0$，广义虎克定律变为

$$\left.\begin{aligned}
\varepsilon_1 &= \frac{1}{E}\left[\sigma_1 - \mu(\sigma_2 + \sigma_3)\right] \\
\varepsilon_2 &= \frac{1}{E}\left[\sigma_2 - \mu(\sigma_3 + \sigma_1)\right] \\
\varepsilon_3 &= \frac{1}{E}\left[\sigma_3 - \mu(\sigma_1 + \sigma_2)\right]
\end{aligned}\right\} \tag{7.31}$$

这里，$\varepsilon_1,\varepsilon_2,\varepsilon_3$ 表示沿三个主应力方向的应变，称为主应变，显然他们满足关系 $\varepsilon_1 \geqslant \varepsilon_2 \geqslant \varepsilon_3$。式 (7.31) 为用主应力表示的广义虎克定律。

在图 7.6(a) 所示的平面应力状态下，将 $\sigma_z = \tau_{yz} = \tau_{zx} = 0$ 代入式(7.29)和式(7.30)，得到不为零的应变分量为

$$\left.\begin{aligned}
\varepsilon_x &= \frac{1}{E}\left[\sigma_x - \mu\sigma_y\right] \\
\varepsilon_y &= \frac{1}{E}\left[\sigma_y - \mu\sigma_x\right] \\
\varepsilon_z &= -\frac{\mu}{E}(\sigma_x + \sigma_y) \\
\gamma_{xy} &= \frac{\tau_{xy}}{G}
\end{aligned}\right\} \tag{7.32}$$

用应变来表示应力，则式(7.32)变为

$$\left.\begin{aligned}
\sigma_x &= \frac{E}{1-\mu^2}(\varepsilon_x + \mu\varepsilon_y) \\
\sigma_y &= \frac{E}{1-\mu^2}(\varepsilon_y + \mu\varepsilon_x) \\
\tau_{xy} &= G\gamma_{xy}
\end{aligned}\right\} \tag{7.33}$$

式(7.32)和式(7.33)即为平面应力状态下的虎克定律。

例 7.7　图 7.16(a) 所示槽型刚体，其内放置一正方形钢块。已知钢的弹性模量为 $E = 200\,\text{GPa}$，泊松比为 $\mu = 0.3$，钢块顶面承受合力为 $P = 8\,\text{kN}$ 的均布压力作用。试求钢块的三个主应力。

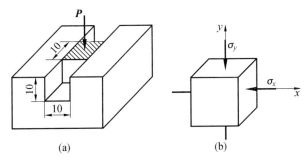

图 7.16

解　在压力 P 作用下，钢块除顶面直接受压外，因其侧面变形受阻，同时引起侧向压应力 σ_x，即钢块处于二向应力状态，如图 7.16(b) 所示，且要满足条件

$$\varepsilon_x = 0$$

钢块顶面的压应力为

$$\sigma_y = -\frac{P}{A} = -\frac{8 \times 10^3}{0.01^2} \text{ Pa} = -80 \text{ MPa}$$

由式(7.32)知

$$\varepsilon_x = \frac{\sigma_x}{E} - \mu \frac{\sigma_y}{E} = 0$$

于是有

$$\sigma_x = \mu \sigma_y = 0.3 \times (-80) \text{ MPa} = -24 \text{ MPa}$$

可见,钢块的三个主应力分别为

$$\sigma_1 = 0, \sigma_2 = -24 \text{ MPa}, \sigma_3 = -80 \text{ MPa}$$

2. 体积应变

如图 7.17 所示的主单元体,设变形前 a, b, c 三个棱边的长度分别为 $\mathrm{d}x, \mathrm{d}y, \mathrm{d}z$,则单元体的体积为

$$V_0 = \mathrm{d}x \, \mathrm{d}y \, \mathrm{d}z$$

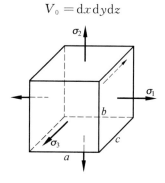

图 7.17

若变形后 a, b, c 三个棱边的线应变分别为 $\varepsilon_1, \varepsilon_2, \varepsilon_3$,则单元体的体积变为

$$V = \mathrm{d}x(1 + \varepsilon_1) \cdot \mathrm{d}y(1 + \varepsilon_2) \cdot \mathrm{d}z(1 + \varepsilon_3)$$

展开上式,且注意到小变形情况下,高阶微量可忽略不计,则有

$$V = V_0(1 + \varepsilon_1 + \varepsilon_2 + \varepsilon_3)$$

故单位体积的改变量为

$$\Theta = \frac{V - V_0}{V_0} = \varepsilon_1 + \varepsilon_2 + \varepsilon_3$$

Θ 称为体积应变。将式(7.31)代入上式化简得

$$\Theta = \frac{1 - 2\mu}{E}(\sigma_1 + \sigma_2 + \sigma_3) \tag{7.34}$$

引入符号

$$K = \frac{E}{3(1 - 2\mu)} \tag{7.35}$$

$$\sigma_m = \frac{1}{3}(\sigma_1 + \sigma_2 + \sigma_3) \tag{7.36}$$

则式(7.34)变为

$$\Theta = \frac{\sigma_m}{K} \tag{7.37}$$

式中, K 称为体积弹性模量, σ_m 称为平均主应力。由式(7.37)可以看出,体积应变 Θ 与平均主应力 σ_m 成正比,此即体积虎克定律。式(7.37)还表明,单位体积的改变量 Θ 只与三个主应力的和有关,而与三个主应力之间的比值无关。所以,单元体上无论是作用三个不相等的主应力,还是代以它们的平均主应力,单位体积的改变量都是相同的。

7.6　三向应力状态的弹性变形比能

1. 弹性变形比能

受外力作用而产生弹性变形的物体内部将积蓄有弹性变形能。每单位体积物体内的弹性变形能称为弹性变形比能。在单向拉伸或压缩时,根据变形能在数值上等于外力所做的功,且弹性变形时应力 σ 与应变 ε 成线性关系,得到弹性变形比能的计算公式为

$$u = \frac{1}{2}\sigma\varepsilon \tag{7.38}$$

下面将在此基础上进一步研究复杂应力状态下物体内的弹性变形比能计算式。

在复杂应力状态下,物体的变形能在数值上仍等于外力所做的功。当其变形微小时,物体内所积蓄的变形能只取决于外力的最终值,而与加力次序无关。为了便于分析,这里假设物体上的外力按同一比例由零增加到最终值,因此,物体内任意单元体各面上的应力也按同一比例从零增至最终值。现研究一三向应力状态单元体,在线弹性情况下,每一主应力与其相应的主应变之间仍然是线性关系,这与单向应力状态下 σ 与 ε 的关系相同。因而与每一个主应力相应的比能可按式(7.38)计算,于是三向应力状态下的比能计算公式为

$$u = \frac{1}{2}\sigma_1\varepsilon_1 + \frac{1}{2}\sigma_2\varepsilon_2 + \frac{1}{2}\sigma_3\varepsilon_3 \tag{7.39}$$

把(7.31)式代入上式,得

$$u = \frac{1}{2E}\left[\sigma_1^2 + \sigma_2^2 + \sigma_3^2 - 2\mu(\sigma_1\sigma_2 + \sigma_2\sigma_3 + \sigma_3\sigma_1)\right] \tag{7.40}$$

2. 体积改变比能和形状改变比能

一般说来,物体变形时,同时包含有体积改变和形状改变。因此,总变形比能应由两部分组成

$$u = u_t + u_x \tag{7.41}$$

其中, u_t 为对应于体积改变的比能,称为体积改变比能; u_x 为对应于形状改变的比能,称为形状改变比能或畸变比能。

考察图 7.18(a) 所示三向应力状态的主单元体。单元体上的三个主应力不相等,分别为 σ_1, σ_2, σ_3 ,相应的主应变为 ε_1, ε_2, ε_3 ,体积应变为 Θ 。

引入平均应力 $\sigma_m = \dfrac{\sigma_1 + \sigma_2 + \sigma_3}{3}$,将单元体上的主应力分解为两部分,即 $(\sigma_m, \sigma_m, \sigma_m)$ 和 $(\sigma_1 - \sigma_m, \sigma_2 - \sigma_m, \sigma_3 - \sigma_m)$ 。于是图 7.18(a) 所示应力状态可以分解为图

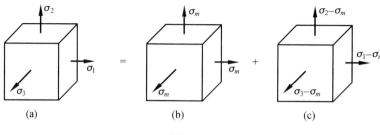

图 7.18

7.18(b)和图 7.18(c)所示应力状态的叠加。图 7.18(b)所示的应力状态为三向等拉应力状态,单元体在这种应力状态下只产生体积改变而无形状改变,且由 7.5 节可知这时的体积应变等于原始单元体的体积应变 Θ。因而这种情况下的比能也就是原始单元体的体积改变比能,所以

$$u_t = \frac{1}{2}\sigma_m \varepsilon_m + \frac{1}{2}\sigma_m \varepsilon_m + \frac{1}{2}\sigma_m \varepsilon_m = \frac{3}{2}\sigma_m \varepsilon_m \tag{7.42}$$

由广义虎克定律

$$\varepsilon_m = \frac{1}{E}\left[\sigma_m - \mu(\sigma_m + \sigma_m)\right] = \frac{(1-2\mu)}{E}\sigma_m$$

代入式(7.42),得

$$u_t = \frac{3(1-2\mu)}{2E}\sigma_m^2 = \frac{3(1-2\mu)}{2E}\left(\frac{\sigma_1 + \sigma_2 + \sigma_3}{3}\right)^2 = \frac{1-2\mu}{6E}(\sigma_1 + \sigma_2 + \sigma_3)^2 \tag{7.43}$$

而在图 7.18(c)所示的应力状态下,单元体没有体积改变,只产生形状改变,因而这种情况下的比能即为形状改变比能。把式(7.43)及式(7.40)代入式(7.41)得

$$u_x = u - u_t = \frac{1}{2E}\left[\sigma_1^2 + \sigma_2^2 + \sigma_3^2 - 2\mu(\sigma_1\sigma_2 + \sigma_2\sigma_3 + \sigma_3\sigma_1)\right] - \frac{1-2\mu}{6E}(\sigma_1 + \sigma_2 + \sigma_3)^2$$

化简后得形状改变比能为

$$u_x = \frac{1+\mu}{6E}\left[(\sigma_1 - \sigma_2)^2 + (\sigma_2 - \sigma_3)^2 + (\sigma_3 - \sigma_1)^2\right] \tag{7.44}$$

例 7.8　图 7.19 所示一纯剪切应力状态下的单元体,材料为各向同性。试证明三个材料常数 E, G, μ 之间存在以下关系:

$$G = \frac{E}{2(1+\mu)} \tag{7.45}$$

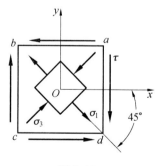

图 7.19

解　设单元体各边长分别为 $\mathrm{d}x, \mathrm{d}y$,厚度为 t,γ 为与剪应力 τ 对应的剪应量,则单元体左右两侧面的剪力均为 $\tau t \mathrm{d}y$。单元体左右两侧面由于剪切发生相对错动,其错动量为 $\gamma \mathrm{d}x$,此时储存的变形能 $\mathrm{d}U$ 在数值上等于剪力 $\tau t \mathrm{d}y$ 在错动量 $\gamma \mathrm{d}x$ 上完成的微功。于是在弹性范围内有

$$\mathrm{d}U = \frac{1}{2}\tau t \mathrm{d}y \cdot \gamma \mathrm{d}x \tag{7.46}$$

用单元体体积 $t\mathrm{d}x\mathrm{d}y$ 去除上式,得单元体的变形比能

$$u_1 = \frac{1}{2}\tau\gamma = \frac{\tau^2}{2G} \tag{7.47}$$

纯剪切应力状态单元体上的主应力分别为

$$\sigma_1 = \tau, \sigma_2 = 0, \sigma_3 = -\tau \tag{7.48}$$

主单元体也表示在图 7.19 中,将式(7.48)代入式(7.40)得

$$u_2 = \frac{1}{2E}(\tau^2 + \tau^2 + 2\mu\tau^2) = \frac{1+\mu}{E}\tau^2 \tag{7.49}$$

由 $u_1 = u_2$ 得

$$\frac{1}{2G}\tau^2 = \frac{1+\mu}{E}\tau^2 \tag{7.50}$$

于是

$$G = \frac{E}{2(1+\mu)}$$

7.7　强　度　理　论

1. 材料的失效形式

由于强度不足而引起的常温、静载下的失效行为包括如下两种形式:

(1) 塑性屈服(塑性流动)。

低碳钢在简单拉伸时,材料处于单向应力状态。当正应力达到屈服极限 σ_s 时出现屈服现象,即应力基本上保持不变而拉伸变形继续增长。在屈服终止时应变有时能达到 2%。另外,低碳钢薄壁圆筒受扭转时,材料处于二向应力(纯剪切)状态,剪应力达到剪切屈服极限 τ_s 时也会出现屈服现象。一旦屈服开始,材料即进入塑性状态。此时,由于变形过大并且变形中大部分是不可恢复的塑性变形,构件已不能正常工作,故把这种情况作为材料失效的一种形式。

(2) 脆性断裂。

铸铁在单向拉伸时沿横截面(最大拉应力作用面)被拉断,铸铁圆轴在扭转时大致沿 45° 方向螺旋线(最大拉应力作用面)破坏。在这些情况下,断裂前材料均无明显的塑性变形。另外像低碳钢这类塑性材料,在三向等值拉应力作用下,也会在没有明显塑性变形情况下发生脆性断裂,这种情况是材料失效的另一种形式。

2. 强度理论概念

单向应力状态下的强度条件是直接根据拉伸实验结果建立起来的。即由拉伸实验确定材料的极限应力,当杆件的应力达到材料的极限应力时,材料将发生屈服或断裂。

在复杂应力状态下,若想知道材料何时发生失效及如何建立材料的失效准则和相应的强度条件,仅仅通过实验是不行的。材料在确定的应力状态下失效时,不仅与主应力 $\sigma_1, \sigma_2, \sigma_3$ 的大小有关,而且还与它们的比值有关,而这种比值可以是各种各样的。如果要通过实验确定失效应力,建立强度条件,则对于每一种主应力比值的应力状态都需要进行实验,这显然是不可能的,并且在实验技术上也是难以实现的。

于是,人们想到在有限实验资料的基础上,对失效原因做一些假说。即认为不管什么

应力状态,只要发生相同形式的失效,其失效原因便是相同的,也即认为引失效的因素是相同的。这样,就可以利用一些简单实验的结果,预测材料在各种不同应力状态下的失效行为,从而建立失效准则。这样的假说称为强度理论。依据强度理论可建立相应的强度条件。

衡量受力和变形程度的量主要有应力、应变和变形能,因此各强度理论认为引起材料失效的因素主要有应力、应变和变形能。

强度理论既然是推测失效原因的假说,它是否正确,适用于何种情况,必须由生产实践来检验。

本章只介绍四种常用的强度理论。当然,强度理论远不止这四种。而且,现有的各种强度理论还不能圆满地解决所有强度问题。这方面仍然有待发展。

3. 四种常用的强度理论

由于材料的破坏形式有脆性断裂和塑性流动两种,两者的破坏机制不同,因此强度理论也分为两类:一类是解释材料脆性断裂的,常用的有最大拉应力理论和最大伸长线应变理论;一类是解释材料塑性屈服破坏的,常用的有最大剪应力理论和形状改变比能理论。下面分别介绍。

(1) 最大拉应力理论(第一强度理论)。

该理论认为:最大拉应力 σ_1 是引起材料脆性断裂的主要因素,即认为无论是单向应力状态还是复杂应力状态,只要最大拉应力 σ_1 达到材料的某种极限值 σ^0,材料就发生断裂。最大拉应力的极限值是材料所固有的,与应力状态无关,因而可由简单实验来确定。单向拉伸实验是最简单、最基本的实验,所以通常以轴向拉伸实验来测定这类材料极限值。材料在轴向拉伸情况下,当最大拉应力 σ_1 达到材料的强度极限 σ_b 时,发生断裂。所以,按照第一强度理论,材料的断裂准则为

$$\sigma_1 = \sigma_b \tag{7.51}$$

式中,$\sigma_1 > 0$。将 σ_b 除以安全系数得到许用应力 $[\sigma]$,于是按第一强度理论建立的强度条件为

$$\sigma_1 \leqslant [\sigma] \tag{7.52}$$

实验表明,脆性材料在单向、二向或三向受拉时,最大拉应力理论与实验结果十分接近。对于存在压应力的情况,只要最大压应力值不超过最大拉应力值或超过不多,该理论也是适用的。这一理论没有考虑其他两个主应力的影响,且对没有拉应力的状态无法应用。

(2) 最大伸长线应变理论(第二强度理论)。

该理论认为:最大伸长线应变 ε_1 是引起材料脆性断裂的主要因素,即认为无论是单向应力状态还是复杂应力状态,只要最大伸长线应变 ε_1 达到材料的某种极限值 ε^0,材料就发生断裂。最大伸长线应变的极限值为材料所固有,与应力状态无关,仍用单向拉伸实验来确定。材料在轴向拉伸情况下,假定直到发生断裂时,材料的极限线应变 ε^0 仍可用虎克定律计算,则有

$$\varepsilon^0 = \frac{\sigma_b}{E} \tag{7.53}$$

由广义虎克定律,任意应力状态下构件最大伸长线应变为

$$\varepsilon_1 = \frac{1}{E}[\sigma_1 - \mu(\sigma_2 + \sigma_3)]$$

于是,按照第二强度理论,材料的断裂准则为

$$\sigma_1 - \mu(\sigma_2 + \sigma_3) = \sigma_b \tag{7.54}$$

将 σ_b 除以安全系数得到许用应力$[\sigma]$,于是按第二强度理论建立的强度条件为

$$\sigma_1 - \mu(\sigma_2 + \sigma_3) \leqslant [\sigma] \tag{7.55}$$

一般来说,当脆性材料主要受压应力作用时,这一理论与实验结果基本符合。石料或混凝土等脆性材料受轴向压缩时,若在实验机和试件的接触面上添加润滑剂,以减小摩擦力的影响,试件将沿垂直于压力的方向发生断裂破坏,而这个方向也就是最大伸长线应变的方向。但在单向压缩时,最大伸长线应变方向上的应力值为零,截面不受力的作用而材料又沿此截面发生断裂,似乎不合乎力学常理。因而,脆性断裂破坏一般采用第一强度理论进行解释,第二强度理论只适合于不存在拉应力(第一强度理论不能用)时,对产生脆性断裂破坏的工程问题作形式上的解释或补充。

(3) 最大剪应力理论(第三强度理论)。

该理论认为:最大剪应力 τ_{max} 是引起材料塑性屈服破坏的主要因素,即认为不论是单向应力状态还是复杂应力状态,只要最大剪应力 τ_{max} 达到材料的某种极限值 τ^0,材料就发生塑性屈服破坏。极限剪应力是材料所固有的,与应力状态无关,仍可用单向拉伸实验来确定。在轴向拉伸情况下,当横截面上的拉应力达到材料的屈服应力 σ_s 时,与轴线成 $45°$ 角的斜截面上产生最大剪应力,即极限剪应力为

$$\tau^0 = \frac{\sigma_s}{2} \tag{7.56}$$

在复杂应力状态下,由式(7.23)有

$$\tau_{max} = \frac{\sigma_1 - \sigma_3}{2}$$

于是第三强度理论对应的塑性屈服准则为

$$\sigma_1 - \sigma_3 = \sigma_s \tag{7.57}$$

式(7.57)又称为屈雷斯加(Tresca)屈服准则。将 σ_s 除以安全系数得到许用应力$[\sigma]$,于是按第三强度理论建立的强度条件为

$$\sigma_1 - \sigma_3 \leqslant [\sigma] \tag{7.58}$$

这一理论能较好地解释塑性材料出现塑性屈服的现象。例如低碳钢拉伸时,在与轴线成 $45°$ 角的斜截面上出现滑移线,而最大剪应力也发生在这个截面上。实验表明,对于塑性材料,最大剪应力理论与实验结果比较吻合,且是偏于安全的。最大剪应力理论的不足之处是没有考虑到中间主应力 σ_2 的影响(或者说,没有考虑到其他主剪应力的影响),并且只适用于拉伸屈服极限和压缩屈服极限相同的材料。

(4) 形状改变比能理论(第四强度理论)。

该理论认为:形状改变比能是引起屈服破坏的主要因素,即认为不论是单向应力状态还是复杂应力状态,只要形状改变比能 u_x 达到材料的某种极限值 u_x^0,材料就发生塑性屈服破坏。极限形状改变比能是材料所固有的,与应力状态无关,由单向拉伸实验确定。形

状改变比能由式(7.44)给出

$$u_x = \frac{1+\mu}{6E} \left[(\sigma_1 - \sigma_2)^2 + (\sigma_2 - \sigma_3)^2 + (\sigma_3 - \sigma_1)^2 \right]$$

在轴向拉伸情况下,当横截面上的拉应力达到材料的屈服应力 σ_s 时,有 $\sigma_1 = \sigma_s$,$\sigma_2 = \sigma_3 = 0$,于是对应的极限形状改变比能为

$$u_x^0 = \frac{1+\mu}{6E} (2\sigma_s^2)$$

于是第四强度理论对应的塑性屈服准则为

$$\sqrt{\frac{1}{2} \left[(\sigma_1 - \sigma_2)^2 + (\sigma_2 - \sigma_3)^2 + (\sigma_3 - \sigma_1)^2 \right]} = \sigma_s \tag{7.59}$$

式(7.59)又称为米塞斯(Mises)屈服准则。将 σ_s 除以安全系数得到许用应力 $[\sigma]$,于是按第四强度理论建立的强度条件为

$$\sqrt{\frac{1}{2} \left[(\sigma_1 - \sigma_2)^2 + (\sigma_2 - \sigma_3)^2 + (\sigma_3 - \sigma_1)^2 \right]} \leqslant [\sigma] \tag{7.60}$$

这一理论与在很高的静水压力作用下,塑性材料仍不发生破坏的实验结果是吻合的。它与第三强度理论相比,较全面地考虑了各个主应力对屈服强度的影响。

采用第三和第四强度理论预测单向拉、压应力状态的屈服应力是相同的(这与各强度理论都由拉伸实验来标定有关),预测纯剪切应力状态的屈服应力结果偏差最大,大约为 15%。从强度理论的精度看,这一偏差不能说很大。两个理论适用范围也是一致的,都可解释通常的屈服破坏现象。实验表明,多数情况下第四强度理论比第三强度理论更接近实测结果,而第三强度理论比第四强度理论更安全。

四个强度理论的强度条件可以写成如下的统一形式

$$\sigma_{xdi} \leqslant [\sigma] \tag{7.61}$$

式中,σ_{xdi} 称为相当应力。四个强度理论对应的相当应力分别为

第一强度理论:

$$\sigma_{xd1} = \sigma_1 \tag{7.62}$$

第二强度理论:

$$\sigma_{xd2} = \sigma_1 - \mu(\sigma_2 + \sigma_3) \tag{7.63}$$

第三强度理论:

$$\sigma_{xd3} = \sigma_1 - \sigma_3 \tag{7.64}$$

第四强度理论:

$$\sigma_{xd4} = \sqrt{\frac{1}{2} \left[(\sigma_1 - \sigma_2)^2 + (\sigma_2 - \sigma_3)^2 + (\sigma_3 - \sigma_1)^2 \right]} \tag{7.65}$$

综上所述,当根据强度理论建立复杂应力状态下构件的强度条件时,形式上是将三个主应力的某一综合值与材料单向拉伸的许用应力进行比较,即将复杂应力状态的强度问题表示为单向应力状态的强度问题。相当应力 σ_{xdi} 即是在材料破坏或失效方面与复杂应力状态等效的单向拉伸应力状态的应力。

例7.9　图7.4所示薄臂圆筒形容器,已知其最大内部压强为 p,圆筒内径为 D,厚度为 $t(t \ll D)$,材料的许用应力为 $[\sigma]$,试按照第四强度理论建立容器的强度条件。

解　由 7.1 节计算可知,筒壁内的三个主应力分别为

$$\sigma_1 = \sigma'' = \frac{pD}{2t}, \sigma_2 = \sigma' = \frac{pD}{4t}, \sigma_3 = 0 \tag{7.66}$$

代入式(7.65),得

$$\sigma_{xd4} = \sqrt{\frac{1}{2}\left[(\sigma_1-\sigma_2)^2+(\sigma_2-\sigma_3)^2+(\sigma_3-\sigma_1)^2\right]} = \sqrt{3}\,\frac{pD}{4t}$$

从而相应的强度条件为

$$\sqrt{3}\,\frac{pD}{4t} \leqslant [\sigma]$$

若该薄壁圆筒形容器的 $p = 1.5$ MPa,$D = 1$ m,$t = 10 \times 10^{-3}$ m,$[\sigma] = 100$ MPa,则

$$\sqrt{3}\,\frac{pD}{4t} = \sqrt{3} \times \frac{1.5 \times 1}{4 \times 10 \times 10^{-3}}\ \text{MPa} = 64.9\ \text{MPa} \leqslant [\sigma]$$

可见此时容器满足强度条件。

例 7.10　试按第三和第四强度理论建立纯剪切应力状态的强度条件,并寻求塑性材料许用剪应力 $[\tau]$ 与许用拉应力 $[\sigma]$ 之间的关系。

解　根据例 7.8 的讨论,纯剪切应力状态是拉压二向应力状态,且

$$\sigma_1 = \tau, \ \sigma_2 = 0, \ \sigma_3 = -\tau$$

按第三强度理论,纯剪切应力状态的强度条件为

$$\sigma_1 - \sigma_3 = \tau - (-\tau) = 2\tau \leqslant [\sigma]$$

$$\tau \leqslant \frac{[\sigma]}{2} \tag{7.67}$$

又已知剪切强度条件为

$$\tau \leqslant [\tau] \tag{7.68}$$

将式(7.67)与式(7.68)比较,得

$$[\tau] = \frac{[\sigma]}{2} = 0.5[\sigma] \tag{7.69}$$

式(7.69)是按第三强度理论求得的 $[\tau]$ 与 $[\sigma]$ 之间的关系。

按第四强度理论,则纯剪切应力状态的强度条件为

$$\sqrt{\frac{1}{2}\left[(\sigma_1-\sigma_2)^2+(\sigma_2-\sigma_3)^2+(\sigma_3-\sigma_1)^2\right]} =$$

$$\sqrt{\frac{1}{2}\left[(\tau-0)^2+(0+\tau)^2+(-\tau-\tau)^2\right]} = \sqrt{3}\,\tau \leqslant [\sigma]$$

$$\tau \leqslant \frac{[\sigma]}{\sqrt{3}} \tag{7.70}$$

将式(7.70)与式(7.68)比较,则有

$$[\tau] = \frac{[\sigma]}{\sqrt{3}} \approx 0.577[\sigma] \tag{7.71}$$

式(7.71)是按第四强度理论得到的 $[\tau]$ 与 $[\sigma]$ 的关系,它与实验结果比较接近。

例 7.11　受三个集中力作用的简支梁如图 7.20 所示。已知 $P = 32$ kN。$a = 1$ m,材料的许用拉应力 $[\sigma] = 160$ MPa,许用剪应力 $[\tau] = 100$ MPa。若该梁由工字钢制成,试选

择工字钢的型号。

解　(1) 由弯曲正应力强度选择工字钢型号。

作如图 7.20(a) 所示的梁的剪力图和弯矩图。显然 E 截面有最大弯曲正应力,于是

$$\sigma_{\max} = \frac{M_{\max}}{W_z} = \frac{48 \times 10^3}{W_z} \leqslant 160 \times 10^6$$

$$W_z \geqslant 3 \times 10^{-4} \text{ m}^3 = 300 \text{ cm}^3$$

由型钢表选得工字钢型号为 22a,其 $W_z = 309$ cm³,$I_z = 3\,400$ cm⁴,$\dfrac{I_z}{S_{\max}} = 18.9$ cm,其他尺寸如图 7.20(b) 所示。

(2) 校核梁的剪应力强度。

梁上最大剪应力发生在 AC 段或 DB 段,最大剪应力为

$$\tau_{\max} = \frac{Q_{\max}}{b \dfrac{I_z}{S_{\max}}} = \frac{40 \times 10^3}{7.5 \times 18.9 \times 10^{-5}} \text{ Pa} = 28.2 \text{ MPa} < [\tau]$$

(3) 用强度理论校核梁的其他危险点强度。

梁 E 截面稍左及 C 截面稍右的截面上翼缘与腹板交界处的 F 点,其应力状态如图 7.20(c) 所示。此处的正应力和剪应力都比较大,所以也应校核其强度。

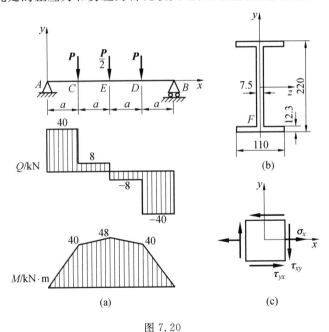

图 7.20

对于 E 截面稍左截面上的 F 点

$$\sigma_x = \frac{M_E y_F}{I_z} = \frac{48 \times 10^3 \times (110 - 12.3) \times 10^{-3}}{3\,400 \times 10^{-8}} \text{ Pa} = 138 \text{ MPa}$$

$$\tau_{xy} = \frac{Q_E S_z^*}{I_z b} = \frac{8 \times 10^3 \times (110 \times 12.3 \times 103.9) \times 10^{-9}}{3\,400 \times 10^{-8} \times 7.5 \times 10^{-3}} \text{ Pa} = 4.4 \text{ MPa}$$

由式(7.13),并注意 $\sigma_y = 0$,得主应力为

$$\sigma_1 = \frac{\sigma_x}{2} + \sqrt{\left(\frac{\sigma_x}{2}\right)^2 + \tau_{xy}^2}$$

$$\sigma_3 = \frac{\sigma_x}{2} - \sqrt{\left(\frac{\sigma_x}{2}\right)^2 + \tau_{xy}^2}$$

按照第三强度理论校核此点强度

$$\sigma_{xd3} = \sigma_1 - \sigma_3 = \sqrt{\sigma_x^2 + 4\tau_{xy}^2} = \sqrt{138^2 + 4 \times 4.4^2} = 138.3 \text{ MPa} < [\sigma]$$

按照第四强度理论校核此点强度

$$\sigma_{xd4} = \sqrt{\frac{1}{2}\left[(\sigma_1 - \sigma_2)^2 + (\sigma_2 - \sigma_3)^2 + (\sigma_3 - \sigma_1)^2\right]}$$

$$= \sqrt{\sigma_x^2 + 3\tau_{xy}^2} = \sqrt{138^2 + 3 \times 4.4^2} = 138.2 \text{ MPa} < [\sigma]$$

同理,对 C 截面稍左截面上的 F 点进行强度校核,由于

$$\sigma_x = \frac{138}{48} \times 40 = 115 \text{ MPa}$$

$$\tau_{xy} = \frac{4.4}{8} \times 40 = 22 \text{ MPa}$$

分别按第三、第四强度理论校核此点强度

$$\sigma_{xd3} = \sqrt{\sigma_x^2 + 4\tau_{xy}^2} = \sqrt{115^2 + 4 \times 22^2} = 123 \text{ MPa} < [\sigma]$$

$$\sigma_{xd4} = \sqrt{\sigma_x^2 + 3\tau_{xy}^2} = \sqrt{115^2 + 3 \times 22^2} = 121 \text{ MPa} < [\sigma]$$

梁的强度满足。

习　　题

7－1　构件受力如图所示,试确定危险点的位置,并用单元体表示危险点的应力状态。

答案:略

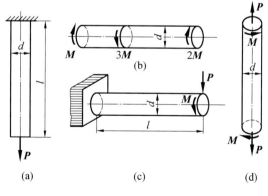

题 7－1 图

7－2　已知二向应力状态如图所示(应力单位为 MPa),试用解析法计算:(1) 应力主方向及主应力值;(2) 最大剪应力。

答案:(a) $\sigma_1 = 57$ MPa,$\sigma_3 = -7$ MPa;$\alpha_0 = 19°20'$, $\tau_{max} = 32$ MPa;

(b)$\sigma_1 = 25$ MPa, $\sigma_3 = -25$ MPa; $\alpha_0 = -45°$, $\tau_{max} = 25$ MPa;

(c)$\sigma_1 = 11.2$ MPa, $\sigma_3 = -71.2$ MPa; $\alpha_0 = -37°59'$, $\tau_{max} = 41.2$ MPa;

(d)$\sigma_1 = 4.7$ MPa, $\sigma_3 = -84.7$ MPa; $\alpha_0 = -13°17'$, $\tau_{max} = 44.7$ MPa

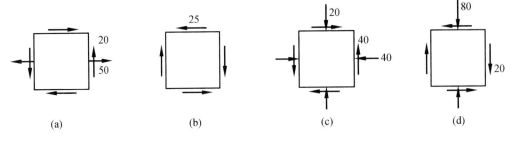

(a) 　　　　　(b) 　　　　　(c) 　　　　　(d)

题 7-2 图

7-3　已知二向应力状态如图所示(应力单位为 MPa),试用解析法计算指定斜截面上的应力。

答案:(a) $\sigma_\alpha = -27.3$ MPa, $\tau_\alpha = -27.3$ MPa;(b) $\sigma_\alpha = 52.3$ MPa, $\tau_\alpha = -18.7$ MPa

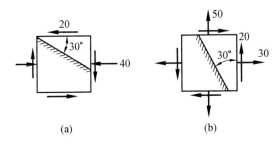

(a) 　　　　　　　　　(b)

题 7-3 图

7-4　试用图解法解题 7-2。

答案:略

7-5　试用图解法解题 7-3。

答案:略

7-6　层合板构件中单元体受力如图所示。各层板之间用胶黏结,接缝方向角如图中所示。若已知胶层的许用应力$[\tau] = 2$ MPa,试校核此单元体的安全性。

答案:$\tau_{30°} = 1.55$ MPa $< [\tau]$

7-7　矩形截面梁某截面上的弯矩和剪力分别为$M = 10$ kN·m,$Q = 120$ kN。试绘制截面上 1,2,3,4 各点应力状态的单元体,并求其主应力。

答案:1 点:$\sigma_1 = \sigma_2 = 0$,$\sigma_3 = -120$ MPa;

2 点:$\sigma_1 = 36$ MPa,$\sigma_2 = 0$,$\sigma_3 = -36$ MPa;

3 点:$\sigma_1 = 70.3$ MPa,$\sigma_2 = 0$,$\sigma_3 = -10.3$ MPa;

4 点:$\sigma_1 = 120$ MPa,$\sigma_2 = \sigma_3 = 0$

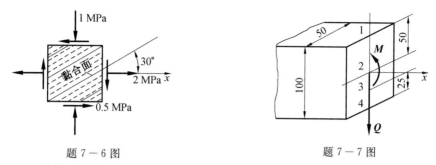

题 7－6 图　　　　　　　　　　　题 7－7 图

7－8　结构中某点处的应力状态为两种简单应力状态的叠加。试求该点的主应力、面内最大剪应力及该点处的最大剪应力。

答案：(a) $\sigma_1 = \sigma_0(1+\cos\theta)$，$\sigma_2 = 0$，$\sigma_3 = \sigma_0(1-\cos\theta)$，$\tau'_{\max} = \tau_{\max} = \sigma_0\cos\theta$；

(b) $\sigma_1 = 10$ MPa，$\sigma_2 = \sigma_3 = 0$，$\tau'_{\max} = \tau_{\max} = 50$ MPa

(a)　　　　　　　　　　　　　　(b)

题 7－8 图

7－9　图示单元体，若要求面内最大剪应力小于或等于 85 MPa，试确定 τ_{xy} 的取值范围。

答案：$\tau_{xy} \leqslant 40$ MPa

7－10　薄壁圆筒扭转－拉伸实验的示意图如图所示。若 $P = 20$ kN，$M_n = 600$ N·m，且 $d = 5$ cm，$\delta = 2$ mm。试求：(1) A 点在指定斜截面上的应力；(2) A 点主应力及主平面方位(用单元体表示)。

答案：(1) $\sigma_a = -45.8$ MPa，$\tau_a = 8.79$ MPa；

(2) $\sigma_1 = 108$ MPa，$\sigma_3 = -42.3$ MPa，$\alpha_0 = 33°17'$

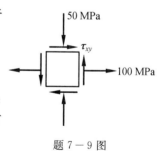

题 7－9 图

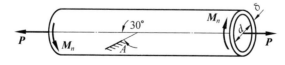

题 7－10 图

7－11　图示简支梁由 36a 工字钢制成，$P = 140$ kN，$l = 4$ m。A 点所在截面在集中力 P 的左侧，且无限接近 P 力作用的截面。试求：(1) A 点在指定斜截面上的应力；(2) A 点的主应力及主平面位置(用单元体表示)。

答案：(1) $\sigma_a = 2.08$ MPa，$\tau_a = 24.3$ MPa；

(2) $\sigma_1 = 84.7$ MPa，$\sigma_2 = 0$，$\sigma_3 = -5$ MPa，$\alpha_0 = -13°36'$

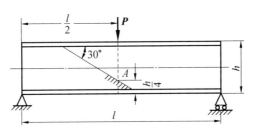

题 7－11 图

7－12　已知二向应力状态如图所示(应力单位为 MPa),试求主应力并作应力圆。

答案:$\sigma_1 = 80$ MPa,$\sigma_2 = 40$ MPa,$\sigma_3 = 0$

7－13　在通过一点的两个平面上,应力情况如图所示(应力单位为 MPa)。试求主应力及主平面的方位(用单元体表示)。

答案:$\sigma_1 = 120$ MPa,$\sigma_2 = 20$ MPa,$\sigma_3 = 0$;$\alpha_0 = 45°$

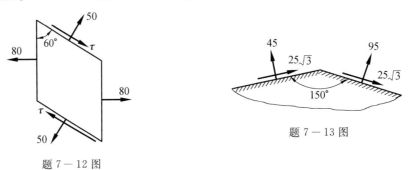

题 7－13 图

题 7－12 图

7－14　内径 $D = 1$ m,壁厚 $t = 30$ mm 的两端封闭薄壁圆筒,受到 2.1 MPa 的内压作用。试计算筒中任一点的主应力。若最大主应力限制在 80 MPa,则在筒的两端可加多大的扭矩。

答案:2.5 MN·m

7－15　已知三向应力状态如图所示(应力单位为 MPa),试求主应力及最大剪应力。

答案:(a) $\sigma_1 = 50$ MPa,$\sigma_2 = 50$ MPa,$\sigma_3 = -50$ MPa;$\tau_{max} = 50$ MPa;

(b)$\sigma_1 = 52.2$ MPa,$\sigma_2 = 50$ MPa,$\sigma_3 = -42.2$ MPa;$\tau_{max} = 47.2$ MPa;

(c)$\sigma_1 = 130$ MPa,$\sigma_2 = 30$ MPa,$\sigma_3 = -30$ MPa;$\tau_{max} = 80$ MPa

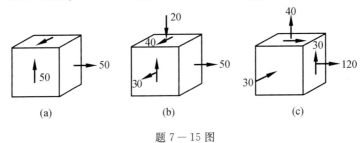

题 7－15 图

7－16　二向应力状态如图所示,已知 E,μ,且由实验测得 ε_x 和 ε_y。试证明 $\sigma_x = E$

$$\frac{\varepsilon_x + \mu\varepsilon_y}{1-\mu^2}, \sigma_y = E\frac{\varepsilon_y + \mu\varepsilon_x}{1-\mu^2}, \varepsilon_z = -\frac{\mu}{1-\mu}(\varepsilon_x + \varepsilon_y)。$$

证明：略

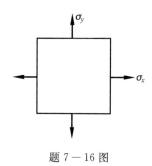

题 7－16 图

7－17　试求题7－15中各应力状态下，单位体积的体积改变 Θ、比能 u 和形状改变比能 u_x。设 $E=200\ \text{GPa}, \mu=0.3$。

答案：(a) $H=0.1\times10^{-3}, u=22.5\times10^3\,\text{J/m}^3, u_x=21.7\times10^3\,\text{J/m}^3$；

(b) $H=0.12\times10^{-3}, u=20.1\times10^3\,\text{J/m}^3, u_x=18.9\times10^3\,\text{J/m}^3$；

(c) $H=0.26\times10^{-3}, u=48.1\times10^3\,\text{J/m}^3, u_x=42.5\times10^3\,\text{J/m}^3$

7－18　内径 $D=60\ \text{mm}$，壁厚 $t=1.5\ \text{mm}$ 的两端封闭薄壁圆筒，用来做内压力和扭转的联合实验。要求内压力引起的最大正应力值等于外扭矩所引起的横截面剪应力值的两倍。当内压力 $p=10\ \text{MPa}$ 时筒壁的材料出现屈服现象，求此时筒壁中的最大剪应力及形状改变比能的值。已知材料的 $E=210\ \text{GPa}, \mu=0.3$。

答案：$\tau_{\max}=131\ \text{MPa}, u_x=124\ \text{kNm/m}^3$

7－19　长输水管内径为 $0.75\ \text{m}$，受内压 $2.0\ \text{MPa}$ 作用，材料的 $\mu=0.3$，许用应力 $[\sigma]=50\ \text{MPa}$。试用第四强度理论计算壁厚。（提示：可设管的轴向应变为零）

答案：1.33 cm

7－20　炮筒横截面如图所示。在危险点处，$\sigma_t=550\ \text{MPa}, \sigma_r=-350\ \text{MPa}$，第三个主应力垂直于横截面，是拉应力，且其大小为 $420\ \text{MPa}$。试按第三强度理论和第四强度理论分别计算危险点的相当应力。

答案：$\sigma_{xd3}=900\ \text{MPa}, \sigma_{xd4}=842\ \text{MPa}$

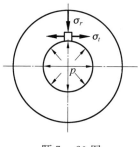

题 7－20 图

7－21　直径 $D=800\ \text{mm}$，壁厚 $t=4\ \text{mm}$ 的薄壁圆柱形容器，受内压力 p 和外部轴向载荷 P 作用。已知材料的许用应力为 $[\sigma]=120\ \text{MPa}, P=200\ \text{kN}$。试用强度理论确定容

器可能承受的内压力 p。

答案:第三强度理论 $p=1.2$ MPa;第四强度理论 $p=1.37$ MPa

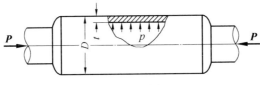

题 7－21 图

7－22　一圆筒形容器受内压力作用,其上的任意一点 A 处应力状态如图所示。当容器承受最大内压力时,用应变计测得 $\varepsilon_x=1.88\times10^{-4}$,$\varepsilon_y=7.37\times10^{-4}$。已知材料的 $E=210$ GPa,$\mu=0.3$,许用应力 $[\sigma]=170$ MPa。试用第三强度理论对 A 点进行强度校核。

答案:$\sigma_{xd3}=183$ MPa

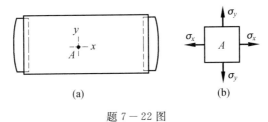

(a)　　　　　　　　(b)

题 7－22 图

7－23　图示简支梁由 25b 工字钢制成。已知 $P=200$ kN,$q=10$ kN/m,$a=0.2$ m,$l=2$ m。 材料的许用剪应力为 $[\tau]=100$ MPa,许用正应力为 $[\sigma]=160$ MPa。试用第三强度理论对梁进行强度校核。

答案:支座附近截面:$\tau_{max}=98$ MPa,中间截面:$\sigma_{max}=106$ MPa,集中力 P 作用截面的翼缘和腹板交界处:$\sigma_{xd4}=152$ MPa

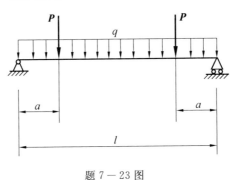

题 7－23 图

第8章 组合变形

8.1 概　　述

　　轴向拉压、剪切、扭转和弯曲是杆件的四种基本变形形式。但工程结构与机械设备中的许多构件,在载荷作用下所发生的变形往往包括两种以上的基本变形。当各种变形所对应的应力(或变形)属于同一数量级时,构件的变形就称为组合变形。例如压力机的框架(图8.1),在外力 P 作用下,框架的立柱同时存在着拉伸和弯曲两种基本变形;齿轮传动轴(图8.2)同时存在着扭转和弯曲变形;船舶推进轴(图8.3)则同时承受压缩、弯曲和扭转变形。

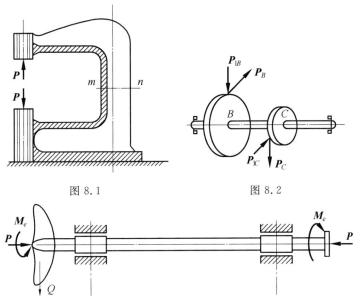

图 8.1　　　　　　　　　　　图 8.2

图 8.3

　　工程中常见的组合变形归纳起来就是如下的三种变形:
　　(1) 两个平面弯曲的组合(斜弯曲)。
　　(2) 拉伸(或压缩)与弯曲的组合,以及偏心拉伸(或压缩)。
　　(3) 扭转与弯曲或扭转与拉伸(或压缩)的组合。
　　分析组合变形问题时,可先将外力进行分解或简化,把构件上的外力转化成几组静力等效的载荷,每一组载荷对应着一种基本变形。对于小变形与线弹性情况,可用叠加原理,分别计算每种变形下截面上某点的应力,然后叠加起来,即为组合变形时该点的应力。

一般情况下,杆件横截面上的内力分量有六个:N_x,Q_y,Q_z,M_x,M_y,M_z。六个内力分量同时存在的情况在工程上很少见,一般只是其中几个分量的组合。另外,同弯曲正应力比较,与剪力 Q_y,Q_z 对应的剪应力通常是次要的,所以在组合变形的强度计算中,通常不考虑剪力 Q_y,Q_z。

组合变形时强度计算的大致步骤为:

(1) 将外力简化或分解成几个简单受力形式;

(2) 绘制各基本变形的内力图,判断可能的危险截面的位置,并确定危险截面上的应力分布;

(3) 根据危险截面上的应力分布,判断危险点的位置,利用叠加原理确定危险点的应力状态;

(4) 根据危险点的应力状态,建立相应的强度条件,进行强度计算。

本章主要讨论斜弯曲、拉伸(压缩)与弯曲和扭转与弯曲这三种工程常见的组合变形的强度计算问题。

8.2　斜　弯　曲

以前讨论的弯曲问题都是指平面弯曲。产生平面弯曲的条件是:弯曲外力(横向力或平面内力偶)作用面过“弯曲中心”,且与形心主惯性平面平行。平面弯曲时,梁的弯曲平面(挠曲线所在平面)与外力作用面相重合。在工程实际中,作用于梁上的弯曲外力有时并不符合上述条件。例如,屋架上的矩形截面檩条(图 8.4),垂直向下的载荷 P 虽经过形心,但与两个形心主惯性轴(主轴)y,z 轴都不重合。变形后,檩条的挠曲线将不再在外力作用面内,这种弯曲就不是之前所学习的平面弯曲。载荷通过弯曲中心但作用面不与任一形心主惯性平面平行时,产生的弯曲成为斜弯曲,也称为双向弯曲。将外力 P 沿主轴 y,z 方向分解为 P_y 和 P_z,则 P_y,P_z 将分别使檩条在互相垂直的两个平面内产生平面弯曲。

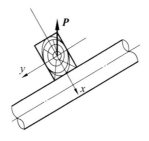

图 8.4

现以图 8.5(a) 所示矩形截面悬臂梁为例,说明斜弯曲时应力和变形的计算方法。

1. 斜弯曲时的内力与应力

如图 8.5(a),在梁的自由端截面形心处作用一横向集中力 P,其作用线与 z 轴夹角为 φ。将力 P 沿主轴 y,z 分解得

$$P_y = P\sin\varphi \ , P_z = P\cos\varphi \qquad (8.1)$$

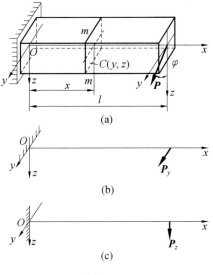

图 8.5

梁在 $\boldsymbol{P}_y, \boldsymbol{P}_z$ 作用下将分别以 z 轴和 y 轴为中性轴发生平面弯曲,如图 8.5(b)(c)。则距固定端为 x 的 $m-m$ 截面上,绕 z 和 y 轴的弯矩分别为

$$M_z = P_y(l-x) = P(l-x)\sin\varphi = M\sin\varphi$$
$$M_y = P_z(l-x) = P(l-x)\cos\varphi = M\cos\varphi \tag{8.2}$$

式中,$M = P(l-x)$ 是力 $\boldsymbol{P}$ 对 $m-m$ 截面的总弯矩。在 $m-m$ 截面上,如前所述,不考虑剪力 $\boldsymbol{Q}_y, \boldsymbol{Q}_z$ 所引起的剪应力。

由弯矩 M_y 和 M_z 所产生的 $m-m$ 截面的正应力分布分别如图 8.6(a)(b)所示。因为两个平面弯曲均引起线性的应力分布,叠加以后的应力仍为线性分布,如图 8.6(c)。对于像矩形一类具有棱角的截面,危险点的位置易于确定。由图 8.6(c)可见,截面上的两顶点 D_1 和 D_2 即为危险点,叠加后点 D_1 和 D_2 的正应力分别为最大拉应力和最大压应力。它们的数值相等,可按下式计算

$$\sigma_{\max} = \frac{M_{z\max}}{W_z} + \frac{M_{y\max}}{W_y}$$

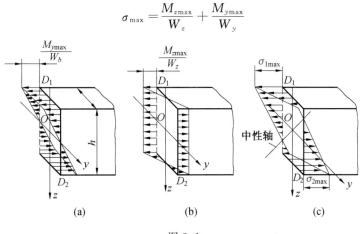

图 8.6

为了计算截面上中性轴的位置,讨论 $m-m$ 截面上任意一点 $C(y,z)$ 的正应力。由 M_z 引起的该点弯曲正应力为

$$\sigma' = \frac{M_z y}{I_z} = \frac{M\sin\varphi}{I_z}y$$

由 M_y 引起的该点弯曲正应力为

$$\sigma'' = \frac{M_y z}{I_y} = \frac{M\cos\varphi}{I_z}z$$

于是由叠加原理有

$$\sigma = \sigma' + \sigma'' = M\left(\frac{\sin\varphi}{I_z}y + \frac{\cos\varphi}{I_y}z\right) \tag{8.3}$$

σ' 和 σ'' 是拉应力还是压应力,可以根据具体问题中杆件的变形情况来确定。

如果把中性轴上点的坐标记为 (y_0, z_0),由于截面中性轴上点的正应力为零,故利用式(8.3)可得到中性轴的方程为

$$\frac{y_0\sin\varphi}{I_z} + \frac{z_0\cos\varphi}{I_y} = 0 \tag{8.4}$$

可见,中性轴是一条通过截面形心的直线,其与 z 轴的夹角 θ 可由下式确定

$$\tan\theta = \frac{y_0}{z_0} = -\frac{I_z}{I_y}\cot\varphi \tag{8.5}$$

由上式知,当 $I_y \neq I_z$ 时,$\theta + \varphi \neq 90°$,即外力作用方向与中性轴不垂直。

截面上距离中性轴最远的点的正应力最大,是危险点。对于图 8.6(c) 所示矩形截面,D_1, D_2 点离中性轴最远,为危险点。对于没有棱角的截面,在确定了截面中性轴的位置后,在截面周边上作两条平行于中性轴的切线,切点离中性轴最远,是危险点。

由上述分析可知,斜弯曲梁上的危险点处于单向应力状态。若危险点的坐标分别为 (y_1, z_1) 和 (y_2, z_2),且设材料的抗拉和抗压强度相等,则斜弯曲的强度条件可表示为

$$|\sigma_{\max}| = \left| M\left(\frac{\sin\varphi}{I_z}y_{1,2} + \frac{\cos\varphi}{I_y}z_{1,2}\right)\right| \leqslant [\sigma] \tag{8.6}$$

对于像矩形一类截面,强度条件则可简单表示为

$$\sigma_{\max} = \frac{M_{z\max}}{W_z} + \frac{M_{y\max}}{W_y} \leqslant [\sigma] \tag{8.7}$$

利用上述强度条件,同样可以对三类常见工程问题进行强度计算。但要注意,如材料的抗拉、抗压强度不同,应分别对最大拉应力和最大压应力进行强度校核;在进行截面选择时,由于强度条件中的 W_y, W_z(或 I_y, I_z 和 y_1, z_1)等均未知,不能利用强度条件同时确定 W_y, W_z 两个值,这时应根据经验先设定一个 W_z/W_y 的值,再试算求解。

2. 斜弯曲时的挠度

斜弯曲时梁的挠度同样可以用叠加原理计算。例如求图 8.5(a) 所示悬臂梁自由端的挠度,先将作用在梁自由端上的力 **P** 分解为两个分力 **P_y** 和 **P_z**,然后按平面弯曲的公式分别计算 **P_y** 引起的挠度 f_y 和 **P_z** 引起的挠度 f_z,再按矢量合成求出总挠度 f 的大小和方向。

在平面弯曲时有

$$f_y = \frac{P_y l^3}{3EI_z}, f_z = \frac{P_z l^3}{3EI_y}$$

于是,梁自由端的总挠度为

$$f = \sqrt{f_y^2 + f_z^2} \tag{8.8}$$

设总挠度与 z 轴的夹角为 ψ,则

$$\tan \psi = \frac{f_y}{f_z} = \frac{I_y}{I_z} \tan \varphi \tag{8.9}$$

对于矩形截面,$I_y \neq I_z$,因此由式(8.9)知 $\psi \neq \varphi$,即斜弯曲时,总挠度 f 的方向与外力 $\boldsymbol{P}$ 的方向不一致。考虑式(8.5)和式(8.9),知 $\psi + \theta = 90°$,即总挠度 f 的方向始终垂直于中性轴。因此,对于斜弯曲,外力作用方向与中性轴不垂直,这是斜弯曲与平面弯曲的主要区别。只是当 $I_y = I_z$(例如圆形、正方形或其他正多边形截面)时,$\psi = \varphi$,这时 f 的方向才与 $\boldsymbol{P}$ 的方向一致,形成平面弯曲。换句话说,对于 $I_y = I_z$ 这种类型的截面梁来说,横向力只要作用在过截面形心的任何一个纵向平面内,总是发生平面弯曲,而不发生斜弯曲。

例 8.1　桥式起重机大梁由 32a 工字钢制成,如图 8.7 所示。材料为 A3 钢,许用应力 $[\sigma] = 160 \, \text{MN/m}^2$,梁长 $l = 4 \, \text{m}$。起重小车行进时由于惯性或其他原因,使载荷 P 的方向偏离纵向对称面一个角度 $\varphi = 15°$。若载荷 $P = 30 \, \text{kN}$,试校核梁的强度。

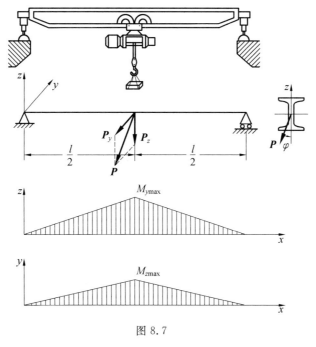

图 8.7

解　当起重小车走到梁中点时,大梁处于最不利的受力状态。这时跨中截面的弯矩最大,是危险截面。

在 xy 平面内,由 P_y 引起的最大弯矩为

$$M_{z\max} = \frac{P_y l}{4} = \frac{Pl \sin \varphi}{4} = \frac{30 \times 10^3 \times 4 \times \sin 15^0}{4} \approx 7.76 \times 10^3 \, \text{N} \cdot \text{m}$$

在 xz 平面内,由 P_z 引起的最大弯矩为

$$M_{y\max} = \frac{P_z l}{4} = \frac{Pl\cos\varphi}{4} = \frac{30 \times 10^3 \times 4 \times \cos 15^0}{4} \approx 29 \times 10^3 \text{ N} \cdot \text{m}$$

由型钢表查得 32a 工字钢的抗弯截面模量为

$$W_y = 692.2 \text{ cm}^3, W_z = 70.8 \text{ cm}^3$$

所以

$$\sigma_{\max} = \frac{M_{z\max}}{W_z} + \frac{M_{y\max}}{W_y} = \left(\frac{7.76 \times 10^3}{70.8 \times 10^{-6}} + \frac{29 \times 10^3}{692.2 \times 10^{-6}} \right) \times 10^{-6} \text{ MPa} = 151 \text{ MPa} < [\sigma]$$

在此例题中,若载荷 P 始终沿竖直方向没有偏离,即 $\varphi = 0^0$,则最大正应力为

$$\sigma_{\max} = \frac{M_{\max}}{W_y} = \frac{Pl/4}{W_y} = \frac{30 \times 10^3}{692.2 \times 10^{-6}} \times 10^{-6} \text{ MPa} = 43.4 \text{ MPa}$$

由此可见,对于工字形截面梁,当载荷方向偏离一个不大的角度时,最大正应力就会增加很多。产生这种结果的原因是工字钢截面的 W_z 远小于 W_y。由此可见,用截面 W_z,W_y 相差很大的梁来抵抗斜弯曲或承受方向不太固定的外力是很不利的。箱型截面梁在这一点上比工字形截面梁优越。

8.3　拉伸(压缩)与弯曲的组合

在下述两种加载方式下,杆件将产生拉伸(压缩)与弯曲的组合变形:(1)轴向载荷和横向载荷共同作用;(2)偏心拉伸(或压缩)。

1. 强度校核

在上述两种加载方式下,杆件横截面上将产生弯矩 M_y 或 M_z(或两者皆有)、轴力 N。在横向载荷作用下,杆件截面上还有剪力,但因其引起的剪应力较小,略去不计。所以,这里只考虑 M_y,M_z 和 N 引起的正应力。

首先根据 M_y,M_z 和 N 的大小,判断出杆件危险截面的位置。再根据 M_y,M_z,N 的实际作用方向,判断出危险截面上危险点的位置。将危险点上各个内力分量对应的应力叠加,就得到危险点的应力值。

发生拉伸(压缩)与弯曲组合变形时,构件上危险点处于单向应力状态,其强度条件为

$$|\sigma_{\max}| \leqslant [\sigma] \tag{8.10}$$

下面用具体实例说明拉伸(压缩)与弯曲组合变形时强度计算的方法。

例 8.2　图 8.8(a) 为小型压力机的示意图。其框架材料为铸铁,已知铸铁的许用拉应力 $[\sigma^+] = 30$ MPa,许用压应力 $[\sigma^-] = 120$ MPa,框架立柱的截面尺寸如图 8.8(b) 所示。试按立柱的强度确定压力机的最大许可压力 $P_{\max}$。

解　(1)计算截面的几何参数。

立柱的横截面面积为

$$A = 15 \times 5 \text{ cm}^2 + 15 \times 5 \text{ cm}^2 = 150 \text{ cm}^2$$

坐标选取如图。形心 O 的位置坐标为

$$z_0 = \frac{\sum A_i z_i}{\sum A_i} = \frac{15 \times 5 \times 2.5 + 15 \times 5 \times (5 + 7.5)}{15 \times 5 + 15 \times 5} \text{ cm} = 7.5 \text{ cm}$$

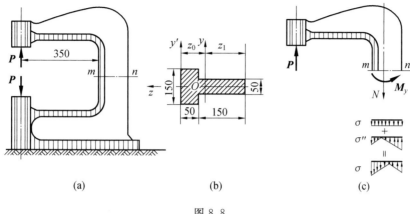

图 8.8

由平行移轴公式得

$$I_y = \frac{15 \times 5^3}{12} + 15 \times 5 \times 5^2 + \frac{5 \times 15^3}{12} + 15 \times 5 \times 5^2 = 5\ 310\ \text{cm}^4$$

（2）计算立柱的内力和应力。

在 $m-n$ 截面将立柱切开，取上半部分为研究对象。由平衡条件可得 $m-n$ 截面的内力为

$$N = P$$
$$M_y = P(35 + 7.5) \times 10^{-2} = 0.425P$$

轴力 N 产生均匀分布的拉应力 σ'，弯矩 M_y 产生线性分布的正应力 σ''，且内侧受拉，外侧受压。叠加后，内侧边缘上点的拉应力最大，外侧边缘上点的压应力最大，故内外边缘上的点均为危险点。

（3）求最大许可压力 P。

允许承受的压力 P 需分别按抗拉和抗压强度条件计算。抗拉强度条件

$$\sigma_{\max}^+ = \frac{N}{A} + \frac{M_y z_0}{I_y} \leqslant [\sigma^+]$$

即

$$\frac{P}{150 \times 10^{-4}} + \frac{0.425P \times 7.5 \times 10^{-2}}{5\ 310 \times 10^{-8}} \leqslant 30 \times 10^6$$

解出 $P \leqslant 45.1 \times 10^3$ N。

抗压强度条件

$$\sigma_{\max}^- = \left| \frac{N}{A} - \frac{M_y z_1}{I_y} \right| \leqslant [\sigma^-]$$

即

$$\left| \frac{P}{150 \times 10^{-4}} - \frac{0.425P \times 12.5 \times 10^{-2}}{5\ 310 \times 10^{-8}} \right| \leqslant 120 \times 10^6$$

解出 $P \leqslant 128.7 \times 10^3$ N。

因此，为使立柱安全工作，最大许可压力 $P_{\max}$ 可取为 45.1 kN。

例 8.3　矩形截面杆的上、下表面各贴有一片电阻应变片。杆两端承受轴向线分布

力作用，如图 8.9(a) 所示。已知材料的弹性模量 E，试求两电阻应变计的读数。

解　（1）计算杆的内力。

线分布力的合力为

$$P = \frac{1}{2} \cdot 4a \cdot q_0 = 2q_0 a$$

其作用点至轴线的距离为

$$e = \frac{2}{3} \cdot 4a - \frac{4a}{2} = \frac{2}{3}a$$

于是杆任意横截面上的内力如图 8.9(b) 所示，且有

$$N = P = 2q_0 a$$

$$M = Pe = \frac{4}{3}q_0 a^2$$

（2）计算电阻应变计的读数。

杆上表面的应力为

$$\sigma = \frac{M}{W_z} - \frac{N}{A} = \frac{\frac{4}{3}q_0 a^2}{\frac{1}{6}a \cdot (4a)^2} - \frac{2q_0 a}{a \cdot 4a} = 0$$

杆下表面的应力为

$$\sigma = -\frac{M}{W_z} - \frac{N}{A} = -\frac{\frac{4}{3}q_0 a^2}{\frac{1}{6}a \cdot (4a)^2} - \frac{2q_0 a}{a \cdot 4a} = -\frac{q_0}{a}$$

根据单向应力状态虎克定律，杆件上、下表面的电阻应变计读数分别为 0 和 $-\dfrac{q_0}{Ea}$。

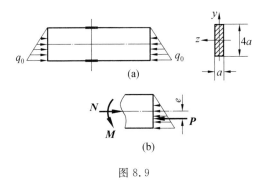

图 8.9

2. 截面核心

图 8.10(a) 表示一个受偏心压缩的短柱。y, z 轴为横截面上的形心主惯性轴，压力 **P** 的作用点 A 的坐标为 (y_P, z_P)。将 **P** 向轴线简化，并把简化所得的力偶矩向两个主惯性平面分解，则得到与轴线重合的压力 **P** 和弯矩 M_y, M_z，如图 8.10(b) 所示。且有 $M_y = Pz_P$，$M_z = Py_P$。在图 8.11 所示的横截面上，坐标为 (y, z) 的 B 点，与三种变形相对应的应力分量分别为

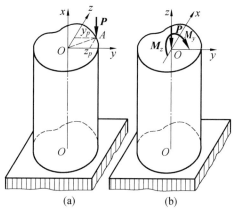

图 8.10

$$\sigma' = -\frac{P}{A}$$

$$\sigma'' = \frac{M_z y}{I_z} = -\frac{P_{y_P} y}{I_z}$$

$$\sigma''' = \frac{M_y z}{I_y} = -\frac{P_{z_P} z}{I_y}$$

由叠加原理,并考虑到截面惯性矩与惯性半径 i_z, i_y 的关系 $I_z = Ai_z^2$, $I_y = Ai_y^2$,得 B 点的正应力为

$$\sigma = -\frac{P}{A}\left(1 + \frac{y_P y}{i_z^2} + \frac{z_P z}{i_y^2}\right)$$

如果用 (y_0, z_0) 代表中性轴上任一点的坐标,则可得中性轴方程为

$$\frac{y_P y_0}{i_z^2} + \frac{z_P z_0}{i_y^2} + 1 = 0 \tag{8.11}$$

可见,偏心压缩时中性轴是一条不通过截面形心的直线,如图 8.11 所示。中性轴把截面分成两部分,画阴影线的部分受拉,另一部分受压。离开中性轴最远的点 D_1, D_2 应力最大。

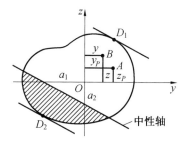

图 8.11

在式(8.11)中,分别令 $z_0 = 0$ 和 $y_0 = 0$,可得到中性轴在 y 轴和 z 轴上的截距分别为

$$a_y = -\frac{i_z^2}{y_P}, \quad a_z = -\frac{i_y^2}{z_P} \tag{8.12}$$

由式(8.12)可以看出，a_y 与 y_p，a_z 与 z_p 的符号均相反，所以中性轴与外力 $\boldsymbol{P}$ 的作用点 A 分别在截面形心的两侧，此外，若压力 p 作用点逐渐向形心靠近，截距将逐渐增加，即中性轴逐渐远离形心。据此可知，在截面形心的附近存在这样一个区域，当压力作用在此区域以内时，中性轴将不穿过横截面，这时截面上将只有压应力而没有拉应力，这个区域称为截面核心。当压力作用在截面核心的边界上时，中性轴则刚好与截面的周边相切。因此，可以利用(8.12)式来确定截面核心边界的位置。

要确定任意截面核心的边界，可将与截面周边相切的任一直线 ① 看作是中性轴，设它在 y,z 两个形心主惯性轴上的截距分别为 a_{y_1}，a_{z_1}。根据这两个值，由式(8.12)算出与该中性轴对应的外力作用点 1，亦即截面核心边界上的一个点。其坐标为

$$y_{P_1} = -\frac{i_z^2}{a_{y_1}}, z_{P_1} = -\frac{i_y^2}{a_{z_1}} \tag{8.13}$$

同理，可将与截面周边相切的其他直线 ②③⋯ 看作是中性轴，并按上述方法依次得到与它们对应的截面核心边界上的点 2，3⋯ 的坐标。连接这些点得到一条封闭的曲线，即为所求的截面核心边界。

下面以矩形截面为例，说明确定截面核心的具体方法。

图 8.12 所示矩形截面，边长分别为 b 和 h，轴 y,z 为截面的形心主惯性轴。首先将与 AB 边相切的直线 ① 看作是中性轴，它在 y,z 两轴上的截距分别为

$$a_{y_1} = \frac{h}{2}, a_{z_1} = \infty$$

该矩形截面惯性半径的平方为

$$i_y^2 = \frac{I_y}{A} = \frac{b^2}{12}, \quad i_z^2 = \frac{I_z}{A} = \frac{h^2}{12}$$

将以上各几何量代入式(8.13)，可得到与中性轴 ① 对应的截面核心边界上点 1 的坐标为

$$y_{P_1} = -\frac{h}{6}, z_{P_1} = 0$$

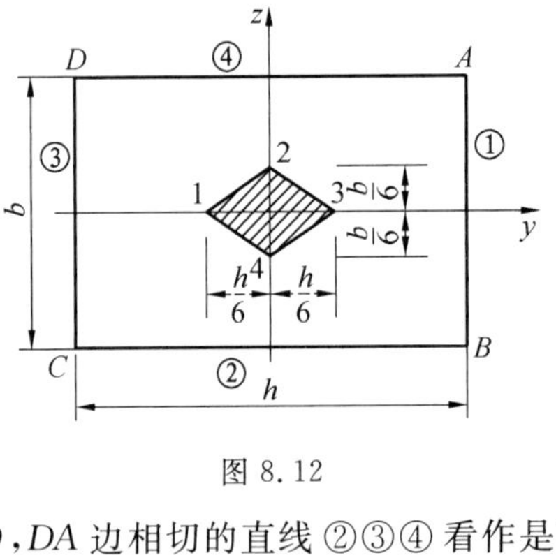

图 8.12

同理，将分别与 BC，CD，DA 边相切的直线 ②③④ 看作是中性轴，按上述方法可求得与他们对应的截面核心边界上的点 2，3，4 的坐标依次为

$$y_{P_2} = 0, z_{P_2} = \frac{b}{6}; y_{P_3} = \frac{h}{6}, z_{P_3} = 0; y_{P_4} = 0, z_{P_4} = -\frac{b}{6}$$

这样确定了截面核心边界上的四个点。

为了用这四个点确定截面核心的边界,需要解决这样一个问题:中性轴从位置 ① 绕截面顶点 B 旋转到位置 ② 时,相应的外力作用点移动的轨迹是一条怎样的曲线? 中性轴绕 B 旋转的过程中,将得到一系列通过 B 点但斜率不同的中性轴,B 点为这一系列中性轴的公共点。将 B 点坐标(y_B, z_B)代入中性轴方程(8.12),可得

$$\frac{y_P y_B}{i_z^2} + \frac{z_P z_B}{i_y^2} + 1 = 0$$

由于这里 y_B, z_B 为常数,因此该式为外力作用点坐标 y_P, z_P 的直线方程式。对应的直线即为中性轴绕 B 旋转时,相应外力作用点移动的轨迹。因为旋转的起始位置 ① 和终止位置 ② 所对应的点 1,2 应该在该直线上,所以过 1,2 两点的截面核心边界应该就是连接该两点的直线。以此类推,可得矩形截面的截面核心,即为图 8.12 中的菱形阴影区域。

类似可得到圆形截面的截面核心如图 8.13 所示。

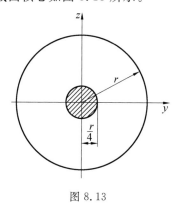

图 8.13

必须注意,在确定截面核心边界位置时,所用的坐标轴 y, z 必须是截面的形心主惯性轴。

8.4　扭转与弯曲的组合

工程中常见的轴(如齿轮轴、带轮轴、电动机轴、曲柄轴等)大多在承受扭转的同时,还伴随有弯曲变形。当弯曲变形较小时,可以只按扭转变形来计算。但当弯曲变形不能忽略时,就应按照弯曲与扭转的组合变形问题来处理。当发生弯曲扭转组合变形时,横截面上的内力分量有弯矩 M_y, M_z 和扭矩 M_n。由于与剪力 Q_y, Q_z 对应的剪应力是次要的,这里也忽略其影响。工程中的轴类构件多为圆截面(实心或空心),下面首先讨论圆轴的弯扭组合变形问题。

1. 圆轴的弯扭组合变形

在对发生弯扭组合变形的圆轴进行强度计算时,首先要分别画出弯矩 M_y 及 M_z 图和扭矩 M_n 图。由于圆截面的两个形心主惯性矩相等,即 $I_y = I_z$,故圆截面杆不会发生斜弯曲,只可能发生平面弯曲(8.2 节),因而可以将 M_y 及 M_z 进行矢量合成,合成弯矩的大小为

$$M_w = \sqrt{M_y^2 + M_z^2} \tag{8.14}$$

合成弯矩 M_w 的作用平面垂直于矢量 M_w，如图 8.14 所示。由合成弯矩 M_w 图和扭矩 M_n 图可以确定圆轴的危险截面位置。

在危险截面上，与扭矩 M_n 对应的扭转剪应力的最大值发生在横截面的边缘，其值为

$$\tau_n = \frac{M_n}{W_n} \tag{8.15}$$

与合成弯矩 M_w 对应的弯曲正应力在 a 点和 b 点最大，其值为

$$\sigma_w = \frac{M_w}{W} \tag{8.16}$$

沿截面的直径 ab，剪应力与正应力的分布如图 8.14(b) 所示。a 和 b 两点上有最大扭转剪应力和最大弯曲正应力，故这两点是危险点。如果在 a 点处用横截面、径向纵截面以及切向纵截面切取一单元体，则单元体各截面的应力如图 8.14(c) 所示。

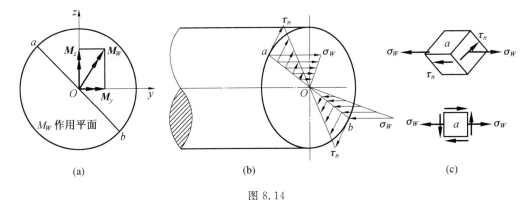

图 8.14

危险点处于二向应力状态，所以应按强度理论建立强度条件。危险点 a 的主应力为

$$\begin{cases} \sigma_1 \\ \sigma_3 \end{cases} = \frac{\sigma_w}{2} \pm \frac{1}{2} \sqrt{\sigma_w^2 + 4\tau_n^2}, \sigma_2 = 0 \tag{8.17}$$

如果轴是用塑性材料制成，则应采用第三或第四强度理论进行强度计算。如果用第三强度理论，将上述的主应力 σ_1 和 σ_3 代入相应的强度条件表达式

$$\sigma_{xd3} = \sigma_1 - \sigma_3 \leqslant [\sigma]$$

化简后得

$$\sigma_{xd3} = \sqrt{\sigma_w^2 + 4\tau_n^2} \leqslant [\sigma] \tag{8.18}$$

若用第四强度理论，将式 (8.17) 给出的主应力代入相应的强度条件表达式

$$\sigma_{xd4} = \sqrt{\frac{1}{2} \left[(\sigma_1 - \sigma_2)^2 + (\sigma_2 - \sigma_3)^2 + (\sigma_3 - \sigma_1) \right]} \leqslant [\sigma]$$

化简后得

$$\sigma_{xd4} = \sqrt{\sigma_w^2 + 3\tau_n^2} \leqslant [\sigma] \tag{8.19}$$

将式 (8.15)(8.16) 分别代入式 (8.18)(8.19)，并注意到对于圆截面有 $W_n = 2W$，可得到圆轴在弯扭组合变形时强度条件的另一种表述形式。对于第三强度理论

$$\sigma_{xd3} = \frac{\sqrt{M_w^2 + M_n^2}}{W} = \frac{\sqrt{M_y^2 + M_z^2 + M_n^2}}{W} \leqslant [\sigma] \tag{8.20}$$

对于第四强度理论

$$\sigma_{xd4} = \frac{\sqrt{M_w^2 + 0.75M_n^2}}{W} = \frac{\sqrt{M_y^2 + M_z^2 + 0.75M_n^2}}{W} \leqslant [\sigma] \tag{8.21}$$

在式(8.20)和(8.21)中,$\sqrt{M_y^2 + M_z^2 + M_n^2}$,$\sqrt{M_y^2 + M_z^2 + 0.75M_n^2}$ 分别称为与第三、第四强度理论对应的"计算弯矩"。显然,引进"计算弯矩"的概念以后,在校核圆轴弯扭组合变形的强度时,不必求出危险点的应力分量值,只需计算出危险截面上的弯矩和扭矩值,就可以用式(8.20)或(8.21)直接进行强度校核;同时,在应用强度条件选择截面尺寸时,用式(8.20)及式(8.21)也十分方便。

上述两种强度条件表达式的应用范围有所不同:

(1) 公式(8.20)及(8.21)只适用于圆或空心圆截面杆的弯扭组合变形。

(2) 公式(8.18)及(8.19)适用范围更广,只要危险点处于图 8.14(c)所示的平面应力状态都适用。

工程中常有些杆件,例如船舶推进轴,除同时发生弯曲和扭转两种基本变形外,还有轴向压缩(拉伸)变形。这类杆件的危险点也处于图 8.14(c)所示的应力状态,只是单元体上的正应力应为轴向压缩(拉伸)的正应力和弯曲正应力之和 $\sigma = \frac{N}{A} + \frac{M_w}{W}$,对这类杆件,进行强度计算时可用公式(8.18)或(8.19),但不能用公式(8.20)或(8.21)。

例 8.4　一钢制圆轴装有胶带轮 A 和 B,如图 8.15(a)所示。两轮有相同的直径 $D = 1$ m 及重量 $P = 5$ kN。A 轮上胶带的张力是水平方向的,B 轮上胶带的张力是铅垂方向的。设圆轴的许用应力$[\sigma] = 80$ MPa,试按第三强度理论求轴所需的直径。

解　(1) 给出计算简图,如图 8.15(b)所示。

(2) 作出轴的内力图。

作轴的扭矩图如图 8.15(c),弯矩图如图 8.15(d)(e)。则 C 截面和 B 截面的合成弯矩分别为

$$M_C = \sqrt{M_y^2 + M_z^2} = \sqrt{1.5^2 + 2.1^2} \approx 2.58 \text{ kN} \cdot \text{m}$$

$$M_B = \sqrt{M_y^2 + M_z^2} = \sqrt{2.25^2 + 2.1^2} \approx 2.48 \text{ kN} \cdot \text{m}$$

合成弯矩 M_w 图如图 8.15(f)。可以证明 BC 段 M_w 图曲线上凹。显然,C 截面是危险截面。

(3) 校核强度。

按第三强度理论,由式(8.20)

$$\frac{\sqrt{M_w^2 + M_n^2}}{W} \leqslant [\sigma]$$

代入相应数据,有

$$\frac{32 \times \sqrt{(2.58 \times 10^3)^2 + (1.5 \times 10^3)^2}}{\pi d^3} \leqslant 80 \times 10^6$$

于是

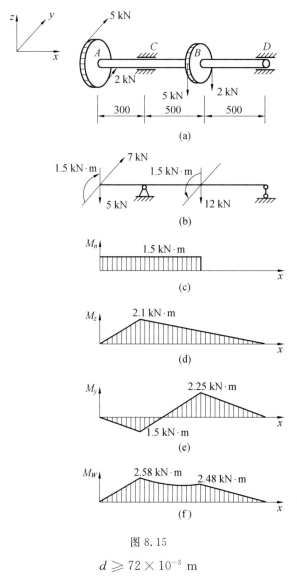

图 8.15

$$d \geqslant 72 \times 10^{-3} \text{ m}$$

由此得所需直径为 $d = 72$ mm。

例 8.5　图 8.16 为某货轮的推进轴。已知主机的功率 $N = 7\,277$ kW,转速 $n = 119$ r/min,有效推力 $T = 767$ kN,桨叶重 $P_1 = 180$ kN,轴的外伸段总重 $P_2 = 45$ kN,轴的直径 $d = 51.5$ cm。且有 $a_1 = 1.9$ m,$a_2 = 1.2$ m。材料为优质碳素钢,其屈服极限 $\sigma_s = 250$ MPa,许用安全系数 $[n] = 4$。试按第四强度理论校核推进轴 A 截面的强度。

解　(1)计算推进轴内力。

扭转力偶矩

$$M_e = 9\,549 \times \frac{7\,277}{119} = 584 \times 10^3 \text{ N} \cdot \text{m}$$

A 截面的轴力、扭矩及弯矩分别为

$$N = T = -767 \text{ kN}$$

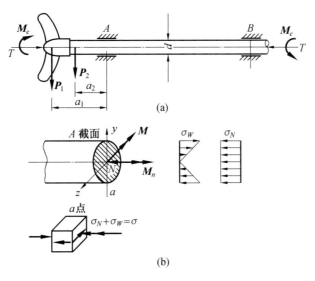

图 8.16

$$M_n = M_e = 584 \text{ kN} \cdot \text{m}$$

$$M = P_1 a_1 + P_2 a_2 = 180 \times 1.9 + 4.5 \times 1.2 = 396 \text{ kN} \cdot \text{m}$$

故推进轴承受了压缩、扭转和弯曲的组合变形。

（2）计算危险点的应力。

由弯矩和轴力产生的正应力 σ_W 和 σ_N 如图 8.16(b)所示。在截面下缘 a 点压应力最大，其值为

$$\sigma = \frac{N}{A} + \frac{M}{W} = \left(\frac{767 \times 10^3 \times 4}{\pi \times 0.515^2} + \frac{396 \times 10^3 \times 32}{\pi \times 0.515^3} \right) \times 10^{-6} = 33.2 \text{ MPa}$$

最大扭转剪应力发生在圆截面的边缘，a 点的值为

$$\tau = \frac{M_n}{W_n} = \frac{584 \times 10^3 \times 16}{\pi \times 0.515^3} \times 10^{-6} = 21.8 \text{ MPa}$$

按第四强度理论，由式(8.21)得

$$\sigma_{xd4} = \sqrt{\sigma^2 + 3\tau^2} = \sqrt{33.2^2 + 3 \times 21.8^2} = 50.3 \text{ MPa}$$

（3）校核强度。

轴的工作安全系数表示轴工作时的安全储备，等于破坏应力除以工作应力。推进轴的工作安全系数为

$$n = \frac{\sigma_s}{\sigma_{xd4}} = \frac{250}{50.3} = 4.97 > 4$$

故轴是安全的。

注意，本例的强度条件不能写为

$$\sigma_{xd3} = \frac{\sqrt{M_y^2 + M_z^2 + 0.75M_n^2}}{W} + \frac{N}{A} \leqslant [\sigma]$$

2. 矩形截面杆的弯扭组合变形

对于矩形截面杆，当截面上同时有弯矩 M_y 和 M_z 作用时，不能像圆轴那样将它们合

成为总弯矩 M_w。因为矩形截面 $I_y \neq I_z$，因此通常发生斜弯曲，只有在 M_y 或 M_z 单独作用时才发生平面弯曲。当 M_y 和 M_z 同时作用时，应分别计算 M_y，M_z 所引起的正应力，然后将同一点的正应力叠加。在扭矩 M_n 作用下，矩形截面上长边中点剪应力最大，短边中点剪应力为局部极值，角点的剪应力为零。矩形截面杆发生弯扭组合变形，横截面上将同时有弯矩 M_y，M_z 和扭矩 M_n 作用，此时危险点的应力状态可以有两种类型：(1) 矩形角点，只有正应力没有剪应力，处于单向应力状态，其强度条件与弯曲时相同；(2) 矩形截面的长边中点或短边中点，既有弯曲正应力又有扭转剪应力，其应力状态与圆轴弯扭组合变形时相同，因此，强度条件式(8.18)，(8.19) 仍然是适用的，但不能采用"计算弯矩"的表达形式。

例 8.6 一端固定的半圆环受力如图 8.17(a)所示。圆环杆为 $30\ \mathrm{mm} \times 30\ \mathrm{mm}$ 的正方形截面。若已知材料的许用应力 $[\sigma] = 150\ \mathrm{MPa}$。试按第三强度理论对 $1-1$，$2-2$ 截面进行强度校核。

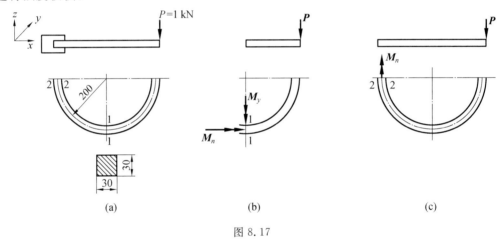

图 8.17

解 建立坐标系。用垂直于杆轴线的截面将杆沿 $1-1$，$2-2$ 截面截开，分别如图 8.17(b)(c)所示。由截面法可得 $1-1$ 截面上的内力分量为

$$M_n = 10^3 \times 0.2 = 200\ \mathrm{N \cdot m},\ M_y = 10^3 \times 0.2 = 200\ \mathrm{N \cdot m},\ M_z = 0$$

$2-2$ 截面上的内力分量为

$$M_n = 10^3 \times 0.4 = 400\ \mathrm{N \cdot m},\ M_y = M_z = 0$$

$1-1$ 截面发生弯扭组合变形，在扭矩作用下，正方形截面上各边中点剪应力最大，其中距中性轴最远的两点弯曲正应力最大，故这两点为危险点。其上正应力和剪应力分别为

$$\sigma = \frac{M_y}{W_y} = \frac{200 \times 6}{30^3 \times 10^{-9}} \times 10^{-6}\ \mathrm{MPa} = 44.4\ \mathrm{MPa}$$

$$\tau = \frac{M_n}{ahb^2} = \frac{200}{0.208 \times 30^3 \times 10^{-9}} \times 10^{-6}\ \mathrm{MPa} = 35.5\ \mathrm{MPa}$$

按第三强度理论

$$\sigma_{xd3} = \sqrt{\sigma^2 + 4\tau^2} = \sqrt{44.4^2 + 4 \times 35.5^2}\ \mathrm{MPa} = 86.9\ \mathrm{MPa} < [\sigma]$$

$2-2$ 截面只发生扭转变形，最大扭转剪应力为

$$\tau = \frac{M_n}{ahb^2} = \frac{400}{0.208 \times 30^3 \times 10^{-9}} \times 10^{-6}\ \text{MPa} = 71.3\ \text{MPa}$$

代入上述强度条件式得

$$\sigma_{xd3} = 2\tau = 142.6\ \text{MPa} < [\sigma]$$

故两个截面都是安全的。

习　　题

8—1　箱形截面悬臂梁受力如图,试计算固定端截面 A, B, C 三点的正应力。

答案:$\sigma_A = 2.60\ \text{MPa}, \sigma_B = 3.63\ \text{MPa}, \sigma_C = 7.54\ \text{MPa}$

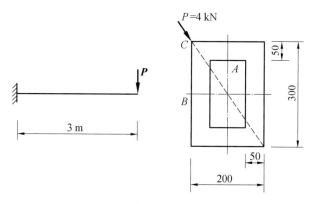

题 8—1 图

8—2　图示悬臂梁在两个不同截面上分别受有水平力 P_1 和铅垂力 P_2 作用。若 $P_1 = 800\ \text{N}, P_2 = 1\,650\ \text{N}, l = 2\ \text{m}$,试求以下两种情况下梁内的最大正应力及其作用位置。

(1) 梁的截面为矩形,其宽和高分别为 $b = 9\ \text{cm}, h = 18\ \text{cm}$。

(2) 梁为圆截面,其直径 $d = 13\ \text{cm}$。

答案:(1)$\sigma_{\max} = 9.98\ \text{MPa}$;(2)$\sigma_{\max} = 10.7\ \text{MPa}$

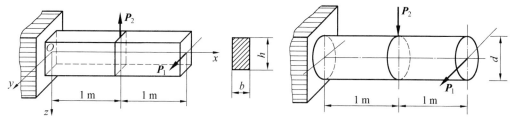

题 8—2 图

8—3　图示起重机的最大起吊重量(包括行走小车等)为 $P = 40\ \text{kN}$,横梁 AC 由两根 18 号槽钢组成,材料为 A3 钢,许用应力$[\sigma] = 120\ \text{MPa}$。试校核横梁的强度。

答案:$\sigma_{\max} = 121\ \text{MPa}$,超过许用应力 0.75%,仍可使用

8—4　拆卸工具的爪由 45 号钢制成,其许用应力$[\sigma] = 180\ \text{MPa}$。试按爪的强度确定工具的最大顶压力 $P_{\max}$。

答案:$P_{\max} = 19\ \text{kN}$

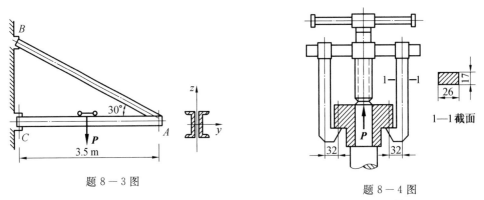

题 8—3 图　　　　　　　　　　　题 8—4 图

8—5　图示钻床的立柱为铸铁制成,许用拉应力$[\sigma^+]=35$ MPa。若 $P=15$ kN。试确定立柱所需直径 d。

答案:$d=122$ mm

8—6　承受偏心载荷的矩形截面杆如图所示。今用实验方法测得杆左、右两侧面的纵向应变分别为 ε_1 和 ε_2,试证明偏心距 e 和 ε_1,ε_2 满足下列关系式:$e=\dfrac{\varepsilon_1-\varepsilon_2}{\varepsilon_1+\varepsilon_2}\cdot\dfrac{h}{6}$。

证明:略

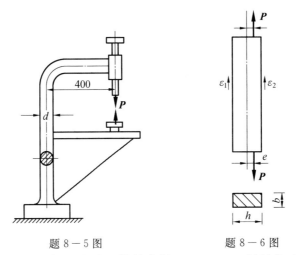

题 8—5 图　　　　　　　　　题 8—6 图

8—7　手摇式提升机如图所示。轴的直径 $d=30$ mm,材料为 A3 钢,许用应力$[\sigma]=80$ MPa,试按第三强度理论求提升机的最大起吊重量 P。

答案:$P=788$ N

8—8　图示某型水轮机主轴的示意图。水轮机组的输出功率为 $N=37\,500$ kW,转速 $n=150$ r/min。已知轴向推力 $P_z=4\,800$ kN,转轮重 $W_1=390$ kN,主轴的内径 $d=34$ cm,外径 $D=75$ cm,自重 $W=285$ kN,主轴材料为 45 号钢,其许用应力$[\sigma]=80$ MPa,试按第四强度理论校核该主轴的强度。

答案:$\sigma_{xd4}=54.4$ MPa $<[\sigma]$

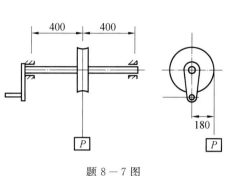

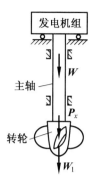

题 8－7 图　　　　　　　　　　　　题 8－8 图

8－9　图示某精密磨床砂轮轴的示意图。已知电动机功率 $N=3$ kW,转子转速 $n=1\,400$ r/min,转子重量 $Q_1=101$ N,砂轮直径 $D=250$ mm,砂轮重量 $Q_2=275$ N,磨削力 $P_y:P_z=3:1$,砂轮轴直径 $d=5$ cm,材料为轴承钢,许用应力 $[\sigma]=60$ MPa。(1)试用单元体表示出危险点的应力状态,并求出主应力和最大剪应力;(2)试用第三强度理论校核轴的强度。

答案:(1)$\sigma_1=3.11$ MPa,$\sigma_2=0$,$\sigma_3=-0.22$ MPa,$\tau_{max}=1.67$ MPa;

(2)$\sigma_{xd3}=3.33$ MPa$<[\sigma]$,安全

8－10　矩形截面梁短柱承受偏心压力 $F_1=25$ kN 和横向力 $F_2=5$ kN,短柱的几何尺度如图所示,试求固定端截面上四个角点 A,B,C 及 D 点处的正应力,并确定该截面的中性轴位置。

答案:$\sigma_A=8.83$ MPa,$\sigma_B=3.83$ MPa,$\sigma_C=-12.17$ MPa,$\sigma_D=-7.17$ MPa,

$a_y=15.7$ mm,$a_z=33.4$ mm

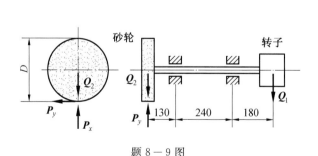

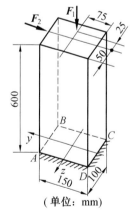

题 8－9 图　　　　　　　　　　　　　题 8－10 图

8－11　一实心圆轴同时承受扭矩 M_n 和弯矩 M_w 作用,且 $kM_n=M_w$,试用 k 表示最大主应力和最大剪应力之比。当此轴的直径为 50 mm,$k=0.4$,最大剪应力为 75 MPa,且轴以每分钟 300 转旋转时,试求它所传递的功率。

答案:$\dfrac{\sigma_{max}}{\tau_{max}}=\dfrac{k+\sqrt{k^2+1}}{\sqrt{k^2+1}}$;53.3 kW

8－12　铸钢曲柄如图所示,已知材料的许用应力$[\sigma]=70$ MPa,$P=30$ kN,试用第四强度理论校核曲柄的强度。

答案:C 点:$\sigma_{xd4}=50.9$ MPa;B 点:$\sigma_{xd4}=61$ MPa

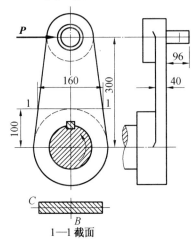

题 8－12 图

8－13　直径$d=30$ mm 的圆轴,承受扭转力矩 m_1 及水平面内的力偶矩 m_2 的联合作用,为了测定 m_1 与 m_2,今在轴表面图示轴线方向及与轴线成 45°方向贴上电阻应变片。若测得应变值分别为 $\varepsilon_{0°}=500\times10^{-6}$,$\varepsilon_{45°}=426\times10^{-6}$,已知材料的 $E=210$ GPa,$\mu=0.28$,试求 m_1 和 m_2。

答案:$m_1=214$ N·m,$m_2=278.3$ N·m

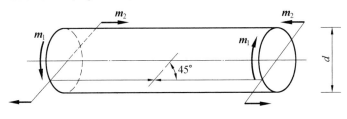

题 8－13 图

8－14　某锅炉汽包的受力情况及截面尺寸如图所示。图中将锅炉自重简化为均布载荷。若已知内压力 $p=3.4$ MPa,锅炉总重 600 kN,平均直径 $D=1\,570$ mm,壁厚 $t=35$ mm,$[\sigma]=100$ MPa,试按第三强度理论校核该汽包的强度(薄壁圆筒 W_y 可采用近似

公式:$W_y=\dfrac{T_y}{\dfrac{D}{2}}\approx\dfrac{\dfrac{\pi D^3 t}{8}}{\dfrac{D}{2}}=\dfrac{\pi D^2 t}{4}$,式中,$D$ 为平均直径,t 为厚度)。

答案:$\sigma_{xd3}=76.26$ MPa$<[\sigma]=100$ MPa

8－15　飞机起落架的折轴为管状截面,内经 $d=70$ mm,外径 $D=80$ mm。承受载荷 $F_1=1$ kN,$F_2=4$ kN,如图所示。若材料的 $[\sigma]=100$ MPa,试按第三强度理论校核折轴的强度。

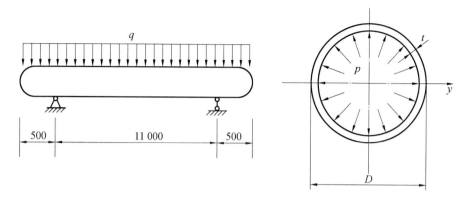

题 8－14 图

答案：$\sigma_{xd3} = 84.5\ \text{MPa} < [\sigma]$

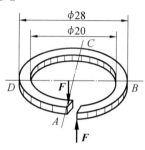

题 8－15 图

8－16　一个等截面的实心圆轴要驱动一船舶推进器,此轴因而必须同时承受推力和扭矩作用。推力的大小与扭矩之间可以用简单的关系 $N=kT$ 来联系,式中 N 表示推力的大小,T 表示扭矩的大小,而 k 为一常数。同时轴上还将有弯矩产生。假定计算的要求是轴中的最大剪应力在任何地方均不超过某一个用 τ 表示的值,试证明允许的最大弯矩表达式为 $M = \left(\sqrt{\dfrac{\tau^2 \pi^2 R^6}{4T^2} - 1} - \dfrac{kR}{4} \right) T$,式中,$R$ 为轴横截面的半径。

证明：略

第 9 章　变 形 能 法

可变形固体在受外力作用下发生形变时,外力和内力均将做功。对于弹性体,由于变形的可逆性,外力在相应的位移上所做的功,在数值上就等于储存在变形体内的变形能(或称应变能)。当外力撤除时,这种应变能将全部转换为其他形式的能量,比如使变形固体恢复原状。这在前面基本变形中已进行了讨论。利用功和能的概念求解变形固体的位移、变形和内力的方法,统称为能量法。

采用与变形能的概念有关的定理和原理来解决问题的方法,统称为变形能法。利用变形能法研究刚架、曲杆等杆件结构的变形或位移,包括超静定结构的求解,都是非常有效的。能量法的应用很广,也是计算固体力学的重要基础。

本章首先从杆件基本变形时的变形能出发,分析变形能的主要特性,然后给出杆件变形能的普遍表达式。进而讨论用变形能求解结构变形或位移的几种有效方法,最后给出功的互等定理和位移互等定理。由于篇幅所限,本章所讨论的内容,仅限于线弹性范围内。

9.1　杆件变形能的计算

材料力学研究力对物体的内效应,将研究对象看成是变形固体。变形固体在外力作用下发生形变,这必将引起外力在其作用方向上的位移,从而使外力在相应的位移上做功。同时,变形固体内部各点的相对位置也发生改变而达到新的平衡状态。变形固体在达到并维持新的平衡状态时,内部就有了势能,称之为变形能。

当变形体上的外力由零开始缓慢增加到最终值,物体的变形也由零开始缓慢增加到最终值。在整个变形过程中,除变形能外,其他形式的能量都非常小,可忽略不计。根据能量守恒定律,外力做的功 W 全部转化为物体内部的变形能 U,因而在数值上应有

$$U = W \tag{9.1}$$

这就是变形能原理。

它可表述为:在整个加载过程中,物体的变形能在数值上等于外力做的功。在弹性范围内,解除外力后,物体的变形也随之消失,变形能转化为外力做功而释放出来。这是弹性变形能的可逆性。例如机械钟表的发条,拧紧时外力偶作用下产生变形,内部储存了变形能。解除外力后发条由旋紧逐渐恢复原状变形能转化为功而释放出来。在超出弹性范围后,变形体内将保留部分不可恢复的能量,变形能中则只有一部分转化为功释放出来。

9.1.1　基本变形时的变形能

现在来研究在几种基本变形下的变形能计算。

1. 轴向拉伸或压缩

对于等直的轴向拉伸或压缩,在线弹性范围内,外力与杆件的轴向变形量成线性关系。当外力由零逐渐增至最终值 P 时,杆件的轴向变形量也由零逐渐增至最终值 Δl,如图 9.1 所示。在整个加载过程中,外力做的功即为三角形 OAB 的面积,即

$$W = \frac{1}{2}P\Delta l \tag{9.2}$$

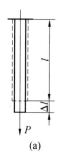
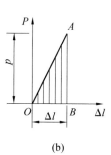

(a) (b)

图 9.1

由式(9.1)可知,此功等于储存于杆件内的变形能。杆件只在两端受拉力或压力作用时,$N = P$,$\Delta l = \dfrac{Nl}{EA}$,$EA$ 为抗拉(压)刚度。这样杆件的变形能可写为

$$U = W = \frac{1}{2}P\Delta l = \frac{N^2 l}{2EA} = \frac{EA}{2l}(\Delta l)^2 \tag{9.3}$$

若内力沿杆件的轴线连续变化,即 $N = N(x)$,为计算整个杆件的变形能,可以先计算轴线长度为 $\mathrm{d}x$ 的微段内的变形能 $\mathrm{d}U$,然后沿杆件长度对 $\mathrm{d}U$ 进行积分。此时杆件的变形能为

$$U = \int_l \mathrm{d}U = \int_l \frac{N^2(x)\,\mathrm{d}x}{2EA} \tag{9.4}$$

若内力是呈阶梯形变化的,可以先计算出各杆件的变形能,然后再通过求和得到整个结构的变形能

$$U = \sum_{i=1}^{m} U_i = \sum_{i=1}^{m} \frac{N_i^2 l_i}{2EA_i} \tag{9.5}$$

式中,m 为组成结构的拉压杆件的数目。

拉压杆件的单位体积内的变形能(比能或能密度)为

$$u = \frac{\mathrm{d}U}{\mathrm{d}V} = \frac{\sigma^2}{2E} = \frac{1}{2}\sigma\varepsilon = \frac{E}{2}\varepsilon^2 \tag{9.6}$$

2. 圆轴扭转

对于圆轴的扭转,当外力偶矩由零开始逐渐增加至最终值 M 时,扭转角也由零逐渐增至最终值。在线弹性范围内,M 与 φ 的关系也是一条直线,如图 9.2 所示。在变形过程中,扭转外力偶所做的功可由三角形 OAB 的面积来表示,即

$$W = \frac{1}{2}M\varphi \tag{9.7}$$

根据式(9.1),此功等于储存于圆轴中的扭转变形能。圆轴只在两端受外力矩作用

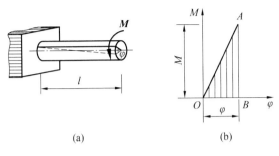

(a)　　　　　(b)

图 9.2

时,扭矩 $M_n = M$,$\varphi = \dfrac{M_n l}{GI_p}$,$GI_p$ 为圆轴的抗扭刚度。于是,圆轴的扭转变形能可写为

$$U = W = \frac{1}{2} M\varphi = \frac{M_n^2 l}{2GI_p} = \frac{GI_p}{2l}\varphi^2 \tag{9.8}$$

若内力偶矩沿圆轴的轴线连续变化,即 $M_n = M_n(x)$,可以先计算轴线长度为 dx 的微段内的变形能 dU,然后沿轴线对 dU 进行积分,从而得到整个圆轴的变形能为

$$U = \int_l dU = \int_l \frac{M_n^2(x)\,dx}{2GI_p} \tag{9.9}$$

若内力偶矩沿轴线阶梯形变化,则可以先求出各段的变形能,然后通过求和得到整个圆轴的变形能为

$$U = \sum_{i=1}^m U_i = \sum_{i=1}^m \frac{M_{ni}^2 l_i}{2GI_{pi}} u \tag{9.10}$$

圆轴单位体积内的变形能,即纯剪切状态下的比能为

$$u = \frac{dU}{dV} = \frac{1}{2}\tau\gamma = \frac{\tau^2}{2G} = \frac{G}{2}\gamma^2 \tag{9.11}$$

3. 平面弯曲

对于直梁的平面弯曲,以自由端受到集中力偶矩的等直悬臂梁为例。当集中力偶矩从零开始逐渐增至最终值 M_e 时,悬臂梁自由端的转角也从零逐渐增至最终值 θ(图 9.3(a))。在线弹性范围内,应用第 5 章中求弯曲变形的方法可以求出 $\theta = \dfrac{M_e l}{EI}$,$EI$ 为梁的抗弯刚度,因而 θ 与 M_e 成线性关系。集中力偶矩 M_e 在梁变形过程中所做的功可以用三角形 OAB 的面积来表示(图 9.3(b)),即

$$W = \frac{1}{2} M_e \theta \tag{9.12}$$

由式(9.1)可知,纯弯曲梁的变形能为

$$U = W = \frac{1}{2} M_e \theta = \frac{M^2 l}{2EI} = \frac{EI}{2l}\theta^2 \tag{9.13}$$

对于直梁的横力弯曲情况,可以从梁的 x 处取出一长为 dx 的微段,微段的两侧分别作用有弯矩和剪力(图 9.4)。一般地说,弯矩与剪力应是截面位置坐标 x 的函数。由于 $M(x)$ 和 $\theta(x)$ 分别使微段两侧的横截面发生相对转动和相对错动,因而梁内分别储存有弯曲变形能和剪切变形能。但在细长梁的情况下,剪切变形能比弯曲变形能小得多,可以略去不

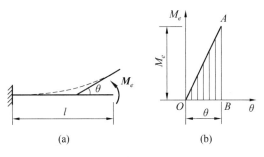

图 9.3

计。所以，在计算横力弯曲梁的变形能时，通常不考虑剪力对变形的影响。于是对于图 9.4(b) 所示微段，利用式(9.13) 可以求出其变形能为

$$dU = \frac{M^2(x)\,dx}{2EI}$$

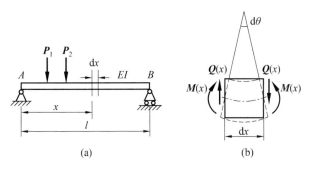

图 9.4

对 dU 沿整个梁长的积分便可得到全梁的变形能为

$$U = \int_l dU = \int_l \frac{M^2(x)\,dx}{2EI} \tag{9.14}$$

综上所述，杆件的变形能在数值上等于杆件变形过程中外力所做的功。在线弹性范围内，且在静载荷情况下，由式(9.2)(9.7) 和(9.12) 表示杆件的变形能可统一表示成

$$U = W = \frac{1}{2}P\delta \tag{9.15}$$

式中的 P 和 δ 分别表示广义力和与其相应的广义位移。即当 P 表示力时，δ 表示位移；当 P 表示力偶矩时，δ 表示角位移。在弹性体的情况下，广义力与广义位移之间的关系是线性的。

9.1.2　弹性变形能的主要特征

由上述讨论可以看出，弹性变形能是杆件的广义内力或广义位移的二次函数。若用 M_1 和 M_2 分别表示由外力和单独作用时梁的横截面弯矩，那么当 M_1 与 M_2 共同作用时，根据叠加原理，梁的弯矩应为 $M_1 + M_2$。于是由式(9.14) 可求出梁的变形能为

$$U = \int_l \frac{M^2(x)\mathrm{d}x}{2EI} = \int_l \frac{M_1^2(x)\mathrm{d}x}{2EI} + \int_l \frac{M_2^2(x)\mathrm{d}x}{2EI} + \int_l \frac{M_1(x)M_2(x)\mathrm{d}x}{EI}$$
$$= U_1 + U_2 + \int_l \frac{M_1(x)M_2(x)\mathrm{d}x}{EI} \tag{9.16}$$

式中，U_1 和 U_2 分别代表 P_1 和 P_2 单独作用引起的变形能。

　　显然，$U \neq U_1 + U_2$，故一般情况下，变形能不能叠加。但在某些情况下，变形能可以叠加。如果杆件上作用若干载荷，而任一载荷在其他载荷引起的变形或位移上不做功，即任一载荷引起的变形能是独立的。在这种情况下，杆件的总变形能等于上述每一载荷单独引起的变形能的叠加总和。

　　弹性变形能的另一主要特征是：弹性变形能与加载的次序无关，而完全取决于载荷和位移的最终值。假如弹性体的变形能与加载次序有关，则按两种不同次序对弹性体进行加载，而按同一次序卸载，就将在其中一种次序的循环中使弹性体内增加或减少一些能量，这就违背了能量守恒定律。

　　另外由于弹性变形能是弹性体内储存的势能，当外力解除后，弹性体释放势能对外做正功，因此弹性变形能总是正的。这一点从上面各种基本变形下的变形能的表达式中可以看出来。

9.1.3　克拉贝隆原理

　　上面给出了杆件在几种基本变形下的变形能，现在将变形能的计算推广到一般情况。由于变形与加载次序无关，只取决于外力与位移的最终值，因此可假定各载荷均同比例由零逐渐增至最终值。若材料是线弹性的，且变形微小，则结构的变形和外力之间也是线弹性关系，他们也将与外力按同一比例由零逐渐增至最终值。如图 9.5，δ_i 表示广义力 P_i 作用点沿其作用方向上的广义位移，δ_i 可以写成

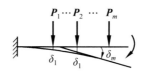

图 9.5

$$\delta_i = \delta_{i1} + \delta_{i2} + \cdots + \delta_{ii} + \cdots + \delta_{im}$$
$$= \beta_1 P_1 + \beta_2 P_2 + \cdots + \beta_i P_i + \cdots + \beta_m P_m$$
$$= P_i \left(\beta_1 \frac{P_1}{P_i} + \beta_2 \frac{P_2}{P_i} + \cdots + \beta_i \frac{P_i}{P_i} + \cdots + \beta_m \frac{P_m}{P_i} \right) \tag{9.17}$$

式中，δ_{i1} 代表有 P_1 广义力引起的广义力 P_i 的作用点沿 P_i 作用方向上的广义位移，余下类同；而 $\beta_1 \cdots \beta_m$ 为与结构有关的常数；在按比例加载过程中，$\frac{P_1}{P_i} \cdots \frac{P_m}{P_i}$ 也是常数，所以 δ_i 与 P_i 也是线性关系。

　　于是 P_i 所做的功为 $\frac{1}{2}\delta_i P_i$ 各载荷所做功之和，在数值上等于结构的变形能，即

$$U = W = \sum_{i=1}^{m} \frac{1}{2} \delta_i P_i \tag{9.18}$$

这一结论称之为克拉贝隆原理,它可叙述为线弹性体的变形能等于与其相应位移乘积的二分之一的总和,克拉贝隆原理通常用来计算线弹性结构的变形能和功,它只适用于线性弹性结构。其原因在于非线性结构中的广义力 P_i 和广义位移 δ_i 之间的关系是非线性的, P_i 所做功不等于 $\frac{1}{2} \delta_i P_i$。

9.1.4　组合变形时的变形能

利用变形能的普遍表达式(9.18),可得到承受弯曲、扭转和轴向拉压联合作用的杆件变能。现于杆件中截取一长为 $\mathrm{d}x$ 的微段(图 9.6),若两端横截面上的轴力、弯矩和扭矩分别为 $N(x)$,$M(x)$ 和 $M_n(x)$(对微段 $\mathrm{d}x$ 而言,$N(x)$,$M(x)$ 和 $M_n(x)$ 应看成外力),两端横截面间的相对轴向位移、相对转角和

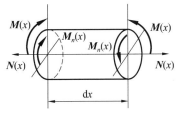

图 9.6

相对扭转角分别为 $\mathrm{d}(\Delta l)$,$\mathrm{d}\theta$ 和 $\mathrm{d}\varphi$。由于 $N(x)$,$M(x)$ 和 $M_n(x)$ 各自引起的变形是相互独立的,那么按式(9.18),微段 $\mathrm{d}x$ 内的变形能应为

$$\mathrm{d}U = \frac{1}{2} N(x)\mathrm{d}(\Delta l) + \frac{1}{2} M(x)\mathrm{d}\theta + \frac{1}{2} M_n(x)\mathrm{d}\varphi$$

$$= \frac{N^2(x)\mathrm{d}x}{2EA} + \frac{M(x)\mathrm{d}\theta}{2EI} + \frac{M_n^2\mathrm{d}x}{2GI_n}$$

于是整个组合变形杆件的变形能为上式的积分,即

$$U = \int_l \mathrm{d}U = \int_l \frac{N^2(x)\mathrm{d}x}{2EA} + \int_l \frac{M(x)\mathrm{d}\theta}{2EI} + \int_l \frac{M_n^2\mathrm{d}x}{2GI_n} \tag{9.19}$$

这里,GI_n 为杆件的抗扭刚度。若为圆截面杆,则 I_n 应代以极惯性矩 I_p。

例 9.1　试求图 9.7 所示的正方形桁架结构的变形能,并求 A,C 两点的相对位移。已知各杆的抗拉压刚度 EA 相同。

解　首先求出图 9.7 中各杆的轴力为

$$N_{AB} = N_{BC} = N_{CD} = N_{AD} = \frac{\sqrt{2}}{2} P$$

$$N_{BD} = -P$$

整个结构的变形能可按下式计算,即

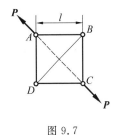

图 9.7

$$U = \sum_{i=1}^{5} \frac{N_i^2 l_i}{2EA} = 4 \frac{N_{AB}^2 l}{2EA} + \frac{N_{BD}^2 \sqrt{2} l}{2EA} = \left(1 + \frac{\sqrt{2}}{2}\right) \frac{P^2 l}{EA}$$

在计算 A,C 两点的相对位移时,可假定 C 点不动,那么 A,C 两点的相对位移 δ_{AC} 即是 A 点沿 P 力作用线的位移。于是在结构的变形过程中,外力做的功为

$$W = \frac{1}{2} P \delta_{AC}$$

因为 $U = W$，故有

$$\frac{1}{2} P \delta_{AC} = \left(1 + \frac{\sqrt{2}}{2}\right) \frac{P^2 l}{EA}$$

由此可以求出

$$\delta_{AC} = (2 + \sqrt{2}) \frac{Pl}{EA}$$

　　在工程中经常会遇到由两根或两根以上杆件组成的框架形式结构。在这种结构中，如果杆与杆之间连接处不发生相对转动，或在连接杆间的夹角在变形前后保持不变，即杆与杆之间是所谓的刚性连接，这种结构称为刚架。刚性连接点称为刚节点，有时用小黑角表示。如图 9.8 即是一个简单刚架，B 点为刚节点。因为用刚节点连接的两杆，在该节点处不发生相对转动，因而刚节点处的内力除了力以外还有力偶矩。各杆的轴线在同一平面内，且该平面即是各杆的形心主惯性平面，这种刚架称为平面刚架。如外力都作用于上述平面内，而刚架发生的弯曲变形一定是平面弯曲。

　　例 9.2　图 9.8 为一平面刚架，其 C 端固定，A 端作用一竖直向下的集中力 $\boldsymbol{P}$。已知刚架的抗弯刚度与抗拉刚度分别为 EI 和 EA（二者都是常数），试求 A 端的竖直位移 δ_A。

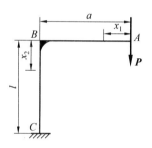

图 9.8

　　解　首先由截面法求刚架各段的内力值。轴力以拉伸为正，压缩为负，而弯矩不规定它的正负。由图 9.8 可以求出

　　AB 段：　　　　　　　　$M(x_1) = P x_1, N(x_1) = 0$

　　BC 段：　　　　　　　　$M(x_2) = Pa, N(x_2) = -p$

整个刚架的变形能可按式（9.14）分段计算，然后求出，即

$$U = \int_0^a \frac{M^2(x_1) \mathrm{d} x_1}{2EI} + \int_0^l \frac{M^2(x_2) \mathrm{d} x_2}{2EI} + \int_0^l \frac{N^2(x_2) \mathrm{d} x_2}{EA}$$

$$= \int_0^a \frac{(P x_1)^2 \mathrm{d} x_1}{2EI} + \int_0^l \frac{(Pa)^2 \mathrm{d} x_2}{2EI} + \int_0^l \frac{P^2 \mathrm{d} x_2}{EA}$$

$$= \frac{(Pa)^2}{2EI} \left(1 + \frac{a}{3}\right) + \frac{P^2 l}{2EA}$$

刚架变形过程中，A 界面的集中力 $\boldsymbol{P}$ 所做的功应等于刚架的变形能，即

$$W = \frac{1}{2} P \delta_A = U = \frac{(Pa)^2}{2EI} \left(1 + \frac{a}{3}\right) + \frac{P^2 l}{2EA}$$

由此求出 A 截面的竖直位移为

$$\delta_A = \frac{Pa^2}{EI}\left(1 + \frac{a}{3}\right) + \frac{Pl}{EA}$$

上式中的第一项对应着刚架弯曲变形引起的位移,第二项对应着刚架轴向拉压变形引起的位移。若 $a = l$,且各杆横截面为直径等于 d 的圆形,$l = 10d$,则

$$\delta_A = \frac{4}{3}\frac{Pl^3}{EI} + \frac{Pl}{EA} = \frac{4}{3}\frac{Pl^3}{EI}\left(1 + \frac{3I}{4Al^2}\right) = \frac{4}{3}\frac{Pl^3}{EI}\left(1 + \frac{3}{6\,400}\right)$$

上式括号内的第二项小于 0.05%,故在求解抗弯杆件结构的变形或位移时,一般可以不考虑轴力的影响。

例9.3　轴线为半圆形的平面曲杆如图9.9(a)所示。自由端 A 处作用有垂直于轴线所在平面的集中力,试求 A 段的竖直位移。

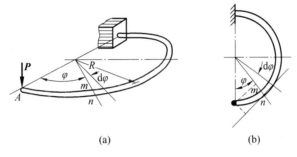

图 9.9

解　任意横截面 $m - n$ 的位置可由圆心角来确定。由图9.9(b)可以看出,截面 $m-n$ 上的扭转和弯曲分别为

$$M_n = PR(1 - \cos\varphi)$$
$$M = PR\sin\varphi$$

而 mn 处长为 $R\,\mathrm{d}\varphi$ 的微段内的变形能为

$$\mathrm{d}U = \frac{M_n^2 R\,\mathrm{d}\varphi}{2GI_p} + \frac{M^2 R\,\mathrm{d}\varphi}{2EI} = \frac{P^2 R^3 (1 - \cos\varphi)^2 \mathrm{d}\varphi}{2GI_p} + \frac{P^2 R^3 \sin^2\varphi\,\mathrm{d}\varphi}{2EI}$$

对上式积分可求出整个曲杆的变形能

$$U = \int_l \mathrm{d}U = \int_l \frac{P^2 R^3 (1 - \cos\varphi)^2 \mathrm{d}\varphi}{2GI_p} + \int_l \frac{P^2 R^3 \sin\varphi\,\mathrm{d}\varphi}{2EI}$$
$$= \frac{3P^2 R^3 \pi}{4GI_p} + \frac{P^2 R^3 \pi}{4EI}$$

设 P 力作用点 A 的竖直位移位,在变形过程中,外力所做的功在数值上等于曲杆的变形能,即

$$W = \frac{1}{2}P\delta_A = U = \frac{3P^2 R^3 \pi}{4GI_p} + \frac{P^2 R^3 \pi}{4EI}$$

由此求得

$$\delta_A = \frac{3PR^3 \pi}{2GI_p} + \frac{PR^3 \pi}{2EI}$$

9.2　莫尔定理

莫尔定理是一种可以确定结构上任意点、沿任意方向位移的有效工具,又被称为莫尔法,也被称为单位力法或单位载荷法。现在以梁为例,利用变形能的概念和特性来导出莫尔定理。

假设梁在外力 $P_1,P_2,\cdots$ 作用下发生弯曲变形,如图 9.10(a) 所示。今要确定在上述外力作用下,梁上任意一点 C 的挠度 δ。

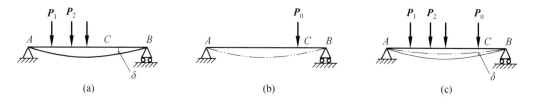

(a)　　　　　　　　　(b)　　　　　　　　　(c)

图 9.10

首先由外力可求出梁的弯矩 $M(x)$,进而按式(9.16)求得 $M(x)$ 引起的变形能

$$U=\int_l \frac{M^2(x)\mathrm{d}x}{2EI} \tag{9.20}$$

然后设想将梁上的载荷卸去,而在 C 点沿挠度方向作用一个单位力 $P_0=1$(图9.10(b)),此时梁的弯矩为 $M^0(x)$,而梁内储存的变形能为

$$U=\int_l \frac{[M^0(x)]^2\mathrm{d}x}{2EI} \tag{9.21}$$

最后在图 9.10(b) 的基础上,再将 $P_1,P_2,\cdots$ 重新加到梁上(图 9.10(c))。这时梁进一步变形,由图中的虚线位置变到实线位置。若材料在线弹性范围内,且变形很小时,外力 $P_1,P_2,\cdots$ 重新加到梁上的过程中所做的功与图 9.10(a) 的情况是相同的。即由外力 $P_1,P_2,\cdots$ 作用而增加的变形能及 C 点增加的挠度,不因梁上先有单位力 P_0 的作用而改变,亦即由这些外力作用使梁增加的变形能仍为(9.20) 式。而 C 点因这些外力增加的挠度仍为 δ,因而在 $P_1,P_2,\cdots$ 重新加载的过程中,单位力 P_0 又完成了数值为 $P_0\delta$ 的功。于是在图 9.10(c) 的情况下,梁的变形能为

$$U_1=U+U_0+P_0\delta \tag{9.22}$$

因为在 P_0 和 $P_1,P_2\cdots$ 共同作用下的弯矩为 $M(x)+M^0(x)$,因此图9.10(c)所示的梁的变形能还可以表示为

$$U_1=\int_l \frac{[M(x)+M^0(x)]^2}{2EI}\mathrm{d}x \tag{9.23}$$

(9.22) 和(9.23)式表示的变形能是相等的,即

$$U+U_0+P_0\delta=\frac{[M(x)+M^0(x)]^2}{2EI}\mathrm{d}x$$

将(9.20) 和(9.21)式代入上式左端,并考虑 $P_0=1$ 可得

$$P_0\delta=\delta=\int_l \frac{M(x)M^0(x)}{EI}\mathrm{d}x \tag{9.24}$$

这就是莫尔定理也称莫尔积分。因其位移表达式是以积分形式给出的,因而也称为莫尔积分。莫尔积分表达式中,由单位力引起的梁的弯矩 $M^0(x)$ 的符号规定与 $M(x)$ 相同。

莫尔积分式(9.24)并不限于求梁上某截面的挠度。如果要求图 9.10(a)中 C 点的转角,只需将 C 点的单位力换成一单位力偶矩,然后按照与上面相同的步骤进行推导,仍可得到莫尔积分式(9.24)。只不过此时式中 $M^0(x)$ 表示由单位力偶矩引起的梁的弯矩,而由此得到的 δ 表示所求截面 C 的转角。因而公式(9.24)中的位移 δ 是广义的。用莫尔定理求解结构位移的方法也称单位载荷法或单位力法,这里的单位载荷或单位力也是广义的。

莫尔定理还可以用来求解平面曲杆的弯曲变形,对于小曲率曲杆(曲杆轴线的曲率半径与曲杆横截面高度之比大于 5),若忽略剪力和轴力对变形的影响(影响非常小),可把求直梁变形的莫尔积分公式推而广之,得到求曲杆弯曲变形的莫尔积分

$$\delta = \int_s \frac{M(s)M^0(s)}{EI}\mathrm{d}s \tag{9.25}$$

式中,δ 既可以是曲杆的挠度,也可以是转角;s 为曲杆轴线的弧长坐标;$M(s)$ 和 $M^0(s)$ 则分别表示载荷和广义单位力作用下曲杆横截面上的弯矩。

用莫尔定理计算桁架结构的节点位移也是非常方便的。桁架结构是由许多受轴向拉伸或压缩的杆件组成的,各杆的轴力沿杆长不变,整个桁架结构的变形能可由式(9.5)计算。若要计算结构中某节点沿某一方向的位移,可在该节点作用一个指向该方向的单位力,然后按照前述方法得出计算桁架节点位移的公式

$$\delta = \sum_{n=1}^m \frac{N_t N_i^0 l_1}{EA_t} \tag{9.26}$$

式中,N_i^0 表示由单位力引起的桁架第 i 根杆件的轴力;m 为组成桁架的杆件的数目。

下面把用莫尔定理计算结构变形(位移)的公式推广到一般情况。

设某一结构中的杆件承受拉伸(或压缩)、扭转和弯曲联合作用。若要计算结构中某点在某个方向上的位移,可在该点沿该方向施加一个单位力,并按式(9.19)分别计算各杆件在载荷和单位力作用下的弯形能,然后依照前面的方法得到计算组合变形结构位移的莫尔公式

$$\delta = \sum_{i=1}^m \int_l \frac{M_i(x)M_i^{\ 0}(x)}{EI_i}\mathrm{d}x + \sum_{i=1}^m \int_l \frac{M_{ni}(x)M_{ni}^0(x)}{GI_{ni}}\mathrm{d}x + \sum_{i=1}^m \int_l \frac{N_i(x)N_i^0(x)}{EA_i}\mathrm{d}x$$

$$\tag{9.27}$$

例 9.4　受均布载荷作用的悬臂梁如图 9.11(a)所示。已知梁的抗弯刚度 EI 为常量,试用莫尔定理计算自由端 A 截面的挠度和转角。

解　首先按图 9.11(a)所取的坐标,求得在均布载荷作用下悬臂梁的弯矩方程为

$$M(x) = -\frac{qx^2}{2}$$

在计算 A 截面的挠度时,于该截面作用一单位力,如图 9.11(b)所示。由单位力引起的弯矩为

$$M^0(x) = -x$$

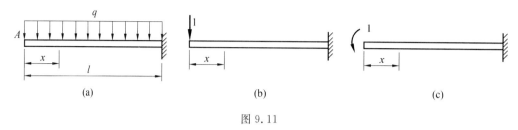

图 9.11

按莫尔定理得 A 截面的挠度为

$$f_A = \int_0^l \frac{M(x)M^0(x)}{EI}\mathrm{d}x = \int_0^l \left(-\frac{qx^2}{2}\right)(-x)\frac{\mathrm{d}x}{EI} = \frac{ql^4}{8EI}$$

f_A 为正值,表示 f_A 与单位力的方向相同,即 A 截面挠度方向向下。

　　在计算 A 截面转角时,应在该截面作用一单位力偶,如图 9.11(c)所示。由单位力偶引起的弯矩为 $M^0(x) = -1$,按照莫尔定理,A 截面的转角为

$$\theta_A = \int_0^l \frac{M(x)M^0(x)}{EI}\mathrm{d}x = \frac{1}{EI}\int_0^l \left(-\frac{qx^2}{2}\right)(-1)\mathrm{d}x = \frac{ql^3}{6EI}$$

θ_A 为正值,表示 θ_A 与单位力偶的方向相同,即 A 截面的转角为逆时针方向。

　　例 9.5　简单的桁架结构受力如图 9.12(a)所示。设桁架中各杆的抗拉(压)刚度 EA 均相同,试求 B,D 两点间的相对位移。

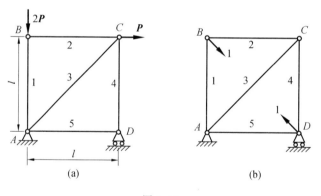

图 9.12

　　解　首先按照图 9.12(a),由节点的平衡方程求出各杆由载荷引起的轴力 N_i,列于表 9.1 中,要计算节点 B,D 间的相对位移 δ_{BD},应在 B 点和 D 点沿 B,D 的连线各作用一个单位力,且方向相反(图 9.12(b))。由这样一对单位力引起的各杆的轴力 N_i^0 也列于表 9.1 中。这时就可以用式(9.5)计算 δ_{BD},这是因为式(9.5)左端的 δ 实际上是单位力在节点位移上所做的功,而两个节点的相对位移则在数值上等于作用在这两个节点上的一对单位力在相对位移上所做的功。又由于两点间的相对位移是用靠近或远离来衡量的,因此施加的一对单位力应该是方向相反的。将表 9.1 中所列数据代入式(9.5)中,计算出 B,D 两点间的相对位移为

$$\delta_{BD} = \sum_{i=1}^5 \frac{N_i N_i^0 l_i}{EA} = \left(2 + \frac{3}{2}\sqrt{2}\right)\frac{Pl}{EA} \approx 4.12\frac{Pl}{EA}$$

δ_{BD} 的符号为正,表示 B,D 两点的相对位移与单位力的方向一致,即 B,D 两点相互靠近。

表 9.1

杆号	N_i	N_i^0	l_i	$N_i N_i^0 l_i$
1	$-2P$	$-\dfrac{\sqrt{2}}{2}$	l	$\sqrt{2}\,Pl$
2	0	$-\dfrac{\sqrt{2}}{2}$	l	0
3	$\sqrt{2}\,P$	1	$\sqrt{2}\,l$	$2Pl$
4	$-P$	$-\dfrac{\sqrt{2}}{2}$	l	$\dfrac{\sqrt{2}}{2}Pl$
5	0	$-\dfrac{\sqrt{2}}{2}$	l	0

$$\sum_{i=1}^{5} N_i N_i^0 l_i = \left(2 + \frac{3}{2}\sqrt{2}\right) Pl$$

例 9.6　圆截面刚架受力如图 9.13(a) 所示,整个刚架的抗扭刚度分别为 GI_p 和 EI,若不计剪力对变形的影响,试求刚架 C 截面沿竖直方向的位移 δ_C。

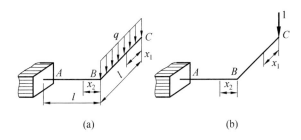

图 9.13

解　要求 C 截面的竖直位移,需在 C 截面沿竖直方向作用一个单位力(图 9.13(b))。按图 9.13(a) 和(b)所取的坐标,可计算出刚架各段在载荷与单位力单独作用引起的内力。在计算刚架内力时,各段内力的正负可仍遵循杆件在各种基本变形下的内力的符号规定。于是有

BC 段

$$M(x_1) = -\frac{qx_1^2}{2}, \quad M^0(x_1) = -x_1$$

AB 段

$$M(x_2) = -qlx_2, \quad M_n(x_2) = -\frac{ql^2}{2}$$

$$M^0(x_2) = -x_2, \quad M_n^0(x_2) = -l$$

利用式(9.27)可以求得 C 截面的数值位移为

$$\delta_C = \int_0^l \frac{M(x_1)M^0(x_1)}{EI}\mathrm{d}x_1 + \int_0^l \frac{M(x_2)M^0(x_2)}{EI}\mathrm{d}x_2 + \int_0^l \frac{M_n(x_2)M_n^0(x_2)\mathrm{d}x_2}{GI_p}$$

$$= \int_0^l \frac{\left(-\dfrac{qx_1^2}{2}\right)(-x_1)}{EI} \mathrm{d}x_1 + \int_0^l \frac{(-qlx_2)(-x_2)}{EI} \mathrm{d}x_2 + \int_0^l \frac{\left(-\dfrac{ql^2}{2}\right)(-l)\mathrm{d}x_2}{GI_p}$$

$$= \frac{11ql^4}{24EI} + \frac{ql^4}{2GI_p}$$

计算结果表明，C 点的竖直位移方向向下。

例 9.7　试求图 9.14(a) 所示的半圆弧小曲率杆自由端 A 的竖直位移及转角。抗弯刚度 EI 为常数。

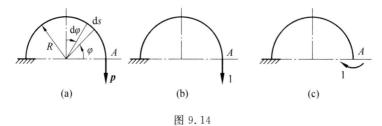

图 9.14

解　平面曲杆上的内力，一般有轴力、剪力和弯矩。但轴力和剪力对变形影响很小，可以忽略不计，只需考虑弯矩的影响。按图 9.14(a) 所取的坐标，可以求出曲杆由载荷引起的弯矩为

$$M(\varphi) = PR(1 - \cos \varphi)$$

在求 A 点的竖直位移时，因在 A 点作用一个竖直方向的集中力（图 9.14(b)），求出曲杆相应的弯矩为

$$M^0(\varphi) = R(1 - \cos \varphi)$$

然后利用式(9.25)，求出 A 点的竖直位移为

$$\delta_A = \int_l \frac{M(s)M^0(s)}{EI}\mathrm{d}s = \int_0^\pi \frac{M(\varphi)M^0(\varphi)R\mathrm{d}\varphi}{EI}\mathrm{d}s$$

$$= \frac{1}{EI}\int_0^\pi PR^2(1 - \cos \varphi)^2 R\mathrm{d}\varphi = \frac{3\pi PR^3}{2EI}$$

计算结果表明，A 点的竖直位移方向向下。

在计算 A 点的转角时，应在 A 点施加一单位力偶矩（图 9.14(c)），可求出 $M^0(\varphi) = 1$。利用式(9.25) 求得

$$\theta_A = \int_s \frac{M(s)M^0(s)}{EI}\mathrm{d}s = \int_0^\pi \frac{M(\varphi)M^0(\varphi)R\mathrm{d}\varphi}{EI} = \int_0^\pi \frac{PR(1 - \cos \varphi) \cdot 1R\mathrm{d}\varphi}{EI} = \frac{\pi PR^2}{EI}$$

计算结果表明，A 点的转角是顺时针方向的。

根据上面的讨论和分析，现将应用莫尔定理求解结构位移时的注意事项总结如下：

(1) 莫尔定理只适用于材料服从虎克定律，且变形很小的线弹性结构。

(2) 在计算结构中某处沿某个方向上的广义位移时，应在该处沿该方向单独作用一个与所求位移相应的广义单位力；若计算结构中某两点的广义相对位移，应在这两点所求位移方向各作用一个与所求位移相应的广义单位力，且这一对单位力方向相反（对于相对角位移的计算，可见 9.3 节中的例 9.10 中的讨论）。

(3) 在计算莫尔积分时，如载荷或单位载荷引起的内力函数是分段连续光滑的，积分

也应以分界点为限分段进行,各段内对于由载荷及单位力引起的内力函数所取的坐标必须一致。

9.3　计算莫尔积分的图形互乘法

在计算莫尔积分时,大多数遇到的是等截面直杆的情况。对于梁的弯曲变形,在这种情况下,抗弯刚度 EI 为常数,于是式(9.24)变为

$$\delta = \frac{1}{EI} \int_l M(x) M^0(x) \mathrm{d}x \tag{9.28}$$

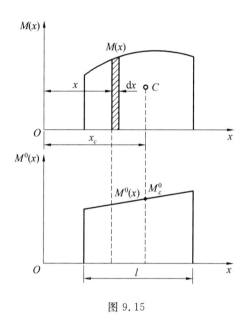

图 9.15

由于式中的 $M^0(x)$ 是由单位力引起的内力,因而 $M^0(x)$ 必须由直线或折线组成。设在荷载与单位力作用下的一段长为 l 的直杆的 $M(x)$ 和 $M^0(x)$ 图分别为图9.15的形式。其中 $M^0(x)$ 的图为一段斜直线。此直线方程为

$$M^0(x) = kx + b$$

将上式代入(9.28)式得

$$\delta = \frac{1}{EI} \int_l M(x) M^0(x) \mathrm{d}x = \frac{1}{EI} \left[k \int_l M(x) x \mathrm{d}x + b \int_l M(x) \mathrm{d}x \right] \tag{9.29}$$

式(9.29)括号内的第一个积分为整个 $M(x)$ 图形对纵坐标轴的静矩,而第二个积分则表示 $M(x)$ 图的面积。若用 ω 表示 $M(x)$ 图形的面积,用 x_c 表示 $M(x)$ 图的形心位置坐标,则(9.29)式成为

$$\delta = \frac{1}{EI} (k\omega x_c + b\omega) = \frac{\omega}{EI} (kx_c + b) \tag{9.30}$$

(9.30)式中的 $kx_c + b$ 实际上是 $M^0(x)$ 图中与 $M(x)$ 图的形心 C 相对应的纵坐标,若用 M_c^0 来表示,那么根据(9.30)式,莫尔积分公式(9.24)可写成

$$\delta = \int_l \frac{M(x)M^0(x)}{EI}\mathrm{d}x = \frac{\omega M_c^0}{EI} \tag{9.31}$$

这种将计算等直梁变形的莫尔积分运算简化为图形间的代数运算的方法称为图形互乘法,简称图乘法。

在应用图乘法计算结构的位移时,应该注意以下几点:

(1) 公式(9.31)中的 ω 代表 $M(x)$ 图形的面积;M_c^0 为 $M^0(x)$ 图中与 $M(x)$ 图的形心相对应的坐标值,而不是 $M^0(x)$ 图自身的形心坐标值。

(2) ω 与 M_c^0 都是代数量,其正负号分别同 $M(x)$ 与 $M^0(x)$ 一致。

(3) 如果 $M(x)$ 为分段光滑的曲线,或者 $M^0(x)$ 为折线,则应以相应的分界点为限,分段使用图乘法公式,然后求代数和。另外图乘法的使用也不仅限于弯曲变形,只要是求等直杆(包括分段等直杆)的变形或位移,都可以使用图乘法。

在图乘法的实际应用中,经常要计算一些图形的面积和形心的位置。常见的几种图形的面积和形心的位置由图9.16给出。

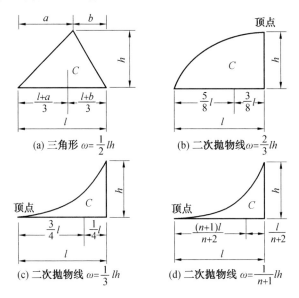

图 9.16

例 9.8 外伸梁受载如图9.17(a)所示。若抗弯刚度 EI 为常量,试求外伸端 C 的挠度。

解 为了便于计算弯矩图的面积和形心位置,可以用叠加法画外伸梁在荷载作用下的弯矩图,如图9.17(b)所示。其中面积为 ω_1 的抛物线部分是由均布载荷引起的,面积为 ω_2 和 ω_3 的折线部分是由集中力偶引起的。由单位力作用引起的 $M^0(x)$ 图由图9.17(b)给出,图中三部分 $M(x)$ 图的形心对应的 M_c^0 的值,可利用线段之间的比例关系求出。分段应用图乘法公式(9.31),然后求代数和,可求的 C 截面的挠度为

$$f_c = \frac{1}{EI}(\omega_1 M_1^0 + \omega_2 M_2^0 + \omega_3 M_3^0) =$$

$$\frac{1}{EI}\left[\frac{2}{3}\frac{ql^2}{8}l\left(-\frac{a}{2}\right) - \frac{1}{2}M_e l\left(-\frac{2a}{3}\right) - M_e a\left(-\frac{a}{2}\right)\right]$$

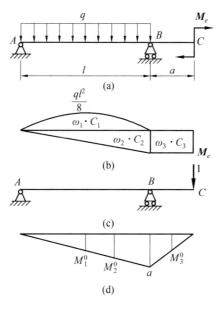

图 9.17

$$= \frac{M_e a}{EI}\left(\frac{l}{3} + \frac{a}{2}\right) - \frac{qal^3}{24EI}$$

例 9.9　抗弯刚度 EI 为常量的刚架如图 9.18(a)所示,横梁 BC 受集度为 q 的均布载荷作用。若不考虑剪力和轴力对变形的影响,试求 A 截面的竖直位移。

解　首先画出刚架在载荷作用下的弯矩图,如图 9.18(b)所示。计算 A 截面的竖直位移,需要在 A 截面作用一个竖直方向的单位力(图 9.18(c)),然后画出相应的 $M^0(x)$ 图,如图 9.18(d)所示,根据图 9.18(d),并利用图 9.16 中相应的公式,可以求出 AB 和 BC 两杆的弯矩图面积为

$$\omega_1 = \frac{1}{2} \cdot 2a \cdot 2qa^2 = 2qa^3, \quad \omega_2 = \frac{2}{3} \cdot 2qa^2 \cdot 2a = \frac{8}{3}qa^3$$

在图 9.18(d)中与 ω_1 和 ω_2 的形心对应的 M_c^0 为

$$M_1^0 = \frac{4}{3}a, \qquad M_2^0 = \frac{5}{4}a$$

于是由式(9.31),可求出 A 截面的竖直位移

$$f_A = \frac{\omega_1 M_1^0}{EI} + \frac{\omega_2 M_2^0}{EI} = \frac{1}{EI}\left(2qa^3 \cdot \frac{4}{3}a + \frac{8}{3}qa^3 \cdot \frac{5}{4}\right) = \frac{6qa^4}{EI}$$

例 9.10　带中间铰的静定梁(也称为子母梁)结构受载如图 9.19(a)所示。已知抗弯刚度 EI 为常量,试求中间铰 C 两侧截面的相对转角。

解　在利用莫尔定理计算中间铰 C 两侧截面的相对转角,应该在铰 C 的两侧截面上各作用一个单位力偶矩,且方向相反(图 9.19(b))。这是因为中间铰 C 两侧截面的相对转角,即 C 铰两侧截面的转角之和,在竖直上等于上述的一对单位力偶矩在各自角位移(转角)上所做的功之和。由荷载引起的子母梁的弯矩以按叠加法画成图 9.19(c)的形式,而由单位力偶矩引起的 $M^0(x)$ 图,则在图 9.19(d)中给出。于是由计算莫尔积分的图

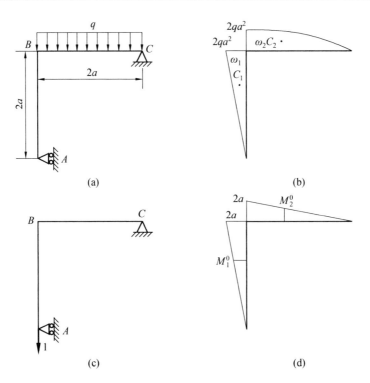

(a)　　　(b)

(c)　　　(d)

图 9.18

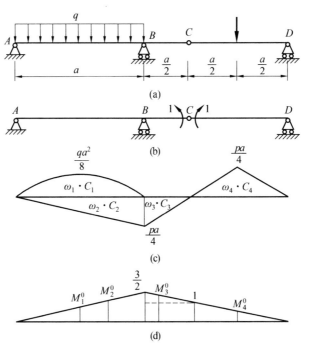

(a)

(b)

(c)

(d)

图 9.19

乘法公式(9.31)求得 C 铰两侧截面的相对转角为

$$\theta_C = \frac{1}{EI}(\omega_1 M_1^0 + \omega_2 M_2^0 + \omega_3 M_3^0 + \omega_4 M_4^0)$$

$$= \frac{1}{EI}\left[\frac{2}{3} \cdot \frac{qa^2}{8} \cdot a \cdot \frac{3}{4} - \frac{1}{2} \cdot \frac{Pa}{4} \cdot a - \frac{1}{2} \cdot \frac{Pa}{4} \cdot \frac{a}{2} \cdot \left(1 + \frac{1}{2} + \frac{2}{3}\right) + \frac{1}{2} \cdot \frac{Pa}{4} \cdot a \cdot \frac{1}{2}\right]$$

$$= \frac{1}{EI}\left(\frac{qa^3}{16} - \frac{7Pa^2}{48}\right)$$

9.4 卡 氏 定 理

9.4.1 卡氏定理及其证明

卡氏定理也是计算线弹性结构变形的有效工具之一。

举例说明。设一抗弯刚度为 EI 的等直悬臂梁的自由端 A 受集中力 P 的作用,不难求出悬臂梁内储存的变形能为

$$U = \int_l \frac{M^2(x)\mathrm{d}x}{2EI} = \int_0^l \frac{P^2 x^2 \mathrm{d}x}{2EI} = \frac{P^2 l^3}{6EI}$$

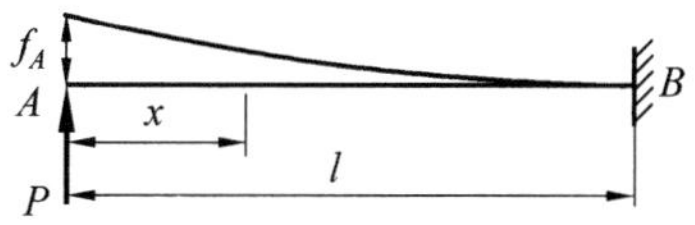

图 9.20

梁内的变形能在数值上等于外力功 W,即

$$U = W = \frac{1}{2}Pf_A$$

由此求出悬臂梁自由端的挠度为

$$f_A = \frac{Pl^3}{3EI}$$

若将梁的变形能 U 对 A 截面处的集中力 P 求偏导数,则有

$$\frac{\partial U}{\partial P} = \frac{\partial}{\partial P}\left(\frac{P^2 l^3}{6EI}\right) = \frac{Pl^3}{3EI}$$

这正好等于自由端挠度。因此

$$\frac{\partial U}{\partial P} = f_A$$

即梁的变形能对集中力 P 的偏导数等于 P 力作用点沿 P 力作用方向的位移。对例9.2中的曲杆的变形能关于载荷 P 的偏导数,也可以得出相同的结论。这些结论并不是偶然的巧合,而是反映了一个普遍规律,此即为卡氏定理。

卡氏定理可以叙述为:弹性体内的变形能对任一载荷的偏导数等于该载荷作用点沿载荷作用方向的位移,即

$$\delta_n = \frac{\partial U}{\partial P_n} \tag{9.32}$$

这是意大利工程师卡斯提列诺在 1873 年提出来的,也称卡氏第二定理。

现在以梁为例来证明这一定理。设作用在梁上的一组静载荷 $P_1, P_2, \cdots$ 使梁发生弹性变形,与这些载荷响应的位移为 $\delta_1, \delta_2, \cdots$。

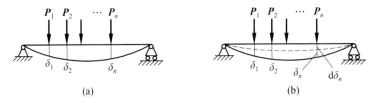

(a)　　　　　　　　　　　　　(b)

图 9.21

在变形过程中,上述载荷所做的功等于梁内储存的变形能,即变形能 U 为载荷 P_1, $P_2, \cdots$ 的函数,可以表示为

$$U = U(P_1, P_2, \cdots) \tag{9.33}$$

如果给上述载荷中的某一个 P_n 以增量 $\mathrm{d}P_n$,则变形能 U 也将有一增量 $\dfrac{\partial U}{\partial P_n}\mathrm{d}P_n$,这样梁的弹性变形能可以写成

$$U_1 = U + \frac{\partial U}{\partial P_n}\mathrm{d}P_n \tag{9.34}$$

改变加载次序,首先在梁上加 $\mathrm{d}P_n$,然后再作用 $P_1, P_2, \cdots$。若材料服从虎克定律,且变形很小时,各外力引起的变形是独立的,互不影响。在首先加 $\mathrm{d}P_n$ 时,$\mathrm{d}P_n$ 引起其作用点沿着与其同方向的位移 $\mathrm{d}\delta_n$,此时梁内的变形能应为 $\dfrac{1}{2}\mathrm{d}P_n \cdot \mathrm{d}\delta_n$。而后在作用载荷 P_1, $P_2, \cdots$ 过程中,由于 P_n 在 $\mathrm{d}P_n$ 方向上引起了位移 δ_n,因此 $\mathrm{d}P_n$ 又继续完成了 $\mathrm{d}P_n \cdot \delta_n$ 的做功。而由载荷 $P_1, P_2, \cdots$ 引起的变形能仍为(9.33)式,于是在上述改变次序的加载全部完成后,梁内储存的变形能应为

$$U_2 = \frac{1}{2}\mathrm{d}P_n \cdot \mathrm{d}\delta_n + \mathrm{d}P_n \cdot \delta_n + U \tag{9.35}$$

因为弹性体内的变形能只取决于载荷与变形的最终值,而与加载次序无关,所以由(9.34)式和(9.35)式表示的两种不同加载次序引起的弹性体的变形能应该相等,即

$$U_1 = U_2$$

$$U + \frac{\partial U}{\partial P_n}\mathrm{d}P_n = \frac{1}{2}\mathrm{d}P_n \cdot \mathrm{d}\delta_n + \mathrm{d}P_n \cdot \delta_n + U$$

忽略二阶微量,即可得

$$\delta_n = \frac{\partial U}{\partial P_n}$$

这正是卡氏定理的表达式(9.32)。

上面的证明虽然是以梁为例给出的,但其中并没有涉及弯曲变形的特点,因此卡氏定理同样适合于发生其他变形的杆件结构。公式(9.32)中的载荷 P_n 和位移 δ_n,也可以分别表示力偶矩和与之相应的角位移,因而是广义的。关于卡氏定理的适用范围,可以从上面的推导过程中看出。因为在计算变形能时,曾假定材料服从虎克定律,所以卡氏定理只

适用于线弹性结构。

9.4.2　卡氏定理的特殊形式

下面来看看卡氏定理的表达式在杆件的几种变形下的具体形式。

1. 桁架

对于桁架结构、各件的变形均是单向拉伸或压缩。若整个桁架由 m 根杆组成,那么整个结构的变形能可用式(9.5)计算,即

$$U = \sum_{i=1}^{m} \frac{N_i^2 l_i}{2EA_i}$$

按照卡氏定理有

$$\delta_n = \frac{\partial U}{\partial P_n} = \sum_{i=1}^{m} \frac{N_i l_i}{EA_i} \frac{\partial N_i}{\partial P_n} \qquad (9.36)$$

2. 直梁

对于发生平面弯曲的直梁,变形能可以用式(9.14)计算,即

$$U = \int_l \frac{M^2(x)\mathrm{d}x}{2EI}$$

应用卡氏定理得

$$\delta_n = \frac{\partial U}{\partial P_n} = \frac{\partial}{\partial P_n}\left(\int_l \frac{M^2(x)\mathrm{d}x}{2EI}\right)$$

上式中只有弯矩 $M(x)$ 与载荷 P_n 有关,积分变量 x 和 P_n 无关,因而可以将被积函数先对 P_n 求偏导数,然后再积分。

$$\delta_n = \frac{\partial U}{\partial P_n} = \int_l \frac{M(x)}{EI} \frac{\partial M(x)}{\partial P_n}\mathrm{d}x \qquad (9.37)$$

3. 平面曲杆

平面小曲率曲杆,其应力分布与直梁很相似。弯曲变形能可以写成

$$U = \int_s \frac{M^2(s)\mathrm{d}s}{2EI}$$

按照卡氏定理得

$$\delta_n = \frac{\partial U}{\partial P_n} = \int_s \frac{M(s)}{EI} \frac{\partial M(s)}{\partial P_n}\mathrm{d}s \qquad (9.38)$$

4. 组合变形杆件

对于承受拉伸(压缩)、弯曲和扭转联合作用的杆件,变形能可以由式(9.19)写出,即

$$U = \int_l \frac{N^2(x)\mathrm{d}x}{2EA} + \int_l \frac{M^2(x)\mathrm{d}x}{2EI} + \int_l \frac{M_n^2(x)\mathrm{d}x}{2GI_n}$$

应用卡氏定理得

$$\delta_n = \frac{\partial U}{\partial P_n} = \int_l \frac{N(x)}{EA} \frac{\partial N(x)}{\partial P_n}\mathrm{d}x + \int_l \frac{M(x)}{EI} \frac{\partial M(x)}{\partial P_n}\mathrm{d}x + \int_l \frac{M_n(x)}{GI_n} \frac{\partial M_n(x)}{\partial P_n}\mathrm{d}x$$

$$(9.39)$$

上式也适合于小曲率杆的变形计算,只要将其中的直杆轴线的长度坐标 x 换成曲杆轴线弧长坐标 s 即可。

例 9.11　简支梁受载如图 9.22 所示,若抗弯刚度 EI 为常量,试求左端 A 截面的转角和梁的中点 C 的挠度。

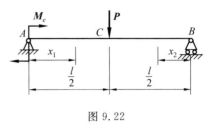

图 9.22

解　由于在简支梁左端 A 有集中力偶矩 M_e,在跨度中点 C 有集中力 $\mathbf{P}$,因此可以直接应用卡氏定理求解 A 截面的转角和截面 C 的挠度。首先应分段建立梁的弯矩方程 $M(x)$,并求出弯矩对载荷 M_e 和 P 的偏导数,然后分别代入公式(9.37)进行积分,按图9.22 中所取的坐标,有

AC 段:

$$M(x_1) = M_e + \left(\frac{P}{2} - \frac{M_e}{l}\right)x_1$$

$$\frac{\partial M(x_1)}{\partial M_e} = 1 - \frac{x_1}{l} \qquad \frac{\partial M(x_1)}{\partial P} = \frac{x_1}{2}$$

BC 段:

$$M(x_2) = \left(\frac{P}{2} + \frac{M_e}{l}\right)x_2$$

$$\frac{\partial M(x_2)}{\partial M_e} = \frac{x_2}{l} \qquad \frac{\partial M(x_2)}{\partial P} = \frac{x_2}{2}$$

分别代入(9.37)积分,可以求出 A 截面的转角和 C 截面的挠度为

$$\theta_A = \frac{\partial U}{\partial M_e} = \int_l \frac{M(x)}{EI} \frac{\partial M(x)}{\partial M_e} dx$$

$$= \frac{1}{EI} \int_0^{\frac{l}{2}} \left[\left(\frac{P}{2} - \frac{M_e}{l}\right)x_1 + M_e\right]\left(1 - \frac{x_1}{l}\right)dx_1 +$$

$$\frac{1}{EI} \int_0^{\frac{l}{2}} \left(\frac{P}{2} + \frac{M_e}{l}\right)x_2 \frac{x_2}{l} dx_2 = \frac{M_e l}{3EI} + \frac{Pl^2}{16EI}$$

$$f_c = \frac{\partial U}{\partial P} = \int_l \frac{M(x)}{EI} \frac{\partial M(x)}{\partial P} dx$$

$$= \frac{1}{EI} \int_0^{\frac{l}{2}} \left[\left(\frac{P}{2} - \frac{M_e}{l}\right)x_1 + M_e\right]\frac{x_1}{2} dx_1 +$$

$$\frac{1}{EI} \int_0^{\frac{l}{2}} \left(\frac{P}{2} + \frac{M_e}{l}\right)x_2 \frac{x_2}{2} dx_2 = \frac{M_e l^2}{16EI} + \frac{Pl^3}{48EI}$$

皆为正号,表明他们的方向分别与 M_e 和 P 的方向相同。

9.4.3　卡氏定理的特殊处理

通过卡氏定理的表现形式以及上面的分析讨论可知,用卡氏定理计算结构某处沿某一方向的广义位移,该处需要有与所求广义位移的形式及方向相应的广义外力。如例9.11 中需要求简支梁左端 A 的转角和中点 C 的挠度,而在这两个截面处恰好有相应的集中力偶和集中力。如果在所求广义位移处并没有与之相应的广义力,则不能直接应用卡氏定理求结构的位移,而需要采用附加力法,即设想在所求的广义位移处附加一个与所求位移相应的广义力,然后再应用卡氏定理进行求解。下面就通过例题来具体阐述这种方法。

例 9.12　试求图 9.23 所示的刚架 B 点的水平位移和 C 点的转角。

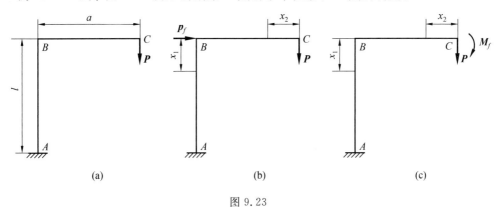

图 9.23

解　计算 B 截面的水平位移时,因 B 点无水平集中力作用,无法直接应用卡氏定理。为此设想在 B 截面附加一水平力 $\boldsymbol{P}_f$(图 9.23(b)),然后求出刚架在原有外力与 $\boldsymbol{P}_f$ 共同作用下的弯矩及其对 $\boldsymbol{P}_f$ 的偏导数分别为

AB 段:

$$M(x_1) = (Pa + P_f x_1)$$

$$\frac{\partial M(x_1)}{\partial P_f} = x_1$$

BC 段:

$$M(x_2) = Px_2$$

$$\frac{\partial M(x_2)}{\partial P_f} = 0$$

应用卡氏定理计算刚架在图 9.23(b) 情况下,B 截面的水平位移为

$$\delta_B = \int_l \frac{M(x)}{EI} \frac{\partial M(x)}{\partial P_f} \mathrm{d}s$$

$$= \frac{1}{EI} \int_0^l (Pa + P_f x_1)(x_1) \mathrm{d}x_1 + \frac{1}{EI} \int_0^a Px_2 \cdot 0 \mathrm{d}x_2$$

$$= \frac{1}{EI} \left(\frac{Pal^2}{2} + \frac{P_f l^3}{3} \right) \tag{9.40}$$

这里求出的 B 截面的水平位移是在原有载荷与 $\boldsymbol{P}_f$ 共同作用的结果,无论 $\boldsymbol{P}_f$ 为何值,都是正确的。因为在实际的刚架中并没有 $\boldsymbol{P}_f$ 这个力,所以只要令(9.40)式中 $\boldsymbol{P}_f$ 等于 0,即可求出在原有载荷作用下 B 截面的水平位移为

$$\delta_B = \frac{Pal^2}{2EI} \tag{9.41}$$

在计算 C 截面的转角时,可在 C 处附近加一个集中力偶矩 M_f(图 9.23(c)),然后求出刚架在原有载荷与 M_f 共同作用下的弯矩及其对 M_f 偏导数分别为

AB 段:

$$M(x_1) = (Pa + M_f), \frac{\partial M(x_1)}{\partial M_f} = 1$$

BC 段：

$$M(x_2)=(Px_2+M_f),\frac{\partial M(x_2)}{\partial M_f}=1$$

应用卡氏定理，并在积分前令 M_f 等于 0，求得 C 截面的转角为

$$\theta_C=\frac{1}{EI}\int_0^l(Pa)(1)\mathrm{d}x_1+\frac{1}{EI}\int_0^a(Px_2)(1)\mathrm{d}x_2=\frac{Pa}{EI}(l+\frac{a}{2})$$

δ_B 和 θ_C 为正值，说明其方向与附加力、附加力偶矩方向相同。

例 9.13　轴线为四分之一圆周的平面曲杆，如图 9.24(a) 所示，曲杆的 A 端固定，自由端 B 上作用有竖直集中力 $\boldsymbol{P}$，求 B 点的竖直和水平位移。已知抗弯刚度 EI 为常量。

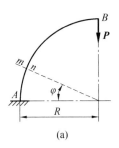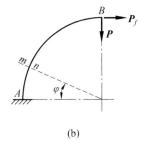

图 9.24

解　首先计算 B 点的竖直位移 $(\delta_B)_{\text{竖直}}$。由图 9.24(a) 所取的坐标，可得到曲杆任意横截面 mm 上的弯矩为

$$M=PR\cos\varphi$$

所以

$$\frac{\partial M}{\partial P}=R\cos\varphi$$

利用计算曲杆变形的卡氏定理表达式(9.38) 得

$$(\delta_B)_{\text{竖直}}=\int_s\frac{M}{EI}\frac{\partial M}{\partial P}\mathrm{d}s=\frac{1}{EI}\int_0^{\frac{\pi}{2}}PR\cos\varphi\cdot R\cos\varphi\cdot R\mathrm{d}\varphi=\frac{PR^3\pi}{4EI}$$

由于 B 点无水平载荷，在计算 B 点的水平位移时，需要在 B 点附加一水平力 $\boldsymbol{P}_f$，如图 9.24(b) 所示，此时曲杆的任意截面 mn 上的弯矩及其对 $\boldsymbol{P}_f$ 的偏导数分别为

$$M=PR\cos\varphi+P_fR(1-\sin\varphi)$$

$$\frac{\partial M}{\partial P_f}=R(1-\sin\varphi)$$

应用卡氏定理

$$(\delta_B)_{\text{水平}}=\left[\int_s\frac{M}{EI}\frac{\partial M}{\partial P_f}\mathrm{d}s\right]_{P_f=0}=\frac{1}{EI}\int_0^{\frac{\pi}{2}}PR\cos\varphi\cdot R(1-\sin\varphi)\cdot R\mathrm{d}\varphi=\frac{PR^3}{2EI}$$

关于卡氏定理应用，应该注意如下几点：

(1) 卡氏定理只适用于线弹性且变形很小的结构；

(2) 用卡氏定理求结构某处的广义位移时，该处需要有与所求位移相应的广义力；若该处没有相应的广义力，则需采用附加力法；

(3) 在采用附加力法计算结构的位移时，最好在求出内力对附加载荷的偏导数后，即

令相应的表达式中的附加载荷为零,这样可以使计算过程得到简化。

作为本节的结尾,让我们来比较一下莫尔定理与卡氏定理。莫尔定理与卡氏定理都用来求解线弹性杆件结构的变形或位移,两者实质上是相同的。就梁的弯曲变形来说,用卡氏定理求解位移的表达式为

$$\delta_n = \int_l \frac{M(x)}{EI} \frac{\partial M}{\partial P_n} \mathrm{d}x$$

莫尔积分表达式为

$$\delta = \int_l \frac{M(x)M^0(x)}{EI} \mathrm{d}x$$

由于偏导数 $\dfrac{\partial M(x)}{\partial P_n}$ 实际上代表 $P_n = 1$ 时的弯矩,因而 $\dfrac{\partial M(x)}{\partial P_n}$ 与 $M^0(x)$ 是相等的。对于刚架、桁架、曲杆或组合变形杆件也可以得出相似的结论,莫尔积分可以由卡氏定理推导出来。

用莫尔定理和卡氏定理计算杆件结构的位移各有其优越性,应根据具体情况灵活运用。当结构所求广义位移处有与之相应的广义力时,用卡氏定理进行求解比较方便,因为不必像莫尔定理那样,再去求由单位载荷引起的内力;而当结构所求广义位移处没有与之相应的广义力时,采用莫尔定理则比较简单,因为对于这种情况,如应用卡氏定理,则需要采用附加力法,而计算结构在原有载荷及附加载荷共同作用下的内力往往是比较繁琐的。

9.5　功的互等定理和位移互等定理

线弹性情况下的功的互等定理和位移互等定理在结构分析中是重要的。它可以简化许多问题的求解工作。下面以梁为例推导这两个互等定理。

9.5.1　功的互等定理

图 9.25 所示梁在支座约束下无刚体位移,并设 1,2 为梁上的任意两个点。单独作用于 1 点的载荷 P_1 引起 1 点的位移是 δ_{11},引起 2 点的位移是 δ_{21}(图 9.25(a));单独作用于 2 点的载荷 P_2,引点 1 点的位移是 δ_{12},引起 2 点的位移是 δ_{22}(图 9.25(b))。位移 δ_{ij} 的第一个下标 i 表示位移发生在 i 点,且沿着载荷 P 的方向;第二个下标 j 表示位移由作用于 j 点的载荷 P_1 引起。例如 δ_{12} 表示由作用于 2 点的载荷引起的 1 点的位移,且该位移沿着 1 点载荷的方向。

先将 P_1 按静载荷方式加到梁上,然后再将 P_2 也按静载荷方式加到梁上,最后达到静力平衡位置。如图 9.25(c)所示。在线弹性体、小变形条件下,载荷 P_1,P_2 引起的变形是各自独立的,叠加原理可以应用。在作用 P_1 的过程中,P_1 所做的功为 $\dfrac{1}{2}P_1\delta_{11}$,而后在作用 P_2 的过程中,P_1 又完成了数量为 $P_1\delta_{12}$ 的功,P_2 则做了数量为 $\dfrac{1}{2}P_2\delta_{22}$ 的功。因而在达到最终的平衡位置时,梁内储存的变形能为

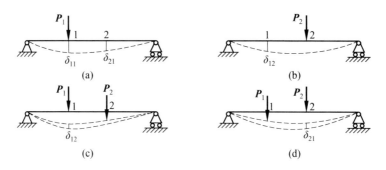

图 9.25

$$U_1 = \frac{1}{2}P_1\delta_{11} + P_1\delta_{12} + \frac{1}{2}P_2\delta_{22}$$

改变加载次序,按静载荷方式先加 P_2 后作用 P_1,最后达到静平衡位置(图 9.25(d))。 在作用 P_2 过程中,P_2 已做了功 $\frac{1}{2}P_2\delta_{22}$,而后在作用 P_1 过程中,P_2 又继续完成了功 $P_2\delta_{21}$,而 P_1 则完成数量为 $\frac{1}{2}P_1\delta_{11}$ 的功。 在最终的静平衡位置,梁内储存的变形能为

$$U_2 = \frac{1}{2}P_2\delta_{22} + P_2\delta_{21} + \frac{1}{2}P_1\delta_{11}$$

因为弹性变形能与加载次序无关,故由(9.33)式与(9.34)式表示的梁内的变形能 U_1 和 U_2 应该相等。 于是得到

$$P_1\delta_{12} = P_2\delta_{21} \tag{9.42}$$

这就是功的互等定理。 它可以叙述为:载荷 P_1 在由载荷 P_2 引起的相应位移上所做的功,等于载荷 P_2 在由载荷 P_1 引起的相应的位移上所做的功。 功的互等定理也称为贝提(E. Betti)互换定理。

9.5.2　位移互等定理

位移互等定理可在功的互等定理的基础上得到。 如果令式(9.42)中的 $P_1 = P_2$,则可得到

$$\delta_{12} = \delta_{21} \tag{9.43}$$

这就是位移互等定理。 叙述为:1 点由作用于 2 点的载荷引起的与 1 点的载荷相应的位移,等于 2 点由作用于 1 点的同一数值的载荷引起的与 2 点的载荷相应的位移。 位移互等定理由马克思威尔(J. C. Maxwell)在 1864 年提出,也称为马克思威尔互换定理。

在推导功的互等定理和位移互等定理时,并未涉及载荷与位移的形式,因此公式(9.42)和公式(9.43)中的位移和载荷都是广义的。 如把集中力换成集中力偶矩,线位移相应地换成角位移,以及把 1,2 两个载荷作用点换成同一个点的两个不同方向,结论仍然成立。 又因为在两个互等定理的推导过程中并没涉及过哪一种具体变形的特点,所以两个互等定理也适用于刚架、曲杆、桁架及组合变形结构等。 另外从公式的推导过程中不难看出,两个互等定理的适用范围仅限于变形很小的线弹性结构。

例 9.14　利用功的互等定理证明,槽钢梁横截面的弯曲中心和扭转中心是重合的。

证明　扭转中心是指截面在扭转力偶矩作用下,位移为零的点,即扭转变形是绕该点发生的。设 1,2 两点分别为槽钢梁横截面的弯曲中心和扭转中心(可以不在截面的实体上),如图 9.26 所示。x,y 是以弯曲中心 1 为交点的水平轴和竖直轴。现于截面内沿 y 轴方向作用一集中力 P,如图 9.26(a) 所示,由弯曲中心的概念可知,整个截面无扭转现象,横截面由 P 引起的绕扭转中心 2 点的扭转角 $\delta_{21}=0$。解除力 P,而在扭转中心 2 点作用一扭转力偶矩 M,如图 9.26(b) 所示。设由 M 引起的 1 点的竖直位移为 δ_{12},那么按照功的互等定理应有 $P\delta_{12}=M\delta_{21}$,由于 $\delta_{21}=0$,因此必然有 $\delta_{12}=0$,即由 M 引起的 1 点的竖直位移为零,这样扭转中心 2 点一定在 y 轴上。再将力 P 改为沿 x 轴的水平力,如图 9.26(c) 所示,重复上述讨论过程可以证得,扭转中心 2 点一定也在 x 轴上。因而扭转中心 2 点一定在 x 轴与 y 轴的交点 1 上,这就证明了槽钢梁横截面的弯曲中心与扭转中心是重合的。

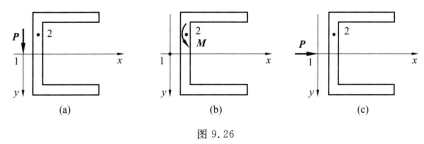

图 9.26

习　　题

9 — 1　两根圆截面直杆的材料相同,试比较两根杆件的变形能。

答案:(a)$U=\dfrac{2P^2l}{\pi Ed^2}$,　(b)$U=\dfrac{7P^2l}{8\pi Ed^2}$

9 — 2　图示桁架各杆的 EA 相同,试求在 D 点的 P 力作用下,桁架的变形能。

答案:$U=\dfrac{9+10\sqrt{3}}{12}\dfrac{P^2a}{EA}$

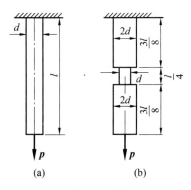

题 9 — 1 图

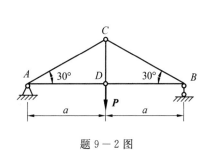

题 9 — 2 图

9 — 3　计算图示各杆件结构的变形能。

答案:(a)$U=\dfrac{5P^2l^3}{384EI}$,　(b)$U=\dfrac{\pi P^2R^3}{8EI}$

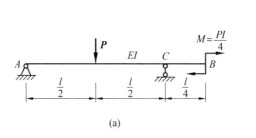
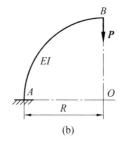

(a)　　　　　　　　　　　(b)

题 9－3 图

9－4　试求图示各梁的 A 点的挠度的转角。

答案:(a)$\delta_A=\dfrac{2qa^4}{3EI}(\downarrow),\theta_A=\dfrac{5qa^3}{6EI}(逆);(b)\delta_A=\dfrac{q_0l^4}{30EI}(\downarrow),\theta_A=\dfrac{q_0l^3}{24EI}(顺)$

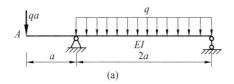
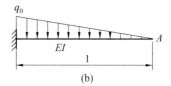

(a)　　　　　　　　　　　(b)

题 9－4 图

9－5　试求图示阶梯截面梁在 **P** 力作用下 A 截面的转角和 B 截面的挠度,弹性模量 E 已知。

答案:(a)$\theta_A=\dfrac{5Pa^2}{4EI}(逆),f_B=\dfrac{5Pa^3}{12EI}(\downarrow);(b)\delta_A=\dfrac{Pa^2}{EI}(顺),f_B=\dfrac{5Pa^3}{6EI}(\downarrow)$

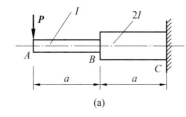
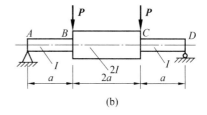

(a)　　　　　　　　　　　(b)

题 9－5 图

9－6　试求图示各刚架 A 点的竖直位移,已知刚架各杆的 EI 相等。

答案:(a)$\delta_A=\dfrac{1}{EI}\left(\dfrac{Pa^3}{3}+Pa^2l+\dfrac{1}{6}ql^3a\right)(\downarrow);(b)\delta_A=\dfrac{11Pa^3}{6EI}(\downarrow)$

9－7　图示正方形桁架各杆的 EA 相同,试求节点 C 处的水平位移和竖直位移。

答案:$x_C=3.83\dfrac{Pl}{EA}(\leftarrow),y_C=\dfrac{Pl}{EA}(\uparrow)$

9－8　图示正方形桁架各杆的 EA 相同,试求在载荷 P 作用下,节点 B 和 D 之间的相对位移。

答案:$\delta_{BD}=2.71\dfrac{Pl}{EA}(靠近)$

9－9　轴线为四分之一圆周的平面曲杆位于水平面内。A 端固定,自由端 B 受竖直

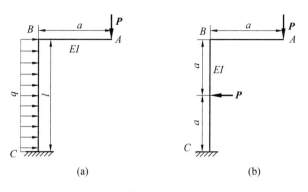

题 9-6 图

力 P 作用。设 EI 和 GI_P 为常量,试求截面 B 在竖直方向的位移。

答案:$\delta_B = PR^3 \left(\dfrac{0.785}{EI} + \dfrac{0.356}{GI_p} \right)$ $(\downarrow)$

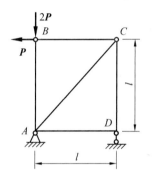

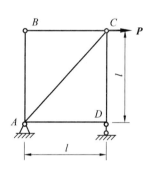

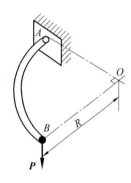

题 9-7 图   题 9-8 图   题 9-9 图

9-10 试求图示半圆形平面曲杆 B 点的水平位移。EI 等于常量。

答案:$\delta_B = \dfrac{PR^3}{2EI}$ $(\rightarrow)$

9-11 如题 9-11 图所示,水平面内的刚架由圆截面折杆组成,转折处均为直角,求 A 点沿竖直集中力 P 方向的位移。EI 和 GI_P 已知。

答案:$\delta_A = \dfrac{P}{3EI}(8a^2 + b^3) + \dfrac{Pab}{GI_n}(a+b)$ $(\downarrow)$

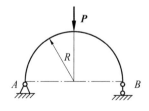

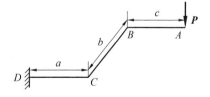

题 9-10 图   题 9-11 图

9-12 如题 9-12 图所示,有切口的平均半径为 R 的细圆环,截面为圆形,其直径为 d。试求在两个力 P 作用下切口 AB 的张开量。弹性模量 E 已知。

答案:$\delta_{AB} = \dfrac{3\pi PR^3}{EI}$

9－13　如题9－13图所示直角刚架 $CEFD$ 各杆的抗弯刚度相等,A,B,C,D 均为铰。试求在一对水平集中力 P 作用下,节点 A 和节点 B 之间的相对位移。

答案:$\delta_{AB} = \dfrac{17\sqrt{3}}{24} \dfrac{Pl^3}{EI}$

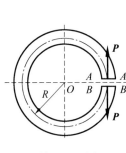

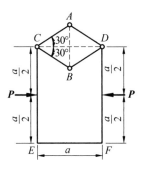

题 9－12 图　　　　　　　　　　题 9－13 图

9－14　如题9－14图所示,等截面平面曲杆的轴线为四分之三圆周,AB 杆为刚性杆。试求作用于曲杆中心的集中力 P 引起的 B 截面的水平位移及竖直位移(力 P 在曲杆平面内)。

答案:$x_B = \dfrac{PR^3}{2EI}(\leftarrow),\ y_B = 3.36\dfrac{PR^3}{EI}(\downarrow)$

9－15　如题9－15图所示,子母梁以中间铰 C 相连。试求梁在图示载荷作用下铰 C 的竖直位移和铰 C 两侧截面的相对转角。

答案:$\theta = \dfrac{1}{EI}\left(\dfrac{ql^3}{6} - \dfrac{3Pl^2}{32}\right)$

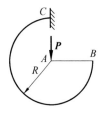

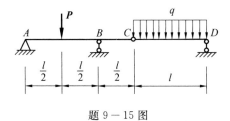

题 9－14 图　　　　　　　　　　题 9－15 图

9－16　题9－16图所示直角刚架各杆的抗弯刚度 EI 相同,抗扭刚度 GI_n 也相等。试求在力 P 作用下 A 截面与 C 截面的水平位移。

答案:$x_A = 3.5\dfrac{Pa^3}{EI}(\leftarrow),\ x_B = Pa^2\left(\dfrac{3}{2EI} + \dfrac{1}{GI_n}\right)(\leftarrow)$

9－17　正方形刚架各部分的抗弯刚度 EI 与抗扭刚度 GI_n 均相等。DC 中点 E 处有一切口,在一对垂直于刚架平面的水平力 P 作用下,试求切口两侧的相对水平位移 δ。

答案:$\delta = \dfrac{5Pl^3}{6EI} + \dfrac{3Pl^3}{2GI_n}$

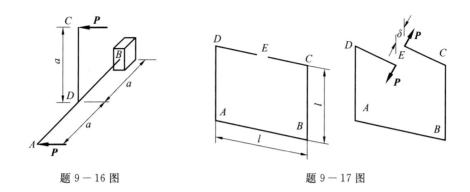

题 9 - 16 图   题 9 - 17 图

第 10 章　　超静定系统

在前面讨论杆件的基本变形和能量法时,曾讨论过一些简单的超静定问题,如拉压超静定问题和弯曲超静定问题等,本章将对这类问题作进一步的探讨。

10.1　超静定系统概述

在实际工程中,往往通过加强对构件的约束来提高结构的强度和刚度。

图 10.1(a) 所示的平面刚架结构的两个固定端共有六个约束反力,由静力平衡方程无法求出全部未知反力,这样的结构称为超静定结构,或超静定系统。未知力超出静力平衡方程的数目称为系统的超静定次数。例如图 10.1(a) 为三次超静定。还有些结构,支反力可以由静力平衡方程完全确定,但杆件的内力却无法由平衡方程全部求出,因此系统也是超静定的。例如桥式起重机大梁在工作时,为减小变形,往往在大梁的下侧增加一根拉杆(图 10.1(b))。这时支座 A, B 的约束反力可由静力平衡方程求出,但由于增加了拉杆,使弯矩和轴力的求解成为超静定问题。这类内力不能全部由静力平衡方程求出的系统,称为内力超静定系统。像闭合曲杆、封闭框架以及超静定桁架等都属于内力超静定系统。

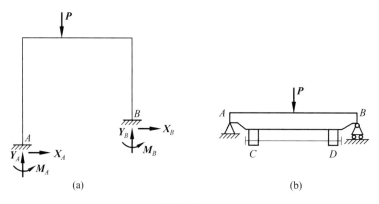

图 10.1

前述的求解弯曲超静定问题的方法推广到一般超静定系统也是适用的,即先解除多余的约束得到静定基,并以未知的多余约束反力代替解除的多余约束作用于静定基上;再建立静定基在载荷和多余约束力共同作用下,多余约束处的变形协调条件;最后结合物理方程和静力平衡方程解出多余约束反力。其中建立变形协调条件是关键。由于多余约束反力的数目即是超静定的次数,因而,为解出全部多余约束反力,建立的变形协调条件的数目应等于系统的超静定次数。

10.2　用变形能法解超静定问题

求解超静定问题的关键是建立变形协调条件,并由此得到静力平衡方程以外的补充方程。由变形协调条件得到补充方程这一步,可以利用变形能法来完成。下面通过例题来说明用变形能法对超静定系统的求解。

例 10.1　三支座等直梁受集度为 q 的均布载荷作用(10.2(a))。试画出梁的弯矩图。

解　首先将支座 B 作为多余约束,解除后代以反力 $\boldsymbol{R}_B$,形成静定基为图 10.2(b)所示。由于 B 处的挠度为零,故变形条件为

$$f_B = 0$$

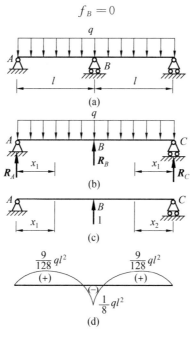

图 10.2

现利用莫尔积分由上式得到补充方程。

在静定基上与 B 支座对应处作用一竖直单位力(图 10.2(c))。由图可分别得到在载荷和 $\boldsymbol{R}_B$ 共同作用下的弯矩 $M(x)$ 及单位力引起的弯矩 $M^0(x)$ 为

AB 段:

$$M(x_1) = qlx_1 - \frac{qx_1^2}{2} - \frac{R_B x_1}{2}, M^0(x_1) = -\frac{x_1}{2}$$

BC 段:

$$M(x_2) = qlx_2 - \frac{qx_2^2}{2} - \frac{R_B x_2}{2}, M^0(x_2) = -\frac{x_2}{2}$$

根据莫尔积分,梁在均布载荷和 $\boldsymbol{R}_B$ 共同作用下

$$f_B = \int_l \frac{M(x) M^0(x)}{EI} \mathrm{d}x = 2 \int_0^l \frac{1}{EI} \left(qlx_1 - \frac{qx_1^2}{2} - \frac{R_B x_1}{2} \right) \left(-\frac{x_1}{2} \right) \mathrm{d}x_1 = 0$$

解得

$$\frac{1}{EI} \left(\frac{R_B l^3}{6} - \frac{5ql^4}{24} \right) = 0$$

求得

$$R_B = \frac{5ql}{4}$$

解出 R_B 后,由静力平衡方程可以求出 A, C 支座的反力为

$$R_A = R_C = \frac{3ql}{8}$$

作弯矩图如图 10.2(d) 所示。

例 10.2　超静定刚架受载荷如图 10.3(a)。若抗弯刚度 EI 为常量,试作出刚架的弯矩图。

解　首先将支座 C 作为多余约束,解除后代以反力 $\mathbf{R}_C$,形成静定基为图 10.3(b) 所示。由于 C 处原为活动铰支座,故变形条件为竖直向位移为零

$$\delta_C = 0$$

现利用卡氏定理由上式得到补充方程。由图 10.3(b) 可得各杆的弯矩及其对 $\mathbf{R}_C$ 的偏导数为

AB 段:

$$M(x_1) = R_C l - P x_1, \frac{\partial M}{\partial R_C} = l$$

BC 段:

$$M(x_2) = R_C x_2, \frac{\partial M}{\partial R_C} = x_2$$

由卡氏定理,刚架在 C 处的竖直向位移为

$$\delta_C = \frac{\partial U}{\partial R_C} = \int_l \frac{M(x)}{EI} \frac{\partial M(x)}{\partial R_C} \mathrm{d}x$$

$$= \frac{1}{EI} \int_0^l (R_C l - P x_1) l \mathrm{d}x_1 + \frac{1}{EI} \int_o^l R_C x_2 \cdot x_2 \mathrm{d}x_2$$

$$= \frac{1}{EI} \left(\frac{4 R_C l^3}{3} - \frac{P l^3}{2} \right) = 0$$

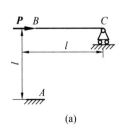

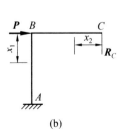

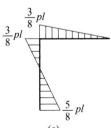

(a)　　　　　　(b)　　　　　　(c)

图 10.3

求得

$$R_C = \frac{3}{8} p$$

A 端的反力可由静力平衡方程求出。刚架的弯矩图如图 10.3(c) 所示。在画弯矩图时,约定将图画在杆件受压的一侧,如 BC 杆的上侧受压,所以图画在上侧。

例 10.3　轴线为半圆形的等截面平面曲杆,如图 10.4(a) 所示。求支座的约束反力。

解　约束反力共有 4 个。由 3 个静力平衡方程可以求得

$$R_A = R_B = \frac{P}{2}, H_A = H_B$$

曲杆为一次超静定。将支座 B 作为多余约束,解除后代以水平反力 H_B,得 10.4(b) 所示静定基。B 处原为固定铰支座,故变形条件为水平位移为零

$$\delta_B = 0$$

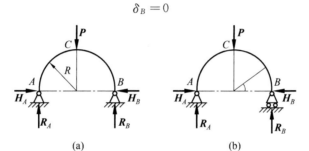

图 10.4

由图可得

$$M(\varphi) = H_B R \sin \varphi - \frac{PR}{2}(1 - \cos \varphi), \frac{\partial M(\varphi)}{\partial H_B} = R \sin \varphi$$

由卡氏定理及结构的对称性,B 点的水平位移为

$$\delta_B = \frac{\partial U}{\partial H_B} = 2\frac{\partial U_{BC}}{\partial H_B} = 2\int_0^{\frac{\pi}{2}} \frac{M(\varphi)}{EI} \frac{\partial M(\varphi)}{\partial H_B} R \mathrm{d}\varphi$$

$$= \frac{2}{EI} \int_0^{\frac{\pi}{2}} \left[H_B R \sin \varphi - \frac{PR}{2}(1 - \cos \varphi) \right] R \sin \varphi \cdot R \mathrm{d}\varphi$$

$$= \frac{1}{EI} \left(\frac{\pi H_B R^3}{2} - \frac{PR^3}{2} \right) = 0$$

式中,U_{BC} 表示 BC 杆段的变形能。求得

$$H_A = H_B = \frac{P}{\pi}$$

10.3　力法与正则方程

在求解超静定结构时,前面采用的方法是先解除多余约束,得到静定基,并用未知的多余约束力来代替多余约束对结构的作用。然后再建立静定基在载荷和多余约束力共同作用下多余约束处的变形协调条件,以保证静定基的变形与原超静定结构相同,并通过物

理方程,将变形协调条件转化为求解未知多余约束反力的补充方程。最后结合物理方程和静力平衡方程解出多余约束反力。整个求解过程都是以多余约束反力作为未知量,这种以"力"作为基本未知量求解超静定问题的方法称为力法。

在求解时,为使概念清楚,方程规范化,往往把由变形协调条件建立的补充方程写成标准形式。这种具有标准形式的补充方程称为正则方程。下面,以梁为例,说明用力法建立正则方程的方法。

图 10.5(a) 是一个具有三支座的一次超静定梁。若将 B 支座作为多余约束予以解除,并将多余约束力记为 X_1,则可以得到图 10.5(b) 所示的静定基。由于 B 点原为铰支座,不应该有挠度,若以 Δ_{1X_1} 表示静定基在 X_1 单独作用下 B 点沿 X_1 方向上的位移,以 Δ_{1P} 表示静定基在原有载荷作用下 B 点沿 X_1 方向上的位移,则变形协调条件可用变形比较法表示为

$$\Delta_1 = \Delta_{1X_1} + \Delta_{1P} = 0 \tag{10.1}$$

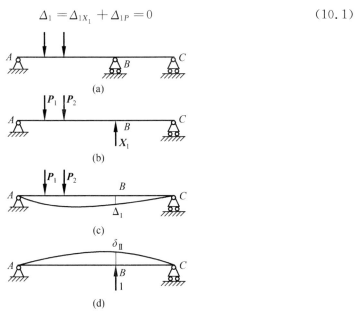

图 10.5

上式中的 Δ_1 表示静定基在载荷和多余约束力 X_1 共同作用下,B 点沿 X_1 方向上的位移。位移 Δ_{1X_1} 或 Δ_{1P} 的第一个下标表示位移发生的位置,也表示位移的方向;第二个下标则表示位移是由哪个(些) 力引起的。

为计算 Δ_{1X_1},可以在静定基上沿 X_1 的方向作用一单位力,并将 B 点由单位力引起沿 X_1 的位移记作 δ_{11}(图 10.5(d))。当材料在线弹性范围内时,位移与载荷成正比,由 X_1 引起的 B 点的挠度 Δ_{1X_1} 就是单位力引起的 B 点挠度 δ_{11} 的 X_1 倍,即

$$\Delta_{1X_1} = \delta_{11} X_1 \tag{10.2}$$

将(10.2) 式代入(10.1) 中

$$\delta_{11} X_1 + \Delta_{1P} = 0 \tag{10.3}$$

这就是用力法求解一次超静定系统的正则方程。式中的 δ_{11} 和 Δ_{1P} 可用莫尔积分计算,对于直杆,莫尔积分还可利用图形互乘法来完成。求出 δ_{11} 和 Δ_{1P} 以后,可由式(10.3)

解出未知力 X_1。

例 10.4　图 10.6 所示圆截面直角折杆 ABC 位于水平平面内,载荷 F 沿垂直方向,求 C 端的约束反力。

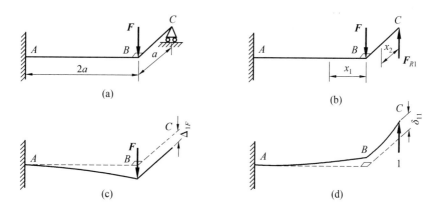

图 10.6

解　不难看出,图示结构为一次超静定结构。解除 C 端支座约束,并以支反力 F_{R1} 作为多余约束力,得到由图 10.6(b) 所示的相应系统。基本静定系统在力 F 单独作用下(图 10.6(c)),C 沿 F_{R1} 方向的位移为 Δ_{1F};在单独作用 $F_{R1}=1$ 时(图 10.6(d)),C 端沿 F_{R1} 方向的位移为 δ_{11}。在 F 和 F_{R1} 联合作用下,由原结构的约束条件,C 端沿力 F_{R1} 方向的位移为零。则有

$$\delta_{11}F_{R1}+\Delta_{1F}=0 \tag{10.4}$$

下面将分别计算 Δ_{1F} 和 δ_{11},剪力影响忽略不计。基本静定系统上只作用 F 时(图 10.6(c)),两段杆件上的内力为

AB 杆:

$$M(x_1)=-Fx_1 \quad (0\leqslant x_1\leqslant 2a)$$

CB 杆:

$$M(x_2)=0 \quad (0\leqslant x_2\leqslant a)$$

在基本静定系统作用单位力时(图 10.6(d)),注意到 AB 杆上弯矩和扭矩同时存在,两段杆件上的内力为

AB 杆:

$$\begin{cases} \overline{M}(x_1)=x_1 \\ \overline{T}(x_1)=a \end{cases} \quad (0\leqslant x_1\leqslant 2a)$$

BC 杆:

$$\overline{M}(x_2)=x_2 \quad (0\leqslant x_2\leqslant a)$$

根据莫尔定理,有

$$\Delta_{1F}=\int_l \frac{M(x)\overline{M}(x)\mathrm{d}x}{EI}=\int_0^{2a}-\frac{Fx_1\cdot x_1\cdot \mathrm{d}x_1}{EI}=-\frac{8Fa^3}{3EI}$$

$$\delta_{11}=\int_l \frac{\overline{M}(x)\overline{M}(x)\mathrm{d}x}{EI}+\int_l \frac{\overline{T}(x)\overline{T}(x)\mathrm{d}x}{GI_p}$$

$$=\int_0^{2a} \frac{x_1^2 \mathrm{d}x_1}{EI} + \int_0^a \frac{x_2^2 \mathrm{d}x_2}{EI} + \int_0^{2a} \frac{a^2 \mathrm{d}x_1}{GI_p}$$

$$=\frac{8a^3}{3EI} + \frac{a^3}{3EI} + \frac{2a^3}{GI_p}$$

$$=\frac{3a^3}{EI} + \frac{2a^3}{GI_p}$$

将 Δ_{1F} 和 δ_{11} 代入式(10.4),得

$$F_{R1} = -\frac{\Delta_{1F}}{\delta_{11}} = -\frac{-\dfrac{8Fa^3}{3EI}}{\dfrac{3a^3}{EI} + \dfrac{2a^3}{GI_p}} = \frac{8F}{3\left(3 + \dfrac{2EI}{GI_p}\right)}$$

考虑到圆截面杆 $I_P = 2I$。上式可简化为

$$F_{R1} = \frac{8F}{3\left(3 + \dfrac{E}{G}\right)}$$

式(10.3)是用力法求解一次超静定系统的正则方程。对于二次以上的超静定系统,也可以写出正则方程。以图 10.7(a) 所示的三次超静定刚架为例,说明其形式。以 B 端的约束作为多余约束,解除后以 X_1, X_2, X_3(X_3 为一力偶矩)来代替,由此得图 10.7(b) 所示静定基。由于 B 端原为固定端,因此其竖直位移(沿 X_1 方向)应该为零。若用 $\delta_{11}, \delta_{12}, \delta_{13}$ 分别表示当 X_1, X_2, X_3 均为单位力时,且单独作用时而引起的 B 点沿 X_1 方向的位移,那么在载荷及三个约束力共同作用下,B 点沿 X_1 方向的位移为

$$\Delta_1 = \delta_{11} X_1 + \delta_{12} X_2 + \delta_{13} X_3 + \Delta_{1P}$$

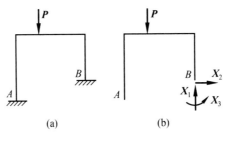

图 10.7

于是变形协调条件可写为

$$\delta_{11} X_1 + \delta_{12} X_2 + \delta_{13} X_3 + \Delta_{1P} = 0$$

按照与上面完全相同的过程和位移表示方法,还可以写出作为固定端的 B 点在 X_2 方向位移为零,在 X_3 方向转角为零的变形协调条件。最后得到一组关于多余约束反力 X_1, X_2, X_3 的非其次线性方程组

$$\left.\begin{array}{l} \delta_{11} X_1 + \delta_{12} X_2 + \delta_{13} X_3 + \Delta_{1P} = 0 \\ \delta_{21} X_1 + \delta_{22} X_2 + \delta_{23} X_3 + \Delta_{2P} = 0 \\ \delta_{31} X_1 + \delta_{32} X_2 + \delta_{33} X_3 + \Delta_{3P} = 0 \end{array}\right\} \tag{10.5}$$

上式即为三次超静定系统力法的正则方程。其中,$\delta_{ij}(i,j = 1,2,3)$ 表示由 X_j 方向上的广义单位力引起的 X_i 处沿 X_i 方向的广义位移。由位移互等定理可知:$\delta_{ij} = \delta_{ji}(i,j = 1,2,3)$,因

此,正则方程(10.5)的独立系数只有六个。

根据上述原理,用力法解 n 次超静定系统的正则方程可由(10.5)推广而来:

$$\left.\begin{aligned}
\delta_{11}X_1 + \delta_{12}X_2 + \cdots + \delta_{1n}X_n + \Delta_{1P} = 0 \\
\delta_{21}X_1 + \delta_{22}X_2 + \cdots + \delta_{2n}X_n + \Delta_{2P} = 0 \\
\cdots \\
\delta_{n1}X_1 + \delta_{n2}X_2 + \cdots + \delta_{nn}X_n + \Delta_{nP} = 0
\end{aligned}\right\} \tag{10.6}$$

表示成矩阵形式,即为

$$\begin{bmatrix}
\delta_{11} & \delta_{12} & \cdots & \delta_{1n} \\
\delta_{21} & \delta_{22} & \cdots & \delta_{2n} \\
\vdots & \vdots & \ddots & \vdots \\
\delta_{n1} & \delta_{n2} & \cdots & \delta_{nn}
\end{bmatrix}
\begin{Bmatrix} X_1 \\ X_2 \\ \vdots \\ X_n \end{Bmatrix}
+
\begin{Bmatrix} \Delta_{1P} \\ \Delta_{2P} \\ \vdots \\ \Delta_{nP} \end{Bmatrix}
= 0 \tag{10.7}$$

显然,正则方程式(10.6)或(10.7)中的系数也有 $\delta_{ij} = \delta_{ji}(i,j=1,2,3,\cdots,n)$。因此,(10.7)中的系数矩阵是对称阵。另外根据莫尔积分可知:$\delta_{ii}(i=1,2,3,\cdots)$ 积分式中的单位载荷引起的内力是以平方形式出现的,因而 δ_{ii} 总为正。例如对弯曲变形有

$$\delta_{ii} = \int_l \frac{M_i^0 M_i^0}{EI}\mathrm{d}x = \int_l \frac{(M_i^0)^2}{EI}\mathrm{d}x$$

由于被积函数是恒正的,因此 $\delta_{ii} > 0$。

10.4　对称与反对称性质的利用

在工程中,常常遇到对称结构上作用对称载荷或反对称载荷,在这种情形下,利用其特有的性质可使正则方程得到一些简化。对于对称结构上作用对称载荷的情况,如图 10.8(a) 所示,其对称截面 C 两侧的内力可表示成图 10.8(b) 的形式。弯矩 M 和轴力 N 为对称内力,而剪力 Q 为反对称内力。由于结构和载荷均对称,所以对称截面两侧的内力一定是对称的,反对称内力 Q 等于零。对于对称结构上作用反对称载荷的情况,如图 10.8(c) 所示,其对称截面 C 两侧的内力也可表示成图 10.8(b) 的形式。由于载荷是反对称的,对称截面 C 两侧的内力也一定是反对称,故对称内力弯矩 M 和轴力 N 应该为零。有上面的讨论可以得出如下结论:当对称结构上受对称载荷时,对称截面上的反对称内力等于零;当对称结构上受反对称载荷时,对称截面上的对称内力等于零。

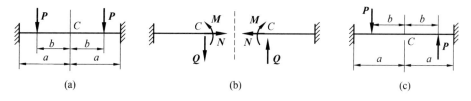

图 10.8

作用于对称结构上的某些反对称载荷(图 10.9(a)),也可以转化成对称载荷与反对称载荷的叠加(图 10.9(b)(c))。分别求出在对称载荷与反对称载荷下的解,两者叠加即为原非对称载荷作用下的解。用这种叠加方法往往比直接求解更为简便。例如图

10.9(a)所示的结构若直接求解,无论怎样选择静定基,都是二次超静定问题。若采用叠加方法,对于图10.9(b)(c),只要解除C截面处的约束,并利用对称性或反对称性即可知:对于10.9(b),C截面只有对称的轴力无剪力;对于10.9(c),C截面只有反对称的剪力无轴力。这样,就把一个二次超静定问题转化为两个一次超静定问题的叠加。与直接法相比,叠加法的计算量相对减少。对于高次数的对称结构的超静定问题,其优越性更为明显。读者可试着比较一下这两种方法。

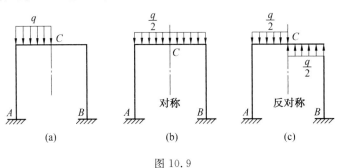

图 10.9

例 10.5　等截面圆环直径 AB 的两端,沿直径作用方向相反的一对力 P 如图 10.10(a)所示。求 P 力作用点 AB 间的相对位移。

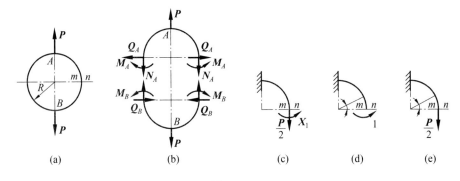

图 10.10

解　封闭圆环受力为内力超静定问题。如果从圆环的任意截面截开,则系统是三次超静定的。若利用对称性,则可以简化求解过程。现从水平直径处把圆环截成上下对称的两部分。由于受力及几何形状对于竖直和水平轴都是对称的,因而截面的内力也应该对称于这两个直径,即轴力、剪力和弯矩应为图 10.10(b)所示。注意到上下两截面的剪力 Q_0 的方向相反,违背了圆环内力以水平直径上下对称的要求,因而必有 $Q_0=0$。再根据圆环的对称性,利用平衡方程不难求出轴力 $N_0=\dfrac{P}{2}$。弯矩 M_0 无法由静力平衡求出,因而该圆环为一次超静定。以弯矩 M_0 为多余约束力,并改用 X_1 记之。根据对称性,只取 1/4 结构分析。由于圆环的竖直与水平直径处的四个对称截面都不会发生转动,所以静定基可取为图 10.10(c)所示。变形协调条件为 mn 截面的转角为零。用正则方程式可表示为

$$\Delta_1 = \delta_{11}X_1 + \Delta_{1P} = 0 \tag{10.8}$$

式中，δ_{11} 表示单位力偶矩引起的 mn 截面沿 X_1 方向的转角（图 10.10（d）所示）；Δ_{1P} 表示由轴力 $\dfrac{P}{2}$（这里应该看作载荷）引起的 mn 截面沿 X_1 方向的转角（图 10.10（e）所示）。根据图可知，静定基由于 $\dfrac{P}{2}$ 和 $X_1 = 1$ 引起弯矩分别为

$$M = \frac{PR}{2}(1 - \cos \varphi)\ , M^0 = -1$$

所以由莫尔积分可得

$$\delta_{11} = \int_0^{\frac{\pi}{2}} \frac{M^0 M^0}{EI} R \, \mathrm{d}\varphi = \frac{\pi R}{2EI}$$

$$\Delta_{1P} = \int_0^{\frac{\pi}{2}} \frac{M M^0}{EI} R \, \mathrm{d}\varphi = \frac{R}{2EI} \int_0^{\frac{\pi}{2}} PR (1 - \cos \varphi)(-1) \, \mathrm{d}\varphi$$

$$= -\left(\frac{\pi}{2} - 1 \right) \frac{PR^2}{2EI}$$

代入（10.8）中可解出

$$X_1 = PR \left(\frac{1}{2} - \frac{1}{\pi} \right)$$

求出 X_1 后，可以进一步求出 1/4 结构的弯矩方程为

$$M(\varphi) = \frac{PR}{2}(1 - \cos \varphi) - PR \left(\frac{1}{2} - \frac{1}{\pi} \right) = PR \left(\frac{1}{\pi} - \frac{\cos \varphi}{2} \right) \tag{10.9}$$

为计算求解在 **P** 力作用下作用点的相对位移，可令图 10.10（a）中的 $P = 1$，并利用（10.9）求出单位力下环内的弯矩为

$$M^0(\varphi) = M(\varphi)_{\,|\,P=1} = R \left(\frac{1}{\pi} - \frac{\cos \varphi}{2} \right)$$

莫尔积分得

$$\delta_{AB} = 4 \int_0^{\frac{\pi}{2}} \frac{M(\varphi) M^0(\varphi)}{EI} R \, \mathrm{d}\varphi = \frac{4PR^3}{EI} \int_0^{\frac{\pi}{2}} \left(\frac{1}{\pi} - \frac{\cos \varphi}{2} \right)^2 \mathrm{d}\varphi$$

$$= \left(\frac{\pi}{4} - \frac{2}{\pi} \right) \frac{PR^3}{EI} \approx 0.149 \frac{PR^3}{EI}$$

δ_{AB} 符号为正，表明圆环的直径在增大。

例 10.6　图 10.11（a）所示刚架的抗弯刚度为 EI。试求在集中力 **P** 作用下，支座的反力。

解　对于本题的刚架结构，如解除 A 或 B 的约束，将会面临三次超静定。但若沿 C 截面将其分为两部分，则可使问题简化。现取以包含 C 截面的微段，如图 10.11（b）所示。由对称性及微段的静平衡可得 C' 截面、C'' 截面的剪力都是 $\dfrac{P}{2}$，而轴力 X_1、弯矩 X_2 是未知的。于是刚架结构简化为二次超静定问题，静定基可取图 10.11（c）所示的左半部分。变形协调条件为 C' 截面的水平位移和转角均为零，用正则方程表示为

$$\left. \begin{aligned} \Delta_1 &= \delta_{11} X_1 + \delta_{12} X_2 + \Delta_{1P} = 0 \\ \Delta_2 &= \delta_{21} X_1 + \delta_{22} X_2 + \Delta_{2P} = 0 \end{aligned} \right\} \tag{10.10}$$

其中的系数可以应用莫尔积分的图乘法求得。在进行图形互乘时，图形在杆件的同

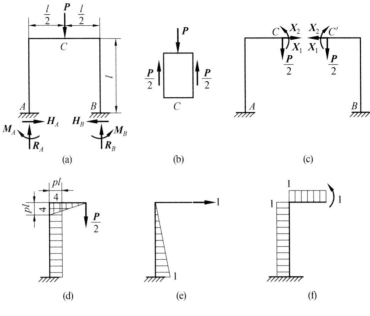

图 10.11

侧时,结果取正号;在不同侧时,结果取负号。由图可得

$$\Delta_{1P} = \frac{1}{EI}\left(0 + \frac{Pl^2}{4} \times \frac{l}{2}\right) = \frac{Pl^3}{8EI}$$

$$\Delta_{2P} = \frac{1}{EI}\left(-\frac{Pl^2}{16} \times 1 - \frac{Pl^2}{4} \times 1\right) = -\frac{5Pl^2}{16EI}$$

$$\delta_{11} = \frac{1}{EI}\left(0 + \frac{l^2}{2} \times \frac{2l}{3}\right) = \frac{l^3}{3EI}$$

$$\delta_{12} = \delta_{21} = \frac{1}{EI}\left(0 - \frac{l}{2} \times l\right) = -\frac{l^2}{2EI}$$

$$\delta_{22} = \frac{1}{EI}\left(\frac{l}{2} \times 1 + l \times 1\right) = \frac{3l}{2EI}$$

将以上系数代入式(10.10),经简化可得

$$\left.\begin{array}{c} \dfrac{l}{3}X_1 - \dfrac{1}{2}X_2 + \dfrac{Pl}{8} = 0 \\[2mm] lX_1 - 3X_2 + \dfrac{5Pl}{8} = 0 \end{array}\right\}$$

联立解出

$$X_1 = -\frac{P}{8}, \quad X_2 = \frac{Pl}{6}$$

X_1 为负值,表示实际轴力与图示方向相反。接下来可以由平衡方程进一步求解其他约束反力为

$$H_A = H_B = \frac{P}{8}, \quad R_A = R_B = \frac{P}{2}, \quad M_A = M_B = \frac{Pl}{24}$$

方向如图 10.11(a)所示。

通过例 10.5 和例 10.6 可以看出,利用结构及载荷的对称性,可使正则方程得到某些简化。

例 10.7　求图 10.12(a) 所示刚架的支座反力。

解　刚架的 A,B 段均为铰支座,约束反力共有 4 个,因而属于一次超静定结构。由于结构对称而载荷反对称,故结构的对称截面 C 两侧的内力也一定是反对称,对称出现的弯矩和轴力都为零,只剩下剪力。于是刚架简化为图 10.12(b) 所示的情况。此时可由平衡方法直接求解未知反力为

$$R_C = \frac{m}{a},\ X_A = X_B = 0,\ Y_A = Y_B = \frac{m}{a}$$

支座反力的方向如图 10.12(b) 所示。

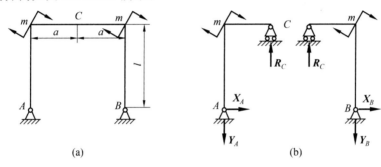

图 10.12

习　　题

10-1　图示悬臂梁 $l = 750$ mm,$EI = 30 \times 10^3$ N·m^2。弹簧刚度 $k = 175 \times 10^3$ N/m。若梁与弹簧的间隙 $\delta = 1.25$ mm,求力 $P = 450$ N 作用时弹簧的受力。

答案:$N = 82.7$ N

10-2　图示悬臂梁的自由端刚好与光滑斜面接触,求温度升高 Δt 时梁的最大弯矩。已知 E,I,A,a,且不计轴力对弯曲变形的影响。

答案:$R_B = \dfrac{3\sqrt{2}\,EIA}{Al^2 + 3I}\alpha\Delta t$,$M_{\max} = R_B l \cos 45° = \dfrac{3EIAl}{Al^2 + 3I}\alpha\Delta t$

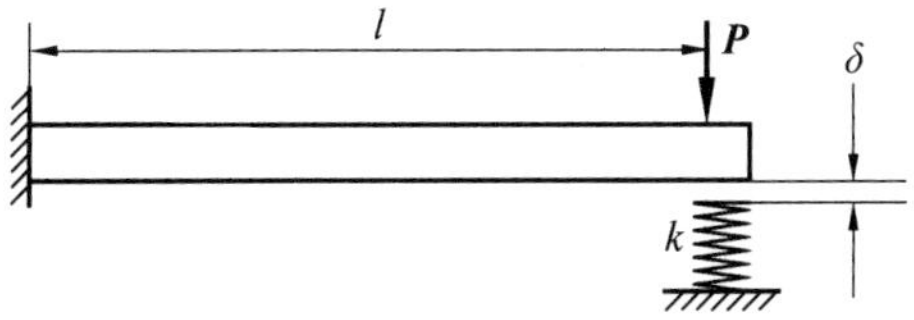

题 10-1 图 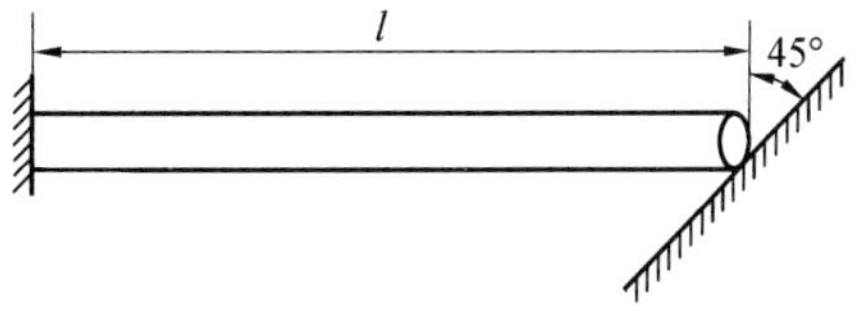　　　　　　　　　　　　　　题 10-2 图

10-3　图示桁架中各杆的抗拉压刚度相同。试求桁架各杆的内力。

答案:$N_3 = N_1 = \dfrac{P}{3 + \sqrt{3}}$,$N_2 = N_4 = \dfrac{-3P}{3 + \sqrt{3}}$,$N_5 = N_6 = \dfrac{-2P}{3 + \sqrt{3}}$

10-4　设刚架的抗弯刚度 EI 为常量。试求刚架 A 点和 C 点的约束反力,并画出刚架的弯矩图。

答案：$R_C = \dfrac{ql^3}{2a^2+6al}(\uparrow), R_A = R_C(\downarrow), M_A = -\dfrac{ql^3}{2(a+3l)} + \dfrac{ql^2}{2}$（逆时针向）

10-5　悬臂梁的自由端用一根拉杆加固。若杆横截面为直径 $d=10$ mm 的圆形，梁的截面惯性矩 $I=1\ 130$ cm^4，拉杆与梁的弹性模量都是 $E=200$ GPa。试求拉杆的正应力。

答案：$\sigma = \dfrac{N}{A} = 185$ MPa，$N=14.5$ kN

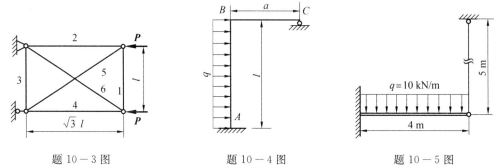

　　题 10-3 图　　　　　　　题 10-4 图　　　　　　　题 10-5 图

10-6　多节链条的一环的受力情况如图所示，试求环内最大弯矩。

答案：$M_{max} = M_B = -\dfrac{R+a}{R\pi+2a}PR$（逆时针向）

10-7　圆环受力如图所示。试利用结构和载荷的对称性求圆环内 A 点的弯矩。

答案：$M_A = \left(\dfrac{3}{2\pi} - \dfrac{\sqrt{3}}{3}\right)PR$（逆时针向）

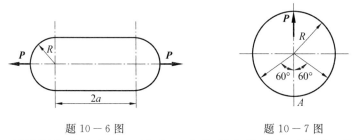

　　题 10-6 图　　　　　　　　　题 10-7 图

10-8　封闭刚架受力如图。试求 P 力作用点处的相对位移，并画出刚架的弯矩图。

答案：$\delta_{AB} = 2\delta_B = \dfrac{2l\dfrac{I_2}{I_1}+a}{a+\dfrac{I_2l}{2I_1}} \cdot \dfrac{Pa^3}{12EI_2}$

10-9　折杆横截面为圆形，直径 $d=20$ mm，$l=1$ m，$a=0.2$ m。$P=650$ N，$E=200$ GPa，$\mu=0.25$。试求 P 力作用点的竖直位移。

答案：$f_E = 4.86$ mm（$\downarrow$）

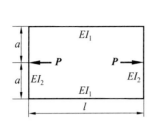

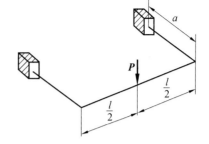

题 10-8 图　　　　　　　　　　　题 10-9 图

10-10　试求两端固定梁 A,B 端的约束反力(不计轴力)。

答案：$R_A = \dfrac{Pb^2(l+2a)}{l^3}(\uparrow)$，$R_B = \dfrac{Pa^2(l+2b)}{l^3}(\uparrow)$

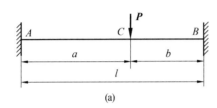

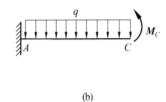

(a)　　　　　　　　　　　　　　　(b)

题 10-10 图

10-11　试求解图示的超静定刚架。

答案：$Y_A = -\dfrac{6Pa^2}{l(l+6a)}(\downarrow)$，$X_A = -P(\leftarrow)$，$M_A = \dfrac{l+3a}{l+6a}Pa$(逆时针向)；

$Y_B = \dfrac{6Pa^2}{l(l+6a)}(\uparrow)$，$X_B = -P(\leftarrow)$，$M_B = \dfrac{l+3a}{l+6a}Pa$(逆时针向)

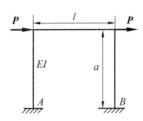

题 10-11 图

第11章 动 载 荷

11.1 概 述

以前各章讨论构件的强度和刚度计算时,认为载荷从零开始平缓地增加,以致在加载过程中,杆件各点的加速度很小,可以不计,此即所谓静载荷。

在实际问题中,有些高速旋转的部件或加速提升的构件等,其质点的加速度是明显的。又如锻压汽锤的锤杆、紧急制动的转轴等,在非常短暂的时间内速度发生急剧的变化。也有些构件因工作条件而引起振动。此外,大量的机械零件又长期在周期性变化的载荷下工作。这些都属于动载荷。

构件中由动载荷引起的应力称动应力。实验结果表明,只要动应力不超过比例极限,虎克定律仍适用于动载荷下应力、应变的计算,弹性模量也与静载下的数值相同。

本章仅讨论下述两类问题:

(1) 构件做匀加速直线运动或匀角速定轴转动。

(2) 冲击。

11.2 构件做匀加速直线运动或匀速转动时的应力计算

1. 构件做匀加速直线运动时的应力计算

构件做匀加速运动或匀角速定轴转动时,构件内各质点将产生惯性力。动应力的最简单解法是应用动静法,即除外加荷载外,再在构件的各点处加上惯性力,然后再按求解静荷载的方法,求得构件的动应力。

现以起重机匀加速吊起一杆件为例(图 11.1)来说明构件做匀加速直线运动时的动应力的计算方法。若杆件长为 l,横截面面积为 A,材料单位体积重量为 γ,加速度为 a。

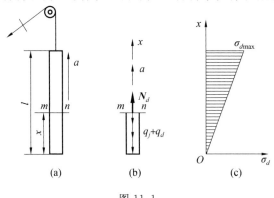

(a)　　　(b)　　　(c)

图 11.1

设以距下端为 x 的截面 $m-n$ 将杆件分为两部分,并研究下面一部分(图 11.1(b))。作用于这部分杆件上的重力沿轴线均匀分布,其集度为 $q_j = A\gamma$。作用于横截面 $m-n$ 上的轴力为 $\mathbf{N}_d$。按照静动法(达朗贝尔原理),对这部分做匀加速直线运动的杆件,若加入惯性力,就可以作静力平衡处理。在目前所讨论的情况下,惯性力也沿轴线均匀分布,集度是 $q_d = \dfrac{A\gamma}{g}a$,其方向与加速度 a 方向相反。由平衡条件 $\sum X = 0$,得

$$N_d - (q_j + q_d)x = 0$$

$$N_d = (q_j + q_d)x = A\gamma x(1 + \frac{a}{g}) \tag{11.1}$$

因为杆件是轴向拉伸的,横截面上的应力是均匀分布的,故动应力 σ_d 为

$$\sigma_d = \frac{N_d}{A} = \gamma x(1 + \frac{a}{g}) \tag{11.2}$$

当 $a = 0$ 时,杆件在静载荷作用下,杆件上唯一的载荷是重力,相应的静应力为

$$\sigma_j = \gamma x$$

代入(11.2)式,有

$$\sigma_d = \sigma_j(1 + \frac{a}{g}) \tag{11.3}$$

引用记号

$$K_d = (1 + \frac{a}{g}) \tag{11.4}$$

K_d 称为动荷系数。这样(11.3)式化为

$$\sigma_d = K_d\sigma_j \tag{11.5}$$

这表明动应力等于静应力乘以动荷系数。

由(11.2)式表示的动应力 σ_d 沿轴线按线性规律分布(图 11.1(c))。当 $x = l$ 时,得最大动应力为

$$\sigma_{d\max} = \gamma l(1 + \frac{a}{g}) = K_d\sigma_{j\max} \tag{11.6}$$

式中,$\sigma_{j\max} = \gamma l$ 为最大静应力。所以动载荷作用下的强度条件为

$$\sigma_{d\max} = K_d\sigma_{j\max} \leqslant [\sigma] \tag{11.7}$$

式中,$[\sigma]$ 是材料在静载荷作用下的许用应力。

例 11.1　一长为 $l = 12$ m 的 28b 工字钢,由横截面面积为 $A = 1.08$ cm² 的钢索 AB,AC 吊起,并以等加速度 $a = 5$ m/s² 上升(图 11.2(a)),求吊索及工字钢中的最大动应力。

解　(1)由型钢表查得 28b 工字钢单位长度的重量,即载荷集度

$$q_j = 47.9 \text{ kg/m} = 469.42 \text{ N/m}$$

惯性力集度

$$q = \frac{q_j}{g}a = \frac{469.42}{9.8} \times 5 = 239.50 \text{ N/m}$$

由于工字钢的自重和惯性力同向且同量级,所以,计算动应力时应考虑自重的影响,工字钢上总的动载荷集度

$$q_d = q_j + q = 469.42 + 239.50 = 708.92 \text{ N/m}$$

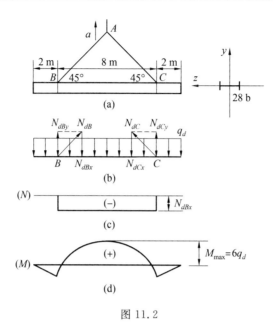

图 11.2

（2）绘出工字钢的受力图（图 11.2(b)），由于对称，两吊索的拉力相同，即 $N_{dB} = N_{dC}$。由平衡条件

$$\sum Y = 0, 2N_{dB} \sin 45° = q_d l$$

$$N_{dB} = \frac{q_d l}{2} \frac{1}{\sin 45°} = \frac{708.92 \times 12}{2} \times \frac{1}{\sin 45°} = 6\ 015.4 \text{ N}$$

吊索中的动应力

$$\sigma_d = \frac{N_{dB}}{A} = \frac{6\ 015.4}{1.08 \times 10^{-4}} = 55.7 \text{ MPa}$$

（3）绘出工字梁的内力图（图 11.2(c) 和(d)），内力最大值发生在工字钢梁中央截面，系压缩与弯曲的组合。

轴向压力

$$N'_d = N_{dB} \cos 45° = 4\ 253.5 \text{ N}$$

最大弯矩

$$M_{\max} = -\frac{q_d l^2}{8} + N_{dB} \sin 45° \times 4 = -\frac{q_d l^2}{8} + 2q_d l = 6q_d$$

工字钢截面面积 $A' = 61.05 \text{ cm}^2$，按图示放置时 $W_z = 61.209 \text{ cm}^3$，最大动应力发生在截面的上表面，应力为负，其值为

$$\sigma_{d\max} = \frac{N'_d}{A'} + \frac{M_{\max}}{W_z} = \frac{4\ 253.5}{61.05 \times 10^{-4}} + \frac{6 \times 708.92}{61.209 \times 10^{-6}} = 70.2 \text{ MPa}$$

2. 匀速旋转的圆环的应力和变形

图 11.3(a) 为一平均直径为 D 的薄壁圆环，绕通过圆心且垂直圆环平面的轴做等速旋转，如飞轮的轮缘就可看作这种情况。已知圆环横截面面积为 A，壁厚 t，材料比重 γ，旋转角速度 ω。

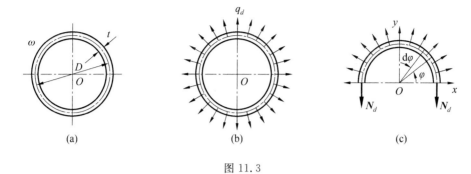

图 11.3

等角速旋转时,环内各点具有向心加速度,且薄壁圆环 $D \gg t$,可近似认为环内各点向心加速度相同,$a_n = \dfrac{D}{2}\omega^2$。沿圆环均匀分布的惯性力集度 q_d 为

$$q_d = \frac{A\gamma}{g} a_n = \frac{A\gamma D}{2g}\omega^2$$

方向与 a_n 相反(图 11.3(b))。取上半部为研究对象,由平衡条件 $\sum Y = 0$ 得圆环横截面上内力 N_d 为

$$2N_d = \int_0^\pi q_d \frac{D}{2} \mathrm{d}\varphi \cdot \sin\varphi = q_d D$$

$$N_d = \frac{A\gamma D^2}{4g}\omega^2$$

圆环横截面上的应力为

$$\sigma_d = \frac{N_d}{A} = \frac{\gamma D^2}{4g}\omega^2 = \frac{\gamma v^2}{g}$$

式中,$v = \dfrac{D}{2}\omega$ 是圆环轴线上各点的线速度。强度条件为

$$\sigma_d = \frac{\gamma v^2}{g} = \frac{\gamma D^2}{4g}\omega^2 \leqslant [\sigma] \tag{11.8}$$

由式(11.8)可见,环内动应力仅与材料比重 γ 及线速度 v 有关。因此,为保证圆环安全工作,增加横截面面积是无效的,只能限制圆环的转速。

下面再考虑圆环的直径改变,在惯性力集度作用下,圆环将胀大。令变形后的直径为 D',则其直径改变为 $\Delta D = D' - D$,径向应变

$$\varepsilon_r = \frac{\Delta D}{D} = \frac{\pi(D' - D)}{\pi D} = \frac{\pi D' - \pi D}{\pi D} = \varepsilon_t = \frac{\sigma_d}{E}$$

这里 ε_t 是周向应变。由此得

$$\Delta D = D \frac{\sigma_d}{E} = \frac{\gamma v^2 D}{gE} \tag{11.9}$$

$$D' = D + \Delta D = D\left(1 + \frac{\gamma v^2}{gE}\right) = D\left(1 + \frac{\gamma D^2 \omega^2}{4gE}\right) \tag{11.10}$$

由式(11.10)可见,圆环直径增大主要取决于线速度。对于轮缘与轮心用过盈装配的构件,使用时转速应有限制,否则,转速过高有可能使轮缘与轮心发生松脱。

例 11.2　在 AB 轴的 B 端有一个质量很大的飞轮(图 11.4),与飞轮相比,轴的质量可以忽略不计。轴的另一端 A 装有刹车离合器。飞轮的转速 $n=100$ r/min,转动惯量为 $I_x=0.5$ kN·m·s²,轴的直径 $d=100$ mm。刹车时使轴在 10 s 内按匀减速停止转动。求轴内最大动应力。

解　飞轮与轴的转动角速度为

$$\omega_0 = \frac{n\pi}{30} = \frac{\pi \times 100}{30} = \frac{10}{3}\pi \quad (1/\text{s})$$

当飞轮与轴同时做匀减速转动时,其角加速度为

$$\varepsilon = \frac{\omega_1 - \omega_0}{t} = \frac{0 - \dfrac{10}{3}\pi}{10} = -\frac{\pi}{3} \quad (1/\text{s}^2)$$

等号右边的负号只是表示 ε 与 ω_0 方向相反(如图 11.4 所示)。按动静法,在飞轮上加上方向与 ε 相反的惯性力偶矩 M_d,且

$$M_d = -I_x\varepsilon = -0.5\left(-\frac{\pi}{3}\right) = \frac{0.5\pi}{3} \quad (\text{kN·m})$$

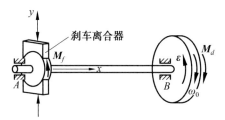

图 11.4

设轴上作用的摩擦力矩为 M_f,由平衡条件 $\sum M_x = 0$,求出

$$M_f = M_d = \frac{0.5\pi}{3} \quad (\text{kN·m})$$

AB 轴由于摩擦力矩 M_f 和惯性力偶矩 M_d 引起扭转变形,横截面上的扭矩为

$$M_n = M_d = \frac{0.5\pi}{3} \quad (\text{kN·m})$$

横截面上的最大扭转剪应力为

$$\tau_{d\max} = \frac{M_n}{W_n} = \frac{\dfrac{0.5\pi}{3} \times 10^3}{\dfrac{\pi}{16}(100 \times 10^{-3})^3} = 2.67 \text{ MPa}$$

11.3　构件受冲击时的应力和变形计算

1. 计算假设

当某物体以一定的速度撞击另一个静止的物体时,后者在瞬间使前者停止运动。因而引起了两者间的冲击作用。运动的物体称为冲击物,受到撞击的物体称为被冲击物,它们之间产生的作用力称为冲击载荷或冲击力。例如工程中的打桩、锻造等,高速转动的飞

轮或砂轮突然刹车都是冲击的实例,动力机械中许多构件都存在这类问题。

冲击过程中,由于冲击物和被冲击物间相互作用的时间极短,冲击物的速度变化发生于一瞬间,其加速度难以测定,用动静法无法计算其应力和变形。工程中常根据能量守恒原理进行简化计算,并以下列假设为基础。

(1) 冲击物是有质量的刚体,被冲击物是不计质量的弹性体,忽略冲击接触表面可能产生的局部塑性变形,认为冲击过程中材料服从虎克定律,且弹性模量与静载条件下相同。

(2) 被冲击物内由冲击力引起的应力及变形,在冲击瞬间由冲击点传播到物体各部分,同时达到最大值,并不计冲击过程的能量损耗。

(3) 不考虑冲击物回跳和被冲击物的振动,即冲击物一旦与被冲击物接触后,就相互附着成一体。当被冲击物的变形达到最大位置时,冲击物速度随之减为零。

根据上述假设,由能量守恒原理,冲击物在冲击过程中减少的动能 T 和位能 V,将全部转化成被冲击物的弹性变形能 U,即

$$T + V = U \tag{11.11}$$

显然,不计能量损耗得到的变形能大于实际的变形能,因此,按此法计算所得结果是偏安全的。

2. 自由落体冲击

在图 11.5(a) 中,以弹簧代表一受冲击的构件。在实际问题中,一个受到冲击的杆(图 11.5(c)),或一个受到冲击的梁(图 11.5(b)),或其他受到冲击的弹性构件都可以看作是一个弹簧,只是各种情况的弹簧系数不同而已。设重量为 Q 的重物从距弹簧顶端为 h 的高度自由落下。当重物与弹簧一起运动的速度为零时,弹簧达到受冲击的最大变形位置。若能求出这时构件的变形 Δ_d,根据在弹性范围内应力、载荷与变形成正比的关系,就可以求出构件上所承受的冲击载荷 P_d,以及构件内发生的冲击应力 σ_d。

考虑(11.1)式,现计算冲击物的能量改变和被冲击物的变形能。

在图 11.5 所示的情况下,冲击物所减少的位能是

$$V = Q(h + \Delta_d) \tag{11.12}$$

因为冲击物的初速度和最终速度都为零,所以无动能变化,即

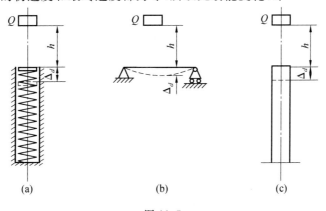

图 11.5

$$T = 0 \tag{11.13}$$

至于被冲击构件的变形能 U_d，则等于冲击载荷 P_d 在冲击过程中所做的功。冲击过程中 P_d 及 Δ_d 都是由零开始增加到最终数值，在材料服从虎克定律的条件下，P_d 及 Δ_d 的关系仍然是线性的。所以 P_d 所做的功应为

$$U_d = \frac{1}{2} P_d \Delta_d \tag{11.14}$$

将(11.12)(11.13)(11.14) 代入式(11.11)，得

$$Q(h + \Delta_d) = \frac{1}{2} P_d \Delta_d \tag{11.15}$$

设重物 Q 按静载的方式作用于构件上时（图 11.6），构件的静变形为 Δ_j，静应力为 σ_j。在冲击载荷 P_d 作用下，构件相应的变形和应力则分别为 Δ_d 和 σ_d。在线弹性范围内，变形、应力和载荷成正比。故有

$$\frac{P_d}{Q} = \frac{\Delta_d}{\Delta_j} = \frac{\sigma_d}{\sigma_j}$$

或者写成

$$P_d = Q \frac{\Delta_d}{\Delta_j} \tag{11.16}$$

$$\sigma_d = \sigma_j \frac{\Delta_d}{\Delta_j} \tag{11.17}$$

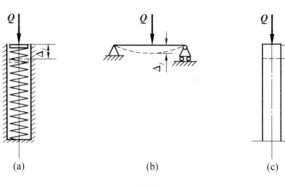

图 11.6

将(11.16) 式代入(11.15) 式，得

$$Q(h + \Delta_d) = \frac{1}{2} Q \frac{\Delta_d^2}{\Delta_j}$$

或者写成

$$\Delta_d^2 - 2\Delta_j \Delta_d - 2h\Delta_j = 0$$

由此方程，可以解出

$$\Delta_d = \Delta_j \pm \sqrt{\Delta_j^2 + 2h\Delta_j} = \Delta_j \left(1 \pm \sqrt{1 + \frac{2h}{\Delta_j}} \right)$$

为了求得 Δ_d 的最大值，式中根号前的符号应取正号，故有

$$\Delta_d = \Delta_j \left(1 + \sqrt{1 + \frac{2h}{\Delta_j}} \right) \tag{11.18}$$

引用记号

$$K_d = \frac{\Delta_d}{\Delta_j} = 1 + \sqrt{1 + \frac{2h}{\Delta_j}} \tag{11.19}$$

K_d 称为冲击动载荷系数。因此(11.16),(11.17) 和(11.18)式可以化为

$$\left.\begin{array}{c} \Delta_d = K_d \Delta_j \\ P_d = K_d Q \\ \sigma_d = K_d \sigma_j \end{array}\right\} \tag{11.20}$$

可见,只要求出冲击载荷系数 K_d,然后以 K_d 乘以静载荷、静变形和静应力,即可求得冲击时的载荷、变形和应力。前面曾经指出,这里 P_d,Δ_d 和 σ_d 是指受冲击构件到达最大变形位置,冲击物速度等于零时的瞬息载荷、变形和应力。此后,构件的变形将即刻减小,引起系统的振动,在有阻尼的情况下,运动最终归于消失。当然,我们需要计算的,正是冲击时变形和应力的瞬息最大值。

突然作用于弹性体上的载荷,相当于 $h = 0$ 的特殊情况。由公式(11.19)可以看出,这时 $K_d = 2$。即在突加载荷作用下,应力和变形皆为静载荷作用下的两倍。

另外,若已知条件不是冲击物的高度 h,而是冲击瞬间冲击物的速度 v 时,h 可用 $\frac{v^2}{2g}$ 代替,则动载荷系数可表达成

$$K_d = 1 + \sqrt{1 + \frac{v^2}{g\Delta_j}} \tag{11.21}$$

若已知冲击开始时冲击物具有的动能为 T_0,因 $T_0 = \frac{1}{2}\frac{Q}{g}v^2$,所以式(11.21)中

$$\frac{v^2}{g\Delta_j} = \frac{\frac{1}{2}\frac{Q}{g}v^2}{\frac{1}{2}\frac{Q}{g}g\Delta_j} = \frac{T_0}{U_j}$$

从而得冲击时动载荷系数为

$$K_d = 1 + \sqrt{1 + \frac{T_0}{U_j}} \tag{11.22}$$

式中,U_j 是被冲击物受静载 Q 作用时的变形能。

3. 水平冲击

如图 11.7 所示,重量为 Q 的冲击物以速度 v 水平方向运动,对被冲击物(杆)做水平冲击。冲击后冲击物的速度变为零,其动能的变化为 $T = \frac{1}{2}\frac{Q}{g}v^2$,而位能没有改变。受冲击构件的变形能为

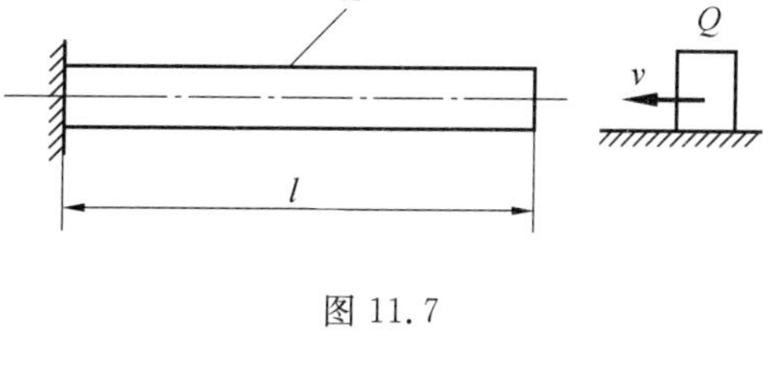

图 11.7

$$U_d = \frac{1}{2}P_d\Delta_d = \frac{P_d^2 l}{2EA}$$

根据能量守恒定律,有

$$T = U_d$$

即

$$\frac{1}{2}\frac{Q}{g}v^2 = \frac{P_d^2 l}{2EA} \tag{11.23}$$

若杆件为等截面杆,杆内动应力是均匀的,故有 $P_d = \sigma_d A$。将其代入(11.23)式,经整理后,有

$$\sigma_d = \sqrt{\frac{EQv^2}{gAl}} \tag{11.24}$$

对于图 11.8 所示杆件,当 Q 以静载荷水平作用于杆端时,有

$$\sigma_j = \frac{Q}{A}, \Delta_j = \frac{Ql}{EA}$$

将上面两式代入(11.24)式,整理后,得

$$\sigma_d = \sigma_j\sqrt{\frac{v^2}{g\Delta_j}} \tag{11.25}$$

或

$$\sigma_d = K_d\sigma_j \tag{11.26}$$

这里动载荷系数 $K_d = \sqrt{\dfrac{v^2}{g\Delta_j}}$。

水平冲击问题与自由落体冲击问题处理方法是相同的,即采用能量守恒定律求动载荷,但水平冲击没有势能改变。

例 11.3　重为 Q 的物体自由下落在图示刚架的 C 点,设材料的弹性模量 E,截面惯性矩 I 和抗弯截面模量 W 均已知,试求冲击时刚架内的最大正应力(轴力影响不考虑)。

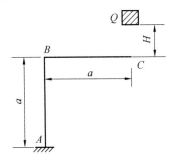

图 11.8

解　由能量法易求得 C 点的静位移为

$$\Delta_j = \frac{4Qa^3}{3EI}$$

动载荷系数为

$$K_d = 1 + \sqrt{1 + \frac{2H}{\Delta_j}} = 1 + \sqrt{1 + \frac{3EIH}{2Qa^3}}$$

静载作用下,对应的最大弯矩与最大正应力分别为

$$M_{\max} = Qa, \sigma_{\max} = \frac{Qa}{W}$$

故冲击时刚架内的最大正应力为

$$\sigma_{d\max} = K_d \frac{Qa}{W} = \frac{Qa}{W}\left(1 + \sqrt{1 + \frac{3EIH}{2Qa^3}}\right)$$

例 11.4 在水平平面内的 AC 杆,绕通过 A 点的垂直轴以匀角速 ω 转动,图 11.9(a)
是它的俯视图。杆的 C 端有一重为 Q 的集中质量。如因发生故障在 B 点卡住而突然停止
转动(图 11.9(b)),试求 AC 杆内的最大冲击应力。设 AC 杆的质量可以不计。

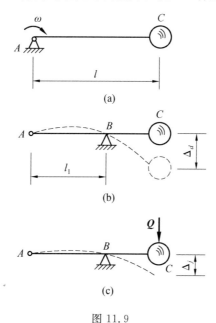

图 11.9

解 AC 杆因突然停止转动而受到冲击,发生弯曲变形。C 端集中质量的初速度原为
ωl,在冲击过程中,最终变为零。损失的动能是

$$T = \frac{1}{2}\frac{Q}{g}(\omega l)^2$$

因为是在水平平面内的运动,集中质量的势能没有变化,属水平冲击问题,即

$$V = 0$$

在冲击中若 C 端的冲击力为 P_d,位移为 Δ_d(图 11.9(b)),则 AC 杆的弯曲变形能为

$$U_d = \frac{1}{2}P_d\Delta_d$$

根据能量守恒定律,C 端集中质量的能量改变等于 AC 杆的弯曲变形能,即

$$T + V = U_d$$

以 T,V 及 U_d 的表达式代入上式,得

$$\frac{Q}{2g}\omega^2 l^2 = \frac{1}{2}P_d\Delta_d \tag{11.27}$$

若按静载荷方式将 Q 力水平作用于 C 端时(图 11.9(c)),C 端的静变形为 Δ_j,则因在
弹性范围内,变形与载荷成正比,故有

$$\frac{P_d}{Q} = \frac{\Delta_d}{\Delta_j} \ \text{或} \ \Delta_d = \frac{P_d}{Q}\Delta_j \tag{11.28}$$

把(11.28)式代入(11.27)式,整理后,得

$$P_d = Q\omega l \sqrt{\frac{1}{g\Delta_j}} \tag{11.29}$$

由弯曲变形知识,可以求出在 C 端作用静载荷 Q 时 C 点的静挠度为

$$\Delta_j = \frac{Ql\ (l-l_1)^2}{3EI} \tag{11.30}$$

代入(11.29)式,得

$$P_d = \frac{\omega}{(l-l_1)} \sqrt{\frac{3EIlQ}{g}} \tag{11.31}$$

截面 B 上的最大弯矩值为

$$M_{d\max} = P_d(l-l_1) = \omega \sqrt{\frac{3EIlQ}{g}}$$

最大冲击应力是

$$\sigma_{d\max} = \frac{M_{d\max}}{W} = \frac{\omega}{W} \sqrt{\frac{3EIlQ}{g}}$$

例 11.5 若例11.2中的 AB 轴在 A 端突然刹车(即 A 端突然停止转动),试求轴内的最大动应力。设剪切弹性模量 $G=80$ GPa,轴长 $l=1$ m。

解 当 A 端急刹车时, B 端飞轮具有动能。因而 AB 轴受到冲击,发生扭转变形。在冲击过程中,飞轮的角速度最后降低为零,它的动能 T 全部转变为轴的变形能 U_d 。飞轮动能的改变为

$$T = \frac{1}{2}I_x\omega^2$$

AB 轴的扭转变形能为

$$U_d = \frac{1}{2}M_{nd}\varphi_d = \frac{M_{nd}^2 l}{2GI_P}$$

故有

$$\frac{1}{2}I_x\omega^2 = \frac{M_{nd}^2 l}{2GI_P}$$

$$M_{nd} = \omega \sqrt{\frac{I_x GI_P}{l}}$$

轴内的最大冲击剪应力为

$$\tau_{d\max} = \frac{M_{nd}}{W_n} = \omega \sqrt{\frac{I_x GI_p}{lW_n^2}}$$

对于圆轴

$$\frac{I_p}{W_n^2} = \frac{\pi d^4}{32}\left(\frac{16}{\pi d^3}\right)^2 = \frac{2}{\frac{\pi d^2}{4}} = \frac{2}{A}$$

于是

$$\tau_{d\max} = \omega \sqrt{\frac{2GI_x}{Al}}$$

可见扭转冲击时,轴内最大动应力 $\tau_{d\max}$ 与轴的体积 Al 有关。体积 Al 越大,$\tau_{d\max}$ 越小。把已知数据代入上式得

$$\tau_{d\max} = \frac{100\pi}{30}\sqrt{\frac{2\times80\times10^9\times0.5\times10^3}{1\times(50\times10^{-3})^2\pi}} = 1\ 057\times10^6\ \text{Pa} = 1\ 057\ \text{MPa}$$

与例 11.2 相比,可知这里求得的最大剪应力 $\tau_{d\max}$ 是那里所得的 396 倍,对于常用钢材,许用扭转剪应力约为 $[\tau]=80\sim100$ MPa。上面求得的 $\tau_{d\max}$ 已经超过了许用应力,所以对保证轴的安全来说,冲击载荷是十分有害的。

11.4　提高构件抗冲击能力的措施

对于承受冲击的构件,在求得冲击中的最大动应力 $\sigma_{d\max}$ 后,即可建立强度条件:

$$\sigma_{d\max} = K_d\sigma_{j\max} \leqslant [\sigma] \tag{11.32}$$

从式(11.32)中可以看出,在静应力 σ_j 不变的情况下,要提高构件的抗冲击能力,应降低动荷系数 K_d 值。

从公式(11.19)及例 11.4 中(11.29)式都可看到,若能增大静位移 Δ_j 就可以降低动荷系数,从而减小冲击载荷和冲击应力。这是因为静位移的增大表示构件较为柔软,因而能更多地吸收冲击物的能量。但是,增加静变形 Δ_j 应尽可能地避免增加静应力 σ_j,否则,降低了动荷系数 K_d,却又增加了 σ_j,结果动应力未必就会降低。某些机器或零件上加上橡皮坐垫或垫圈,汽车大梁与轮轴之间安装叠板弹簧等,都是为了既增大静变形 Δ_j,又不改变构件的静应力。

由上节式(11.24)及例 11.5 可知,冲击动应力与杆件的体积有关。杆件体积越大,则冲击时动应力越小。因此,把承受冲击的汽缸盖螺栓,由短螺栓(图 11.10(a))改为长螺栓(图 11.10(b)),从而增加螺栓的体积,达到提高承受冲击能力的目的。

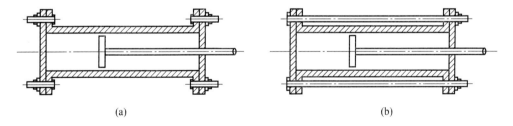

（a）　　　　　　　　　　　　　　　　　（b）

图 11.10

上述讨论是对等截面杆而言的,不能应用于变截面杆的情况。在图 11.11 中,(a) 为变截面杆,(b) 为等截面杆。同样受到重量为 Q、速度为 v 的重物的冲击。通过分析可知两杆的冲击动应力分别为

$$\sigma_{d\max}^a = \frac{P_d^a}{A_2} = \frac{Q}{A_2}\sqrt{\frac{v^2}{g\Delta_{aj}}} \tag{11.33}$$

$$\sigma_{d\max}^b = \frac{P_d^b}{A_2} = \frac{Q}{A_2}\sqrt{\frac{v^2}{g\Delta_{bj}}} \tag{11.34}$$

由于(a)杆的静变形 Δ_{aj} 小于(b)杆的静变形 Δ_{bj},所以(a)杆的动应力 $\sigma_{d\max}^a$ 要大于

(b)杆的动应力 $\sigma_{d\max}^{b}$,但(a)杆的体积却比(b)杆的体积大。此外,从式(11.33)还可以看出(a)杆削弱长度 s 越小,静变形 Δ_{aj} 越小,就更增大动应力的数值。因此,应尽可能避免将受冲击杆件设计成变截面杆。像螺钉这一类零件,不能避免某些部分要削弱,则应尽量增加被削弱的部分的长度。例如一些承受冲击的螺钉往往不采取图 11.12(a)的形式,而是使光杆部分的直径与螺栓的内径接近相等,如图 11.12(b)(c)所示。这样接近一个等截面,Δ_j 增加,而 σ_j 不变,从而降低了动应力。

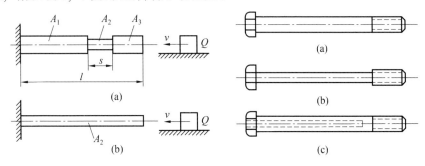

图 11.11   图 11.12

由弹性模量较低的材料制成的杆件,其静变形较大。所以用弹性模量较低的材料代替较高弹性模量的材料,也有利于降低冲击应力。但低弹性模量材料往往许用应力也低,所以应注意是否能满足强度条件。

习　　题

11-1　如图所示卷扬机卷起重为 $Q_1 = 40$ kN 的物体以等加速度 $a = 5$ m/s² 向上运动;鼓轮重 $Q = 4$ kN,直径 $D = 1.2$ m,安装在轴的中点 C,轴长 $l = 1$ m,材料许用应力 $[\sigma] = 100$ MPa,试按第三强度理论设计轴的直径 d。

答案:0.16 m

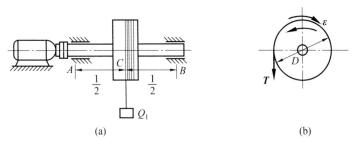

题 11-1 图

11-2　桥式起重机上悬挂一重量 $G = 50$ kN 的重物,以匀速度 $v = 1$ m/s 向前移(在图中,移动的方向垂直于纸面)。当起重机突然停止时,重物像单摆一样向前摆动。若梁为 No.14 工字钢,吊索截面面积 $A = 5 \times 10^{-4}$ m²,问此时吊索内及梁内最大应力增加多少?设吊索的自重以及由重物摆动引起的斜弯曲影响都忽略不计。

答案:$\Delta\sigma = 15.6$ MPa

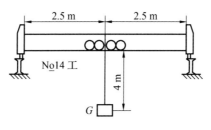

题 11-2 图

11-3　轴上装一钢质圆盘,盘上有一圆孔。若轴与盘以 $\omega = 40\ \text{s}$ 的匀角速度旋转,试求轴内由这一圆孔引起的最大正应力。(钢的密度 $7.8\ \text{g/cm}^3$)

答案:$\sigma_{\max} = 12.5\ \text{MPa}$

11-4　在直径为 $100\ \text{mm}$ 的轴上装有转动惯量 $I = 0.5\ \text{kN·m·s}^2$ 的飞轮,轴的转速为 $300\ \text{r/min}$。制动器作用工作后,在 20 轮内将飞轮刹停,试求轴内最大剪应力。设在制动器作用前,轴已与驱动装置脱开,且轴承内的摩擦力可以不计。

答案:$\tau_{d\max} = 10\ \text{MPa}$

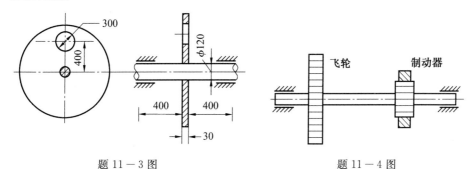

题 11-3 图　　　　　　　　　　　　　　题 11-4 图

11-5　AD 轴以匀角速度 ω 转动。在轴的纵向对称面内,于轴线的两侧有两个重为 W 的偏心载荷,如图所示。试求轴内最大弯矩。

答案:$M_{\max} = \dfrac{Wl}{3}\left(1 + \dfrac{b\omega^2}{3g}\right)$

11-6　AB 杆下端固定,长度为 l。在 C 点受到沿水平运动的物体 G 的冲击,物体的重量为 Q,当其与杆件接触时的速度为 v。设杆件的 E, I 及 W 皆为已知量,试求 AB 杆的最大应力。

答案:$\sigma_{\max} = \sqrt{\dfrac{3QEI}{ga}} \cdot \dfrac{v}{W}$

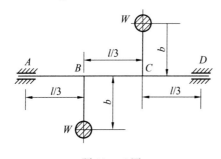

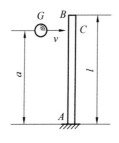

题 11-5 图　　　　　　　　　　　　　　题 11-6 图

11－7　图示钢杆的下端有一固定圆盘,盘上放弹簧。弹簧在 1 kN 的静载荷作用下缩短 0.062 5 cm。钢杆的直径 $d=4$ cm,$l=4$ m,许用应力$[\sigma]=120$ MPa,$E=200$ GPa。若有重为 15 kN 的重物自由落下,求其许可的高度 H。又若没有弹簧,则许可高度 H 将等于多大?

答案:(1) 有弹簧时, $H=384$ mm;(2) 没有弹簧时, $H=9.56$ mm

11－8　钢吊索的下端悬挂一重量为 $Q=25$ kN 的重物,并以速度 $v=100$ cm/s 下降。当吊索长为 $l=20$ m 时,滑轮突然被卡住,试求吊索所受到的冲击载荷 P_d。设钢吊索的横截面面积 $A=4.14$ cm^2,弹性模量 $E=170$ GPa,滑轮和吊索的质量可略去不计。

答案:$P_d=120$ kN

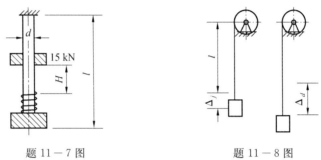

题 11－7 图　　　　　　　　　题 11－8 图

11－9　重量为 Q 的重物自高度 H 下落冲击于梁上的 C 点,设梁的 E,I 及抗弯截面模量 W 皆为已知量,试求梁内最大正应力及梁的跨度中点的挠度。

答案:$f=\dfrac{23Ql^3}{1\ 296EI}\left(1+\sqrt{1+\dfrac{243EIH}{2Ql^3}}\right)$

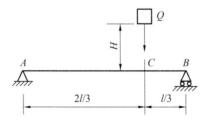

题 11－9 图

11－10　摆锤的钢杆长 1 m,截面为 3 cm×3 cm 的正方形,杆端锤重 60 N,杆与半径 $R=20$ cm 的圆轴固定在一起,并以转速 $n=10$ r/min 绕 AB 轴旋转,试求当 AB 轴突然停止转动时杆内的最大正应力和最大挠度。杆的自重不计,材料的 $E=200$ GPa。

答案:$\Delta_d=1.55$ cm;$\sigma_d=139.6$ MPa

11－11　图示一直角 L 形折杆,A,B,C 三点在同一水平面内,其自重不计,AB 段为直径为 d 的圆截面;BC 段为边长 a 的方截面,设有一重 P 的物体在高度 H 处自由落到 C 点,试求危险点的位置及该点的应力。材料的 E,G 为已知。

答案:A 处界面是最危险的, $\tau_{max}=\left(1+\sqrt{\dfrac{2H}{\Delta_{cj}}}\right)\dfrac{8Pl}{\pi d^3}$,$\sigma_{max}=\left(1+\sqrt{\dfrac{2H}{\Delta_{cj}}}\right)\dfrac{32Pl}{\pi d^3}$,

$$\Delta_{cj} = pl^3 \left(\frac{1}{2Ea^4} + \frac{8}{G\pi d^4} + \frac{64}{3E\pi d^4} \right)$$

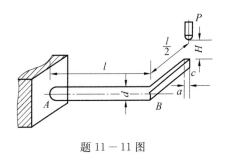

题 11 - 10 图   题 11 - 11 图

第12章 交变应力和疲劳强度

12.1 概 述

12.1.1 交变应力的概念

工程实际中,有些构件承受载荷的大小、方向等随时间作周期性的变化,致使构件内某些点的应力随时间作周期性交替变化。这种随时间作周期性交替变化的应力,称为交变应力,应力每重复变化一次的过程,称为一个应力循环。

如图 12.1(a) 所示的火车轮轴,该轴的直径为 d、角速度为 ω,轴横截面上任一边缘点处的弯曲正应力的计算式为

$$\sigma = \frac{My}{I_z} = \frac{Md}{2I_z}\sin \omega t \tag{12.1}$$

将上式中的正应力 σ 和时间 t 的关系,在以 t 为横坐标、σ 为纵坐标的坐标系中用图线表示,得到如图 12.1(b) 所示的正弦曲线,其中 t_1, t_2, t_3 和 t_4 分别表示该边缘点在图 12.1(a) 中所示位置 1,2,3 和 4 的时刻。可见该边缘点经历着变化过程为 $0 \to \sigma_{\max} \to 0 \to \sigma_{\min} \to 0$ 的弯曲交变应力。

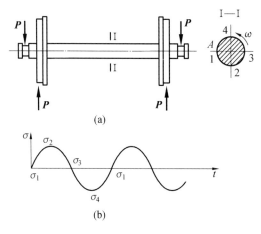

图 12.1

如图 12.2 齿轮上齿根某点 A,用 P 表示齿轮啮合时作用在轮齿上的啮合力,齿轮每旋转一圈,轮齿啮合一次。在齿轮啮合过程中,啮合力 P 由零迅速增加到最大值,然后又迅速减小为零,因而齿根 A 点经历着变化过程为 $0 \to \sigma_{\max} \to 0$ 的弯曲交变应力。

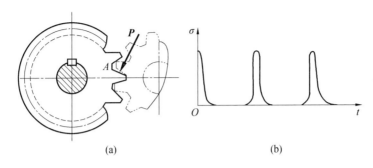

图 12.2

12.1.2　疲劳破坏的概念

工程实践表明,构件在交变应力作用下引起的破坏与静应力作用下引起的破坏,在性质上是全然不同的。在交变应力作用下的构件,虽然是塑性材料制成的,在工作应力远低于材料的强度极限的情况下,经历一定的工作时间之后可能发生突然断裂。在其断裂前和脆性材料制成的构件一样,无明显的塑性变形。这种构件在交变应力作用下的破坏现象,在工程上称为疲劳破坏。如图 12.3 所示为构件在交变应力作用下,构件断裂面示意图。断裂面有两个区域,一个是表面光滑的区域,一个是具有脆性破坏特点的粗糙区。飞机、汽车、火车等机械结构中,一些主要零部件以及连杆、传动轴等构件,它们的破坏多是交变应力作用下发生的,因此疲劳破坏是构件破坏的主要形式之一。

对大量交变应力作用下构件的观察研究表明,在交变应力作用下,由于构件外形和材料内部质地不均匀、有疵点,致使构件某些局部区域的应力达到或超过材料的屈服极限,在此局部区域将逐渐形成极细小的微观裂纹,即疲劳源(如图 12.3 所示)。裂纹尖端的应力集中,进一步导致裂纹在交变应力作用下不断扩展。在裂纹扩展过程中,由于应力的交替变化,开裂的两个侧面将时而压紧时而张开,逐渐形成断口表面的光滑区(如图

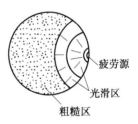

图 12.3

12.3 所示)。随着裂纹的不断扩展,构件截面面积不断削弱,当裂纹扩展到某一临界尺寸后,构件将沿着削弱的截面发生脆性断裂,断口表面呈现粗糙颗粒状(如图 12.3 所示)。

由于疲劳破坏是由多种原因引起、在局部发生的,其过程是一个较长的裂纹萌生和逐渐扩展的过程。很多疲劳破坏是在没有明显预兆的情况下突然发生的,例如飞机失事、火车轮轴断裂、汽车发动机中的曲轴断裂等。另外疲劳破坏是在应力低于强度极限,甚至低于屈服极限下发生的,和静应力下的破坏性质完全不同。鉴于疲劳破坏危害程度大,影响疲劳破坏的因素多,和疲劳相关的问题已经引起人们的关注。对在交变应力作用下的构件,进行疲劳强度计算是非常必要的。

12.2　交变应力的描述

材料在交变应力作用下的力学性能和破坏特点,与静应力作用下的力学性能和破坏

特点是不相同的。图 12.1 和图 12.2 所示的应力与时间的关系曲线分别为不同的工况，它们的共同特点是按一定周期的变化规律，它们在最大值、最小值、最大值与最小值的比值、从最大值到最小值的时间间隔长短等方面是不同的。

12.2.1　交变应力的特征参数

如图 12.4 所示为交变应力随时间周期变化曲线的一般形式。应力从最大值 $\sigma_{\max}$ 到最小值 $\sigma_{\min}$，再回到最大值 $\sigma_{\max}$ 的过程为一个应力循环。完成一个应力循环所经历的时间称为一个周期，记作 T。

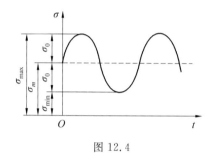

图 12.4

在应力循环中，最小应力和最大应力的比值，称为循环特性，用 r 表示，

$$r = \frac{\sigma_{\min}}{\sigma_{\max}} \tag{12.2}$$

循环特性 r 描述了应力循环中应力变化的特点和程度，是研究交变应力的重要参数。最大应力和最小应力的平均值，称为平均应力，用 σ_m 表示，

$$\sigma_m = \frac{1}{2}(\sigma_{\max} + \sigma_{\min}) = \frac{1}{2}(1 + r)\sigma_{\max} \tag{12.3}$$

最大应力和最小应力在平均应力上、下变化的幅度，称为应力幅，用 σ_a 表示，

$$\sigma_a = \frac{1}{2}(\sigma_{\max} - \sigma_{\min}) = \frac{1}{2}(1 - r)\sigma_{\max} \tag{12.4}$$

根据平均应力 σ_m 和应力幅 σ_a 的定义，最大应力 $\sigma_{\max}$ 和最小应力 $\sigma_{\min}$ 可以表示为

$$\sigma_{\max} = \sigma_m + \sigma_a \tag{12.5}$$

和

$$\sigma_{\min} = \sigma_m - \sigma_a \tag{12.6}$$

在上述 5 个参数，即循环特性 r、平均应力 σ_m、应力幅 σ_a、最大应力 $\sigma_{\max}$、最小应力 $\sigma_{\min}$ 中，只有 2 个是独立的。平均应力 σ_m 可以看成是由静载荷引起的静应力，而应力幅 σ_a 则是交变应力中的动应力部分。

12.2.2　几种典型的交变应力

循环特性 $r=-1$ 的交变应力称为对称循环交变应力，循环特性 $r \neq -1$ 的交变应力称为非对称循环交变应力。循环特性 $r=0$ 或 $r=-\infty$ 的非对称循环交变应力称为脉动循环交变应力。静应力可以看作交变应力的特殊形式，其循环特性 $r=1$。实践表明，对称循环交变应力是所有交变应力中最危险的一种工况。

对于对称循环应力,其最大应力 $\sigma_{\max}$ 和最小应力 $\sigma_{\min}$ 的关系为 $\sigma_{\max}=-\sigma_{\min}$,其平均应力 $\sigma_m=0$,应力幅 $\sigma_a=\sigma_{\max}$。

对于循环特性 $r=0$ 的脉动循环,其最大应力 $\sigma_{\max}>0$、最小应力 $\sigma_{\min}=0$、平均应力 $\sigma_m=\dfrac{\sigma_{\max}}{2}$、应力幅 $\sigma_a=\dfrac{\sigma_{\max}}{2}$。

对于循环特性 $r=-\infty$ 的脉动循环,其最大应力 $\sigma_{\max}=0$,最小应力 $\sigma_{\min}<0$,平均应力 $\sigma_m=\dfrac{\sigma_{\min}}{2}$、应力幅 $\sigma_a=-\dfrac{\sigma_{\min}}{2}$。

实验证明,应力循环曲线的形状,对材料在交变应力作用下的疲劳强度无显著影响,只要最大应力 $\sigma_{\max}$ 和最小应力 $\sigma_{\min}$ 相同可以不加区别。

在上述列举的各种交变应力,它们的应力幅和平均应力都不随时间而改变,这种交变应力又称为常幅稳定交变应力。除此之外还有变幅稳定交变应力和随机变化不稳定交变应力。本章主要研究最基本的常幅稳定交变应力下构件的疲劳强度问题。

12.3　材料的持久极限

12.3.1　持久极限的概念

知道材料在交变应力下工作而不发生破坏的极限应力,是对在交变应力下工作的构件进行疲劳强度计算的前提和基础。工程实践表明,在交变应力下工作的构件,在发生疲劳破坏时的最大工作应力往往低于材料的屈服极限或强度极限。可见,在静载荷下测定的材料屈服极限或强度极限,不能作为材料在交变应力工作下的强度指标,需要测定材料在交变应力下能正常工作而不发生破坏的极限应力。实验研究表明,交变应力工作下的极限应力受交变应力的循环特性、材料性能、构件外形、构件尺寸、构件表面加工等众多因素的影响。因此,在测定材料在交变应力工作下的持久极限,应采用标准尺寸的光滑小试件。

在交变应力工作下的构件,其发生疲劳破坏前所经历的应力循环次数,称为持久寿命,用 N 表示。在循环特性、材料性能等因素相同的情况下,持久寿命 N 与最大工作应力 $\sigma_{\max}$ 有关。最大应力 $\sigma_{\max}$ 值越大,持久寿命 N 值越小;最大应力 $\sigma_{\max}$ 值越小,持久寿命 N 值越大。降低最大工作应力 $\sigma_{\max}$ 可以提高持久寿命 N,当最大工作应力 $\sigma_{\max}$ 降低到某一数值时,持久寿命 N 可能达到无穷大,即在交变应力下工作的构件,经历无限次应力循环也不发生疲劳破坏。通常将标准光滑小试件经历无限次应力循环而不发生疲劳破坏的最大应力 $\sigma_{\max}$ 的最高极限值,称为材料的持久极限,用 σ_r 或 τ_r 表示,其中 r 为循环特性。

同一材料在不同基本变形形式和循环特性下,其持久极限是不同的。在同一种基本变形形式下,对称循环对应的持久极限 σ_{-1} 或 τ_{-1} 的数值最小。在工程实际中,通常以对称循环下的持久极限 σ_{-1} 或 τ_{-1} 作为主要强度指标。

材料在对称循环下的持久极限 σ_{-1} 或 τ_{-1} 比静应力下的强度极限 σ_b 或 τ_b 要低很多。以低碳钢为例,在拉伸(压缩)变形时 $\sigma_{-1}\approx0.3\sigma_b$,在弯曲变形时 $\sigma_{-1}\approx0.4\sigma_b$,在扭转变形

时 $\tau_{-1} \approx 0.25\tau_b$。

12.3.2　对称循环下材料持久极限的测定

测定材料在弯曲变形、对称循环交变应力下的持久极限,通常在疲劳实验机上进行疲劳实验。测试试件需要按照标准尺寸做成直径为 $7 \sim 10$ mm、表面磨光的光滑小试件。每组疲劳实验通常需用试件 6 至 10 根。

如图 12.5 所示,将标准光滑小试件,夹装在疲劳实验机上,在外载荷作用下试件的中间部分发生纯弯曲,纯弯曲的弯矩为 $M = P_a$。试件横截面上的最大弯曲应力

$$\sigma_{\max} = \frac{M}{W_z} = \frac{P_a}{W_z} \tag{12.7}$$

开动实验机,试件将随之转动。试件每旋转一周,其横截面上的点便经历一次对称应力循环,应力循环的次数可以通过计数器读出。当试件由于疲劳破坏而断裂时,实验机将自动停机。

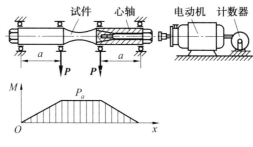

图 12.5

在进行疲劳实验时,根据(12.7)式选择适当的外载荷 P,使第 1 根试件的最大应力 $\sigma_{\max 1}$ 约等于其材料强度极限 σ_b 的 60% 左右。经过循环次数 N_1 后,试件断裂,N_1 即为试件 1 的疲劳寿命。然后减小外载荷,使第 2 根试件的最大值 $\sigma_{\max 2}$ 略低于第 1 根试件的最大应力 $\sigma_{\max 1}$,测出第 2 根试件断裂时的循环次数 N_2,即疲劳寿命。逐渐减小外载荷,测出每个最大应力为 $\sigma_{\max}$ 试件断裂时的循环次数 N。以最大工作应力 $\sigma_{\max}$ 为纵坐标、循环次数 N 为横坐标,将疲劳实验结果绘制成一条曲线,称为疲劳曲线或 $S - N$ 曲线,如图 12.6 所示。

由图 12.6 所示的疲劳曲线可以看出,交变应力下工作的试件在断裂前所经历的应力循环次数 N 随着最大应力 $\sigma_{\max}$ 的减小而增大,且疲劳曲线逐渐趋于水平。对于大多数黑色金属材料,可以测得一个对应于如图 12.6 所示疲劳曲线的水平渐近线的最大应力。在此最大应力下,试件能够经受无限多次应力循环而不发生破坏,这一最大应力称为材料的持久极限或疲劳极限。也可以说,金属材料在交变应力下,可以测得一个能经受无限次应力循环而不发生破坏的最大应力,这一最大应力称为材料的持久极限。但实际上,实验不可能无限期地进行下去,所以一般规定一个循环次数 N_0 来代替无限长的疲劳寿命。这个

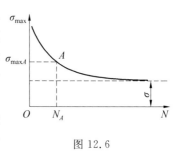

图 12.6

规定的循环次数 N_0 称为循环基数。在疲劳曲线上 N_0 所对应的最大应力 $\sigma_{\max}$ 就是材料的持久极限。对于钢铁、铸铁等黑色金属材料,通常取 $N_0 = 2 \times 10^6 \sim 2 \times 10^7$。

12.4　构件的持久极限

在疲劳强度计算中,持久极限这一概念非常重要。在理解持久极限这一概念时,需要注意两个方面。一方面,持久极限与循环特性 r 有关,循环特性 r 不同,持久极限 σ_r 也不同,且以对称循环下的持久极限 σ_{-1} 最低。另一方面,应该区别材料的持久极限和构件的持久极限,前者是在实验室中用光滑小尺寸试件测出的,后者是在前者对各种影响因素修正后得到的实际构件的持久极限。

12.4.1　影响构件持久极限的因素

实验表明,构件的持久极限不仅与材料有关,而且还与构件的几何形状、尺寸大小、表面质量等因素有关。

1. 构件外形的影响

由于使用和加工工艺的要求,有些构件需要带有轴肩、小孔键槽等,使其横截面产生突变。在邻近截面突变处存在应力集中,容易形成疲劳裂纹源及裂纹扩展,显著降低构件的持久极限。

构件因外形引起的应力集中对其持久极限的影响程度,可以通过对比实验的方法来确定。在对称循环下没有应力集中的光滑小试件的持久极限为 σ_{-1},将对称循环下有应力集中的构件持久极限表示为 σ_{-1k},用两者的比值 K_σ 表示构件外形引起应力集中对构件持久极限的影响

$$K_\sigma = \frac{\sigma_{-1}}{\sigma_{-1k}} \tag{12.8}$$

称为有效应力集中系数。由于 $\sigma_{-1} > \sigma_{-1k}$,因此有效应力集中系数 $K_\sigma > 1$。

工程上为了使用方便,把有关有效应力集中系数的实验数据,整理成曲线或表格。如图 12.7 和 12.8 就是这类曲线,其中 K_σ 和 K_τ 分别表示构件在弯曲变形和扭转变形时的有效应力集中系数。从这些图线可以看出:

(1) 对于钢材来说,材料的强度极限 σ_b 越高,其有效应力集中系数越大,即材料的强度越高,对应力集中越敏感。这反映出交变应力下和静应力下,两种应力集中的区别。在静应力情况下讨论的应力集中系数仅与构件的几何形状有关,称为理论应力集中系数。在交变应力下,有效应力集中系数不仅与构件几何形状有关,而且还与其材料的强度极限 σ_b 有关。

(2) 构件在不同的变形形式下,有效应力集中系数是不同的,这与静应力下的理论应力集中系数是相似的。

(3) 构件截面尺寸改变的急剧程度越大(如 r/d 越小),其有效应力集中系数越大,构件持久极限降低越显著,因此使构件截面尺寸平稳过渡可有效降低应力集中的影响。

2. 构件尺寸的影响

通常情况下,构件的持久极限随着构件尺寸的增大而降低。其原因是构件的尺寸越

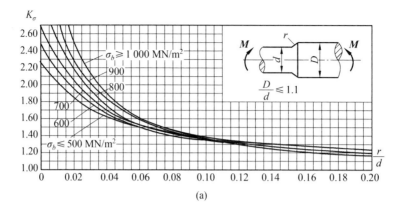

(a)

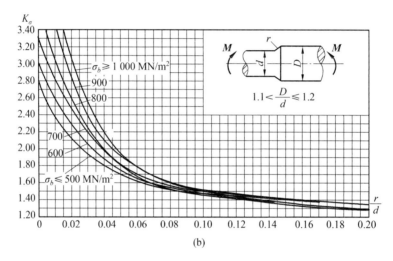

(b)

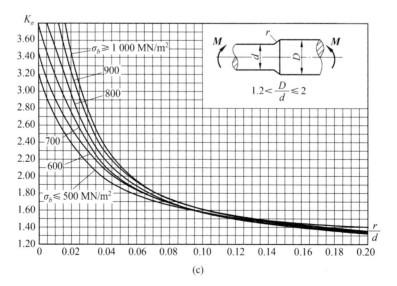

(c)

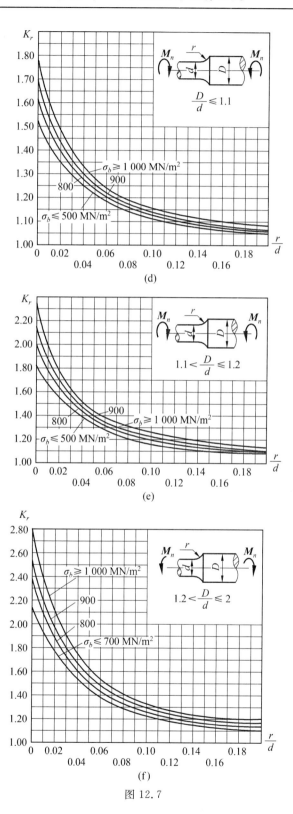

图 12.7

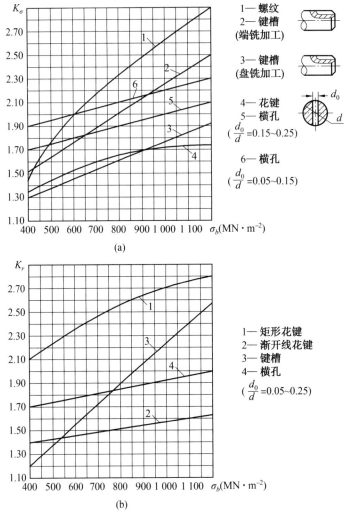

图 12.8

大,其材料包含的缺陷越多,产生疲劳裂纹的可能性就越大;此外,在弯曲变形和扭转变形下,构件的尺寸的增加会导致其高应力区增大,而降低其持久极限。构件尺寸对其持久极限的影响也可通过对比实验测定。

将在对称循环下光滑大试件的持久极限表示为 $\sigma_{-1\varepsilon}$,它和同样几何尺寸光滑小试件在对称循环下的持久极限 σ_{-1} 的比值

$$\varepsilon_\sigma = \frac{\sigma_{-1\varepsilon}}{\sigma_{-1}} \tag{12.9}$$

称为尺寸系数。通常情况下构件尺寸系数的数值小于 1。

在表 12.1 中,列出了常用钢材的尺寸系数,其中 ε_σ 和 ε_τ 分别表示在弯曲变形和扭转变形下的尺寸系数。构件的尺寸系数和其材料的强度极限、构件尺寸、变形形式等因素有关。

表 12.1　尺寸系数

直径 d/mm		$>20\sim30$	$>30\sim40$	$>40\sim50$	$>50\sim60$	$>60\sim70$
ε_d	碳　钢	0.91	0.88	0.84	0.81	0.78
	合金钢	0.83	0.77	0.73	0.70	0.68
各种钢 ε_r		0.89	0.81	0.78	0.76	0.74
直径 d/mm		$>70\sim80$	$>80\sim100$	$>100\sim120$	$>120\sim150$	$>150\sim500$
ε_d	碳　钢	0.75	0.73	0.70	0.68	0.60
	合金钢	0.66	0.64	0.62	0.60	0.54
各种钢 ε_r		0.73	0.72	0.70	0.68	0.60

3. 构件表面质量的影响

一般情况下,交变应力工作下构件的疲劳破坏往往起源于构件的表面,因此构件的表面光洁度和加工质量对其持久极限有很大的影响。构件的表面粗糙、划痕和擦伤等因素会引起应力集中现象,降低构件的持久极限。对于钢材,材料的强度极限越高,其表面加工情况对持久极限的影响越显著。构件的表面质量对其持久极限的影响,也可以通过对比实验来测定。

将在对称循环交变应力下、不同表面加工条件下构件的持久极限表示为 $\sigma_{-1\beta}$,它和表面磨光试件的持久极限 σ_{-1} 的比值

$$\beta = \frac{\sigma_{-1\beta}}{\sigma_{-1}} \tag{12.10}$$

称为表面质量系数。当构件表面质量低于磨光试件表面质量时,其表面质量系数 $\beta < 1$;当构件表面经过强化处理后,其表面质量系数 $\beta > 1$。

不同表面光洁度的表面质量系数列于表 12.2 中。不同表面加工质量对于高强度钢的持久极限的影响更为明显,因此对于高强度钢制成的构件,需要较高的表面加工质量才能发挥其高强度的作用。各种强化方法的表面质量系数列于表 12.3 中。

表 12.2　不同表面光洁度的表面质量系数

加工方法	轴表面光洁度	σ_b/(MN·m^{-2})		
		400	800	1 200
磨　削	$\triangledown 9 \sim \triangledown 10$	1	1	1
车　削	$\triangledown 6 \sim \triangledown 8$	0.95	0.90	0.80
粗　削	$\triangledown 3 \sim \triangledown 5$	0.85	0.80	0.65
未加工的表面	$\backsim$	0.75	0.65	0.45

表 12.3　各种强化方法的表面质量系数

强化方法	心部强度 $\sigma_b/(\text{MN}\cdot\text{m}^{-2})$	β		
		光　轴	低应力集中的轴 $K_\sigma\leqslant 1.5$	高应力集中的轴 $K_\sigma\geqslant 1.8\sim 2$
高频淬火	$600\sim 800$	$1.5\sim 1.7$	$1.6\sim 1.7$	$2.4\sim 2.8$
	$800\sim 1\,000$	$1.3\sim 1.5$		
氮　化	$900\sim 1\,200$	$1.1\sim 1.25$	$1.5\sim 1.7$	$1.7\sim 2.1$
渗　碳	$400\sim 600$	$1.8\sim 2.0$	3	
	$700\sim 800$	$1.4\sim 1.5$		
	$1\,000\sim 1\,200$	$1.2\sim 1.3$	2	
喷丸硬化	$600\sim 1\,500$	$1.1\sim 1.25$	$1.5\sim 1.6$	$1.7\sim 2.1$
滚子滚压	$600\sim 1\,500$	$1.1\sim 1.3$	$1.3\sim 1.5$	$1.6\sim 2.0$

12.4.2　构件持久极限的表达式

综合考虑上述三种因素对构件持久极限的影响,即有效应力集中系数 K_σ、尺寸系数 ε_σ 和表面质量系数 β,在对称循环交变应力工作下构件的持久极限的表达式为

$$(\sigma_{-1})_{构件}=\frac{\varepsilon_\sigma\beta}{K_\sigma}\sigma_{-1} \tag{12.11a}$$

$$(\tau_{-1})_{构件}=\frac{\varepsilon_\tau\beta}{K_\tau}\tau_{-1} \tag{12.11b}$$

式中,$(\tau_{-1})_{构件}$ 表示扭转变形下构件的持久极限;ε_τ 和 K_τ 分别表示扭转变形下构件的尺寸系数和有效应力集中系数。

除上述三种因素对构件的持久极限有影响外,其他如腐蚀介质、高温等环境因素也会降低构件的持久极限。这些环境影响因素也可以用修正系数表示,它们的数值可以查阅相关手册。

12.5　构件的疲劳强度计算

12.5.1　对称循环下构件的疲劳强度计算

通过疲劳实验,可以测定材料在对称循环下的持久极限 σ_{-1}。综合考虑构件的外形、尺寸及表面加工质量三个主要因素对其持久极限的影响,得到式(12.11)所示的构件持久极限,即构件在对称循环交变应力工作下的极限应力。构件的规定安全系数为 n,则构件在对称循环交变应力工作下的许用应力可表示为

$$[\sigma_{-1}]=\frac{(\sigma_{-1})_{构件}}{n}=\frac{\varepsilon_\sigma}{K_\sigma}\beta\frac{\sigma_{-1}}{n} \tag{12.12}$$

为确保构件在对称循环交变应力下能正常、安全地工作,要保证构件危险截面的危险点上的最大工作应力 $\sigma_{\max}$ 不超过式(12.12)所示的许用应力,即疲劳强度条件

$$\sigma_{\max} \leqslant [\sigma_{-1}] = \frac{\varepsilon_\sigma}{K_\sigma} \beta \frac{\sigma_{-1}}{n} \qquad (12.13)$$

疲劳强度条件(12.13)是按许用应力进行强度校核的,通常称为"许用应力法"。

在工程实际中,还经常采用"安全系数法"对构件进行疲劳强度校核。所谓"安全系数法",是将构件在对称循环交变应力下的工作安全系数 n_σ,即构件的持久极限$(\sigma_{-1})_{构件}$与最大工作应力 $\sigma_{\max}$ 的比值,与其规定安全系数 n 比较。若前者大于后者,则认为构件是安全的;若前者小于后者,则认为构件是不安全的。因此式(12.13)表示的疲劳强度条件,还可以表示为

$$n_\sigma = \frac{(\sigma_{-1})_{构件}}{\sigma_{\max}} = \frac{\sigma_{-1}}{\dfrac{K_\sigma}{\varepsilon_\sigma \beta} \sigma_{\max}} \geqslant n \qquad (12.14)$$

其中,规定安全系数 n 可以根据有关设计规范确定。

在对称循环下,构件的最大应力 $\sigma_{\max}$ 与其应力幅 σ_a 相等,因此疲劳强度条件式(12.14)又可以表示为

$$n_\sigma = \frac{\sigma_{-1}}{\dfrac{K_\sigma}{\varepsilon_\sigma \beta} \sigma_a} \geqslant n \qquad (12.15)$$

类似地,当构件在对称循环交变剪应力下工作时,其疲劳强度表示为

$$n_\tau = \frac{\tau_{-1}}{\dfrac{K_\tau}{\varepsilon_\tau \beta} \sigma_\tau} \geqslant n \qquad (12.16)$$

例 12.1　如图 12.9 所示,某减速器的金属材料轴。其键槽为端铣加工,$A-A$ 截面上的弯矩 $M = 860\,\text{N} \cdot \text{m}$,材料的强度极限 $\sigma_b = 520\,\text{MPa}$,对称循环下的持久极限 $\sigma_{-1} = 220\,\text{MPa}$。若该轴的规定安全系数 $n = 1.35$,试校核其 $A-A$ 截面的疲劳强度。

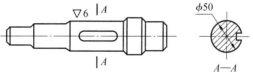

图 12.9

解　(1)计算最大工作应力。

轴在不变弯矩 M 的作用下旋转,因此其在弯曲变形下对称循环交变正应力下工作。若忽略键槽对轴的抗弯截面模量 W_z 的影响,则最大应力

$$\sigma_{\max} = \frac{M}{W_z} = \frac{32M}{\pi d^3} = \frac{32 \times 860}{\pi \times 5^3 \times 10^{-6}} = 70 \times 10^6\,\text{Pa} = 70\,\text{MPa}$$

(2)确定有效应力集中系数、尺寸系数和表面质量系数。

由图 12.8(a)中的曲线 2 查得,当材料的强度极限 $\sigma_b = 520\,\text{MPa}$ 时,有效应力集中系数 $K_\sigma = 1.65$。由于最大应力 $\sigma_{\max}$ 是按直径 $d = 50\,\text{mm}$ 计算的,所以尺寸系数也应按轴的直径 $d = 50\,\text{mm}$ 来确定。由表 12.2 查得尺寸系数 $\varepsilon_\sigma = 0.84$。根据表 12.3,利用线性插值求得表面质量系数 $\beta = 0.936$。

（3）强度校核。

根据（12.15）式，轴的工作安全系数

$$n_\sigma = \frac{\sigma_{-1}}{\dfrac{K_\sigma}{\varepsilon_\sigma\beta}\sigma_{\max}} = \frac{220}{\dfrac{1.65}{0.84 \times 0.936} \times 70} = 1.5$$

而轴的规定安全系数

$$n = 1.35$$

因此

$$n_\sigma > n$$

轴在截面 $A-A$ 处满足疲劳强度的要求。

12.5.2　持久极限曲线及其简化

要解决在任意循环特性交变应力工作下构件的疲劳强度计算问题，需要测定材料在任意循环特性下的持久极限 σ_r。与测定对称循环下的持久极限 σ_{-1} 的方法相似，分别在不同循环特性 r 下进行疲劳实验，可以得到不同循环特性下的持久极限 σ_r，但实验设备较复杂。

根据不同循环特性下的疲劳实验结果，选取平均应力 σ_m 为横坐标、应力幅 σ_a 为纵坐标，可以绘制出材料的持久极限曲线，如图 12.10 所示。对于任意一个循环特性的交变应力，在已知其应力幅 σ_a 和平均应力 σ_m 后，就可以在以平均应力 σ_m 为横坐标、应力幅 σ_a 为纵坐标的坐标系下确定一个对应点 C。反之，在该坐标系中的任意一点 C 都对应着一个特定循环特性的交变应力。若把一点的横坐标和纵坐标相加便得到最大应力，即 $\sigma_a + \sigma_m = \sigma_{\max}$。可见一点的横坐标和纵坐标

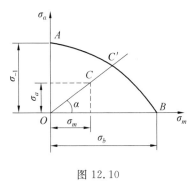

图 12.10

之和，就是该点对应的交变应力的最大应力 $\sigma_{\max}$。由原点出发向 C 作一条射线，其斜率为

$$\tan\alpha = \frac{\sigma_a}{\sigma_m} = \frac{\sigma_{\max} - \sigma_{\min}}{\sigma_{\max} + \sigma_{\min}} = \frac{1-r}{1+r} \tag{12.17}$$

式中，r 为交变应力的循环特性。

根据图 12.10 和式（12.17）可知，循环特性 r 相同的所有交变应力都可以表示在同一射线上。该射线上离原点距离越远的点，其横坐标和纵坐标之和，即最大应力 $\sigma_{\max}$ 就越大。但只要最大应力 $\sigma_{\max}$ 不超过同一循环特性下 r 下的持久极限 σ_r，就不会发生疲劳破坏。所以，每一条由原点出发的射线上，都有一个由持久极限确定的临界点。例如在对称循环下，$r=-1,\sigma_m=0$，这表示纵坐标上各点代表对称循环。若对称循环的持久极限 σ_{-1} 在纵坐标轴的 A 点，只要对称循环交变应力的最大应力 $\sigma_{\max}$ 不超过 A 点对应的持久极限 σ_{-1}，就不会发生疲劳破坏。在静载荷下，$r=1,\sigma_a=0$，这表示横坐标轴上各点代表静应力。由强度极限 σ_b 在横坐标轴上确定 B 点，它代表静应力下的临界点。在其他循环特性 r 下，都有对应的持久极限 σ_r，在图 12.10 中可以画出一系列与持久极限 σ_r 对应的点，将这些点连成曲线即得到材料的持久极限曲线 $AC'B$。

　　绘制图 12.10 所示的持久极限曲线,需要进行大量的疲劳实验来获得足够多的实验数据。这样做,工作量大且耗费甚巨。而且这种形式的持久极限曲线,也不便于工程实际应用。在工程中,简化的持久极限曲线更便于实际应用。最常用的简化持久极限曲线是根据对称循环的持久极限 σ_{-1}、脉动循环的持久极限 σ_0 和静应力下的强度极限 σ_b 或 σ_1,在以平均应力 σ_m 为横坐标、应力幅 σ_a 为纵坐标的坐标平面上确定 A,B,C 三点,用折线 ABC 代替持久极限曲线,称为简化折线,如图 12.11 所示。

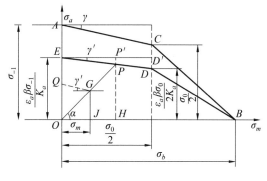

图 12.11

　　考虑到应力集中、尺寸大小、表面质量等因素对构件持久极限的影响,对如图 12.11 所示的简化折线还应乘以相应的系数。实验表明,这些系数只对应力幅 σ_a 有影响,对平均应力 σ_m 没有影响。在对称循环和脉动循环下,考虑了上述因素的影响后,它们对应的纵坐标分别变为 $\dfrac{\varepsilon_\sigma \beta \sigma_{-1}}{K_\sigma}$ 和 $\dfrac{\varepsilon_\sigma \beta \sigma_0}{2K_\sigma}$,在图 12.11 中相当于 E,D 两点,实际构件的简化折线为图中的折线 EDB。

　　如图 12.11 所示,实际构件的持久极限的简化折线中 ED 部分的斜率为

$$\tan \gamma' = \frac{D'D}{ED'} = \frac{\varepsilon_\sigma \beta}{K_\sigma} \left[\frac{\sigma_{-1} - \dfrac{\sigma_0}{2}}{\dfrac{\sigma_0}{2}} \right] \tag{12.18}$$

引入记号

$$\psi_\sigma = \frac{\sigma_{-1} - \dfrac{\sigma_0}{2}}{\dfrac{\sigma_0}{2}} \tag{12.19}$$

于是有

$$\tan\gamma' = \frac{\varepsilon_\sigma \beta}{K_\sigma} \psi_\sigma \tag{12.20}$$

　　根据图 12.11 和式(12.18)可知 $\psi_\sigma = \tan \gamma$,它是材料持久极限简化折线 AC 段的斜率,只和材料性能有关,称为材料对应力循环不对称性的敏感系数,一般由式(12.18)算出。在缺乏实验数据时,对于普通钢材,可采用表 12.4 中的数值。

表 12.4　钢的不对称敏感系数 ψ

系数 ψ	静载强度极限 $\sigma_b/(\text{MN} \cdot \text{m}^{-2})$				
	$350 \sim 550$	$520 \sim 750$	$700 \sim 1\,000$	$1\,000 \sim 1\,200$	$1\,200 \sim 1\,400$
ψ_0(拉、压、弯曲)	0	0.05	0.10	0.20	0.25
ψ_s(扭转)	0	0	0.05	0.10	0.15

12.5.3　非对称循环下构件的疲劳强度计算

构件持久极限的简化折线是非对称循环下构件疲劳强度计算的依据。如图 12.11 所示,在构件工作时,危险点的交变应力由图中的 G 点表示,G 点的纵坐标和横坐标分别代表危险点的应力幅 σ_a 和平均应力 σ_m。设 G 点落在折线 EDB 与坐标轴所围成的区域内,因而构件不发生疲劳破坏。

如图 12.11 所示,在保持循环特性 r 不变的情况下,延长射线 OG 与折线 EDB 交于 P 点,P 点的纵坐标和横坐标之和就是构件的持久极限 σ_r。当构件所受交变应力的循环特性 r 在 -1 到 0 的范围内时,射线 OG 与线段 ED 相交。此时构件的工作安全系数

$$n_\sigma = \frac{\sigma_r}{\sigma_{\max}} = \frac{PH + OH}{GI + OI} = \frac{OP(\sin\alpha + \cos\alpha)}{OG(\sin\alpha + \cos\alpha)} = \frac{OP}{OG} \tag{12.21}$$

为计算上述比值,过 G 点作平行于 PE 的直线交纵轴于 Q 点,显然

$$n_\sigma = \frac{OP}{OG} = \frac{OE}{OQ} = \frac{\dfrac{\varepsilon_\sigma \beta \sigma_{-1}}{K_\sigma}}{\sigma_a + \sigma_m \tan\gamma'} \tag{12.22}$$

将式(12.20)代入上式,得

$$n_\sigma = \frac{\dfrac{\varepsilon_\sigma \beta \sigma_{-1}}{K_\sigma}}{\sigma_a + \sigma_m \dfrac{\varepsilon_\sigma \beta}{K_\sigma} \psi_\sigma} \tag{12.23}$$

因此,构件应满足的疲劳强度条件表示为

$$n_\sigma = \frac{\sigma_{-1}}{\dfrac{K_\sigma}{\varepsilon_\sigma \beta}\sigma_a + \psi_\sigma \sigma_m} \geqslant n \tag{12.24}$$

式中,n 为对疲劳破坏的规定安全系数。

对于塑性材料制成的构件,除满足疲劳强度条件外,危险点的最大应力不应该超过屈服极限,即 $\sigma_{\max} = \sigma_m + \sigma_a \leqslant \sigma_s$,否则构件将由于屈服而发生塑性变形。在以平均应力 σ_m 为横坐标、应力幅 σ_a 为纵坐标的坐标系中

$$\sigma_m + \sigma_a = \sigma_s \tag{12.25}$$

是一条在纵坐标轴和横坐标轴上截距都是 σ_s 的直线,如图 12.12 中的直线 IJ。这样,为保证构件既不发生疲劳破坏,也不发生屈服破坏,代表最大应力的点必须落在图 12.12 中折线 EKJ 与坐标轴围成的区域内。

如图 12.12 所示,如果循环特性 r 所确定的射线与直线 EK 相交,则应该校核构件的

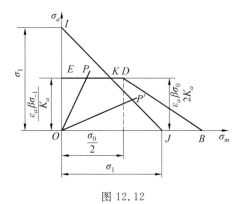

图 12.12

疲劳强度。如果循环特性 r 所确定的射线与直线 KJ 相交,则表示构件将因塑性变形破坏。这时的工作安全系数

$$n_\sigma = \frac{\sigma_s}{\sigma_{\max}} \tag{12.26}$$

而强度条件表示为

$$n_\sigma \geqslant n_s \tag{12.27}$$

式中,n_s 为对塑性破坏规定的安全系数。

实验结果表明,对一般塑性材料制成的构件,在循环特性 $r < 0$ 的非对称循环交变应力下,通常发生疲劳破坏;而在循环特性 $r > 0$ 时,通常需要同时校核该构件的疲劳强度和屈服强度。

例 12.2　如图 12.13 所示,圆杆上有一个沿直径的贯穿圆孔,不对称交变弯矩为 $M_{\max} = 5M_{\min} = 512$ N·m。材料为合金钢,强度极限 $\sigma_b = 950$ MPa、屈服极限 $\sigma_s = 540$ MPa、对称循环下的持久极限 $\sigma_{-1} = 430$ MPa、非对称敏感系数 $\psi_\sigma = 0.2$。圆杆表面经磨削加工。若对应于疲劳破坏的规定安全系数 $n = 2$,对应于塑性屈服破坏的规定安全系数 $n_s = 1.5$,试校核此杆的强度。

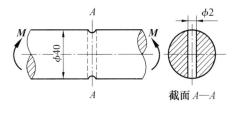

图 12.13

解　(1) 计算圆杆的工作应力。

$$W_z = \frac{\pi d^3}{32} = \frac{\pi \times 4^3}{32} = 6.28 \text{ cm}^3$$

$$\sigma_{\max} = \frac{M_{\max}}{W_z} = \frac{512}{6.28 \times 10^{-6}} = 81.5 \times 10^6 \text{ Pa} = 81.5 \text{ MPa}$$

$$\sigma_{\min} = \frac{1}{5}\sigma_{\max} = 16.3 \text{ MPa}$$

$$r = \frac{\sigma_{\min}}{\sigma_{\max}} = \frac{1}{5} = 0.2$$

$$\sigma_m = \frac{1}{2}(\sigma_{\max} + \sigma_{\min}) = \frac{1}{2}(81.5 + 16.3) = 48.9 \text{ MPa}$$

$$\sigma_a = \frac{1}{2}(\sigma_{\max} - \sigma_{\min}) = 32.6 \text{ MPa}$$

（2）确定有效应力集中系数、尺寸系数和表面质量系数。

按照圆杆的尺寸 $\frac{d_0}{d} = \frac{2}{40} = 0.05$，根据图 12.8(a) 中的曲线 6 查得，当强度极限 $\sigma_b = 950$ MPa 时，有效应力集中系数 $K_\sigma = 2.18$。由表 12.2 查出，尺寸系数 $\varepsilon_\sigma = 0.77$。由表 12.3 查出，对于表面经磨削加工的杆件，表面质量系数 $\beta = 1$。

（3）疲劳强度校核。

试件的疲劳破坏对应工作安全系数

$$n_\sigma = \frac{\sigma_{-1}}{\frac{K_\sigma}{\varepsilon_\sigma \beta} \sigma_a + \psi_a \sigma_m} = \frac{430}{\frac{2.18}{0.77 \times 1} \times 32.6 + 0.2 \times 48.9} = 4.21$$

对应于疲劳强度破坏的安全系数 $n = 2$，因此 $n_\sigma > n$，疲劳强度足够。

（4）屈服强度校核。

因为循环特性 $r = 0.2 > 0$，因此需要进行屈服强度校核。试件对应于屈服破坏的工作安全系数

$$n_\sigma = \frac{\sigma_s}{\sigma_{\max}} = \frac{540}{81.5} = 6.63$$

对应于塑性屈服破坏的规定安全系数 $n_s = 1.5$，因此 $n_\sigma > n_s$，屈服强度足够。

12.6　弯扭组合变形下构件的疲劳强度计算

根据第四强度理论，静载荷下构件在弯扭组合变形时的静应力强度条件可表示为

$$\sqrt{\sigma^2 + 3\tau^2} \leqslant [\sigma] = \frac{\sigma_s}{n_s} \tag{12.28}$$

式中，σ 和 τ 分别为危险点的弯曲正应力和扭转剪应力；σ_s 为材料的屈服极限；n_s 为静载荷下的规定安全系数。

将上式两边同时平方后再除以 σ_s^2，并注意按第四强度理论有 $\tau_s = \frac{\sigma_s}{\sqrt{3}}$，则式（12.28）可以改写为

$$\frac{1}{\left(\frac{\sigma_s}{\sigma}\right)^2} + \frac{1}{\left(\frac{\tau_s}{\tau}\right)^2} \leqslant \frac{1}{n_s^2} \tag{12.29}$$

式中，比值 $\frac{\sigma_s}{\sigma}$ 和 $\frac{\tau_s}{\tau}$ 可分别理解为静载荷下仅考虑弯曲正应力和仅考虑弯曲剪应力时的工作安全系数，并分别用 n_σ 和 n_τ 表示。这样，式（12.29）又可表示为

$$\frac{1}{n_s{}^2} + \frac{1}{n_\tau{}^2} \leqslant \frac{1}{n_s{}^2} \tag{12.30}$$

由此得

$$\frac{n_\sigma n_\tau}{\sqrt{n_\sigma^2 + n_\tau^2}} \geqslant n_s \tag{12.31}$$

实验表明,上述形式的静应力强度条件,可以推广应用到弯扭组合交变应力下的构件。因此弯扭组合交变应力下构件的疲劳强度条件可表示为

$$n_{\sigma\tau} = \frac{n_\sigma n_\tau}{\sqrt{n_\sigma^2 + n_\tau^2}} \geqslant n \tag{12.32}$$

式中,$n_{\sigma\tau}$ 称为弯扭组合交变应力下构件的工作安全系数;n 为弯扭组合交变应力下构件的规定安全系数;n_σ 和 n_τ 分别为弯曲正应力单独作用下和扭转剪应力单独作用下构件的工作安全系数,n_σ 可根据式(12.23)计算,类似的 n_τ 可由

$$n_\tau = \frac{\dfrac{\varepsilon_\tau \beta \tau_{-1}}{K_\tau}}{\tau_a + \tau_m \dfrac{\varepsilon_\tau \beta}{K_\tau} \psi_\tau} \tag{12.33}$$

计算。

需要说明的是,由于引用了第四强度理论,式(12.32)只适用于塑性材料构件。利用第三强度理论,可以得出一致结果。

12.7　提高构件疲劳强度的措施

构件的持久极限是决定其在交变应力工作下疲劳强度的直接依据。如何提高构件在交变应力工作下的持久极限,以提高其抵抗疲劳破坏的能力,是很重要的问题。从前面的分析可知,疲劳裂纹的形成主要是在构件的表面和构件外形变化引起的应力集中的部位,因此可以从以下几方面措施,提高构件抵抗疲劳破坏的能力。

(1) 采用合理的设计,降低有效应力集中系数。在设计构件外形时,尽量避免出现方形或带有尖角的孔或槽。在如阶梯轴的轴肩等截面尺寸突然改变处,要采用半径足够大的过渡圆角。在因结构上的原因,难以加大过渡圆角半径时,可以在直径较大的部分轴上开减荷槽或退刀槽,如图 12.14 所示,这样可以明显缓解应力集中。

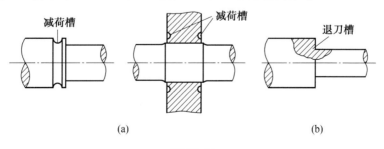

图 12.14

(2) 适当提高构件表面光洁度,减小切削伤痕所造成应力集中的影响,提高构件的持

久极限。特别是高强度合金钢,对应力集中的影响更加敏感。因此,尤其要保证高强度合金钢制成的构件要有足够高的表面光洁度,以提高其抵抗疲劳破坏的能力。

(3)通过一些工艺措施提高构件表层材料的强度,可以增加构件的持久极限。常用的方法有表面热处理和表面强化两种。在采用这些方法时,要注意严格控制工艺过程,否则将造成表面细微裂纹,反而降低构件的持久极限。

此外,在交变应力下工作的构件,要避免出现超载,防止在运输及使用时表面碰伤,这些都对提高构件抵抗疲劳破坏的能力有实际意义。

习　　题

12—1　求图示交变应力的循环特性 r、平均应力 σ_m 和应力幅 σ_a。

答案:(a)$\sigma_m=15$ MPa,$\sigma_a=45$ MPa,$r=-\dfrac{1}{2}$;

(b)$\sigma_m=-15$ MPa,$\sigma_a=45$ MPa,$r=-\dfrac{1}{2}$;

(c)$\sigma_m=-75$ MPa,$\sigma_a=45$ MPa,$r=\dfrac{1}{4}$;

(d)$\sigma_m=80$ MPa,$\sigma_a=80$ MPa,$r=0$

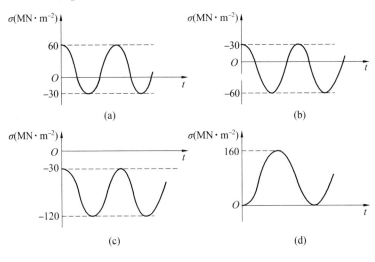

题 12—1 图

12—2　图示重量为 Q 的物体通过轴承,对圆轴作用一垂直方向的力 $Q=10$ kN,圆轴正常工作时,在 $\pm30°$ 范围内往复摆动。求圆轴的危险截面上1,2两点交变应力的循环特性 r,平均应力 σ_m。

答案:$\sigma_1:\sigma_m=149$ MPa,$r=0.87$;$\sigma_2:\sigma_m=0$,$r=-1$

12—3　图示阶梯圆截面轴,受对称循环交变弯矩 $M=750$ N·m 的作用。已知:材料强度极限 $\sigma_b=600$ MPa、对称循环下材料持久极限 $\sigma_{-1}=250$ MPa,轴的表面经过磨削加工,规定安全系数 $n=1.9$。试校核该阶梯圆截面轴的强度。

答案:$n_\sigma=1.97>n=1.9$

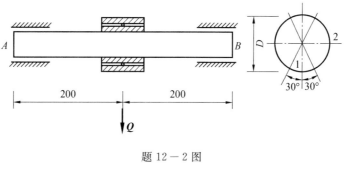

题 12－2 图

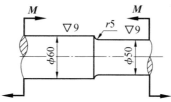

题 12－3 图

12－4 图示阶梯圆截面轴,受对称循环交变扭矩 M_n＝800 N・m 的作用。已知:扭转变形下材料的强度极限 τ_b＝500 MPa、对称循环下的持久极限 τ_{-1}＝110 MPa,轴的表面经过磨削加工,规定安全系数 n＝1.6。试校核该阶梯圆截面轴的强度。

答案: n_τ＝2.2＞n,是安全的

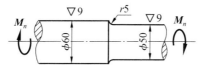

题 12－4 图

12－5 图示一铰车轴,受对称循环弯曲交变应力作用。已知:材料的强度极限 σ_b＝600 MPa、对称循环下的持久极限 σ_{-1}＝220 MPa,轴的表面经车削加工,规定的安全系数 n＝1.6。试分别求在圆角半径 r＝1 mm 和 r＝5 mm 时轴的许可弯矩 $[M]$。

答案:(a)r＝1 mm,$[M]$＝359 N・m;

(b)r＝5 mm,$[M]$＝586 N・m

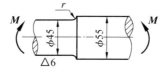

题 12－5 图

12－6 图示圆截面杆的表面未经加工,其横截面因径向圆孔而削弱。该杆受到由 0 到 $P_{\max}$ 的交变轴向外力的作用。已知:材料的强度极限 σ_b＝600 MPa、屈服极限 σ_s＝340 MPa、对称循环下持久极限 σ_{-1}＝200 MPa,该杆的非对称敏感系数 ψ_σ＝0.1,规定的

疲劳破坏安全系数 $n=1.75$,塑性破坏安全系数 $n_s=1.5$。试求该杆所能受的最大外力。

答案:$P_{max}=74.6\ kN$

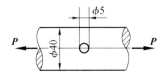

题 12－6 图

12－7　受弯扭组合变形阶梯轴的尺寸如图所示,作用轴上的弯矩变化于 $-1\ 000\ N\cdot m$ 到 $+1\ 000\ N\cdot m$ 之间,扭矩变化于 0 到 $1\ 500\ N\cdot m$ 之间。已知:材料的强度极限 $\sigma_b=900\ MPa$、对称循环下弯曲变形的持久极限 $\sigma_{-1}=410\ MPa$、对称循环下扭转变形的持久极限 $\tau_{-1}=240\ MPa$,该轴的规定安全系数 $n=1.95$。试校核该轴的疲劳强度。

答案:$n_\sigma=2.32$,$n_\tau=10.19$,$n_{\sigma\tau}=2.26>n=1.95$,轴的疲劳强度足够。

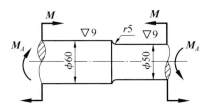

题 12－7 图

第 13 章　　压杆的稳定性

稳定性是构件承载能力的一个方面。本章仅讨论受轴向压力的直杆稳定性问题,即所谓的压杆稳定性。压杆稳定性的概念是个基本概念,应很好地理解。确定压杆的临界力或临界应力是进行稳定性计算的关键,为此对临界应力总图要有清楚的认识,以便根据压杆的柔度,选用适当的计算公式。

13.1　压杆稳定性的概念

以往计算杆件受轴向压力作用时总是认为杆件在直线状态下维持平衡,因而杆件的破坏都是由强度不足引起的。工程实际中有些细长杆件,如发动机配气机构中的挺杆(如图 13.1),当它推动摇臂打开气阀阀门时受到压力的作用。此时这类杆件可能因强度不足在破坏之前,就因它不能维持直线形状下的平衡而失去工作能力甚至破坏。压杆能否保持原有的直线平衡状态的问题称为压杆的稳定性问题。现在就以图 13.2 所示两端铰支的细长压杆来说明杆在轴向压力作用下,处于直线形式的平衡。由实验知,当压力 P 逐渐增加但小于某一极限值 P_{lj} 时,压杆将始终维持直线形状的平衡,即使作用一个横向干扰力使其暂时发生弯曲变形(如图 13.2(a) 所示),但干扰力解除后,压杆又恢复到原来的直线状态。这时($P < P_{lj}$),称压杆直线形式的平衡是稳定的。当轴向压力 P 增加到某一临界值 P_{lj} 时,压杆原有的直线形状的平衡变得不稳定。这时($P = P_{lj}$)如再作用一横向干扰力使其发生微小弯曲变形,在干扰力解除后,压杆不能恢复到直线形状而是在微弯状态下平衡(如图 13.2(b) 所示)。若继续增大压力 P 使之超过 P_{lj},弯曲变形将显著增大,直到折断(如图 13.2(c) 所示)。

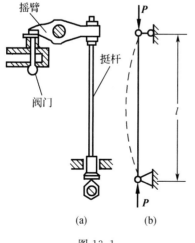

图 13.1

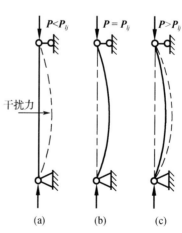

图 13.2

可见,压杆直线形式的平衡是否是稳定的,取决于轴向压力 P 的大小。P 小于极限压力 P_{lj} 时是稳定的,P 等于或大于极限压力 P_{lj} 时平衡则是不稳定的。压杆直线形式的平衡由稳定转变为不稳定时,就称为丧失稳定,简称失稳。这时的极限压力 P_{lj} 称为临界压力或临界载荷。理论分析和实验结果指出,压杆临界压力的大小,不仅和压杆材料的力学性能有关,而且和压杆横截面的形状、尺寸、杆的长度以及杆端约束情况有关。对压杆稳定性的研究,首先是确定其临界压力的数值,若将压杆的工作压力控制在由临界压力所确定的范围内,则压杆不致失稳。

除压杆外,还有许多其他形式的构件也存在稳定性问题,如薄壁圆筒受均匀外压因失稳变成椭圆形状;狭长矩形截面梁因失稳而发生侧向弯曲(图 13.3);薄壁圆管扭转因失稳而在管壁上出现皱折现象,读者可用纸卷成圆筒自行实验。这些稳定性问题已超出了本书的范围。

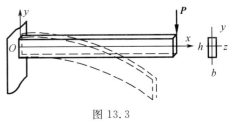

图 13.3

13.2　两端铰支细长压杆的临界压力

设细长压杆长为 l,两端为球形铰支座,受轴向压力 P 的作用,在微弯的变形形状下保持平衡(图 13.4),且杆内的应力不超过材料的比例极限。当压杆在临界压力作用下,原有直线形状的平衡将从稳定过渡到不稳定,也就是说,在临界压力作用下,压杆就开始在微弯的形状下保持平衡。因此可以认为使压杆在微弯形状下保持平衡的最小压力 P 就是此压杆的临界压力 P_{lj}。

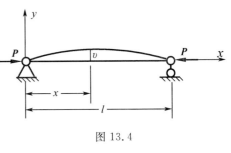

图 13.4

取直角坐标系如图 13.4 所示,距离原点为 x 的任意横截面的挠度为 v,弯矩为

$$M = -Pv \tag{13.1}$$

这里压力 P 取绝对值。在小变形和杆内应力不超过材料比例极限的情况下,杆的挠曲线近似微分方程为

$$\frac{\mathrm{d}^2 v}{\mathrm{d}x^2} = -\frac{Pv}{EI} \tag{13.2}$$

令 $k^2 = \dfrac{P}{EI}$,则式(13.2)可以写成

$$\frac{\mathrm{d}^2 v}{\mathrm{d}x^2} + k^2 v = 0 \tag{13.3}$$

此微分方程的通解是

$$v = a\sin kx + b\cos kx \tag{13.4}$$

式中,a 和 b 是两个待定的积分常数;由于临界压力 P_{lj} 是未知的,所以 k 也是待定值。

根据杆端的边界条件:当 $x=0$ 时,可得 $y=0$,代入式(13.4)得 $b=0$,式(13.4)可以改

写为

$$v = a \sin kx \tag{13.5}$$

将杆端另一边界条件：当 $x = l$ 时，$v = 0$ 代入式(13.5)可得

$$a \sin kl = 0 \tag{13.6}$$

这要求 a 或 $\sin kl$ 等于零。若 $a = 0$ 则由式(13.5)知 $v = 0$，即压杆轴线上各点的挠度均等于零。这与压杆在微弯状态下保持平衡相矛盾，因此只能要求 $\sin kl = 0$。满足这一条件的 kl 值应该为

$$kl = n\pi$$

其中，$n = 0, 1, 2, \cdots$，可以是任意整数，由此得

$$k = \sqrt{\frac{P}{EI}} = \frac{n\pi}{l}$$

或

$$P = \frac{n^2 \pi^2 EI}{l^2} \tag{13.7}$$

由于 n 可以是任意整数，故上式表明，使压杆保持曲线平衡状态的压力 $\boldsymbol{P}$ 在理论上是多值的。但是由临界压力的定义可知，使压杆在曲线形状下保持平衡的最小轴向压力才是压杆的临界压力。当 $n = 0$ 时 $P = 0$，无意义，故取 $n = 1$ 时才使 P 为最小值。于是求得细长压杆的临界压力 $\boldsymbol{P}_{lj}$ 为

$$P_{lj} = \frac{\pi^2 EI}{l^2} \tag{13.8}$$

这就是两端铰支细长压杆的临界压力的计算公式，称为欧拉公式。

临界压力 $\boldsymbol{P}_{lj}$ 与压杆的最小抗弯刚度 EI 成正比，而与杆长 l 的平方成反比。这就是说，杆越细长，其临界压力越小，杆件就越容易失稳。

在此临界压力的作用下，$k = \dfrac{\pi}{l}$，将其代入(13.5)式可得

$$v = a \sin \frac{\pi}{l} x \tag{13.9}$$

上式说明，两端铰支细长压杆的挠曲线是一条半波的正弦曲线。若令 $x = \dfrac{1}{2}$，将其代入式(13.9)

$$v_{x=\frac{1}{2}} = a \sin \left(\frac{\pi}{l} \cdot \frac{l}{2} \right) = a$$

可见 a 是压杆中截面的挠度，它可以是任意微小的位移值。这里 a 没有一个确定的数值，这是因为在得出压杆的挠曲线方程(13.5)时，是以压杆弯曲挠曲线的近似微分方程为依据的。若采用挠曲线的精确微分方程

$$\pm \frac{v''}{[1 + (v')^2]^{\frac{3}{2}}} = \frac{M(x)}{EI}$$

求解，则可以得到 a 的确定值。

应该指出，绝对直的压杆并不存在，而且载荷也不可能像理论分析中那样精确地沿着杆件的轴线作用。尽管如此，在精确进行小试件实验中，尽可能地消除干扰弯矩后，所观

察到的临界压力仍十分接近理论值 P_{lj}。

13.3　其他约束情况下细长压杆的临界压力

对于其他约束情况下的细长压杆,也可以用相同的方法求得临界压力,它们都可以统一成

$$P_{lj} = \frac{\pi^2 EI}{(\mu l)^2} \tag{13.10}$$

这是欧拉公式的普遍形式。上式中 μ 为不同约束条件下压杆的长度系数,μl 则相当于把压杆折算成两端铰支压杆的长度,称为相当长度。现将几种理想杆端约束情况下的长度系数列表 13.1 如下。

表 13.1　压杆的长度系数

约束情况	两端铰支	一端自由 一端固定	两端固定	一端铰支 一端固定
挠曲线形状				
P_{lj}	$\dfrac{\pi^2 EI}{l^2}$	$\dfrac{\pi^2 EI}{(2l)^2}$	$\dfrac{\pi^2 EI}{(0.5l)^2}$	$\dfrac{\pi^2 EI}{(0.7l)^2}$
μ	1.0	2.0	0.5	0.7

从表中可以看到,两端都有支座的压杆,其长度系数在 0.5 到 1.0 的范围之内。在实际情况下,压杆的杆端很难做到完全固定,只要杆端稍有发生转动的可能,这种杆端就不能视为理想的固定端,而是一种近似于铰支的情况。此时常将长度系数 μ 取为接近于1.0 的数值。

另外,实际问题中压杆的支座还可能有其他情况,如弹性支座(杆端与其他弹性构件固接)。作用于压杆的载荷也有多种形式,如压力可能是沿杆的轴线分布而不是集中于两端。这类情况也可用不同的长度系数来反映,在一般的设计手册或规范中都有具体的规定。

还需指出,有些压杆的杆端约束在不同的弯曲平面内作用并不相同,μ 值也应该不相同。因此一根压杆可能有两个相当长度,确定临界压力时必须考虑到这种情况。

例 13.1　一端固定,一端自由的圆截面铸铁立柱长 $l = 3$ m,直径 $d = 0.2$ m,弹性模量 $E = 120$ GPa。试由式(13.10)计算立柱的临界压力。

解　　查表 13.1,立柱的长度系数 $\mu = 2$,而截面惯性矩

$$I = \frac{\pi d^4}{64} = \frac{\pi \times 0.2^4}{64} = 7.85 \times 10^{-5} \text{ m}^4$$

故临界压力

$$P_{lj} = \frac{\pi^2 EI}{(\mu l)^2} = \frac{3.14^2 \times 120 \times 10^9 \times 7.85 \times 10^{-5}}{(2 \times 3)^2} = 2\ 580 \text{ kN}$$

13.4　临界应力总图

13.4.1　临界应力与柔度

将式(13.10)表示的临界压力 P 除以压杆的横截面面积 A,就可以得到在临界状态下压杆横截面上的平均应力,称为压杆的临界应力,用 σ_{lj} 表示。由式(13.10)可以得到细长压杆的临界应力为

$$\sigma_{lj} = \frac{P_{lj}}{A} = \frac{\pi^2 EI}{(\mu l)^2 A} \tag{13.11}$$

引入截面的惯性半径 $i = \sqrt{I/A}$ 可以得到

$$\sigma_{lj} = \frac{\pi^2 E}{\left(\dfrac{\mu l}{i}\right)^2} \tag{13.12}$$

引用记号

$$\lambda = \frac{\mu l}{i} \tag{13.13}$$

临界应力的公式(13.12)可以写为

$$\sigma_{lj} = \frac{\pi^2 E}{\lambda^2} \tag{13.14}$$

式中的 λ 是一个无量纲的量,称为压杆的柔度或长细比。它集中地反映了压杆长度、约束情况、截面形状和尺寸等因素对临界应力 σ_{lj} 的影响,是一个非常重要的量。

13.4.2　欧拉公式的适用范围

欧拉公式是根据杆件弯曲变形的挠曲线近似微分方程导出的,而这个微分方程只有在小变形和材料服从虎克定律的前提下才能成立。因此,只有当压杆的临界应力 σ_{lj} 未超过材料的比例极限 σ_p 时,欧拉公式才适用。于是,欧拉公式的适用条件为

$$\sigma_{lj} = \frac{\pi^2 E}{\lambda^2} \leqslant \sigma_p \tag{13.15}$$

引用记号

$$\lambda_p = \pi \sqrt{\frac{E}{\sigma_p}} \tag{13.16}$$

欧拉公式的适用条件式(13.15)可以写为

$$\lambda \geqslant \lambda_p \tag{13.17}$$

即实际压杆的柔度 λ 大于 λ_p 时,欧拉公式(13.14)才适用,这一类压杆称为大柔度压杆或细长压杆,这一类稳定性问题为弹性范围的稳定性问题。

例如常用的材料 A3 钢,取弹性模量 $E = 200$ GPa。比例极限 $\sigma_p = 200$ MPa,代入式(13.16)得 $\lambda_p \approx 100$。也就是说以 A3 钢制成的压杆,其柔度 $\lambda > 100$ 时,才能用欧拉公式计算其临界压力。

13.4.3　超过比例极限的临界压力

工程中常见的压杆,如内燃机连杆、千斤顶顶杆等,其柔度 λ 往往小于 λ_p。它们的临界应力超过了比例极限,不能再用欧拉公式来计算。由于压杆的材料处于弹塑性阶段,此类压杆的稳定性问题也称为弹塑性稳定问题。此时,由于理论分析的困难,计算临界应力常采用建立在实验基础上的经验公式,如直线公式和抛物线公式。其中直线公式比较简单,应用方便,其形式为

$$\sigma_{lj} = a - b\lambda \tag{13.18}$$

式中的 a 和 b 是与材料力学性能有关的常数,如表 13.2 所示。

表 13.2　一些常用材料的 $a, b, \lambda_p, \lambda_s$ 值

材料(应力单位 MPa)	a/MPa	b/MPa	λ_p	λ_s
A3 碳钢 $\sigma_p = 235, \sigma_b = 372$	304	1.12	100	61
优质碳钢 $\sigma_p = 306, \sigma_b = 471$	461	2.57	100	60
硅钢 $\sigma_p = 353, \sigma_b = 510$	578	3.74	100	60
灰口铸铁	332	1.45	80	
铬钼钢	981	5.30	55	
硬铝	373	2.15	50	
松木	28.7	0.19	59	

上述经验公式也有一个适用范围。例如,对于塑性材料制成的压杆,还应要求其临界应力的大小不得达到材料的屈服极限 σ_s,即要求

$$\sigma_{lj} = a - b\lambda \leqslant \sigma_s$$

或

$$\lambda \geqslant \frac{a - \sigma_s}{b} \tag{13.19}$$

故应用上述经验公式的柔度最小值

$$\lambda_s = \frac{a - \sigma_s}{b} \tag{13.20}$$

与上类似,对于脆性材料制成的压杆

$$\lambda_b = \frac{a - \sigma_b}{b} \tag{13.21}$$

式中，σ_b 为材料的强度极限。

因此经验公式(13.18)的适用条件为 $\lambda_s < \lambda \leqslant \lambda_p$（或 $\lambda_b < \lambda \leqslant \lambda_p$）。即当压杆的柔度在 λ_p 和 λ_s（或 λ_b）之间时采用经验公式计算临界应力，这类杆件称为中柔度压杆或中长压杆。表 13.2 中列出了一些材料的 λ_s（或 λ_b）值。

柔度 $\lambda < \lambda_s$ 或 $\lambda \leqslant \lambda_b$ 的压杆称为小柔度杆或短杆。短杆的破坏可以认为是由于强度不足而引起的。对于用塑性材料制成的短杆，若在形式上仍当作稳定问题来处理，则应该用屈服极限 σ_s 作为这类短杆的临界应力，即 $\sigma_{lj} = \sigma_s$；如果是脆性材料如铸铁，则应以其强度极限 σ_b 作为其临界应力，即 $\sigma_{lj} = \sigma_b$。

13.4.4　临界应力总图

若将三种柔度范围内压杆的临界应力与柔度的关系在 $\sigma_{lj} - \lambda$ 直角坐标系中绘出，所得到的图形称为压杆的临界应力总图，它反映了压杆承受载荷能力随柔度的变化规律。图 13.5 为塑性材料的临界应力总图。

有了临界应力总图，将临界应力乘以杆的横截面面积，可得由此材料制成的压杆在各 λ 段内的临界应力，以供稳定性计算。

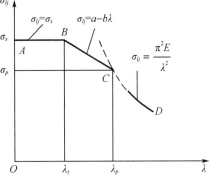

图 13.5

13.4.5　抛物线公式及其临界应力总图

临界应力超过比例极限时的抛物线公式是把反映临界压力 σ_{lj} 与柔度表示成如下的抛物线关系

$$\sigma_{lj} = a_1 - b_1 \lambda^2$$

式中，a_1 和 b_1 也是与材料有关的常数。

我国钢结构规范(TJ 17—74)规定采用我国自己通过实验建立的抛物线公式为

$$\sigma_{lj} = \sigma_s \left[1 - a\left(\frac{\lambda}{\lambda_c}\right)^2 \right] \quad \lambda \leqslant \lambda_c \tag{13.22}$$

式中，a 为一系数，不同材料其数值也不同。

对常用的结构，用钢 A2，A3，16 锰钢

$$\alpha = 0.43 \quad \lambda_c = \pi \sqrt{\frac{E}{0.57\sigma_s}} \tag{13.23}$$

式中，σ_s 为材料的屈服极限。

例如，A3 钢的 $\sigma_s = 235 \text{ MN/m}^2$，$E = 206 \text{ GN/m}^2$，$\lambda_c = 123$。于是式(13.22)化为

$$\sigma_{lj} = 235 - 0.006\,66\lambda^2 \text{ MPa} \quad \lambda \leqslant 123 \tag{13.24}$$

对于 16 锰钢

$$\sigma_{lj} = 343 - 0.014\,2\lambda^2 \text{ MPa} \quad \lambda \leqslant 102 \tag{13.25}$$

由抛物线公式和欧拉公式也可作出临界应力总图。图 13.6 为 A3 钢和 16 锰钢的应力总图曲线。从理论上讲，应以式(13.16)计算出的 λ_p（如 A3 钢 $\lambda_p \approx 100$）作为抛物线和欧拉

曲线分界点的横坐标,但图中表示稍有不同(A3 的曲线中是 $\lambda_c = 123$ 作为分界点)。这是因为实际工程中的压杆难免有压力偏心、初始弯曲等因素存在,不可能处于理想状态。采用 $\lambda_c = 123$ 作分界点,相当于对欧拉公式的适用范围作了修正,这样能更好地反映压杆的实际情况。

　　例 13.2　两端固定的受压的杆件,材料为 A3 钢,横截面形状分别采用矩形和圆形(图 13.7),截面面积为 32×10^2 mm²。分别计算两种情况下的临界载荷。

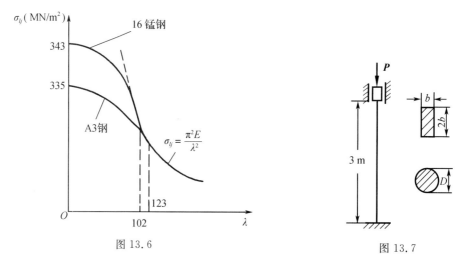

图 13.6　　　　　　　　　　　　　图 13.7

　　解　(1)矩形截面。
　　由
$$A = b \times 2b = 32 \times 10^2 \text{ mm}^2$$
得
$$b = 40 \text{ mm}$$
截面的最小惯性半径

$$i = \sqrt{\frac{I_{\min}}{A}} = \sqrt{\frac{\dfrac{2b \times b^3}{12}}{2b \times b}} = \frac{b}{\sqrt{12}} = 11.55 \text{ mm}$$

压杆柔度

$$\lambda = \frac{\mu l}{i} = \frac{0.5 \times 3 \times 10^3}{11.55} = 129.9 > \lambda_p$$

压杆为细长杆,用欧拉公式计算临界压力
$$P_{lj} = \sigma_{lj} A = \frac{\pi^2 E}{\lambda^2} A = \frac{\pi^2 \times 210 \times 10^9}{129.9^2} \times 32 \times 10^2 \times 10^{-6} = 393 \times 10^3 \text{ N}$$

　　(2)圆形截面。
　　由
$$A = \frac{\pi d^2}{4} = 32 \times 10^2 \text{ mm}^2$$

得

$$d = 63.8 \ \text{mm}$$

截面惯性半径

$$i = \sqrt{\frac{I}{A}} = \sqrt{\frac{\dfrac{\pi d^4}{64}}{\dfrac{\pi d^2}{4}}} = \frac{d}{4} = 15.95 \ \text{mm}$$

压杆柔度

$$\lambda = \frac{\mu l}{i} = \frac{0.5 \times 3 \times 10^3}{15.95} = 94 < \lambda_p$$

压杆为中长杆

$$P_{lj} = \sigma_{lj} A = (a - b\lambda) A$$
$$= (304 - 1.12 \times 94) \times 10^6 \times 32 \times 10^2 \times 10^{-6} = 636 \times 10^3 \ \text{N}$$

（3）讨论。

比较上述结果可知，在其他条件相同的情况下，由于所选截面形状不同，其临界压力值也不相同。显然圆形截面的临界压力比矩形截面的大，即圆形截面的抗失稳能力比矩形截面强。

另外，为计算临界压力，首先需计算压杆的柔度，由柔度判定属于哪一类型的压杆再选择适当的公式计算。不论是哪一类压杆，若错误地应用了公式，必然得到错误的结果，而且是偏于不安全的。这可以通过分析临界应力总图得到解释。

13.5　压杆的稳定性计算

为了保证压杆具有足够的稳定性，应使工作压力小于压杆的临界压力。另外考虑一定的安全储备，压杆的稳定条件为

$$P \leqslant \frac{P_{lj}}{n_w} \tag{13.26}$$

或使用安全系数表示

$$n = \frac{P_{lj}}{P} \geqslant [n_w] \tag{13.27}$$

式中，n 为压杆的工作安全系数；$[n_w]$ 为规定的稳定安全系数。

考虑到压杆的初始曲率，压力偏心，材料的不均匀等因素对压杆的临界压力影响较大，所以规定的稳定安全系数应取大一些。下面列出了几种钢制杆 $[n_w]$ 的参考值。

　　金属结构中的压杆　　　　　$[n_w] = 1.8 \sim 3.0$

　　机床的丝杆　　　　　　　　$[n_w] = 2.5 \sim 4.0$

　　低速发动机的挺杆　　　　　$[n_w] = 4 \sim 6$

　　磨床油缸的活塞杆　　　　　$[n_w] = 4 \sim 6$

　　起重螺旋杆　　　　　　　　$[n_w] = 3.5 \sim 5$

应该指出，当压杆局部有截面消弱时，例如油孔、螺钉孔等情况，由于压杆的临界压力是由这个压杆的弯曲变形决定的，局部的截面消弱对临界压力的数值影响很小，在稳定性

计算中可以不考虑,所有截面面积、最小惯性矩 I 都按没有消弱的横截面尺寸计算。但是对这类压杆必须对消弱的横截面进行强度校核。

压杆的稳定计算包括压杆的稳定校核、截面设计、确定许用载荷三个方面。一般设计中往往先按强度估算,初步确定压杆截面尺寸,再校核其稳定性。

应用式(13.10)进行稳定计算时,首先根据压杆的实际尺寸和约束情况,计算各弯曲平面内的柔度 λ,然后根据最大柔度确定临界压力的计算公式,最后进行稳定计算,下面举例说明。

例 13.3　如图 13.8(a) 所示工字形截面连杆,已知横截面面积 $A=720\ \text{mm}^2$,惯性矩 $I_z=6.5\times10^4\ \text{mm}^4$,$I_y=3.8\times10^4\ \text{mm}^4$,连杆由硅钢制成,受压力 $P=85\ \text{kN}$。取稳定安全系数 $n_w=2.5$,试校核连杆的稳定性。

解　(1) 计算柔度,判断失稳形式。

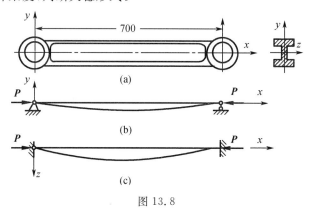

图 13.8

连杆在轴向压力作用下,究竟在 xy 平面内失稳,还是在 xz 平面内失稳,可通过柔度计算进行判断。

如果 xy 平面内失稳(横截面绕 z 轴转动),两端为铰支(如图 13.8(b) 所示),此时 $\mu=1$,连杆柔度为

$$\lambda_z=\frac{\mu l}{i_z}=\frac{\mu l}{\sqrt{\dfrac{I_z}{A}}}=\frac{1\times700}{\sqrt{\dfrac{6.5\times10^4}{720}}}=73.7$$

如果连杆在 xz 平面内失稳(横截面绕 y 轴转动),两端接近于固定端,如图 13.8(c) 所示,可取 $\mu=0.7$,则连杆柔度为

$$\lambda_y=\frac{\mu l}{i_y}=\frac{\mu l}{\sqrt{\dfrac{I_y}{A}}}=\frac{0.7\times700}{\sqrt{\dfrac{3.8\times10^4}{720}}}=67.4<\lambda_z$$

由于在 xy 平面内的柔度较大,故只需对连杆在 xy 平面内进行稳定性校核。

(2) 稳定校核。

查表 13.2,硅钢的 $\lambda_p=100$,$\lambda_s=60$,故连杆属于中长杆。而系数 $a=578\ \text{MPa}$,$b=3.74\ \text{MPa}$,所以

$$P_{lj}=\sigma_{lj}A=(a-b\lambda)A=(578-3.74\times73.7)\times10^6\times720\times10^{-6}=218\ \text{kN}$$

$$n = \frac{P_{lj}}{P} = \frac{218 \times 10^3}{85 \times 10^3} = 2.56 > n_w$$

满足稳定性要求。

（3）本例中，如果要求连杆在 xy, xz 两平面内的稳定性相同，则要求 $\lambda_y = \lambda_z$，即

$$\frac{1}{\sqrt{\dfrac{I_z}{A}}} = \frac{0.7}{\sqrt{\dfrac{I_y}{A}}} \quad \text{或} \quad I_z = 2.04 I_y$$

这说明，为使连杆在两个方向的稳定性接近，在设计此压杆截面时，应大致保持 $I_z = 2 I_y$ 的关系。

例 13.4　如图 13.9 所示蒸汽机的活塞杆，截面为圆形，受到的蒸汽压力 $P = 120$ kN，杆长度 $l = 180$ cm。材料为优质碳钢，材料弹性模量 $E = 210$ GPa，$\sigma_p = 240$ MPa，规定的稳定安全系数 $[n_w] = 8$，设计活塞杆的直径 d。

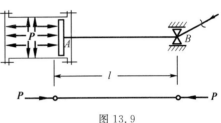

图 13.9

解　由稳定条件式(13.10)，活塞杆的临界压力应满足

$$P_{lj} \geqslant P n_w = 120 \times 10^3 \times 8 = 960 \times 10^3 \text{ N} = 960 \text{ kN}$$

设压杆为细长杆

$$P_{lj} = \frac{\pi^2 E I}{(\mu l)^2} = \frac{\pi^2 \times 210 \times 10^9}{(1 \times 1.80)^2} \frac{\pi d^4}{64} \geqslant 960 \times 10^3$$

解得

$$d \geqslant \sqrt[4]{\frac{960 \times 10^3 \times 1.8^2 \times 64}{\pi^3 \times 210 \times 10^9}} = 0.074 \text{ m} = 74 \text{ mm}$$

上述直径计算杆的柔度为

$$\lambda = \frac{\mu l}{i} = \frac{\mu l}{d/4} = \frac{1 \times 1\,800}{74/4} = 97.3$$

对于活塞杆所用材料，由式(13.16)计算得

$$\lambda_p = \sqrt{\frac{\pi^2 E}{\sigma_p}} = \sqrt{\frac{\pi^2 \times 210 \times 10^9}{240 \times 10^6}} = 92.9$$

因 $\lambda > \lambda_p$，说明上面应用欧拉公式进行的计算是正确的。

13.6　折减系数法

在工程实际中，也常采用所谓折减系数法进行稳定计算。

用压杆的横截面积 A 去除式(13.11)的两端，得

$$\sigma = \frac{P}{A} \leqslant \frac{P_{lj}}{A n_w} \quad \text{或} \quad \sigma \leqslant \frac{\sigma_{lj}}{n_w} \tag{13.28}$$

记

$$\frac{\sigma_{lj}}{n_w} = [\sigma_w] \tag{13.29}$$

于是稳定性条件以应力的形式表示为

$$\sigma \leqslant [\sigma_w] \tag{13.30}$$

$[\sigma_w]$ 可以看做是稳定问题中的许用应力。由于临界应力 $[\sigma_{lj}]$ 随压杆的柔度而变,且对于不同柔度的压杆又规定有不同的稳定安全系数,故由式(13.29)可知,$[\sigma_w]$ 也是柔度 λ 的函数。在结构设计中规定将 $[\sigma_w]$ 表示为

$$[\sigma_w] = \varphi[\sigma] \tag{13.31}$$

其中,φ 称为折减系数,而 $[\sigma]$ 为强度许用应力。因为 $[\sigma_w]$ 是 λ 的函数,所以 φ 也是 λ 的函数。又因为 $[\sigma_w]$ 总比 $[\sigma]$ 要小,故 φ 是一个小于 1 的数。表 13.3 中列出了几种常用材料制成的压杆的折减系数。

通过引用折减系数 φ,应力形式的稳定条件则可表示为

$$\sigma = \frac{P}{A} \leqslant \varphi[\sigma] \tag{13.32}$$

表 13.3   折减系数 φ

柔度 λ	A3 钢	16 锰钢	铸铁	木材	柔度 λ	A3 钢	16 锰钢	铸铁	木材
0	1.000	1.00	1.00	1.00	110	0.536	0.384		0.248
10	0.955	0.993	0.97	0.971	120	0.466	0.325		0.208
20	0.981	0.973	0.91	0.932	130	0.401	0.279		0.178
30	0.958	0.940	0.81	0.883	140	0.349	0.242		0.153
40	0.924	0.895	0.69	0.822	150	0.306	0.213		0.133
50	0.888	0.840	0.57	0.757	160	0.272	0.188		0.117
60	0.842	0.776	0.44	0.568	170	0.243	0.168		0.104
70	0.789	0.705	0.34	0.575	180	0.218	0.151		0.093
80	0.731	0.627	0.26	0.470	190	0.197	0.136		0.083
90	0.669	0.546	0.20	0.370	200	0.180	0.124		0.075
100	0.604	0.462	0.16	0.300					

上式与强度条件式相似,从形式上可以理解为:压杆因强度不足而在破坏之前便丧失稳定,故由降低强度许用应力 $[\sigma]$ 来保证压杆的安全。

例 13.5   一端固定,一端自由的压杆,受轴向压力 $P = 350$ kN,杆长 $l = 1.5$ m,材料为 A3 钢,$[\sigma] = 160$ MPa,试用折减系数法选择工字钢的型号。

解   由于截面未确定,在稳定条件

$$\sigma = \frac{P}{A} \leqslant \varphi[\sigma]$$

中,A 和 φ 均为未知量,故只能用试算法来确定压杆的截面。

最初可先假设 $\varphi_1 = 0.15$,由稳定条件得截面

$$A_1 \geqslant \frac{P}{\varphi[\sigma]} = \frac{350 \times 10^3}{0.5 \times 160 \times 10^6} = 4.38 \times 10^{-3} \text{ m}^2 = 43.8 \text{ cm}^2$$

查型钢表,选截面与其接近的 22b 工字钢,其截面积和惯性半径为

$$A = 46.4 \text{ cm}^2, i_{\min} = 2.27 \text{ cm}$$

按所选型号进行稳定核算

$$\lambda = \frac{\mu l}{i} = \frac{2 \times 150}{2.27} = 132.2$$

查表 13.3,并插值得

$$\varphi'_1 = 0.39$$

压杆的稳定许用应力$[\sigma_w]$为

$$[\sigma_w] = \varphi'_1 [\sigma] = 0.39 \times 160 = 62.4 \text{ MN/m}^2$$

工作应力为

$$\sigma = \frac{P}{A_1} = \frac{350 \times 10^3}{46.4 \times 10^{-4}} = 75.4 \text{ MN/m}^2$$

可见工作应力比稳定许用应力大许多,应进行第二次选择。

　　第二次可取

$$\varphi_2 = \frac{1}{2}(\varphi_1 + \varphi'_1) = \frac{1}{2}(0.5 + 0.39) \approx 0.44$$

再由稳定条件得截面

$$A_2 \geqslant \frac{P}{\varphi[\sigma]} = \frac{350 \times 10^3}{0.44 \times 160 \times 10^6} = 49.7 \text{ cm}^2$$

查表选用 25b 号工字钢

$$A = 53.5 \text{ cm}^2, i_{\min} = 2.404 \text{ cm}$$

进行稳定核算

$$\lambda = \frac{\mu l}{i} = \frac{2 \times 150}{2.404} = 124.8$$

由此柔度查表 13.3,并插值得

$$\varphi'_2 = 0.435$$

稳定许用应力为

$$[\sigma_w] = \varphi'_2 [\sigma] = 0.435 \times 160 = 69.6 \text{ MN/m}^2$$

工作应力

$$\sigma = \frac{P}{A_2} = \frac{350 \times 10^3}{53.5 \times 10^{-4}} = 65.4 \text{ MN/m}^2$$

　　σ 和$[\sigma_w]$相比较,安全富余为 6%,若改选小一号的截面,工作应力将超过许用应力$[\sigma_w]$,所以应该选用 25b 号工字钢。

13.7　提高压杆稳定性的措施

　　提高压杆的稳定性问题,就是在经济、安全的前提下,如何提高压杆的临界压力,亦即提高临界应力的问题。由压杆的临界应力公式

$$\sigma_{lj} = \frac{\pi^2 E}{\lambda^2} \text{ 和 } \sigma_{lj} = a - b\lambda \text{ 或 } \sigma_{lj} = a_1 - b_1\lambda^2$$

可知,压杆的稳定性与材料的性质和压杆的柔度有关。减小柔度能增大临界应力,从而提高压杆的稳定性。而柔度

$$\lambda = \frac{\mu l}{i}$$

又与压杆长度、截面形状和尺寸及压杆的约束条件有关。综上所述,要提高压杆的稳定性应该从以下几个方面入手。

1. 减小压杆的长度

在结构允许的条件下,尽量减小压杆的实际长度,或添加中间约束以减小失稳弯曲时的半波长度。如图 13.10(b) 所示的细长压杆,它的临界压力是 13.10(a) 的四倍。

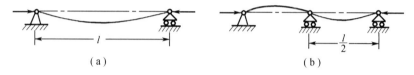

　　　　（a）　　　　　　　　　　　　　　　（b）

图 13.10

2. 改善杆端约束状况

加强约束的牢固性,能减小长度系数 μ 的值,从而增大临界力。如将细长压杆的两端铰支改为两端固定,由式(13.10) 可知,其临界压力将提高到原来的四倍。

3. 合理选择截面形状

在截面面积一定的情况下,截面惯性矩增大,压杆的柔度减小,从而提高了压杆的临界力。例如空心圆截面比实心圆截面合理(图 13.11)。

对于在两个纵向平面内杆端约束相同的压杆(即 μ 值相同),为使其在两个平面内稳定性相同,应使横截面的最大、最小惯性矩相等,即 $I_{max} = I_{min}$。例如正方形截面比长方形截面要合理;两槽钢组合的压杆,如采用图 13.12(b) 所示的组合形式,其稳定性比图 13.12(a) 的形式要好。如果两槽钢的距离选取合适,使 $I_{max} = I_{min}$,则可使压杆在两个平面内有相同的稳定性。

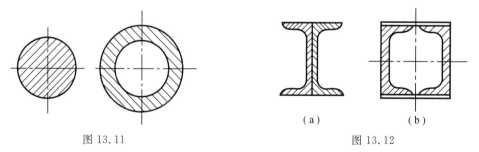

图 13.11　　　　　　　　　　　　（a）　　　　　（b）

　　　　　　　　　　　　　　　　　　　图 13.12

4. 合理选用材料

以上各点都是从降低压杆的柔度来提高稳定性,然而合理地选材对提高压杆的稳定性也起到一定的作用。

对于细长压杆,杆材的弹性模量 E 越大,压杆的临界应力则越高。所以选用弹性模量 E 大的材料可以提高细长压杆的稳定性。但是各种钢材的弹性模量 E 大致相等,所以选

用优质钢材代替普通钢材并无多大区别,反而造成浪费。

对于中长压杆。由临界应力总图可见,比例极限 σ_p 和屈服极限 σ_s 的提高能增大临界应力值,故优质钢材在一定程度上能提高中长压杆临界应力的数值。

习   题

13-1   图示细长压杆,两端为球形铰支,弹性模量 $E=200$ GPa,对下面三种截面用欧拉公式计算其临界压力。(1)圆截面,$d=25$ mm,$l=1.0$ m;(2)矩形截面,$h=2b=40$ mm,$l=1.0$ m;(3)16 号工字钢,$l=2.0$ m。

答案:(1)$P_{lj}=37.8$ kN;(2)$P_{lj}=52.6$ kN;(3)$P_{lj}=459$ kN

13-2   图示为下端固定,上端自由并在自由端受轴向力作用的等直压杆。杆长为 l,在临界力 P_{lj} 作用下杆失稳时有可能在 xy 平面内维持微弯曲状态下的平衡。杆横截面积对 z 轴的惯性矩为 I,试推导其临界压力 P_{lj} 的欧拉公式,并求出压杆的挠曲线方程。

答案:$P_{lj}=\dfrac{\pi^2 EI}{(2l)^2}$,$v=\delta(1-\cos\dfrac{\pi x}{2l})$

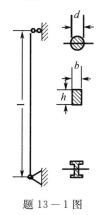

题 13-1 图

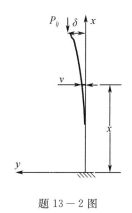

题 13-2 图

13-3   某钢材,$\sigma_p=230$ MPa,$\sigma_s=274$ MPa,$E=200$ GPa,$\sigma_{lj}=338-1.22\lambda$,试计算 λ_p 和 λ_s 值,并绘制临界应力总图($0\leqslant\lambda\leqslant150$)。

答案:略

13-4   图示压杆的横截面为矩形,$h=80$ mm,$b=40$ mm,杆长 $l=2$ m,材料为优质碳钢,$E=210$ GPa。两端约束示意图为:在正视图(a)的平面内相当于铰支;在俯视图(b)的平面内为弹性固定,并采用 $\mu=0.6$。试求此杆的临界应力 P_{lj}。

答案:$P_{lj}=613$ kN

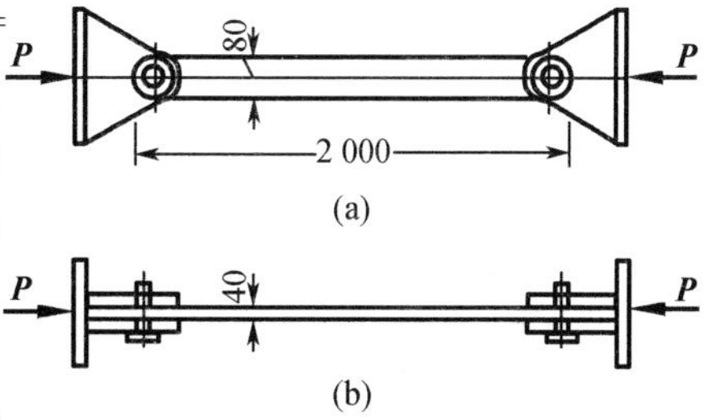

题 13-4 图

13-5   钢结构压杆由两个 $56\times56\times8$ 的等边角钢组成,杆长 $l=1.5$ m,两端为球形铰支,受轴向压力 $P=150$ kN,角钢为 A3 钢。试确定压杆的临界应力及工作安全系数。

答案:$\sigma_{lj}=182$ MPa,$n=2.03$

13-6   图示立柱,长 $l=6$ m,由两根 10 号槽钢组成,下端固定,上端球形铰支。试问

当 a 为多大时立柱的临界压力 P_{lj} 最高,最高值为多大? 已知材料的弹性模量 $E=200$ GPa,比例限 $\sigma_p=200$ MPa。

　　答案:$a=44$ mm,$P_{lj}=444$ kN

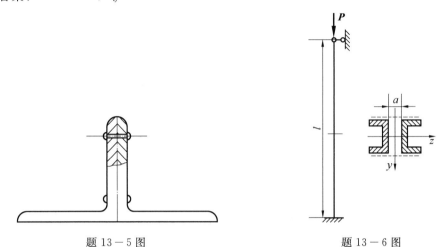

题 13−5 图　　　　　　　　　　　　题 13−6 图

　　13−7　由三根相同的钢管构成的支架如图所示,钢管的外径 $D=30$ mm,内径 $d=22$ mm,长度 $l=2.5$ m,材料的弹性模量 $E=210$ GPa。支架顶点三杆铰接,取稳定安全系数 $n_w=3$,求支架的许可载荷 P。

　　答案:$P=7.5$ kN

　　13−8　在图示结构中,AB 为圆形截面杆,直径 $d=80$ mm,A 端固定,B 端为铰支;BC 为正方形截面杆,边长 $a=110$ mm,C 端为铰支。AB,BC 两杆可独自发生弯曲变形而互不影响,材料均为 A3 钢,$E=210$ GN/m^2。已知 $l=3$ m,压力 $P=150$ kN,规定的稳定安全系数 $n_w=2.5$,试校核结构的稳定性。

　　答案:AB:$\dfrac{P_{lj}}{n_w}=168$ kN　　BC:$\dfrac{P_{lj}}{n_w}=962$ kN

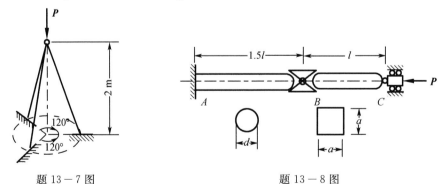

题 13−7 图　　　　　　　　　　　　题 13−8 图

　　13−9　四根等长杆相互铰接成正方形 $ABCD$,并与 BD 杆铰接如图所示。各杆的弹性模量 E、截面积 A 及惯性矩 I 均相等。当(1)A,C 两点处受一对拉力 P(图(a));(2)A,C 两点处受一对压力 P(图(b)),分别求达到临界状态的最小载荷 P。

　　答案:(1)$P_{\min}=\dfrac{\pi^2 EI}{2a^2}$;(2)$P_{\min}=\dfrac{\sqrt{2}\,\pi^2 EI}{a^2}$

13－10　图示结构中,CF 为铸铁圆杆,直径 $d=$ 10 cm,许用应力$[\sigma]=120$ MPa,弹性模量 $E=120$ GPa。BE 为 A3 钢圆杆,直径 $d_z=5$ cm,许用应力$[\sigma]=160$ MPa,$E=200$ GN/m^2,若横梁可视为刚性,试用折减系数法求载荷 P 的许用值。

答案:$P=770$ kN

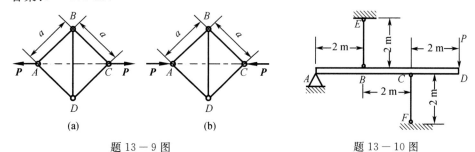

题 13－9 图　　　　　　　　　　　　题 13－10 图

13－11　工字钢压杆两端铰支,杆长 $l=3$ m,承受压力 $P=160$ kN,若许用应力$[\sigma]=140$ MPa,试用折减系数法选择工字钢的型号。

答案:20a 工字钢

13－12　两端铰支的等截面圆杆,杆长 $l=2$ m,直径 $d=50$ mm,材料的比例极限 $\sigma_p=200$ MPa,弹性模量 $E=2\times10^5$ MPa,线膨胀系数 $\alpha=125\times10^{-7}$ 1/℃。设安装时的温度为 20 ℃,求温度升高到多少度时此圆杆将失稳。

答案:50.8°

第 14 章　　梁的纵横弯曲与弹性基础梁简介

本章分 3 节介绍梁的纵横弯曲与弹性基础梁的解法,第 14.1 节介绍梁的纵横弯曲问题,后两节则给出弹性基础梁问题的基本解法。

14.1　梁的纵横弯曲

在实际工程中,经常会遇到同时承受纵向载荷与横向载荷的杆件,如果杆件的抗弯刚度很大,或者纵向力很小,那么在小变形情况下,可以忽略纵向力在杆件横截面内产生的弯矩的影响,而按照拉压和弯曲组合变形问题进行分析。如果杆件的抗弯刚度不是很大,而纵向力又不是太小,则纵向力产生的附加弯矩的影响一般是不能忽略的,而且梁的变形、弯矩与纵向力的关系也不再是线性的,这类问题称为纵横弯曲。假定所涉及的弯曲变形均在小变形范围内。

14.1.1　轴向压力与横向载荷联合作用的梁

受轴向压力与横向载荷联合作用的直杆有时也称为梁柱。为简单起见,从一受轴向压力与横向集中力共同作用的简支梁问题开始,如图 14.1,设横向集中力 Q 作用于 AB 杆的纵向对称面 xy 平面内(若无纵向对称面,集中力 Q 应通过截面的弯曲中心,且作用线平行于截面的形心主惯性轴),简支梁将在该对称面内发生平面弯曲,考虑轴向压力 P 对弯矩的影响,AC 和 BC 两段的挠曲线微分方程分别为

$$EI\frac{\mathrm{d}^2 v}{\mathrm{d}x^2} = -M = -\frac{Qa}{l}x - Pv \quad 0 \leqslant x \leqslant l-a \tag{14.1}$$

$$EI\frac{\mathrm{d}^2 v}{\mathrm{d}x^2} = -\frac{Q(l-a)(l-x)}{l} - Pv \quad l-a \leqslant x \leqslant l \tag{14.2}$$

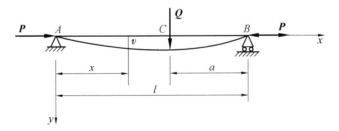

图 14.1

引用记号

$$\frac{P}{EI} = k^2 \tag{14.3}$$

并将(14.1)式和(14.2)式改写成

$$\frac{d^2v}{dx^2} + k^2v = -\frac{Qa}{EIl}x \qquad 0 \leqslant x \leqslant l-a \tag{14.4}$$

$$\frac{d^2v}{dx^2} + k^2v = -\frac{Q(l-a)(l-x)}{EIl} \qquad l-a \leqslant x \leqslant l \tag{14.5}$$

以上两个微分方程的解为

$$v = A\cos kx + B\sin kx - \frac{Qa}{Pl}x \qquad 0 \leqslant x \leqslant l-a$$

$$v = C\cos kx + D\sin kx - \frac{Q(l-a)(l-x)}{Pl} \qquad l-a \leqslant x \leqslant l$$

由简支架两端挠度为零的边界条件可以求出

$$A = 0, C = -D\tan kl$$

其余两个微分常数可由集中力 Q 作用点的变形连续条件确定。即(14.4)式、(14.5)式所表示的挠曲线在 C 截面应有相同的挠度和转角,即

$$B\sin k(l-a) - \frac{Qa(l-a)}{Pl} = D[-\tan kl \cdot \cos k(l-a) + \sin k(l-a)] - \frac{Qa(l-a)}{Pl}$$

$$B\cos(l-a) - \frac{Qa}{Pl} = Dk[\tan kl \cdot \sin k(l-a)] + \cos k(l-a)] + \frac{Q(l-a)}{Pl}$$

从而得到

$$B = \frac{Q\sin ka}{PK\sin kl}, D = -\frac{Q\sin k(l-a)}{Pk\tan kl}$$

将所求出的积分常数 A 和 B 代入(14.4)式,求得 v 及其一阶和二阶导数分别为

$$\begin{cases} v = \dfrac{Q\sin ka}{Pk\sin kl}\sin kx - \dfrac{Qa}{Pl}x \\[2mm] \dfrac{dv}{dx} = \dfrac{Q\sin ka}{P\sin kl}\cos kx - \dfrac{Qa}{Pl} \qquad 0 \leqslant x \leqslant l-a \\[2mm] \dfrac{d^2v}{dx^2} = -\dfrac{Qk\sin ka}{P\sin kl}\sin kx \end{cases} \tag{14.6}$$

在(14.6)式中以 $(l-x)$ 代替 x 和以 $(l-a)$ 代替 a,并改变 $\dfrac{dv}{dx}$ 的符号,就可以得到梁 CB 段相应的表达式

$$\begin{cases} v = \dfrac{Q\sin k(l-a)}{Pk\sin kl}\sin k(l-x) - \dfrac{Q(l-a)}{Pl}(l-x) \\[2mm] \dfrac{dv}{dx} = -\dfrac{Q\sin k(l-a)}{P\sin kl}\cos k(l-x) + \dfrac{Q(l-a)}{Pl} \qquad l-a \leqslant x \leqslant l \\[2mm] \dfrac{d^2v}{dx^2} = -\dfrac{Qk\sin k(l-a)}{P\sin kl}\sin k(l-x) \end{cases} \tag{14.7}$$

对于集中力 Q 作用在跨度中点的特殊情况,$a = \dfrac{l}{2}$,引进下列记号

$$u = \frac{kl}{2} = \sqrt{\frac{P}{EI}} \cdot \frac{l}{2} \tag{14.8}$$

由(14.6)式得

$$v_{\max} = v\Big|_{x=\frac{1}{2}} = \frac{Q}{2Pk}\left(\tan\frac{kl}{2} - \frac{kl}{2}\right) = \frac{Ql^3}{48EI} \cdot \left[\frac{3(\tan u - u)}{u^3}\right] \qquad (14.9)$$

(14.9)式右端第一个因子表示横向集中力 Q 单独作用而产生的挠度,第二个因子表示轴向力 P 对最大挠度的影响,也称为放大系数。

从(14.6)式和(14.7)式看出,梁的变形与轴向压力 P 之间的关系是非线性的,因而不能应用叠加原理。但梁的变形是横向载荷 Q 的线性函数,叠加原理是可以应用的。当梁上作用有多个横向集中载荷时,任意一点的挠度均可由每个集中载荷与轴向压力 P 联合作用而在该点产生的挠度叠加得到。

不失一般性,设梁上有 m 个集中力(图 14.2),其中 n 个力作用在所求挠度截面的右侧。对于力 $Q_1, Q_2, \cdots, Q_n$ 应用(14.6)式,而对于力 $Q_{n+1} \cdots Q_m$ 应用(14.7)式,然后叠加得到挠度的表达式为

$$v = \frac{\sin kx}{Pk\sin kl}\sum_{i=n+1}^{m}Q_i\sin ka_i - \frac{x}{Pl}\sum_{i=1}^{n}Q_i a_i - \frac{(l-x)}{Pl}\sum_{i=n+1}^{m}Q_i(l-a_i) +$$

$$\frac{\sin k(l-x)}{Pk\sin kl}\sum_{i=n+1}^{m}Q_i\sin k(l-a_i) \qquad (14.10)$$

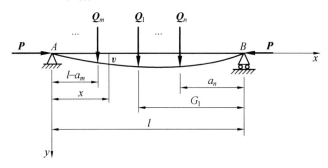

图 14.2

例 14.1　试分析受轴向压力与均匀载荷共同作用的简支梁的变形,并计算最大弯矩。

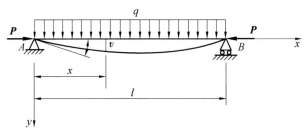

图 14.3

解　由图 14.3 写出梁的变形挠曲线的微分方程为

$$EI\frac{\mathrm{d}^2 v}{\mathrm{d}x^2} = \frac{q}{2}x^2 - \frac{ql}{x} - Pv$$

采用(14.3)式的记号,可将上式改写成

$$\frac{\mathrm{d}^2 v}{\mathrm{d}x^2} + k^2 v = \frac{q}{2EI}(x^2 - lx)$$

此方程的解为

$$v = A\cos kx + B\sin kx + \frac{qx}{2P}(1-x) - \frac{q}{Pk^2}$$

利用梁的两端挠度为零的条件可求出积分常数

$$A = \frac{q}{k^2 P}, \quad B = \frac{q}{k^2 P} \cdot \frac{1-\cos kl}{\sin kl}$$

从而挠曲线的方程为

$$v = \frac{q}{k^2 P}\left(\cos kx + \frac{1-\cos kl}{\sin kl}\sin kx - 1\right) - \frac{qx}{2P}(l-x) \tag{14.11}$$

最大挠度发生在 $x = \dfrac{l}{2}$ 处

$$v_{\max} = v\Big|_{x=\frac{l}{2}} = \frac{q}{k^2 P}\left(\frac{1}{\cos\dfrac{kl}{2}} - 1\right) - \frac{ql^2}{8P}$$

如引用(14.8)式的记号,上式可改写为

$$v_{\max} = \frac{5ql^4}{384EI} \cdot \left(\frac{\dfrac{1}{\cos u} - 1 - \dfrac{u^2}{2}}{\dfrac{5}{24}u^4}\right) \tag{14.12}$$

对(14.11)式求导,然后令 $x = 0$ 有

$$\theta_A = -\theta_B = \frac{\mathrm{d}v}{\mathrm{d}x}\Big|_{x=\frac{l}{2}} = \frac{ql^3}{24EI}\left[\frac{\tan u - u}{\dfrac{1}{3}u^3}\right] \tag{14.13}$$

最大弯矩发生在跨度中点

$$M_{\max} = \frac{ql^2}{8} \cdot \left[\frac{2}{u^2}\left(\frac{1}{\cos u} - 1\right)\right] \tag{14.14}$$

例 14.2　图 14.4 所示简支梁受轴向压力并在一端有集中力偶矩作用,试分析其变形。

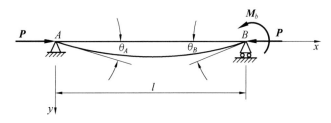

图 14.4

解　引用(14.3)式的记号写出挠曲线的微分方程为

$$\frac{\mathrm{d}^2 v}{\mathrm{d}x^2} + k^2 v = -\frac{M_b}{EIl}x$$

该方程的解是

$$v = A\sin kx + B\cos kx - \frac{M_b}{Pl}x$$

利用梁两端挠度为零的边界条件求得

$$A = \frac{M_b}{P\sin kl}, B = 0$$

于是梁的挠度为

$$v = \frac{M_b}{P}\left(\frac{\sin kx}{\sin kl} - \frac{x}{l}\right)$$

采用(14.8)式的记号，又可求出梁两端的转角

$$\left.
\begin{aligned}
\theta_A &= \left.\frac{\mathrm{d}v}{\mathrm{d}x}\right|_{x=0} = \frac{M_b}{P}\left(\frac{k}{\sin kl} - \frac{1}{l}\right) = \frac{M_b l}{6EI} \cdot \left[\frac{3}{u}\left(\frac{1}{\sin 2u} - \frac{1}{2u}\right)\right] \\
\theta_B &= \left.\frac{\mathrm{d}v}{\mathrm{d}x}\right|_{x=l} = -\frac{M_b}{P}\left(\frac{1}{l} - \frac{k}{\tan kl}\right) = -\frac{M_b l}{3EI} \cdot \left[\frac{3}{2u}\left(\frac{1}{2u} - \frac{1}{\tan 2u}\right)\right]
\end{aligned}
\right\} \tag{14.15}$$

以上两例题中(14.12)，(14.13)，(14.14)和(14.15)各式的第一个因子均表示横向载荷单独作用时产生的相应的截面的变形或弯矩，第二个因子为放大系数，表示轴向压力 **P** 产生的影响。由梁受各种横向载荷与轴向压力共同作用的不同情况，可以得到很多放大系数，而利用给出的放大系数的数值表，可以使计算工作量得以大大简化，如令(14.9)式和(14.15)式的放大系数为

$$\varphi(u) = \frac{3}{u}\left(\frac{1}{\sin 2u} - \frac{1}{2u}\right) \tag{14.16}$$

$$\psi(u) = \frac{3}{u}\left(\frac{1}{2u} - \frac{1}{\tan 2u}\right) \tag{14.17}$$

$$\chi(u) = \frac{3}{u^3}(\tan u - u) \tag{14.18}$$

则(14.9)式和(14.15)式可分别写成

$$\left.
\begin{aligned}
v_{\max} &= \frac{Ql^3}{48EI}\chi(u) \\
\theta_A &= \frac{M_b l}{6EI} \cdot \varphi(u) \\
\theta_B &= -\frac{M_b l}{3EI}\psi(u)
\end{aligned}
\right\} \tag{14.19}$$

利用放大系数的定义，便于计算出(14.19)式中挠度与转角的数值。

利用叠加原理不仅可以解决轴向压力和多个横向载荷共同作用的静定梁问题，还可以求解相应的静不定梁问题。而解决这一类问题与解决一般静不定问题的方法是相似的。以图 14.5(a) 所示的两端固定的梁受轴向压力与横向均匀载荷联合作用的静不定问题为例，解除转动约束，代之以固定端弯矩 M_0，如图 14.5(b) 所示，由叠加原理，利用(14.13)式和(14.15)式得

$$\theta_A = \frac{ql^3}{24EI}\left[\frac{3(\tan u - u)}{u^3}\right] + \frac{M_0 l}{3EI}\left[\frac{3}{2u}\left(\frac{1}{2u} - \frac{1}{\tan 2u}\right)\right] + \frac{M_0 l}{6EI}\left[\frac{3}{2u}\left(\frac{1}{\sin 2u} - \frac{1}{2u}\right)\right]$$

由于 A 端原为固定端，因而应有 $\theta_A = 0$，由此便可求出

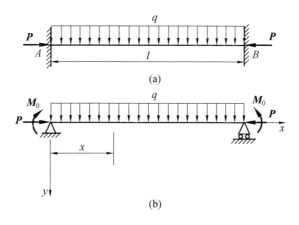

图 14.5

$$M_0 = -\frac{ql^2}{12}\left[\frac{3(\tan u - u)}{u^2 \tan u}\right] \tag{14.20}$$

从(14.20)式可以看出,将横向载荷单独作用于静不定梁上产生的相应弯矩乘以一定的放大系数可得到受压、弯联合作用的静不定梁的弯矩。求出 M_0 后,这一静不定问题就可应用静定问题的方法求解了。

14.1.2　轴向拉力与横向载荷联合作用的梁

受轴向拉力和横向载荷联合作用的直杆称为系杆或系梁。对一个两端简支承受横向集中力的系杆,如图 14.6 所示,可仿照前面的方法写出挠曲线的微分方程为

$$EI\frac{\mathrm{d}^2 v}{\mathrm{d}x^2} = -\frac{Qa}{l}x + Pv \quad 0 \leqslant x \leqslant l-a$$

$$EI\frac{\mathrm{d}^2 v}{\mathrm{d}x^2} = \frac{Q(l-a)(l-x)}{l} + Pv \quad l-a \leqslant x \leqslant l$$

或引用式(14.3)写出

$$\frac{\mathrm{d}^2 v}{\mathrm{d}x^2} - k^2 x = -\frac{Qa}{EIl}x \quad 0 \leqslant x \leqslant l-a$$

$$\frac{\mathrm{d}^2 v}{\mathrm{d}x^2} - k^2 x = -\frac{Q(l-a)(l-x)}{EIl} \quad l-a \leqslant x \leqslant l$$

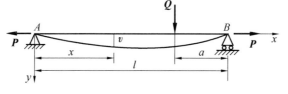

图 14.6

微分方程的解为

$$v = Achkx + Bshkx + \frac{Qa}{Pl}x \quad 0 \leqslant x \leqslant l-a \tag{14.21}$$

$$v = Cchkx + Dshkx + \frac{Q(l-a)(l-x)}{Pl} \quad l-a \leqslant x \leqslant l \tag{14.22}$$

利用系杆两端挠度为零的边界条件及 C 截面挠度与转角连续的条件求得

$$A = 0, B = \frac{Qshka}{Pkshkl}, C = -\frac{Qshk(l-a)}{Pk}, D = \frac{Qshk(l-a)}{Pkthkl}$$

将求出的积分常数代回(14.21)式和(14.22)式有

$$v = -\frac{Qshka}{Pkshkl}shkx + \frac{Qa}{Pl}k \quad 0 \leqslant x \leqslant l-a$$

$$v = -\frac{Qshk(l-a)}{Pkshkl}shk(l-x) + \frac{Q(l-a)(l-x)}{Pl} \quad l-a \leqslant x \leqslant l$$

对于 $a = \dfrac{l}{2}$ 的特殊情况,引用(14.8)式的记号求得

$$v_{\max} = v\big|_{x=\frac{1}{2}} = \frac{Ql^3}{48EI}\left[\frac{3(u-thu)}{u^3}\right] \tag{14.23}$$

$$M_{\max} = M\big|_{x=\frac{1}{2}} = \frac{Ql}{4}\left[\frac{thu}{u}\right] \tag{14.24}$$

(14.23)(14.24)两式中第一个因子表示横向集中力 Q 单独作用产生的最大挠度和最大弯矩,第二个因子则表示轴向拉力 P 的影响,即放大系数。

如果系杆上有多个横向载荷作用,那么在求解变形问题时,仍然可应用叠加原理,因为横向载荷与系杆变形之间的关系是线性的,这与梁柱是相同的,两者的差别就在于轴向力是拉力还是压力。因而只要在梁柱问题中以 $-P$ 代替 P,以 ki 代替 k,以 ui 代替 u,并利用下列关系:

$$\sin ki = ishk, \cos ki = chk, \tan ki = ithk$$

就可以得到相应的系杆问题的微分方程及其解。

例 14.3 试求图 14.7 所示的均布横向载荷作用的系杆的最大挠度和两端转角。

解 写出系杆的挠曲线微分方程

$$\frac{d^2v}{dx^2} - k^2x = \frac{q}{EI}\left(\frac{x^2}{2} - \frac{l}{2}x\right)$$

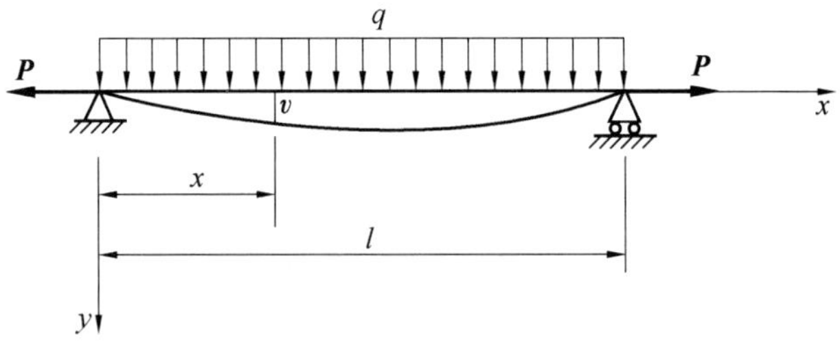

图 14.7

利用(14.11)式得

$$v = \frac{q}{k^2P}\left(chkx + \frac{chkl}{shkl}shkx - 1\right) + \frac{qx(l-x)}{2P} \tag{14.25}$$

最大挠度发生在跨度中点

$$v_{\max} = v \Big|_{x=\frac{l}{2}} = \frac{q}{k^2 P} \left[\frac{1}{ch\,\dfrac{kl}{2}} - 1 \right] + \frac{ql^2}{8P}$$

利用(14.13)式得到

$$\theta_A = -\theta_B = \frac{dv}{dx} \Big|_{x=0} = \frac{ql^3}{24EI} \cdot \frac{3(u - th\,u)}{u^3}$$

系杆的静不定问题同样可用叠加原理求解。求解过程与前面相似,因而不再详细叙述。

14.2　弹性基础上的无限长梁

在工程中经常会遇到这样的梁,如铁路钢轨,它们不是安置在某几个有限的刚性支座上,而是置于间隔密集的轨枕或者连续的路基上。当火车经过时,轨枕或者路基便上下往复振动。显然,在这种情况下的基础已不能假定为刚性的,而必须考虑为弹性的。这种弹性基础具有如下的特点:当钢轨受到横向载荷作用时,地基与钢轨一起发生弯曲变形,基础同时也对钢轨作用一定的分布支撑反力,而这种支反力的集度与地基各点的挠度(即地基的沉降量)有关。具有这种弹性支撑特点的梁就称为弹性基础梁或者弹性地基梁。1867 年,德国科学家 E. Wenkler 根据实际观察假设:弹性基础梁上某一点的基础反力的集度与梁在该点的挠度成正比。这个假设不仅简化了弹性基础梁问题的数学运算,而且经过实验结果证明,以该假设为前提的理论结果与实际情况比较接近,因而在工程中的许多方面得到广泛应用。如船舶底板、桥面、压力容器、房屋的楼面、蓄水池以及钢轨等。钢轨是刚度不很大的长梁,被安置在间隔密集的轨枕或连续的弹性地基上,轨枕或弹性地基对钢轨的支反力与钢轨的挠度成正比,因而钢轨也可以简化为弹性基础梁。弹性基础梁理论作为经典理论,早已成为工程设计及计算的有利工具。

本节只讨论弹性基础上的等截面直梁的平面弯曲,所设计的弯曲变形均在小变形范围内,同时假定弹性基础沿整个梁长是均匀的。

14.2.1　微分方程及其通解

弹性基础上的梁受横向力作用而发生弯曲变形,如图 14.8 所示。按照 E. Wenkler 假设,梁上任意一点的基础支反力的集度为

$$q_r(x) = -kv(x) \tag{14.26}$$

式中,$v(x)$ 表示梁任意一点的挠度;常数 k 为弹性基础系数,量刚为[力]/[长度]^2,物理意义为当挠度为一单位长度时,单位长度的梁段上的支反力;负号则表示 $q_r(x)$ 的方向与 $v(x)$ 相反。

现在来推导弹性基础梁的挠曲线微分方程。在图 14.8 所示的坐标系下,梁的挠曲线微分方程为

$$EI\,\frac{d^2 v}{dx^2} = -M(x)$$

再利用弯矩与分布载荷集度的关系

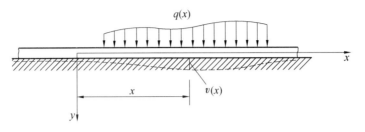

图 14.8

$$\frac{\mathrm{d}^2 M}{\mathrm{d}x^2} = -q(x)$$

得到

$$EI\,\frac{\mathrm{d}^4 v}{\mathrm{d}x^4} = q(x) \tag{14.27}$$

对于弹性基础梁而言,梁上同时有分布载荷 $q(x)$ 与基础分布反力 $q_r(x)$,故应以 $q(x)+q_r(x)$ 代替(14.27)式中的 $q(x)$,再利用(14.26)式有

$$EI\,\frac{\mathrm{d}^4 v}{\mathrm{d}x^4} = q(x) - kv(x) \tag{14.28}$$

引进记号

$$\beta = \sqrt[4]{\frac{k}{4EI}} \tag{14.29}$$

改写(14.28)式,从而得到弹性基础梁的挠曲线微分方程为

$$\frac{\mathrm{d}^4 v(x)}{\mathrm{d}x^4} + 4\beta^4 v(x) = \frac{q(x)}{EI} \tag{14.30}$$

对于没有分布载荷 q 作用的一段梁,(14.30)式变为齐次方程

$$\frac{\mathrm{d}^4 v}{\mathrm{d}x^4} + 4\beta^4 v = 0$$

其通解为

$$v(x) = \mathrm{e}^{-\beta x}(A\cos \beta x + B\sin \beta x) + \mathrm{e}^{\beta x}(C\cos \beta x + D\sin \beta x) \tag{14.31}$$

其中 A,B,C,D 为积分常数,由位移和静力边界条件确定。

14.2.2　无限长梁

许多实际工程中的构件,只要载荷离梁两端足够远,使梁两端的变形与内力趋于零就可以看成无限长梁。下面首先讨论两种受基本载荷作用的无限长梁。

1. 受集中载荷作用的无限长梁

设无限长的弹性基础梁上只作用有一个集中力 $\boldsymbol{P}$,取集中力的作用点为坐标原点(图 14.9)。根据对称性,只研究梁在原点右侧的一半,即 $x \geqslant 0$ 的部分即可。由于这一部分梁上无分布载荷,故可以应用(14.31)式,并认为当 $x \to \infty$ 时,$v(x)=0$,满足这一条件要求(14.31)中的 $C=D=0$。于是 $x \geqslant 0$ 部分的挠曲线方程为

$$v(x) = \mathrm{e}^{-\beta x}(A\cos \beta x + B\sin \beta x) \tag{14.32}$$

根据梁的挠曲线在 $x=0$ 的对称性可知,原点处的截面转角应为零,即

$$\frac{\mathrm{d}v}{\mathrm{d}x}\bigg|_{x=0}=0$$

将(14.32)式代入上式可以得到

$$A=B \tag{14.33}$$

于是(14.33)式成为

$$v(x)=A\mathrm{e}^{-\beta x}(\cos\beta x+\sin\beta x)$$

积分常数 A 可以通过梁的静力边界条件求得。在集中力 $\boldsymbol{P}$ 的右侧无限接近原点的截面内,剪力应为 $-\dfrac{P}{2}$,即

$$EI\frac{\mathrm{d}^3v}{\mathrm{d}x^3}\bigg|_{x=0}=-Q|_{x=0}=\frac{P}{2}$$

对(14.33)式求三阶单数导数,而后代入上式求得

$$A=\frac{P}{8EI\beta^3}$$

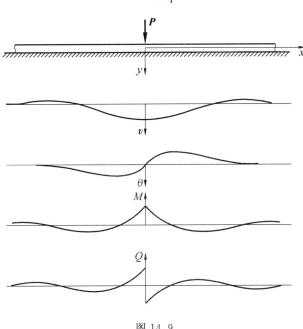

图 14.9

将上式代回(14.33)式,并求出 $v(x)$ 及其各阶导数有

$$v(x)=\frac{P}{8EI\beta^3}\mathrm{e}^{-\beta x}(\cos\beta x+\sin\beta x)$$

$$\theta=\frac{\mathrm{d}v}{\mathrm{d}x}=-\frac{P}{4EI\beta^2}\mathrm{e}^{-\beta x}\sin\beta x$$

$$M=-EI\frac{\mathrm{d}^2v}{\mathrm{d}x^2}=\frac{P}{4\beta}\mathrm{e}^{-\beta x}(\cos\beta x-\sin\beta x) \tag{14.34}$$

$$Q=-EI\frac{\mathrm{d}^3v}{\mathrm{d}x^3}=-\frac{P}{2}\mathrm{e}^{-\beta x}\cos\beta x$$

最大挠度和最大弯矩发生在 $x=0$ 处

$$v_{\max} = \frac{P\beta}{2k}, M_{\max} = \frac{P}{4\beta} \tag{14.35}$$

为使梁的变形和内力表示简便,引进如下函数

$$\eta_1 = \mathrm{e}^{-\beta x}(\cos \beta x + \sin \beta x)$$

$$\eta_2 = \mathrm{e}^{-\beta x} \sin \beta x$$

$$\eta_3 = \mathrm{e}^{-\beta x}(\cos \beta x - \sin \beta x) \tag{14.36}$$

$$\eta_4 = \mathrm{e}^{-\beta x} \cos \beta x$$

于是(14.34)式可以表示为

$$v(x) = \frac{P}{8EI\beta^3}\eta_1 = \frac{P\beta}{2k}\eta_1$$

$$\theta = \frac{\mathrm{d}v}{\mathrm{d}x} = -\frac{P\beta^2}{k}\eta_2$$

$$M = -EI\frac{\mathrm{d}^2 v}{\mathrm{d}x^2} = \frac{P}{4\beta}\eta_3 \tag{14.37}$$

$$Q = -EI\frac{\mathrm{d}^3 v}{\mathrm{d}x^3} = -\frac{P}{2}\eta_4$$

根据(14.37)式就可以求出梁的任意截面的挠度、转角、弯矩和剪力。而由函数 η_1, η_2, η_3, η_4 的定义式不难得到下列关系:

$$\frac{\mathrm{d}\eta_1}{\mathrm{d}x} = -2\beta\eta_2, \frac{\mathrm{d}\eta_2}{\mathrm{d}x} = \beta\eta_3, \frac{\mathrm{d}\eta_3}{\mathrm{d}x} = -2\beta\eta_4, \frac{\mathrm{d}\eta_4}{\mathrm{d}x} = -\beta\eta_1 \tag{14.38}$$

2. 受集中力偶作用的无限长梁

设无限长梁上作用一个集中力偶 M_0,以集中力偶作用点为原点,如图 14.10 所示。显然,梁的挠度应该反对称于原点,因而可以只取梁的 $x \geqslant 0$ 的部分来研究。根据 $x \to \infty$, $v(x) = 0$ 的条件,在通解(14.31)式中只能取第一项,即

$$v(x) = \mathrm{e}^{-\beta x}(A\cos \beta x + B\sin \beta x) \tag{14.39}$$

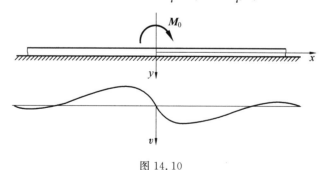

图 14.10

由挠度关于原点的反对称性和静力边界条件有

$$v\big|_{x=0} = 0, EI\frac{\mathrm{d}^2 v}{\mathrm{d}x^2}\bigg|_{x=0} = -M\big|_{x=0} = -\frac{M_0}{2}$$

将上式代入(14.39)式得到

$$A = 0, B = \frac{M_0}{4EI\beta^2} \tag{14.40}$$

将上式代回(14.39)式并分别对(14.39)式求一、二、三阶导数就可以求得无限长梁在集中力偶作用下的挠度、转角、弯矩和剪力为

$$v(x) = \frac{M_0}{4EI\beta^2}\eta_2 = \frac{M_0\beta^2}{k}\eta_2$$

$$\theta = \frac{\mathrm{d}v}{\mathrm{d}x} = \frac{M_0\beta^3}{k}\eta_3$$

$$M = -EI\frac{\mathrm{d}^2v}{\mathrm{d}x^2} = \frac{M_0}{2}\eta_4 \tag{14.41}$$

$$Q = -EI\frac{\mathrm{d}^3v}{\mathrm{d}x^3} = -\frac{M_0\beta}{2}\eta_1$$

对于无限长梁由较为复杂的载荷作用而产生的内力和变形情况,可以利用以上受集中力或集中力偶作用的两种无限长梁的结果,并应用叠加原理进行求解。

例 14.4　集度为 q、分布长度为 l 的均布载荷作用在无限长的弹性基础梁上,如图 14.11 所示。试求梁的任意一点的挠度。

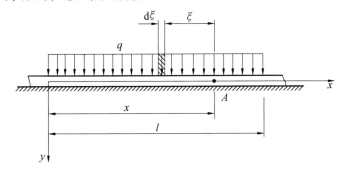

图 14.11

解　选取坐标系如图。距梁上任意一点 A 为 ξ 处的载荷微元 $q\mathrm{d}\xi$ 可以看做微小集中力,利用(14.34)式中的第一个表达式可以得到由集中力 $q\mathrm{d}\xi$ 产生的 A 点挠度为

$$\mathrm{d}v = \frac{q\mathrm{d}\xi}{8EI\beta^3}\mathrm{e}^{-\beta\xi}(\cos\beta\xi + \sin\beta\xi)$$

应用叠加原理并利用(14.38)式,求得均布长度为 l 的载荷在 A 点产生的挠度为

$$v(x) = \int_0^x \frac{q\mathrm{d}\xi}{8EI\beta^3}\mathrm{e}^{-\beta\xi}(\cos\beta\xi + \sin\beta\xi) + \int_0^{l-x} \frac{q\mathrm{d}\xi}{8EI\beta^3}\mathrm{e}^{-\beta\xi}(\cos\beta\xi + \sin\beta\xi)$$

$$= \frac{q}{2k}[2 - \mathrm{e}^{-\beta(l-x)}\cos\beta(l-x) - \mathrm{e}^{-\beta x}\cos\beta x]$$

最大挠度发生在均布载荷中点,即

$$v_{\max} = v\bigg|_{x=\frac{l}{2}} = \frac{q}{k}\left(1 - \mathrm{e}^{-\frac{\beta l}{2}}\cos\frac{\beta l}{2}\right)$$

例 14.5　弹性基础上的无限长梁受 4 个等值且等间距的集中力作用,如图 14.12 所示。梁为 20b 工字钢,已知 $E = 200$ GPa,$I = 2\,500$ cm⁴,$W = 250$ cm³,基础系数 $k = 30$ MPa。若集中力 $P = 100$ kN,试求 B 截面的变形、内力及最大应力。

解　由已知条件可以求得

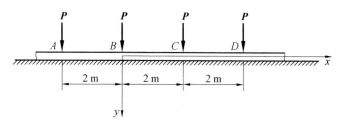

图 14.12

$$\beta = \sqrt[4]{\frac{k}{4EI}} = \sqrt[4]{\frac{30 \times 10^6}{4 \times 200 \times 10^9 \times 2\,500 \times 10^{-8}}} = 1.1 \text{ m}^{-1}$$

以 B 点为原点，根据图中各集力到 B 点的距离求得函数值如表 14.1。

表 14.1　函数值

载荷作用点	A	B	C	D
βx	2.2	0	2.2	4.4
η_1	0.024 4	1	0.024 4	−0.154 8
η_2	0.089 6	0	0.089 6	−0.011 6
η_3	−0.154 8	1	−0.154 8	0.007 9
η_4	−0.065 2	1	−0.065 2	−0.003 8

根据(14.37)式和叠加原理，并考虑到 C,D 处载荷在 B 截面右侧，其产生的转角与剪力应改变符号，于是得

$$v_B = \sum \frac{P\beta^2}{k}\eta_1 = \frac{100 \times 10^3 \times 1.1}{2 \times 30 \times 10^6} \times (0.024\,4 + 1 + 0.024\,4 - 0.154\,8) = 1.89 \times 10^{-3} \text{ m}$$

$$\theta_\beta = -\sum \frac{P\beta^2}{k}\eta_2 = -\frac{100 \times 10^3 \times 1.1^2}{30 \times 10^6} \times (0.089\,6 + 0 - 0.089\,6 + 0.011\,6) = -4.71 \times 10^{-5}$$

$$M_B = \sum \frac{P}{4\beta}\eta_2 = \frac{100 \times 10^3}{4 \times 1.1} \times (-0.154\,8 + 1 - 0.154\,8 + 0.007\,9) = 15.87 \text{ kN} \cdot \text{m}$$

$$Q_B = -\sum \frac{P}{2}\eta_4 = \frac{-100 \times 10^3}{2} \times (-0.065\,2 + 1 + 0.065\,2 + 0.003\,8) = -50.19 \text{ kN}$$

B 截面的最大弯曲正应力为

$$(\sigma_B)_{\max} = \frac{M_B}{W} = \frac{15.87 \times 10^3}{250 \times 10^{-6}} = 63.48 \text{ MN/m}^2$$

从 B 截面的变形和内力的计算过程可以看出，只有 B 点的集中力影响最大，其他三个集中力的影响都比较小。

14.2.3　半无限长梁

在一端附近受力，长度无限的弹性基础梁称为半无限长梁。设一弹性基础上的半无限长梁的左端作用有集中力偶矩 M_0，如图 14.13 所示，仍然利用通解(14.31)式，并考虑 $x \to \infty$ 时挠度为零的条件而取参数 $C = D = 0$，由此得到

$$v(x) = \mathrm{e}^{-\beta x}(A\cos \beta x + B\sin \beta x) \tag{14.42}$$

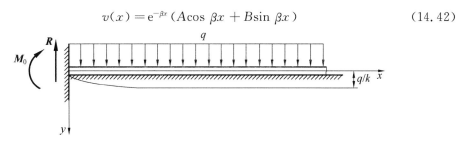

图 14.13

积分常数 A 和 B 可由梁左端的静力边界条件求出,即在 $x = 0$ 处有

$$EI \frac{\mathrm{d}^2 v}{\mathrm{d}x^2} = -M_0, EI \frac{\mathrm{d}^3 v}{\mathrm{d}x^3} = -P$$

将(14.42)式代入上式求得

$$A = \frac{1}{2EI\beta^3}(P + \beta M_0), B = \frac{M_0}{2EI\beta^2}$$

将 A, B 代入(14.42)式求出 $v(x)$ 及其各阶导数有

$$v(x) = \frac{1}{2EI\beta^3}\left[Pe^{-\beta x}\cos \beta x + \beta M_0 e^{-\beta x}(\cos \beta x - \sin \beta x)\right]$$

$$\theta(x) = \frac{\mathrm{d}v}{\mathrm{d}x} = \frac{1}{2EI\beta^2}\left[Pe^{-\beta x}(\cos \beta x + \sin \beta x) + 2\beta M_0 e^{-\beta x}\cos \beta x\right]$$

$$M(x) = -EI \frac{\mathrm{d}^2 v}{\mathrm{d}x^2} = \frac{1}{\beta}\left[\beta M_0 e^{-\beta x}(\cos \beta x + \sin \beta x) + Pe^{-\beta x}\sin \beta x\right] \tag{14.43}$$

$$Q(x) = -EI \frac{\mathrm{d}^3 v}{\mathrm{d}x^3} = -2\beta Pe^{-\beta x}\sin \beta x + Pe^{-\beta x}(\cos \beta x - \sin \beta x)$$

采用(14.36)式的函数表达式,上式还可写成

$$v = -\frac{2\beta}{k}(P\eta_4 + \beta M_0 \eta_3)$$

$$\theta = \frac{2\beta^2}{k}(P\eta_1 + 2\beta M_0 \eta_4)$$

$$M = \frac{1}{\beta}(\beta M_0 \eta_1 + P\eta_2) \tag{14.44}$$

$$Q = -2\beta M_0 \eta_2 + P\eta_3$$

梁左端的挠度和转角分别为

$$v\big|_{x=0} = -\frac{2\beta}{k}(P + \beta M_0)$$

$$\theta\big|_{x=0} = \frac{2\beta^2}{k}(P + 2\beta M_0) \tag{14.45}$$

利用(14.44)式并应用叠加原理,就可以解决半无限长梁的较复杂的问题。

例 14.6   在弹性基础上有一受均匀载荷作用的半无限长梁,梁的左端固定,如图 14.14 所示。试求固定端反力和任意一点的挠度。

解   由于整个半无限长梁上都作用有均匀载荷,故满足挠曲线非齐次分布微分方程 (14.30)式,即

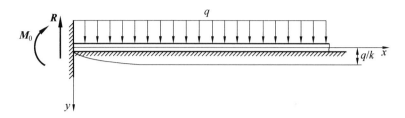

图 14.14

$$\frac{\mathrm{d}^4 v}{\mathrm{d} x^4} + 4\beta^4 v = \frac{q}{EI}$$

此微分方程的一个特解为

$$\frac{q}{4EI\beta^4} = \frac{q}{k}$$

实际上,当 $x \to \infty$ 时,固定端反力对挠度已无影响。按(14.26)式,梁在无穷远处的挠度应为 $\frac{q}{k}$,可见特解代表梁在无穷远处的挠度,根据(14.44)式之第一式并应用叠加原理,可得到由固定端反力 R, M_0 及均布载荷联合作用而产生的挠度方程

$$v(x) = -\frac{2\beta}{k}(R\eta_4 + \beta M_0 \eta_3) + \frac{q}{k} \tag{14.46}$$

将上式代入固定端的边界条件

$$v\big|_{x=0} = 0, \frac{\mathrm{d}v}{\mathrm{d}x}\bigg|_{x=0} = 0$$

求得其固定端反力为

$$R = \frac{q}{\beta}(向上), M_0 = \frac{q}{2\beta^2}(逆时针)$$

于是得到任意点的挠度为

$$v(x) = \frac{q}{k}(1 - 2\eta_4 + \eta_3) = \frac{q}{k}(1 - \eta_2) = \frac{q}{k}[1 - \mathrm{e}^{-\beta x}(\cos \beta x + \sin \beta x)]$$

若上题梁的左端为刚性铰支,由于铰支端的弯矩为零,故挠度方程为

$$v(x) = -\frac{2\beta}{k}R\eta_4 + \frac{q}{k} \tag{14.47}$$

铰支端的挠度为零,即

$$v\big|_{x=0} = -\frac{2\beta}{k}R + \frac{q}{k} = 0$$

由此解出铰支座反力

$$R = \frac{q}{2\beta}(向上)$$

进而得到梁的挠度

$$v(x) = \frac{q}{k}(1 - \eta_4) = \frac{q}{k}[1 - \mathrm{e}^{-\beta x}\cos \beta x]$$

例 14.7 半无限长梁上作用一集中力 $\boldsymbol{P}, \boldsymbol{P}$ 距左端 A 的长度为 a,如图 14.15(a)所示。试求梁的挠度表示式。

解　可将图 14.15(a) 的解表示成图 14.15(b) 与图 14.15(c) 的解的叠加,图 14.15(b) 为受一集中力作用的无限长梁,根据(14.37) 式,在 $x = a$ 处的内力为

$$Q_a = \frac{P}{2\eta_4}(\beta a), \quad M_a = \frac{P}{4\beta}\eta_3(\beta a)$$

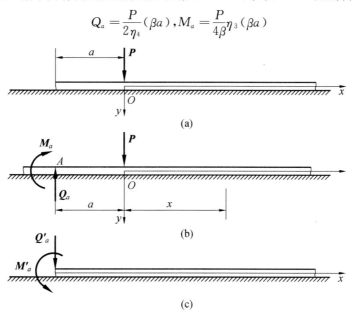

图 14.15

图 14.15(c) 为左端有集中力和集中力偶矩作用的半无限长梁,若集中力 Q'_a 和集中力偶矩 M'_a 分别与 Q_a 和 M_a 等值反向,那么图 14.15(b) 和图 14.15(c) 叠加的结果是 A 截面的剪力和弯矩均为零,从而得到与图 14.15(a) 相同的结果。于是利用(14.37) 式和 (14.44) 式第一式分别求出图 14.15(b) 与图 14.15(c) 的挠度,并将二者叠加从而得到本题的挠度表达式,但要注意目前原点在距左端截面为 a 处,故公式(14.44) 中的坐标 x 应改为 $x + a$。

$$v(x) = \frac{P\beta}{2k}\{\eta_1(\beta x) + 2\eta_4(\beta a)\eta_4[\beta(x + a)] + \eta_3(\beta a)\eta_3[\beta(x + a)]\}$$

根据以上方法也可求出弯矩的表达式,这可由读者去完成。

14.3　弹性基础上的有限长梁

本节将在上一节的基础上讨论弹性基础上的有限长梁的解法。有限长梁的求解在理论上与无限长梁或半无限长梁并没有很大差别,也是借助于齐次微分方程的通解(14.31) 式。但通解中的四个积分参数一般情况下不能像无限长梁或半无限长梁那样减少到两个,因而弹性基础上的有限长梁的计算工作是相当繁琐的。叠加法对有限长梁的求解依然是可行的,此外,为使确定积分常数的工作得到简化,采用初参数法更是行之有效的。

14.3.1　克雷洛夫函数

前面一节曾经给出了关于弹性基础梁的齐次微分方程的通解(14.10) 式

$$v(x) = \mathrm{e}^{-\beta x}(A\cos \beta x + B\sin \beta x) + \mathrm{e}^{\beta x}(C\cos \beta x + D\sin \beta x)$$

考虑到

$$ch\beta x = \frac{1}{2}(\mathrm{e}^{\beta x} + \mathrm{e}^{-\beta x}), sh\beta x = \frac{1}{2}(\mathrm{e}^{\beta x} - \mathrm{e}^{-\beta x})$$

经过各项的线性组合,通解又可表示成另一形式,即

$$v(x) = C_1 Y_1(\beta x) + C_2 Y_2(\beta x) + C_3 Y_3(\beta x) + C_4 Y_4(\beta x) \tag{14.48}$$

式中 C_1, C_2, C_3, C_4 为积分常数,而

$$Y_1(\beta x) = ch\beta x \cos \beta x$$

$$Y_2(\beta x) = \frac{1}{2}(ch\beta x \sin \beta x + sh\beta x \cos \beta x)$$

$$Y_3(\beta x) = \frac{1}{2} sh\beta x \sin \beta x \tag{14.49}$$

$$Y_4(\beta x) = \frac{1}{4}(ch\beta x \sin \beta x - sh\beta x \cos \beta x)$$

上式的 4 个函数称为克雷洛夫函数。若对(14.49)式的 4 个函数求导,不难得出克雷洛夫函数与其导数间的关系:

$$\frac{\mathrm{d}Y_1}{\mathrm{d}x} = -4\beta Y_4(\beta x)$$

$$\frac{\mathrm{d}Y_2}{\mathrm{d}x} = \beta Y_1(\beta x)$$

$$\frac{\mathrm{d}Y_3}{\mathrm{d}x} = \beta Y_2(\beta x) \tag{14.50}$$

$$\frac{\mathrm{d}Y_4}{\mathrm{d}x} = \beta Y_3(\beta x)$$

另外根据(14.49)还可得到 $x = 0$ 时克雷洛夫函数的值为

$$Y_1(0) = 1, Y_2(0) = Y_3(0) = Y_4(0) = 0 \tag{14.51}$$

14.3.2　用初参数表示的齐次微分方程的通解

若有限长梁上无分布载荷作用,则可用(14.48)式表示其通解。现推选梁的左端为坐标原点(也可将坐标原点取在梁的载荷对称或反对称面处),利用(14.48)式、(14.49)式、(14.50)式和(14.51)式求得

$$v_0 = v\big|_{x=0} = C_1$$

$$\theta_0 = \frac{\mathrm{d}v}{\mathrm{d}x}\bigg|_{x=0} = \beta C_2$$

$$M_0 = -EI\frac{\mathrm{d}^2 v}{\mathrm{d}x^2}\bigg|_{x=0} = -EI\beta^2 C_3 \tag{14.52}$$

$$Q_0 = -EI\frac{\mathrm{d}^3 v}{\mathrm{d}x^3}\bigg|_{x=0} = -EI\beta^3 C_4$$

上式中的 v_0, θ_0, M_0, Q_0 分别是梁在 $x = 0$ 处的挠度、转角、弯矩和剪力,统称为初参数。以(14.52)式的初参数代替(14.48)式中的积分常数,从而得到用初参数表示的齐次

微分方程的通解：

$$v(x) = v_0 Y_1(\beta x) + \frac{\theta_0}{\beta} Y_2(\beta x) - \frac{M_0}{EI\beta^2} Y_3(\beta x) - \frac{Q_0}{EI\beta^3} Y_4(\beta x) \tag{14.53}$$

14.3.3　用初参数法解有限长梁

作用在有限长梁上的载荷，经常涉及有限集中力、集中力偶矩和分布载荷三种形式，现在应用(14.53)式对有限长梁所受载荷的这些形式分别加以讨论。

1. 受集中力作用的有限长梁

设在有限长梁上作用一集中力，如图 14.16 所示，根据(14.53)式，梁的挠度方程可表示为

$$v_1(x) = v_0 Y_1(\beta x) + \frac{\theta_0}{\beta} Y_2(\beta x) - \frac{M_0}{EI\beta^2} Y_3(\beta x) - \frac{Q_0}{EI\beta^3} Y_4(\beta x), \quad 0 < x < d$$

$$v_2(x) = v_0 Y_1(\beta x) + \frac{\theta_0}{\beta} Y_2(\beta x) - \frac{M_0}{EI\beta^2} Y_3(\beta x) - \frac{Q_0}{EI\beta^3} Y_4(\beta x) + f[\beta(x-d)]$$

$$= v_1(x) + f[\beta(x-d)], \quad d < x < l \tag{14.54}$$

其中 $f[\beta(x-d)]$ 为集中力 $\boldsymbol{P}$ 产生的附加挠度。由于 v_1, v_2 分别满足齐次微分方程，即满足 14.2 的(14.54)式，故 $f[\beta(x-d)] = v_2(x) - v_1(x)$ 也满足该式，因而也可以表示成

$$f[\beta(x-d)] = C_1 Y_1[\beta(x-d)] + C_2 Y_2[\beta(x-d)] + C_3 Y_3[\beta(x-d)] + C_4 Y_4[\beta(x-d)]$$

$$\tag{14.55}$$

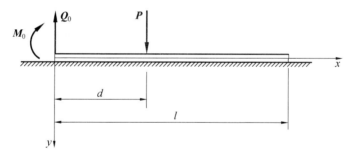

图 14.16

$x = d$ 截面的挠度、转角和弯矩是连续的，而该截面左、右两侧的剪力应与 $\boldsymbol{P}$ 相平衡，即

$$v_1 \big|_{x=d} = v_2 \big|_{x=d}$$

$$\frac{\mathrm{d}v_2}{\mathrm{d}x}\bigg|_{x=d} = \frac{\mathrm{d}v_2}{\mathrm{d}x}\bigg|_{x=d}$$

$$-EI \frac{\mathrm{d}^2 v_1}{\mathrm{d}x^2}\bigg|_{x=d} = -EI \frac{\mathrm{d}^2 v_2}{\mathrm{d}x^2}\bigg|_{x=d} \tag{14.56}$$

$$-EI \frac{\mathrm{d}^3 v_1}{\mathrm{d}x^3}\bigg|_{x=d} = -EI \frac{\mathrm{d}^3 v_2}{\mathrm{d}x^3}\bigg|_{x=d} + P$$

将(14.54)式和(14.55)式代入(14.56)式，并利用克雷洛夫函数的性质(14.30)式和(14.31)式求得

$$C_1 = C_2 = C_3 = 0, C_4 = \frac{P}{EI\beta^3}$$

将求出的积分常数代回(14.55)式得

$$f[\beta(x-d)] = \frac{P}{EI\beta^3} Y_4[\beta(x-d)]$$

将上式代入(14.54)式,并将 $v_1(x)$ 和 $v_2(x)$ 这两段挠度统一表示成

$$v(x) = v_0 Y_1(\beta x) + \frac{\theta_0}{\beta} Y_2(\beta x) - \frac{M_0}{EI\beta^2} Y_3(\beta x) - \frac{Q_0}{EI\beta^3} Y_4(\beta x) + \frac{P}{EI\beta^3} Y_4[\beta(x-d)] \Big|_{x \geqslant d}$$

$$(14.57)$$

其中含有"$x \geqslant d$"的项表示在 $x \geqslant d$ 时才出现,以下相同。

2. 受集中力偶矩作用的有限长梁

设梁上有一集中力偶矩 M_c,(如图 14.17)采用与前一种载荷形式相同的解决方法得到挠度方程为

$$v_1(x) = v_0 Y_1(\beta x) + \frac{\theta_0}{\beta} Y_2(\beta x) - \frac{M_0}{EI\beta^2} Y_3(\beta x) - \frac{Q_0}{EI\beta^3} Y_4(\beta x), 0 < x < c$$

$$v_2(x) = v_1(x) + g[\beta(x-c)], c < x < l$$

$$g[\beta(x-c)] = C_1 Y_1[\beta(x-c)] + C_2 Y_2[\beta(x-c)] + C_3 Y_3[\beta(x-c)] + C_4 Y_4[\beta(x-c)]$$

$$(14.58)$$

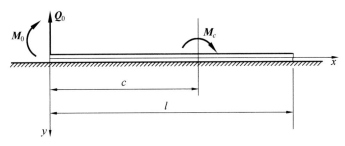

图 14.17

$x = c$ 截面的挠度、转角和剪力是连续的,而该截面左、右两侧的弯矩与集中力偶矩 M_c 相平衡,即有

$$\begin{aligned}
& v_1 \Big|_{x=c} = v_2 \Big|_{x=c} \\
& \frac{\mathrm{d}v_1}{\mathrm{d}x} \Big|_{x=c} = \frac{\mathrm{d}v_2}{\mathrm{d}x} \Big|_{x=c} \\
& -EI \frac{\mathrm{d}^2 v_1}{\mathrm{d}x^2} \Big|_{x=c} = -EI \frac{\mathrm{d}^2 v_2}{\mathrm{d}x^2} \Big|_{x=c} - M_c \\
& -EI \frac{\mathrm{d}^3 v_1}{\mathrm{d}x^3} \Big|_{x=c} = -EI \frac{\mathrm{d}^3 v_2}{\mathrm{d}x^3} \Big|_{x=c}
\end{aligned} \qquad (14.59)$$

将(14.58)式代入(14.59)式可求出

$$C_1 = C_2 = C_4 = 0, C_3 = -\frac{M_c}{EI\beta^2}$$

将上式代入(14.58)式,并将两段挠度统一表示成

$$v(x) = v_0 Y_1(\beta x) + \frac{\theta_0}{\beta} Y_2(\beta x) - \frac{M_0}{EI\beta^2} Y_3(\beta x) - \frac{Q_0}{EI\beta^3} Y_4(\beta x) - \frac{M_c}{EI\beta^2} Y_3[\beta(x-c)]\Big|_{x \geqslant c}$$

3. 受分布载荷作用的有限长梁

设梁上有集度为 $q(x)$ 的分布载荷作用,分布范围是 $a \leqslant x \leqslant b$,如图 14.18(a) 所示, 在 $0 < x < a$ 内。挠度表达式为(14.36) 式;而在 $a < x < b$ 内,利用(14.57) 式,以 $q(x)\mathrm{d}x$ 代替式中的 P,并应用叠加原理有

$$v(x) = v_0 Y_1(\beta x) + \frac{\theta_0}{\beta} Y_2(\beta x) - \frac{M_0}{EI\beta^2} Y_3(\beta x) - \frac{Q_0}{EI\beta^3} Y_4(\beta x) +$$

$$\frac{1}{EI\beta^3} \int_a^x q(\xi) Y_4[\beta(\xi-a)]\mathrm{d}\xi \tag{14.60}$$

在 $b < x < l$ 内,设想将分布载荷按 $q(x)$ 的函数形式进行延拓直到梁的右端,然后再加上 相同的反向载荷(图 14.18(b)),于是有

$$v_3(x) = v_0 Y_1(\beta x) + \frac{\theta_0}{\beta} Y_2(\beta x) - \frac{M_0}{EI\beta^2} Y_3(\beta x) - \frac{Q_0}{EI\beta^3} Y_4(\beta x) +$$

$$\frac{1}{EI\beta^3} \int_a^x q(\xi) Y_4[\beta(\xi-a)]\mathrm{d}\xi - \frac{1}{EI\beta^3} \int_b^x q(\xi) Y_4[\beta(\xi-b)]\mathrm{d}\xi \tag{14.61}$$

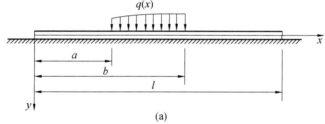

(a)

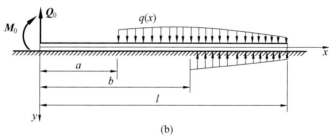

(b)

图 14.18

可将三段挠度统一表示成

$$v(x) = v_0 Y_1(\beta x) + \frac{\theta_0}{\beta} Y_2(\beta x) - \frac{M_0}{EI\beta^2} Y_3(\beta x) - \frac{Q_0}{EI\beta^3} Y_4(\beta x) +$$

$$\frac{1}{EI\beta^3} \int_a^x q(\xi) Y_4[\beta(\xi-a)]\mathrm{d}\xi\Big|_{x \geqslant a} - \frac{1}{EI\beta^3} \int_b^x q(\xi) Y_4[\beta(\xi-b)]\mathrm{d}\xi\Big|_{x \geqslant b}$$

$$\tag{14.62}$$

若 $q = q_0$ 为均布载荷,利用(14.30) 式,(14.62) 式可写为

$$v(x) = v_0 Y_1(\beta x) + \frac{\theta_0}{\beta} Y_2(\beta x) - \frac{M_0}{EI\beta^2} Y_3(\beta x) - \frac{Q_0}{EI\beta^3} Y_4(\beta x) +$$

$$\frac{q}{k}\{1-Y_1[\beta(x-a)]\}\Big|_{x\geqslant a}-\frac{k}{q}\{1-Y_1[\beta(x-b)]\}\Big|_{x\geqslant b} \qquad (14.63)$$

一般地，如果梁上有以上三种载荷联合作用（图 14.19），那么结合(14.57)(14.60)(14.62)三式可得到图示梁的挠度表达式

$$v(x)=v_0 Y_1(\beta x)+\frac{\theta_0}{\beta}Y_2(\beta x)-\frac{M_0}{EI\beta^2}Y_3(\beta x)-\frac{Q_0}{EI\beta^3}Y_4(\beta x)+$$

$$\frac{1}{EI\beta^3}\int_a^x q(\xi)Y_4[\beta(\xi-a)]\mathrm{d}\xi\Big|_{x\geqslant a}-\frac{1}{EI\beta^3}\int_b^x q(\xi)Y_4[\beta(\xi-b)]\mathrm{d}\xi\Big|_{x\geqslant b}-$$

$$\frac{M_c}{EI\beta^2}Y_3[\beta(x-c)]\Big|_{x\geqslant c}+\frac{P}{EI\beta^3}Y_4[\beta(x-d)]\Big|_{x\geqslant d} \qquad (14.64)$$

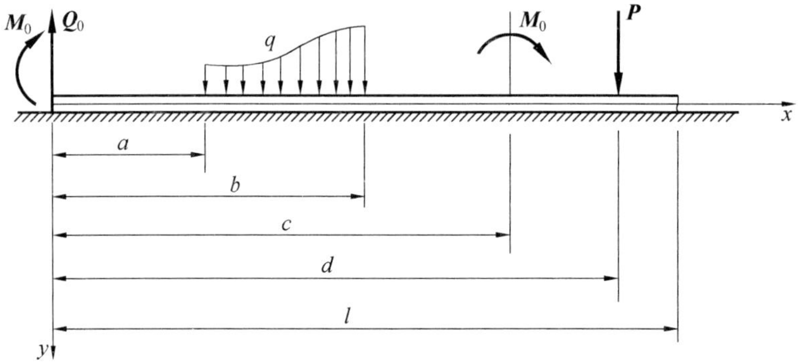

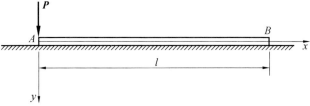

图 14.19

利用(14.64)式还可以进一步得到梁的转角、弯矩和剪力表达式，读者可作为练习自行推导。

例 14.8　弹性基础上的有限长梁左端受集中力作用，试求梁的弯矩方程和剪力方程。

解　选取坐标系如图 14.20，四个初参数中 $M_0=0,Q_0=-P$，利用(14.53)式得到梁的挠度表达式为

$$v(x)=v_0 Y_1(\beta x)+\frac{\theta_0}{\beta}Y_2(\beta x)+\frac{P}{EI\beta^3}Y_4(\beta x)$$

图 14.20

对上式的 $v(x)$ 求导可得梁的弯矩和剪力的表达式分别为

$$M(x) = \frac{kv_0}{\beta^2}Y_3(\beta x) + \frac{k\theta_0}{\beta^3}Y_4(\beta x) - \frac{P}{\beta}Y_2(\beta x)$$

$$Q(x) = \frac{kv_0}{\beta}Y_2(\beta x) + \frac{k\theta_0}{\beta^3}Y_3(\beta x) - PY_1(\beta x)$$

(14.65)

将上式代入梁右端的边界条件 $M(l) = Q(l) = 0$ 中,由此解出另外两个初参数为

$$v_0 = \frac{Y_2(\beta l)Y_3(\beta l) - Y_1(\beta l)Y_4(\beta l)}{Y_3{}^2(\beta l) - Y_2(\beta l)Y_4(\beta l)} \cdot \frac{\beta}{k}P$$

$$\theta_0 = \frac{Y_1(\beta l)Y_3(\beta l) - Y_2{}^2(\beta l)Y_4(\beta l)}{Y_3{}^2(\beta l) - Y_2(\beta l)Y_4(\beta l)} \cdot \frac{\beta^2}{k}P$$

(14.66)

将(14.66)式代回(14.65)式即得梁的弯矩方程和剪力方程。

例 14.9　在例 14.8 中,设梁长 $l = 2$ m,抗弯刚度 $EI = 2 \times 10^6$ N/m^2,弹性地基系数 $k = 8$ MN/m^2, $P = 30$ N。试求梁的剪力和弯矩。

解　由已知数据求出

$$\beta = \sqrt[4]{\frac{k}{4EI}} = \sqrt[4]{\frac{8 \times 10^6}{4 \times 2 \times 10^6}} = 1.0 \text{ m}^{-1}$$

由克雷洛夫函数求得

βl	$Y_1(\beta l)$	$Y_2(\beta l)$	$Y_3(\beta l)$	$Y_4(\beta l)$
2.0	$-1.565\ 6$	$0.955\ 8$	$1.649\ 0$	$1.232\ 5$

于是可根据(14.66)式求得

$$\frac{v_0}{\beta}k = \frac{0.955\ 8 \times 1.649\ 0 + 1.565\ 6 \times 1.232\ 5}{(1.649\ 0)^2 - 0.955\ 8 \times 1.232\ 5}P = 2.274\ 7P$$

$$\frac{v_0}{\beta}k = \frac{1.565\ 6 \times 1.649\ 0 + (0.955\ 8)^2}{0.955\ 8 \times 1.232\ 5 - (1.649\ 0)^2}P = -2.2679\ P$$

代入(14.65)式可求得

$$Q(x) = [2.274\ 7Y_2(\beta x) - 2.267\ 9Y_3(\beta x) - Y_4(\beta x)] \cdot P$$

$$M(x) = [2.274\ 7Y_3(\beta x) - 2.267\ 9Y_4(\beta x) - Y_2(\beta x)] \cdot P$$

(14.67)

利用(14.67)式及克雷洛夫函数,可算出沿梁长各点的剪力和弯矩的数值,进而画出内力图,如图 14.21 所示。

最后通过一个例题来简单说明一下弹性基础梁的划分。

例 14.10　弹性基础上的有限长梁的中点有一集中力作用(图 14.22),试求梁的中点与端点的挠度。

解　建立图示坐标系。由对称性知,初参数中

$$\theta_0 = 0, Q_0 = -\frac{P}{2}$$

于是按(14.36)式

$$v(x) = v_0 Y_1(\beta x) - \frac{M_0}{EI\beta^2}Y_3(\beta x) - \frac{M_0}{EI\beta^3}Y_4(\beta x)$$

(14.68)

B 端的剪力和弯矩为零的边界条件可表示为

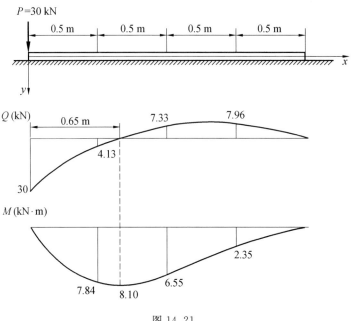

图 14.21

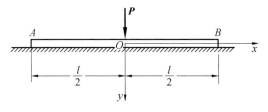

图 14.22

$$当\ x=\frac{l}{2},\ \frac{\mathrm{d}^2v}{\mathrm{d}x^2}=0,\ \frac{\mathrm{d}^3v}{\mathrm{d}x^3}=0$$

将(14.68)式代入上式求得

$$v_0=\frac{4Y_2\!\left(\frac{\beta l}{2}\right)Y_4\!\left(\frac{\beta l}{2}\right)+Y_1^2\!\left(\frac{\beta l}{2}\right)}{4Y_3\!\left(\frac{\beta l}{2}\right)Y_4\!\left(\frac{\beta l}{2}\right)+Y_1\!\left(\frac{\beta l}{2}\right)Y_2\!\left(\frac{\beta l}{2}\right)}\cdot\frac{P\beta}{k}$$

$$M_0=\frac{Y_2^2\!\left(\frac{\beta l}{2}\right)Y_4\!\left(\frac{\beta l}{2}\right)-Y_1\!\left(\frac{\beta l}{2}\right)Y_3\!\left(\frac{\beta l}{2}\right)}{4Y_3\!\left(\frac{\beta l}{2}\right)Y_4\!\left(\frac{\beta l}{2}\right)+Y_1\!\left(\frac{\beta l}{2}\right)Y_2\!\left(\frac{\beta l}{2}\right)}\cdot\frac{P}{2\beta}$$

利用克雷洛夫函数的定义,v_0,M_0 还可简化为

$$v_0=\frac{ch\beta l+\cos\beta l+2}{sh\beta l+\sin\beta l}\cdot\frac{P\beta}{2k}=v_{\max}$$

$$M_0=\frac{ch\beta l-\cos\beta l}{sh\beta l+\sin\beta l}\cdot\frac{P}{4\beta}=M_{\max}$$

(14.69)

将上式代回(14.68)式中可由此求出梁的两端点挠度

$$v_A = v_B = v \mid_{x=\frac{l}{2}} = \frac{ch\dfrac{\beta l}{2}\cos\dfrac{\beta l}{2}}{sh\,\beta l + \sin\beta l} \cdot \frac{2P\beta}{k} \qquad (14.70)$$

由(14.69)式第一式与(14.70)式得到梁的端点挠度与中点挠度之比为

$$\frac{v_A}{v_0} = \frac{4\cos\dfrac{\beta l}{2}ch\dfrac{\beta l}{2}}{ch\,\beta l + \cos\beta l + 2} \qquad (14.71)$$

从(14.71)式可以看出，$\dfrac{v_A}{v_0}$ 与 βl 的值有关。现考虑以下两种情况：

(1) 当 $\beta l \to 0$ 时，$\dfrac{v_A}{v_0} \to 1$；当 $\beta l = 0.6$ 时，$\dfrac{v_A}{v_0} = 99.6\%$，这说明当梁的抗弯刚度 EI 很大或梁很短因而 βl 很小时，梁好像刚体一样，各点几乎均匀沉陷，沉陷量为 $\dfrac{P}{lk}$，相当于集度为 $\dfrac{P}{l}$ 的均布载荷作用于整个梁上产生的基础沉陷。这类梁称为短梁。

(2) 当 $\beta l = 5$ 时，由(14.69)式求得

$$v_{\max} = v_0 = 1.044\frac{P\beta}{2k}, \quad M_{\max} = M_0 = 1.009\frac{P}{4\beta}$$

对比受集中力作用的无限长梁相应的解 14.2 节中(14.35)式

$$v_{\max} = \frac{P\beta}{2k}, \quad M_{\max} = \frac{P}{4\beta}$$

不难看出，按有限长梁与无限长梁计算的最大挠度和最大弯矩分别仅相差 4.4% 和 0.9%。在这种情况下，按无限长梁计算的结果是可以满足工程要求的(误差 < 5%)。

根据以上讨论的结果，按照 βl 的值，对弹性基础梁可以这样划分：

短梁：$\beta l < 0.6$；有限长梁：$0.6 < \beta l < 5$；无限长梁：$\beta l > 5$。

习　　题

14—1　求图示简支梁中点的挠度与左端的转角。

答案：$v = \dfrac{q_0}{2k^2 P}\left(\dfrac{1}{\cos\dfrac{kl}{2}} - 1\right) - \dfrac{q_0 l^2}{16P}$

题 14—1 图

14—2　两端简支的杆件受到偏心距为 e 的纵向压力 P 作用，试求最大挠度。

答案：$v_{\max} = e\left(\dfrac{1}{\cos\dfrac{kl}{2}} - 1\right)$

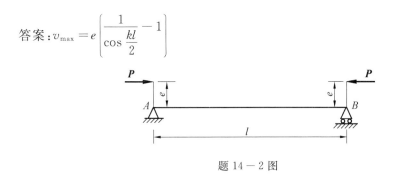

题 14 － 2 图

14 － 3　试求图示静不定系杆的固定端弯矩和铰支端转角。

答案：$M_A = -\dfrac{Q}{2}\left(\dfrac{\dfrac{c}{l} - \dfrac{shkc}{shkl}}{\dfrac{1}{l} - \dfrac{k}{shkl}}\right)$

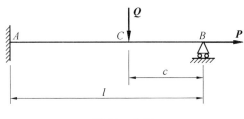

题 14 － 3 图

14 － 4　弹性基础上的无限长梁受到一段按线性规律分布的载荷作用，试求分布载荷作用长度内的任意一点 A 的挠度。

答案：略

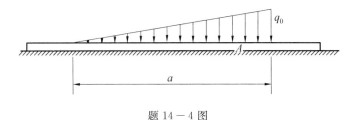

题 14 － 4 图

14 － 5　如图，一纵梁 AB 置于长度为 $16c$、间距为 c、两端铰支的一排横梁中点上，纵梁上受一集中力 P 作用。若横梁与支架的抗弯刚度都是 EI，试按无限长梁求纵梁的最大挠度，最大弯矩以及纵梁与横梁间的最大压力。

提示：一排横梁可看成弹性基础，并可认为每一横梁提供的反力平均分布在间距 c 内。

答案：$v_{\max} = \dfrac{P\beta}{2k} = \dfrac{Pca^2}{25.79EI}$，$M_{\max} = \dfrac{P}{4\beta} = \dfrac{Pa}{14.89}$，$R = kv_{\max}c = 0.116P$

14 － 6　弹性基础上的半无限长梁的左端安装于刚性铰支座上，且有一力偶矩 M_0 作用。试求梁的挠度 v、弯矩 M 和剪力 Q。

答案：略

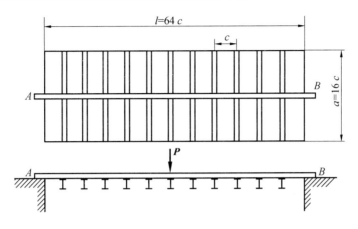

题 14 - 5 图

题 14 - 6 图

14－7　上题中,若以整个半无限长梁上集度为 q 的均布载荷代替力偶矩 M_0 作用,求梁挠度的表达式及左端支座反力。

答案:$v = \dfrac{q}{k}(1 - \eta_4)$, $R = \dfrac{q}{2\beta}$

14－8　半无限长梁的材料为 15 号工字钢,$E = 200\ \text{GN/m}^2$,$W = 185\ \text{cm}^3$,$I = 1\ 660\ \text{cm}^4$,钢轨安置在 $k = 13\ \text{MN/m}^2$ 的弹性地基上,钢轨的端点及距端点为 2 m 处,各作用有 60 kN 的向下的集中力。求钢轨的最大挠度及最大弯曲正应力。

答案:略

14－9　弹性基础上的有限长梁,长度为 l,两端铰支,跨度中点有集中力 P 作用,若基础系数 k 和梁的刚度 EI 已知,试求梁中点的挠度和弯矩。

答案:略

14－10　上题中,若梁的两端固定,以集度为 q、均布整个梁长的载荷代替 P,试求固定端弯矩。

答案:略

附录 型钢表

表1 热轧等边角钢（GB 700—79）

符号意义:
b——边宽;
d——边厚;
r——内圆弧半径;
r_1——边端内弧半径;
r_2——边端外弧半径;
r_0——顶端圆弧半径;
I——惯性矩;
i——惯性半径;
w——截面系数;
z_0——重心距离。

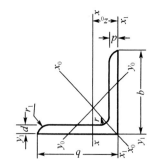

角钢号数	尺寸/mm			截面面积 /cm²	理论重量 /(kg·m⁻¹)	外表面积 /(m²·m⁻¹)	参 考 数 值											
	b	d	r				$x-x$			x_0-x_0			y_0-y_0			x_1-x_1	z_0/cm
							I_x /cm⁴	i_x /cm	W_x /cm³	I_{x_0} /cm⁴	i_{x_0} /cm	W_{x_0} /cm³	I_{y_0} /cm⁴	i_{y_0} /cm	W_{y_0} /cm³	I_{x_1} /cm⁴	
2	20	3	3.5	1.132	0.889	0.078	0.40	0.59	0.29	0.63	0.75	0.45	0.17	0.39	0.20	0.81	0.60
		4		1.459	1.145	0.077	0.50	0.58	0.36	0.78	0.73	0.55	0.22	0.38	0.24	1.09	0.64
2.5	25	3		1.432	1.124	0.098	0.82	0.76	0.46	1.29	0.95	0.73	0.34	0.49	0.33	1.57	0.73
		4		1.859	1.459	0.097	1.03	0.74	0.59	1.62	0.93	0.92	0.43	0.48	0.40	2.11	0.76
3.0	30	3	4.5	1.749	1.373	0.117	1.46	0.91	0.68	2.31	1.15	1.09	0.61	0.59	0.51	2.71	0.85
		4		2.276	1.786	0.117	1.84	0.90	0.87	2.92	1.13	1.37	0.77	0.58	0.62	3.63	0.89
3.6	36	3		2.109	1.656	0.141	2.58	1.11	0.99	4.09	1.39	1.61	1.07	0.71	0.76	4.68	1.00
		4		2.756	2.163	0.141	3.29	1.09	1.28	5.22	1.38	2.05	1.37	0.70	0.93	6.25	1.04
		5		3.382	2.654	0.141	3.95	1.08	1.56	6.24	1.36	2.45	1.65	0.70	1.09	7.84	1.07
4.0	40	3	5	2.359	1.852	0.157	3.59	1.23	1.23	5.69	1.55	2.01	1.49	0.79	0.96	6.41	1.09
		4		3.086	2.422	0.157	4.60	1.22	1.60	7.29	1.54	2.58	1.91	0.79	1.19	8.56	1.13
		5		3.791	2.976	0.156	5.53	1.21	1.96	8.76	1.52	3.01	2.30	0.78	1.39	10.74	1.17

表1（续）

角钢号数	b	d	r	截面面积 /cm²	理论重量 /(kg·m⁻¹)	外表面积 /(m²·m⁻¹)	I_x /cm⁴	i_x /cm	W_x /cm³	I_{x0} /cm⁴	i_{x0} /cm	W_{x0} /cm³	I_{y0} /cm⁴	i_{y0} /cm	W_{y0} /cm³	I_{x1} /cm⁴	z_0 /cm
							x—x			**x0—x0**			**y0—y0**			**x1—x1**	
4.5	45	3	5	2.659	2.088	0.177	5.17	1.40	1.58	8.20	1.76	2.58	2.14	0.90	1.24	9.12	1.22
		4		3.486	2.736	0.177	6.65	1.38	2.05	10.56	1.74	3.32	2.75	0.89	1.54	12.18	1.26
		5		4.292	3.369	0.176	8.04	1.37	2.51	12.74	1.72	4.00	3.33	0.88	1.81	15.25	1.30
		6		5.076	3.985	0.176	9.33	1.36	2.95	14.76	1.70	4.64	3.89	0.88	2.06	18.36	1.33
5	50	3	5.5	2.971	2.332	0.197	7.18	1.55	1.96	11.37	1.96	3.22	2.98	1.00	1.57	12.50	1.34
		4		3.897	3.059	0.197	9.26	1.54	2.56	14.70	1.94	4.16	3.85	0.99	1.96	16.69	1.38
		5		4.803	3.770	0.196	11.21	1.53	3.13	17.79	1.92	5.03	4.64	0.98	2.31	20.90	1.42
		6		5.688	4.465	0.196	13.05	1.52	3.68	20.68	1.91	5.85	5.42	0.98	2.63	25.14	1.46
5.6	56	3	6	3.343	2.624	0.221	10.19	1.75	2.48	16.14	2.20	4.08	4.24	1.13	2.02	17.56	1.48
		4		4.390	3.446	0.220	13.18	1.73	3.24	20.92	2.18	5.28	5.46	1.11	2.52	23.43	1.53
		5		5.415	4.251	0.220	16.02	1.72	3.97	25.42	2.17	6.42	6.61	1.10	2.98	29.33	1.57
		8		8.367	6.568	0.219	23.63	1.68	6.03	37.37	2.11	9.44	9.89	1.09	4.16	47.24	1.68
6.3	63	4	7	4.978	3.907	0.248	19.03	1.96	4.13	30.17	2.46	6.78	7.89	1.26	3.29	33.35	1.70
		5		6.143	4.822	0.248	23.17	1.94	5.08	36.77	2.45	8.25	9.57	1.25	3.90	41.73	1.74
		6		7.288	5.721	0.247	27.12	1.93	6.00	43.03	2.43	9.66	11.20	1.24	4.46	50.14	1.78
		8		9.515	7.469	0.247	34.46	1.90	7.75	54.56	2.40	12.25	14.34	1.23	5.47	67.11	1.85
		10		11.657	9.151	0.246	41.09	1.88	9.39	64.85	2.36	14.56	17.33	1.22	6.36	84.31	1.93

表1（续）

角钢号数	尺寸/mm b	尺寸/mm d	尺寸/mm r	截面面积 /cm²	理论重量 /(kg·m⁻¹)	外表面积 /(m²·m⁻¹)	参考数值 $x-x$ I_x/cm⁴	$x-x$ i_x/cm	$x-x$ W_x/cm³	x_0-x_0 I_{x_0}/cm⁴	x_0-x_0 i_{x_0}/cm	x_0-x_0 W_{x_0}/cm³	y_0-y_0 I_{y_0}/cm⁴	y_0-y_0 i_{y_0}/cm	y_0-y_0 W_{y_0}/cm³	x_1-x_1 I_{x_1}/cm⁴	z_0/cm
7	70	4	8	5.570	4.372	0.275	26.39	2.18	5.14	41.80	2.74	8.44	10.99	1.40	4.17	45.74	1.86
		5		6.875	5.397	0.275	32.21	2.16	6.32	51.08	2.73	10.32	13.34	1.39	4.95	57.21	1.91
		6		8.460	6.406	0.275	37.77	2.15	7.48	59.93	2.71	12.11	15.61	1.38	5.67	68.73	1.95
		7		9.424	7.398	0.275	43.09	2.14	8.59	68.35	2.69	13.81	17.82	1.38	6.34	80.29	1.99
		8		10.667	8.373	0.274	48.17	2.12	9.68	76.37	2.68	15.43	19.98	1.37	6.98	91.92	2.03
(7.5)	75	5	9	7.367	5.818	0.295	39.97	2.33	7.32	63.30	2.92	11.94	16.63	1.50	5.77	70.56	2.04
		6		8.797	6.905	0.294	46.95	2.31	9.64	74.38	2.90	14.02	19.51	1.49	6.67	84.55	2.07
		7		10.160	7.976	0.294	53.57	2.30	9.93	84.96	2.89	16.02	22.18	1.48	7.44	98.71	2.11
		8		11.503	9.030	0.294	59.99	2.28	11.20	95.07	2.88	17.93	24.86	1.47	8.19	112.97	2.15
		10		14.126	11.089	0.294	71.98	2.26	13.64	113.92	2.84	21.48	30.05	1.46	9.56	141.71	2.22
8	80	5	9	7.912	6.211	0.315	48.79	2.48	8.34	77.33	3.13	13.67	20.25	1.60	6.65	85.36	2.15
		6		9.397	7.376	0.314	57.35	2.47	9.87	90.98	3.11	16.08	23.72	1.59	7.65	102.50	2.19
		7		10.860	8.525	0.314	65.58	2.46	11.37	104.07	3.10	18.40	27.09	1.58	8.58	119.70	2.23
		8		12.303	9.658	0.314	73.49	2.44	12.83	116.60	3.08	20.61	30.39	1.57	9.46	136.97	2.27
		10		15.126	11.874	0.313	88.43	2.42	15.64	140.09	3.04	24.76	36.77	1.56	11.08	171.74	2.35
9	90	6	10	10.637	8.350	0.354	82.77	2.79	12.61	131.26	3.51	20.63	34.28	1.80	9.95	145.87	2.44
		7		12.301	9.656	0.354	94.83	2.78	14.54	150.47	3.50	23.64	39.18	1.78	11.19	170.30	2.48
		8		13.994	10.946	0.353	106.47	2.76	16.42	168.97	3.48	26.55	43.97	1.78	12.35	194.80	2.52
		10		17.167	13.476	0.353	128.58	2.74	20.07	203.90	3.45	32.04	53.26	1.76	14.52	244.07	2.59
		12		20.306	15.940	0.352	149.22	2.71	23.57	236.21	3.41	37.12	62.22	1.75	16.49	293.76	2.67

表1(续)

角钢号数	尺寸/mm b	尺寸/mm d	尺寸/mm r	截面面积/cm²	理论重量/(kg·m⁻¹)	外表面积/(m²·m⁻¹)	I_x/cm⁴	i_x/cm	W_x/cm³	I_{x0}/cm⁴	i_{x0}/cm	W_{x0}/cm³	I_{y0}/cm⁴	i_{y0}/cm	W_{y0}/cm³	I_{x1}/cm⁴	z_0/cm
							$x-x$			x_0-x_0			y_0-y_0			x_1-x_1	
10	100	6	12	11.932	9.366	0.393	114.95	3.01	15.68	181.98	3.90	25.74	47.92	2.00	12.69	200.07	2.67
		7		13.796	10.830	0.393	131.86	3.09	18.10	208.97	3.89	29.55	54.74	1.99	14.26	233.54	2.71
		8		15.638	12.276	0.393	148.24	6.08	20.47	235.07	3.88	33.24	61.41	1.98	15.75	267.09	2.76
		10		19.261	15.120	0.392	179.51	3.05	25.06	284.68	3.84	40.26	74.35	1.96	18.54	334.48	2.84
		12		22.800	17.898	0.391	208.90	3.03	29.48	330.95	3.81	46.80	86.84	1.95	21.08	402.34	2.91
		14		26.256	20.611	0.391	236.53	3.00	33.73	374.06	3.77	52.90	99.00	1.94	23.44	470.75	2.99
		16		29.627	23.257	0.390	262.53	2.98	37.82	414.16	3.74	58.57	110.89	1.94	25.63	539.8	3.06
11	110	7	12	15.196	11.928	0.433	177.16	3.41	22.05	280.94	4.30	36.12	73.38	2.20	17.51	310.64	2.96
		8		17.238	13.532	0.433	199.46	3.40	24.95	316.49	4.28	40.69	82.42	2.19	19.39	355.20	3.01
		10		21.261	16.690	0.432	242.19	3.38	30.60	384.39	4.25	49.42	99.98	2.17	22.91	444.65	3.09
		12		25.200	19.782	0.431	282.55	3.35	36.05	448.17	4.22	57.62	116.93	2.15	26.15	534.60	3.16
		14		29.056	22.809	0.431	320.71	3.32	41.31	508.01	4.18	65.31	133.40	2.14	29.14	625.16	3.24
12.5	125	8	14	19.750	15.504	0.492	297.03	3.88	32.52	470.89	4.88	53.28	123.16	2.50	25.86	521.01	3.37
		10		24.373	19.133	0.491	361.67	3.85	39.97	573.89	4.85	64.93	149.46	2.48	30.62	651.93	3.45
		12		28.912	22.696	0.491	423.16	3.83	41.17	671.44	7.82	75.96	174.88	2.46	35.03	783.42	3.53
		14		33.367	26.193	0.490	481.65	3.80	54.16	763.73	4.78	86.41	199.57	2.45	39.13	915.61	3.61
14	140	10	14	27.373	21.488	0.551	514.65	4.34	50.58	817.27	5.46	82.56	212.04	2.78	39.20	915.11	3.82
		12		32.215	25.222	0.551	603.68	4.31	59.80	958.79	5.43	96.85	248.57	2.76	45.02	1 099.28	3.90
		14		37.567	29.490	0.550	688.81	4.28	68.75	1 093.56	5.40	110.47	284.06	2.75	50.45	1 284.22	3.98
		16		42.539	33.393	0.549	770.24	4.26	77.46	1 221.81	5.36	123.42	318.67	2.74	55.55	1 470.07	4.06

表 1（续）

角钢号数	尺寸/mm b	d	r	截面面积 /cm²	理论重量 /(kg·m⁻¹)	外表面积 /(m²·m⁻¹)	$x-x$ I_x/cm⁴	i_x/cm	W_x/cm³	x_0-x_0 I_{x_0}/cm⁴	i_{x_0}/cm	W_{x_0}/cm³	y_0-y_0 I_{y_0}/cm⁴	i_{y_0}/cm	W_{y_0}/cm³	x_1-x_1 I_{x_1}/cm⁴	z_0/cm
16	160	10	16	31.502	24.729	0.630	779.53	4.98	66.70	1 237.30	6.27	109.36	321.76	3.20	52.76	1 365.33	4.31
		12		37.441	29.391	0.630	916.58	4.95	78.98	1 455.68	6.24	128.67	377.49	3.18	60.74	1 639.57	4.39
		14		43.296	33.987	0.629	1 048.36	4.92	90.95	1 655.02	6.20	147.17	431.70	3.16	68.24	1 914.68	4.47
		16		49.067	38.518	0.629	1 175.08	4.89	102.63	1 865.57	6.17	164.89	484.59	3.14	75.31	2 190.82	4.55
18	180	12	16	42.241	33.159	0.710	1 321.35	5.59	100.82	2 100.10	7.05	165.00	3.58	78.41	2 332.80	4.89	
		14		48.896	38.388	0.709	1 514.48	5.56	116.25	2 407.42	7.02	165.00	625.53	3.56	88.38	2 723.48	4.97
		16		55.467	43.542	0.709	1 700.99	5.54	131.13	2 703.37	6.98	189.14	698.60	3.55	97.83	3 115.29	5.05
		18		61.955	48.634	0.708	1 875.12	5.50	145.64	2 988.24	6.94	212.40	762.01	3.51	105.14	3 502.43	5.13
20	200	14	18	54.642	42.894	0.788	2 103.55	6.20	144.70	3 343.26	7.82	236.40	863.83	3.98	111.82	3 734.10	5.46
		16		62.013	48.680	0.788 8	2 366.15	6.18	163.65	3 760.89	7.79	265.93	971.41	3.96	123.96	4 270.39	5.54
		18		69.301	54.401	0.787	2 620.64	6.15	182.22	4 164.54	7.75	294.48	1 076.74	3.94	135.52	4 808.13	5.62
		20		76.505	60.056	0.787	2 867.30	6.12	200.42	4 554.55	7.72	322.06	1 180.04	3.93	146.55	5 347.51	5.69
		24		90.661	71.168	0.785	2 338.25	6.07	236.17	5 294.97	7.64	374.41	1 381.53	3.90	166.55	6 457.16	5.87

注：1. $r_1 = \frac{1}{3}d$，$r_2 = 0$。

2. 角钢长度：

钢号	2~4号	4.5~8号	9~14号	16~20号
长度	3~9 m	4~12 m	4~19 m	6~19 m

3. 一般采用材料：A2，A3，A5，A3F。

表2　热轧不等边角钢(GB 701—79)

符号意义：B——长边宽度；　　b——短边宽度；
　　　　　d——边厚；　　　　r——内圆弧半径；
　　　　　r₁——边端内弧半径；　r₂——边端外弧半径；
　　　　　r₀——顶端圆弧半径；　I——惯性矩；
　　　　　i——惯性半径；　　　W——截面系数；
　　　　　x₀——重心距离；　　　y₀——重心距离。

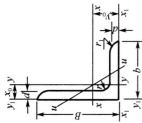

角钢号数	尺寸/mm				截面面积/cm²	理论重量/(kg·m⁻¹)	外表面积/(m²·m⁻¹)	参　考　数　值													
								$x-x$			$y-y$			x_1-x_1		y_1-y_1		$u-u$			
	B	b	d	r				I_x /cm⁴	i_x /cm	W_x /cm³	I_y /cm⁴	i_y /cm	W_y /cm³	I_{x_1} /cm⁴	y_0 /cm	I_{y_1} /cm⁴	x_0 /cm	I_u /cm⁴	i_u /cm	W_u /cm³	$\tan\alpha$
2.5/1.6	25	16	3	3.5	1.162	0.912	0.080	0.70	0.78	0.43	0.22	0.44	0.19	1.56	0.86	0.43	0.42	0.14	0.34	0.16	0.392
			4		1.499	1.176	0.079	0.88	0.77	0.55	0.27	0.43	0.24	2.09	0.90	0.59	0.46	0.17	0.34	0.20	0.381
3.2/2	32	20	3	3.5	1.492	1.171	0.102	1.53	1.01	0.72	0.46	0.55	0.30	3.27	1.08	0.82	0.49	0.28	0.43	0.25	0.382
			4		1.939	1.522	0.101	1.93	1.00	0.93	0.57	0.54	0.39	4.37	1.12	1.12	0.53	0.35	0.42	0.32	0.374
4/2.5	40	25	3	4	1.890	1.484	0.127	3.08	1.28	1.15	0.93	0.70	0.49	6.39	1.32	1.59	0.59	0.56	0.54	0.40	0.386
			4		2.467	1.936	0.127	3.93	1.26	1.49	1.18	0.69	0.63	8.53	1.37	2.14	0.63	0.71	0.54	0.52	0.383
4.5/2.8	45	28	3	5	2.149	1.687	0.143	4.45	1.44	1.47	1.34	0.79	0.62	9.10	1.47	2.23	0.64	0.80	0.61	0.51	0.383
			4		2.806	2.203	0.143	5.69	1.42	1.91	1.70	0.78	0.80	12.13	1.51	3.00	0.68	1.02	0.60	0.66	0.380
5/3.2	50	32	3	5.5	2.431	1.908	0.161	6.24	1.60	1.84	2.02	0.91	0.82	12.49	1.60	3.31	0.73	1.20	0.70	0.68	0.404
			4		3.177	2.494	0.160	8.02	1.59	2.39	2.58	0.90	1.06	16.65	1.65	4.45	0.77	1.53	0.69	0.87	0.402
5.6/3.6	56	36	3	6	2.743	2.153	0.181	8.88	1.80	2.32	2.92	1.03	1.05	17.54	1.78	4.70	0.80	1.73	0.79	0.87	0.408
			4		3.590	2.818	0.180	11.45	1.79	3.03	3.76	1.02	1.37	23.39	1.82	6.33	0.85	2.23	0.79	1.13	0.408
			5		4.415	3.466	0.180	13.45	1.77	3.71	4.49	1.01	1.65	29.25	1.87	7.94	0.88	2.67	0.78	1.36	0.404

表 2（续）

角钢号数	尺寸/mm				截面面积/cm²	理论重量/(kg·m⁻¹)	外表面积/(m²·m⁻¹)	参考数值															
								$x-x$			$y-y$			x_1-x_1		y_1-y_1		$u-u$			
	B	b	d	r				I_x/cm⁴	i_x/cm	W_x/cm³	I_y/cm⁴	i_y/cm	W_y/cm³	I_{x_1}/cm⁴	y_0/cm	I_{y_1}/cm⁴	x_0/cm	I_u/cm⁴	i_u/cm	W_u/cm³	$\tan\alpha$
6.3/4	63	40	4	7	4.058	3.185	0.202	16.49	2.02	3.87	5.23	1.14	1.70	33.30	2.04	8.63	0.92	3.12	0.88	1.40	0.398
			5		4.993	3.920	0.202	20.02	2.00	4.74	6.31	1.12	2.71	41.63	2.08	10.86	0.95	3.76	0.87	1.71	0.396
			6		5.908	4.638	0.201	23.36	1.96	5.59	7.29	1.11	2.43	49.98	2.12	13.12	0.99	4.34	0.86	1.99	0.393
			7		6.802	5.339	0.201	26.53	1.98	6.40	8.24	1.10	2.89	58.07	2.15	15.47	1.03	4.97	0.86	2.29	0.389
7/4.5	70	45	4	7.5	4.547	3.570	0.226	23.17	2.26	4.86	7.55	1.29	2.17	45.92	2.24	12.36	1.02	4.40	0.98	1.77	0.410
			5		5.609	4.403	0.225	27.95	2.23	5.92	9.13	1.28	2.65	57.10	2.28	15.39	1.06	5.40	0.98	2.19	0.407
			6		6.647	5.218	0.225	32.53	2.21	6.95	10.62	1.26	3.12	68.35	2.32	18.58	1.09	6.35	0.98	2.59	0.404
			7		7.657	6.011	0.225	37.22	2.20	8.03	12.01	1.25	3.57	79.99	2.39	21.84	1.13	7.16	0.97	2.94	0.402
7.5/5	75	50	5	8	6.125	4.808	0.245	34.86	2.39	6.83	12.61	1.44	3.30	70.00	2.40	21.04	1.17	7.41	1.10	2.74	0.435
			6		7.260	5.699	0.245	41.12	2.38	8.12	14.70	1.42	3.88	84.30	2.44	25.37	1.21	8.54	1.08	3.19	0.435
			8		9.467	7.431	0.244	52.39	2.35	10.52	18.53	1.40	4.99	112.50	2.52	35.23	1.29	10.87	1.07	4.10	0.429
			10		11.590	9.098	0.244	62.71	2.33	12.79	21.96	1.38	6.04	140.80	2.60	43.43	1.36	13.10	1.06	4.99	0.423
8/5	80	50	5	8	6.375	5.005	0.255	41.96	2.56	7.78	12.82	1.42	3.32	85.21	2.60	21.06	1.14	7.66	1.10	2.74	0.388
			6		7.560	5.935	0.255	49.49	2.56	9.25	14.95	1.41	3.91	102.53	2.65	25.41	1.18	8.85	1.08	3.20	0.387
			7		8.724	6.848	0.255	56.16	2.54	10.58	16.96	1.39	4.48	119.33	2.69	29.82	1.21	10.18	1.08	3.70	0.384
			8		9.867	7.745	0.254	62.83	2.52	11.92	18.85	1.38	5.03	136.41	2.73	34.32	1.15	11.38	1.07	4.16	0.381
9/5.6	90	56	5	9	7.212	5.661	0.287	60.45	2.90	9.92	18.32	1.59	4.21	121.32	2.91	29.53	1.25	10.98	1.23	3.49	0.485
			6		8.557	6.717	0.286	71.03	2.88	11.74	21.42	1.58	4.96	145.59	2.95	35.58	1.29	12.90	1.23	4.18	0.384
			7		9.880	7.756	0.286	81.01	2.86	13.49	24.36	1.57	5.70	169.66	3.00	41.71	1.33	14.67	1.22	4.72	0.382
			8		11.183	8.779	0.286	91.03	2.85	15.27	27.15	1.56	6.41	194.17	3.04	47.93	1.36	16.34	1.21	5.29	0.380

表 2（续）

角钢号数	尺寸/mm B	b	d	r	截面面积/cm²	理论重量/(kg·m⁻¹)	外表面积/(m²·m⁻¹)	I_x/cm⁴	i_x/cm	W_x/cm³	I_y/cm⁴	i_y/cm	W_y/cm³	I_{x_1}/cm⁴	y_0/cm	I_{y_1}/cm⁴	x_0/cm	I_u/cm⁴	i_u/cm	W_u/cm³	$\tan\alpha$
10/6.3	100	63	6	10	9.617	7.550	0.320	99.06	3.21	14.64	30.94	1.79	6.35	199.71	3.24	50.50	1.43	18.42	1.38	5.25	0.394
			7		11.111	8.722	0.320	113.45	3.29	16.88	35.26	1.78	7.29	233.00	3.28	59.14	1.47	21.00	1.38	6.02	0.393
			8		12.584	9.878	0.319	127.37	3.18	19.08	39.39	1.77	8.21	266.32	3.32	67.88	1.50	23.50	1.37	6.78	0.391
			10		15.467	12.142	0.319	153.81	3.15	23.32	47.12	1.74	9.98	333.06	3.40	85.73	1.58	28.33	1.35	8.24	0.387
10/8	100	80	6	10	10.637	8.350	0.354	107.04	3.17	15.19	61.24	2.40	10.16	199.83	2.95	102.68	1.97	31.65	1.72	8.37	0.627
			7		12.301	9.656	0.354	122.73	3.16	17.52	70.08	2.39	11.71	233.29	3.00	119.98	2.01	36.17	1.72	9.60	0.606
			8		13.944	10.946	0.353	137.92	3.14	19.81	78.58	2.37	13.21	266.61	3.04	137.37	2.05	40.58	1.71	10.30	0.625
			10		17.167	13.476	0.353	166.87	3.12	24.24	94.65	2.35	16.12	333.63	3.12	172.48	2.13	49.10	1.69	13.12	0.622
10/7	110	70	6	10	10.637	8.350	0.354	133.37	3.54	17.85	42.92	2.01	7.90	265.78	3.53	69.08	1.57	25.36	1.54	6.53	0.403
			7		12.301	9.656	0.354	153.00	3.53	20.60	49.01	2.00	9.09	310.07	3.57	80.82	1.61	28.95	1.53	7.05	0.402
			8		13.944	10.946	0.353	172.04	3.51	23.30	54.87	1.98	10.25	354.39	3.62	92.70	1.65	32.45	1.53	8.45	0.401
			10		17.167	13.476	0.353	208.39	3.48	28.54	64.88	1.96	12.48	443.13	3.70	116.83	1.72	39.20	1.51	10.29	0.397
12.5/8	125	80	7	11	14.096	11.066	0.403	227.98	4.02	26.86	74.42	2.30	12.01	454.99	4.01	120.32	1.80	43.81	1.76	9.92	0.408
			8		15.980	12.551	0.403	256.77	4.01	30.41	83.49	2.28	13.56	519.99	4.06	137.85	1.84	49.15	1.75	11.18	0.407
			10		19.712	15.474	0.402	312.04	3.98	37.33	100.67	2.26	16.56	650.09	4.14	173.40	1.92	59.45	1.74	13.64	0.404
			12		23.351	18.330	0.402	364.41	3.95	44.01	116.67	2.24	19.43	780.30	4.22	209.67	2.00	69.35	1.72	16.01	0.400
11/9	140	90	8	12	18.036	14.160	0.453	365.64	4.50	38.48	120.69	2.59	17.34	730.53	4.50	195.79	2.04	70.83	1.98	14.31	0.411
			10		22.261	17.475	0.452	445.50	4.47	47.31	146.03	2.56	21.22	913.20	4.58	245.92	2.12	85.82	1.96	17.48	0.409
			12		26.400	20.724	0.451	521.59	4.44	55.87	169.79	2.54	24.95	1096.09	4.66	296.89	2.19	100.21	1.95	20.54	0.406
			14		30.456	23.908	0.451	594.10	4.42	64.18	192.10	2.51	28.54	1279.26	4.74	348.82	2.27	114.13	1.94	23.52	0.403

表2（续）

角钢号数	尺寸/mm B	b	d	r	截面面积 /cm²	理论重量 /(kg·m⁻¹)	外表面积 /(m²·m⁻¹)	$x-x$ I_x/cm⁴	i_x/cm	W_x/cm³	$y-y$ I_y/cm⁴	i_y/cm	W_y/cm³	x_1-x_1 I_{x_1}/cm⁴	y_0/cm	y_1-y_1 I_{y_1}/cm⁴	x_0/cm	$u-u$ I_u/cm⁴	i_u/cm	W_u/cm³	tanα
16/10	160	100	10	13	25.315	19.875	0.512	668.69	5.14	62.13	205.03	2.85	26.56	1 362.89	5.24	336.59	2.28	121.47	2.19	21.92	0.390
			12		30.054	23.592	0.511	784.91	5.11	73.49	239.06	2.82	31.28	1 635.56	5.32	405.94	2.36	142.33	2.17	25.79	0.388
			14		34.709	27.247	0.510	896.30	5.08	84.56	271.20	2.80	35.83	1 908.50	5.40	476.42	2.43	162.23	2.16	29.56	0.385
			16		39.281	30.835	0.510	1 003.04	5.05	95.33	301.60	2.77	40.24	2 181.79	5.48	548.22	2.51	182.57	2.16	33.44	0.382
18/11	180	110	10	14	28.373	22.273	0.571	956.25	5.80	78.96	278.11	3.13	32.49	1 940.40	5.89	447.22	2.44	166.50	2.42	26.88	0.376
			12		33.712	26.464	0.571	1 124.72	5.78	93.53	325.03	3.10	38.32	2 328.38	5.98	538.94	2.52	194.87	2.40	31.66	0.374
			14		38.967	30.589	0.570	1 286.91	5.75	107.76	369.55	3.08	43.97	2 716.60	6.06	631.95	2.59	222.30	2.39	36.32	0.372
			16		44.139	34.649	0.569	1 443.06	5.72	121.64	411.85	3.06	49.44	3 105.15	6.14	726.46	2.67	248.94	2.38	40.87	0.369
20/ 12.5	200	125	12		37.912	29.761	0.641	1 570.90	6.44	116.73	483.16	3.57	49.99	3 193.85	6.54	787.74	2.83	285.79	2.74	41.23	0.392
			14		43.867	34.436	0.640	1 800.97	6.41	134.65	550.83	3.54	57.44	3 726.17	6.62	922.47	2.91	326.58	2.73	47.34	0.390
			16		49.739	39.045	0.639	2 023.35	6.38	152.18	615.44	3.52	64.69	4 258.86	6.70	1 058.86	2.99	366.21	2.71	53.32	0.388
			18		55.526	43.588	0.639	2 238.30	6.35	169.33	677.19	3.49	71.74	4 792.00	6.78	1 197.13	3.06	404.83	2.70	59.18	0.385

注：1. $r_1 = \dfrac{1}{3}d$，$r_2=0$，$r_0=0$；

2. 角钢长度：2.5/1.6～5.6/3.6号，长3～9 m；6.3/4～9/5.6号，长4～12 mm；10/6.3～14/9号，长4～19 m；16/10～20/12.5号，长6～19 m。

3. 一般采用材料为 A2,A3,A5,A3F。

表3　热轧普通槽钢(GB 707—65)

h——高度；　　　　　　　r_1——腿端圆弧半径；

b——腿宽；　　　　　　　I——惯性矩；

d——腰厚；　　　　　　　w——截面系数；

i——平均腿厚；　　　　　i——惯性半径；

r——内圆弧半径；　　　　z_0——y—y与y_0—y_0轴线间距离。

型号	尺寸/mm						截面面积/cm²	理论质量/(kg·m⁻¹)	参　考　数　值							
									x—x			y—y			y_0—y_0	z_0/cm
	h	b	d	t	r	r_1			W_x/cm³	I_x/cm⁴	i_x/cm	W_y/cm³	I_y/cm⁴	i_y/cm	I_{y0}/cm⁴	
5	50	37	4.5	7	7	3.5	6.93	5.44	10.4	26	1.94	3.55	8.3	1.1	20.9	1.35
6.3	63	40	4.8	7.5	7.5	3.75	8.444	6.63	16.123	50.786	2.453		11.872	1.185	28.38	1.36
8	80	43	5	8	8	4	10.24	8.04	25.3	101.3	3.15	5.79	16.6	1.27	37.4	1.43
10	100	48	5.3	8.5	8.5	4.25	12.74	10	39.7	198.3	3.95	7.8	25.6	1.41	54.9	1.52
12.6	126	53	5.5	9	9	4.5	15.69	12.37	62.137	391.466	4.953	10.242	37.99	1.567	77.09	1.59
14a	140	58	6	9.5	9.5	4.75	18.51	14.53	80.5	563.7	5.52	13.01	53.2	1.7	107.1	1.71
b	140	60	8	9.5	9.5	4.75	21.31	16.73	87.1	609.4	5.35	14.12	61.1	1.69	120.6	1.67
16a	160	63	6.5	10	10	5	21.95	17.23	108.3	866.2	6.28	16.3	73.3	1.83	144.1	1.8
16	160	65	8.5	10	10	5	25.15	19.74	116.8	934.5	6.1	17.55	83.4	1.82	160.8	1.75
18a	180	68	7	10.5	10.5	5.25	25.69	20.17	141.4	1 272.7	7.04	20.03	98.6	1.96	189.7	1.88
18	180	70	9	10.5	10.5	5.25	29.29	22.99	152.2	1 369.9	6.84	21.52	111	1.95	210.1	1.84
20a	200	73	7	11	11	5.5	28.83	22.63	178	1 780.4	7.86	24.2	128	2.11	244	2.01
20	200	75	9	11	11	5.5	32.83	25.77	191.4	1 913.7	7.64	25.88	143.6	2.09	268.4	1.95
22a	220	77	7	11.5	11.5	5.75	31.84	24.90	217.6	2 393.9	8.67	28.17	157.8	2.23	298.2	2.1
22	220	79	9	11.5	11.5	5.75	36.24	28.45	233.8	2 571.4	8.42	30.05	176.4	2.21	326.3	2.03
a	250	78	7	12	12	6	34.91	27.47	269.597	3 369.62	9.823	30.607	175.529	2.243	322.256	2.065
25b	250	80	9	12	12	6	39.91	31.39	282.402	3 530.04	9.405	32.657	196.421	2.218	353.187	1.982
c	250	82	11	12	12	6	44.91	35.32	295.236	3 690.45	9.065	35.926	218.415	2.206	384.133	1.921
a	280	82	7.5	12.5	12.5	6.25	40.02	31.42	340.328	4 764.59	10.91	35.718	217.989	2.333	387.566	2.097
28b	280	84	9.5	12.5	12.5	6.25	45.62	35.81	366.465	5 130.45	10.6	37.929	242.144	2.304	427.589	2.016
c	280	86	11.5	12.5	12.5	6.25	51.22	40.21	392.594	5 496.32	1 035	40.301	267.602	2.286	426.597	1.951
a	320	88	8	14	14	7	48.7	38.22	474.879	7 598.06	12.49	46.473	304.787	2.502	552.31	2.242
32b	320	90	10	14	14	7	55.1	43.25	509.012	8 144.2	12.15	49.157	336.332	2.471	592.933	2.158
c	320	92	12	14	14	7	61.5	48.28	543.145	8 690.33	11.88	52.642	374.175	2.467	643.299	2.092
a	360	96	9	16	16	8	60.89	47.8	659.7	11 874.2	13.97	63.54	455	2.73	818.4	2.44
36b	360	98	11	16	16	8	68.09	53.45	702.9	12 651.8	13.63	66.85	496.7	2.7	880.4	2.37
c	360	100	13	16	16	8	75.29	50.1	746.1	13 429.4	13.36	70.02	536.4	2.67	947.9	2.34
a	400	100	10.5	18	18	9	75.05	58.91	878.9	17 577.9	15.30	78.83	592	2.81	1 067.7	2.49
40b	400	102	12.5	18	18	9	83.05	65.19	932.2	18 644.5	14.95	82.52	640	2.78	1 135.6	2.44
c	400	104	14.5	18	18	9	91.05	71.47	985.6	19 711.2	14.71	86.19	687.8	2.75	1 220.7	2.42

注:1.槽钢长度:5~8号,长5~12 m;10~18号,长5~19 m;20~40号,长6~19 m。

　　2.一般采用材料:A2,A3,A5,A3F。

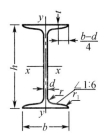

表 4 热轧普通槽钢(GB 707—65)

h——高度； r_1——腿端圆弧半径；

b——腿宽； I——惯性矩；

d——腰厚； W——截面系数；

i——平均腿厚； i——惯性半径；

r——内圆弧半径； S——半截面的静力矩。

型号	尺 寸/mm						截面面积 /cm²	理论质量 /(kg·m⁻¹)	参 考 数 值						
									$x-x$				$y-y$		
	h	b	d	t	r	r_1			I_x /cm⁴	W_x /cm³	i_x cm	I_x/S_x /cm	I_y /cm⁴	W_y /cm³	i_y /cm
10	100	68	4.5	7.6	6.5	3.3	14.3	11.2	245	49	4.14	8.59	33	9.72	1.5
12.6	126	74	5	8.4	7	3.5	18.1	14.2	488.43	77.529	5.195	10.85	46.906	12.677	1.6
14	140	80	5.5	9.1	7.5	3.8	21.5	16.9	712	102	5.76	12	64.4	16.1	1.73
16	160	88	6	9.9	8	4	26.1	20.5	1 130	141	6.58	13.8	93.1	21.2	1.89
18	180	94	6.5	10.7	8.5	4.3	30.6	24.1	1 660	185	7.36	15.4	122	26	2
20a	200	100	7	11.4	9	4.5	35.5	27.9	2 370	237	8.51	17.2	158	31.5	2.12
20b	200	102	9	11.4	9	4.5	39.5	31.1	2 500	250	7.96	16.9	169	33.1	2.06
22a	220	110	7.5	12.3	7.5	4.8	42	33	3 400	309	8.99	18.9	225	40.9	2.31
22b	220	112	9.5	12.3	9.5	4.8	46.4	36.4	3 570	325	8.79	18.7	239	42.7	2.27
25a	250	116	8	13	10	5	48.5	38.1	5 023.54	401.88	10.18	21.58	280.046	48.283	2.403
25b	250	118	10	13	10	5	53.5	42	5 283.96	422.72	9.938	21.27	309.297	52.423	2.404
28a	280	122	8.5	13.7	10.5	5.3	55.45	43.4	7 114.14	508.15	11.32	24.62	345.051	56.565	2.495
28b	280	124	10.5	13.7	10.5	5.3	61.05	47.9	7 480	534.29	11.08	24.24	379.496	61.209	2.493
32a	320	130	9.5	15	11.5	5.8	67.05	52.7	11 075.5	692.2	12.84	27.46	459.93	70.758	2.619
32b	320	132	11.5	15	11.5	5.8	73.45	57.7	11 621.4	726.33	12.58	27.09	501.53	75.989	2.614
32c	320	134	13.5	15	11.5	5.8	79.95	62.8	12 167.5	760.47	12.34	26.77	543.81	81.166	2.608
36a	360	136	10	15.8	12	6	76.3	59.9	15 760	875	14.4	30.7	552	81.2	2.69
36b	360	138	12	15.8	12	6	83.5	65.6	16 530	919	14.1	30.3	582	84.3	2.64
36c	360	140	14	15.8	12	6	90.7	71.2	17 310	962	13.8	29.9	612	87.4	2.6
40a	400	142	10.5	16.5	12.5	6.3	86.1	67.7	21 720	1 090	15.9	34.1	660	93.2	2.77
40b	400	144	12.5	16.5	12.5	6.3	94.1	73.8	22 780	1 140	15.6	33.6	692	96.2	2.71
40c	400	146	14.5	16.5	12.5	6.3	102	80.1	23 850	1 190	15.2	33.2	727	99.6	2.65
45a	450	150	11.5	18	13.5	6.8	102	80.4	32 240	1 430	17.7	38.6	855	114	2.89
45b	450	152	13.5	18	13.5	6.8	111	87.4	33 760	1 500	17.4	38	894	118	2.84
45c	450	154	15.5	18	13.5	6.8	120	94.5	35 280	1 570	17.1	37.6	938	12	2.79
50a	500	158	12	20	14	7	119	936.6	46 470	1 860	19.7	42.8	1 120	142	3.07
50b	500	160	14	20	14	7	129	101	48 560	1 940	19.4	42.4	1 170	146	3.01
50c	500	162	16	20	14	7	139	109	50 640	2 080	19	41.8	1 220	151	2.96
56a	560	166	12.5	21	14.5	7.3	135.25	106.2	65 585.62	2 342.31	22.02	47.73	1 370.16	165.08	3.182
56b	560	168	14.5	21	14.5	7.3	164.45	115	68 512.52	2 446.69	21.63	47.17	1 486.75	174.25	3.162
56c	560	170	16.5	21	14.5	7.3	157.85	123.9	71 439.42	2 551.41	21.27	46.66	1 558.39	183.34	3.158
63a	630	176	13	22	15	7.5	154.9	121.6	93 916.22	2 981.47	24.62	54.17	1 700.55	193.24	3.314
63b	630	178	15	22	15	7.5	176.5	131.5	98 083.63	3 163.98	24.2	53.51	1 812.07	203.6	3.289
63c	630	180	17	22	15	7.5	180.1	141	102 251.13	3 298.42	23.82	52.92	1 924.91	213.88	3.268

注：1.工字钢长度：10～18 号，长 5～19 m；20～63 号，长 6～19 m。

2. 一般采用材料：A2，A3，A5，A3F。

参 考 文 献

[1] 杜庆华. 材料力学[M]. 北京:高等教育出版社,1958.

[2] 刘鸿文. 材料力学(上、下)[M]. 北京:高等教育出版社,1993.

[3] 孙训芳,方孝淑,陆耀洪. 材料力学(上、下)[M]. 2 版. 北京:人民教育出版社,1965.

[4] 俞茂宏. 双剪理论及应用[M]. 北京:科学出版社,1998.

[5] 范钦珊. 材料力学[M]. 北京:高等教育出版社,2000.